人工智能数学基础

陶玉婷 张 燕 编著

清華大學出版社
北 京

内 容 简 介

本书共 13 章，覆盖了人工智能各个方面的数学内容，包括微积分基础、迭代优化与凸函数、向量、矩阵、概率论、数理统计、线性模型、熵与不确定性、大规模矩阵分解、迭代优化方法、深度学习基础、随机方法和模型评估。本书每章都有基础知识讲解、应用背景介绍、公式推导和理论分析，同时穿插 2～4 个对应的 Python 编程案例，所有代码都可供读者直接运行。

本书适合学术型与应用型大学的人工智能专业教师教学和学生学习使用，也适合广大人工智能行业从业人员参考使用。

图书在版编目（CIP）数据

人工智能数学基础/陶玉婷，张燕编著. --北京：
清华大学出版社，2025.2(2025.9 重印). --ISBN 978-7-302-68362-9

Ⅰ. TP18；O29

中国国家版本馆 CIP 数据核字第 2025TQ7212 号

责任编辑：郭丽娜
封面设计：曹 来
责任校对：李 梅
责任印制：刘 菲

出版发行：清华大学出版社
网　　址：https://www.tup.com.cn，https://www.wqxuetang.com
地　　址：北京清华大学学研大厦 A 座　　**邮　　编**：100084
社 总 机：010-83470000　　**邮　　购**：010-62786544
投稿与读者服务：010-62776969，c-service@tup.tsinghua.edu.cn
质量反馈：010-62772015，zhiliang@tup.tsinghua.edu.cn
课件下载：https://www.tup.com.cn，010-83470410
印 装 者：三河市铭诚印务有限公司
经　　销：全国新华书店
开　　本：185mm×260mm　　**印　　张**：17.75　　**字　　数**：429 千字
版　　次：2025 年 2 月第 1 版　　**印　　次**：2025 年 9 月第 2 次印刷
定　　价：59.80 元

产品编号：103799-01

近年来，人工智能产业在全球范围内方兴未艾，它对国家政治、经济发展乃至国际影响力都产生了巨大影响。人工智能的研究和应用，如模式识别、机器学习、深度学习、计算机视觉等，都在很大程度上依赖于共同的奠基之石——数学基础。

截至 2024 年年初，全国共 460 余所高校开设了人工智能专业。可是人工智能所涉及的数学知识，如凸优化、信息熵、随机采样等，都超出了以往本科生和研究生的学习范围。与此同时，目前高校普遍存在的问题是，工科生擅长动手实践，但理论知识薄弱，无法以理论驱动应用技术的进步；理科生虽熟悉理论知识，却不擅长动手实践，很难做到学以致用，本书正是基于这样的背景而编写的。

本书共 13 章，覆盖了人工智能领域各个方面的基础理论知识。第 1～6 章分别是微积分基础、迭代优化与凸函数、向量空间、矩阵的特征分解与压缩、概率论基础和数理统计基础，这 6 章着重介绍与人工智能相关的高等数学、线性代数和概率统计基础知识。第 7～13 章分别是线性模型、熵与不确定性、大规模矩阵分解、迭代优化方法、深度学习基础、随机方法和模型评估，这 7 章侧重于数学理论与人工智能应用的有机结合，它们建立在前 6 章的基础之上。

本书多个章节的知识点和案例都结合了模式识别和机器学习的相关内容，所有案例的代码编写和运行结果都由编著者设计并验证。为了把重要知识点讲解透彻，书中每章都大量融入了理论知识的论述、分析和解释。编著者撰写了绝大部分章节的补充说明，受到纸质书稿的篇幅限制，可通过扫描文末二维码获得本书配套的附录和章节补充说明文件。

为帮助读者更高效地掌握人工智能的数学知识，本书的编写具有以下几方面特点。

• **案例驱动、理论易懂**

本书用案例引出数学知识，深入浅出地引导初学者入门，做到理论联系实际。例如，第 5 章从理论角度介绍了概率变换，并阐述了正态分布与统计学三大分布的关系。初学者可以先看第 6 章末尾的案例，即计算机生成标准正态随机数，通过相应的映射，变换成三大分布。运行结果直观展示了变换前后的分布直方图，以及各自的置信区间。

• **知识融合、前后贯通**

本书各章节之间做到了有机结合。例如，第 7 章从线性空间和优化建模两个方面解释了线性方程组的最佳近似解；统计学中无偏估计用于第 10 章批量随机梯度法的收敛性解释，以及第 12 章蒙特卡罗法的案例中；统计学中两类错误和 t 分布的查表计算用于第 13 章两类样本的区分度和分布差异判定评价等。

• **图文并茂、难易分明**

本书图文并茂，难易层次分明。每章既有直观的编程案例，又有数学公式、理论推导和分析解释。绝大部分章节的补充说明(扫描文末二维码获得)旨在追根溯源并把重要的知识点解释清楚，例如伽马分布的由来、相似变换的物理意义、交叉熵用于逻辑回归分类的案例等。

• 知识拓展、便于延伸

本书引导感兴趣和学有余力的读者查阅文献并深入学习。例如，第 1 章提到，日本数学家高木贞治用拉格朗日中值定理证明了泰勒展开式对一切函数皆成立，并给出相应文献；第 3 章提到，施密特正交化可消除信号干扰，也可用于 QR 分解和 Krylov 空间，并给出相应文献等。

• 内容前沿、与时俱进

本书既介绍了人工智能领域的传统数学知识，又引入了近年来最新的热点。例如，第 5 章提到，语言大模型建立在条件概率的基础之上；第 9 章末尾介绍了矩阵分解并行化软件库，以及并行化的发展方向；第 10 章给出了 PyTorch 工具包自动求导的编程案例，也介绍了深度学习几种最新的优化方法等。

• 本书配套资源丰富

为方便读者教学、学习，本书配套以下资源：PPT 教学资源、微课视频，所有案例的完整源代码，附录和绝大多数章节补充说明内容，每章课后习题和答案。以上资源可通过扫描书中二维码获取。

本书内容较多，对人工智能的数学知识覆盖面较广，一般以两个学期课程为宜。在教学过程中，可结合学校办学定位和培养目标进行适当取舍。案例和相关数学概念，适合于应用型高校本科生；案例和数学理论推导，适合于学术型高校本科生；理论解释、知识外延及电子版的章节补充说明，适合于研究生。

本书整个撰写过程历经三年，耗费了编著者大量的时间和精力。非常感谢张燕副校长的提点和指导，自本校 2019 年智能科学与技术专业成立以来，她一直负责该专业的建设工作。由于之前全国所有高校从未专门开设过“人工智能数学基础”课程，市面上没有合适的教材。在她的提议和指导下，作为课程负责人的编著者于 2020 年开始酝酿，2021 年正式起草本书。在撰写过程中，张燕副校长给出了宝贵的指导意见，强调内容要深入浅出，以案例驱动教学，要突出理论与实际相结合。

本书是编著者三年来在教学科研过程中不断实践、总结和持续改进的结果。书中难免会有不当之处，请读者不吝赐教。

陶玉婷

于南京

2024 年 3 月

附录和章节补充说明文件.zip

案例源代码.zip

课后习题及答案.zip

目
录

微积分基础

数学是所有工科专业的基石,其中微积分是高等数学的重点内容,也是解决现实中很多复杂问题的理论基础。在人工智能领域,微积分有着非常广泛的应用,包括图像处理、数据挖掘、深度学习、优化问题求解等。本章作为本书的开篇,将深入浅出地引领读者了解微积分的核心思想,并介绍微积分在人工智能领域中几个常见的应用案例,为后续章节的学习打下基础。

1.1 微积分的核心思想

导数和极限共同揭示了微积分的核心思想——无限分割后对一阶导数进行累加,做到"以直代曲"。为了深入浅出地阐明这一核心思想,本节将给出两个简单的案例——正弦函数面积和圆面积的累加计算,由此说明一阶导数在微积分中所发挥的作用。最后从泰勒展开式的角度,给出"以直代曲"的理论解释,循序渐进地引导读者学习微积分。

1.1.1 案例:正弦函数面积的累加计算

正弦函数面积的累加计算

当 $x\in[0,\pi]$时,正弦函数 $\sin x$ 与 x 轴围成一个封闭的区域,它的面积是

$$\int_0^\pi \sin x\,\mathrm{d}x = -\cos x\ \Big|_0^\pi = -\cos\pi + \cos 0 = 2 \tag{1-1}$$

式(1-1)运算结果也就是这个区域面积的理论值,称为**解析解**。变量 x 在定义域$[0,\pi]$内被分成无穷多份,每份是 $\mathrm{d}x$,称为**微元**[1]。自变量 x 取不同的值,会带来 $\sin x$ 的变化。微积分的实质是分割后再累加,所以式(1-1)的积分,就是将 x 在$[0,\pi]$内无限分割,再将不同取值情况下的 $\sin x$ 做无限累加。

在计算机中实现积分计算,无法做到无限分割,毕竟物理硬件的容量有限,但是可以用有限的分割累加逼近积分的理论值,累加的结果称为**数值解**[2]。用 Python 语言编程实现这个封闭区域面积的分割累加,具体思路如下。

将定义域 $x \in [0,\pi]$ 均匀分割成 N 等份(观察 N 取 20、100、200、500 四种情况),每等份在 x 轴上的宽度为 $\Delta x = \frac{\pi}{N}$,即 $\Delta x = x_{i+1} - x_i \ (i=0,1,\cdots,N-1)$,每等份的面积是 $\sin x_i \cdot \Delta x$。将分割后的 N 等份面积累加,可大致得到该封闭区域的总面积,即

$$S = \sum_{i=0}^{N-1} \sin x_i \cdot \Delta x \tag{1-2}$$

代码实现如下:

【代码 1-1】

```
import numpy as np
import matplotlib.pyplot as plt
import matplotlib as mpl
if__name__ == "__main__":
    mpl.rcParams['font.sans-serif'] = 'SimHei'
    N = 200              #N分别取20、100、200、500进行编译运行
    begin_point = 0
    end_point = np.pi
    Delta_x = (end_point - begin_point)/N
    X = np.linspace(begin_point,end_point - Delta_x,N)
    Y = np.sin(X)
    Area = np.sum(Y) * Delta_x
    print(Area)
    plt.figure()
    plt.plot(X,Y,'r-')
    plt.bar(X,Y,width=Delta_x)
    plt.xlim([X.min() - 0.1,X.max() + 0.1])
    plt.ylim([Y.min() - 0.1,Y.max() + 0.1])
    plt.title(r'N=%d,面积$\approx$%.5f'%(N,Area))
    plt.show()
```

运行代码 1-1 后,得到式(1-2)的累加结果,如图 1-1 所示。当 $N=\{20,100,200,500\}$ 时,保留小数点后 5 位,积分结果分别为 1.99589、1.99984、1.99996 和 1.99999。随着 N 的增大,累加结果越来越接近理论值。

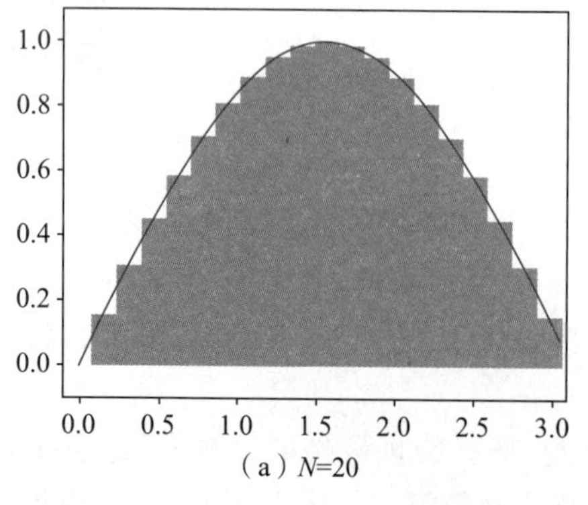

(a) N=20

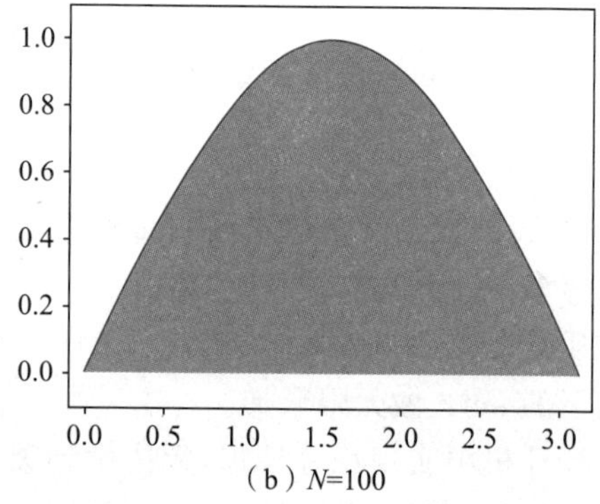

(b) N=100

图 1-1 函数 $f(x)=\sin x$ 在 $x \in [0,\pi]$ 中的积分

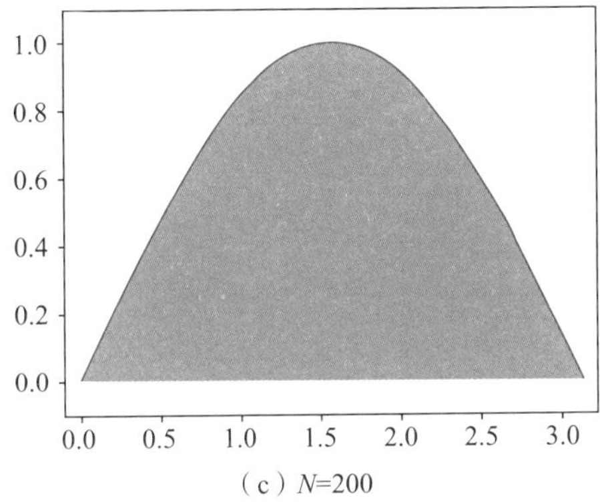

(c) N=200

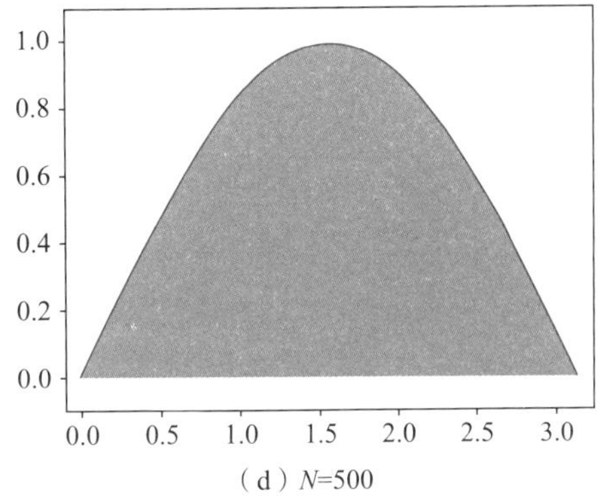

(d) N=500

图 1-1(续)

1.1.2 案例:圆面积的累加计算

本小节将给出圆面积的累加计算,旨在通过此案例深入分析一阶导数在微积分中所发挥的作用。由 1.1.1 小节可知,$\sin x$ 是 $-\cos x$ 的一阶导数,封闭区域的面积就是 $\sin x$ 在 $x\in[0,\pi]$内的积分结果。将$[0,\pi]$分割成 N 等份后对一阶导数进行累加,N 越大,即分割越精细,累加结果越精确。

众所周知,圆面积是关于 R 的函数(R 为圆的半径),这里记作 $S(R)=\pi R^2$,而周长 $2\pi R$ 是面积关于半径的一阶导数。类似于 1.1.1 小节,此案例把 r 看作变量,将其在$[0,R]$内等距分割成 n 小段,如图 1-2 所示。每小段长度都是 Δr,满足 $\Delta r=\dfrac{R}{n}$,即 $\Delta r=r_i-r_{i-1}(i=1,2,\cdots,n)$,其中 $r_0=0,r_1=\Delta r,r_2=2\Delta r$,以此类推,$r_n=n\Delta r=R$。

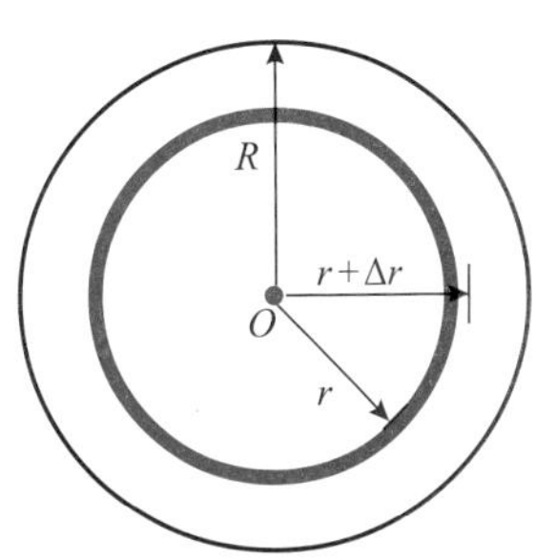

图 1-2 半径为 R 的圆

图 1-2 中粗圆环面积 $S(r+\Delta r)-S(r)=\pi(r+\Delta r)^2-\pi r^2=2\pi r\Delta r+\pi\Delta r^2$。当 $n\to\infty$ 时,$\Delta r\to 0$,而 $\Delta S(r)=S(r+\Delta r)-S(r)$与 Δr 的比值是

$$\lim_{\Delta r\to 0}\frac{\Delta S(r)}{\Delta r}=\frac{2\pi r\Delta r+\pi\Delta r^2}{\Delta r}=2\pi r \tag{1-3}$$

式(1-3)是 S 关于 r 的**一阶导数**。当 $r=r_i$ 时,其一阶导数为

$$\lim_{\Delta r\to 0}\frac{\Delta S(r)}{\Delta r}\bigg|_{r=r_i}=\frac{2\pi r_i\Delta r+\pi\Delta r^2}{\Delta r}=2\pi r_i \tag{1-4}$$

式(1-4)与图 1-2 一致,即 r_i 越大,圆环 $\Delta S(r_i)$的面积也越大。整个圆的面积就是将这 n 个大小不等的圆环累加起来的结果,当 $n\to\infty$时,圆面积为

$$S(R)=\pi R^2=\lim_{n\to\infty}\sum_{i=1}^{n}\Delta S(r_i)=\lim_{n\to\infty}\sum_{i=1}^{n}2\pi r_i\Delta r+\pi\lim_{n\to\infty}\sum_{i=1}^{n}\Delta r^2 \tag{1-5}$$

式(1-5)中,最右边一项 $\lim\limits_{n\to\infty}\sum\limits_{i=1}^{n}\Delta r^2=\lim\limits_{n\to\infty}n\left(\dfrac{R}{n}\right)^2=\lim\limits_{n\to\infty}\dfrac{R^2}{n}=0$,还原到微积分,即

$$S(R)=\lim_{n\to\infty}\sum_{i=1}^{n}\Delta S(r_i)=\int_0^R \mathrm{d}S(r)=\int_0^R 2\pi r\,\mathrm{d}r=\pi r^2\,\Big|_0^R=\pi R^2 \tag{1-6}$$

式(1-6)中圆面积 $S(R)$ 的积分思想是：将变量 r 在 $[0,R]$ 内做无限分割，每一份是微元 $\mathrm{d}r$（即 $n\to\infty$ 时 $\Delta r\to 0$ 的情况），再将 r 在不同取值下的圆环 $\mathrm{d}S(r_i)=2\pi r_i\,\mathrm{d}r\ (i=1,2,\cdots,n)$ 做累加。这与1.1.1小节中正弦函数面积的累加计算的思想相同，即对一阶导数与变量微元的乘积结果做累加，二阶及以上导数忽略不计。

1.1.3 “以直代曲”的泰勒展开解释

微积分是将自变量在一定范围内无限分割后得到微元，再将自变量不同取值下的一阶导数与微元的乘积做累加。实际上，一阶导数只是函数的一部分，而非全部。本小节将把前两小节内容展开理论延伸，由泰勒展开式出发，给出函数的完整表达式，并以二次函数曲线为例，揭示一阶导数的实质——函数的线性变化（直线）部分。最后，本小节将直观展示一阶导数的累加如何实现曲线积分。

对于 n 阶可导的函数 $f(x)$，它在任一点 x_0 处的泰勒展开式为

$$f(x)=f(x_0)+(x-x_0)f'(x_0)+\frac{1}{2!}(x-x_0)^2f''(x_0)+\cdots+\frac{1}{n!}(x-x_0)^nf^{(n)}(x_0) \tag{1-7}$$

式(1-7)中 x_0 已知，而 x 是变量。令 $\Delta x=x-x_0$，则 $f(x)-f(x_0)$ 是关于 Δx 的函数，即

$$f(x)-f(x_0)=\Delta x f'(x_0)+\frac{1}{2!}\Delta x^2 f''(x_0)+\cdots+\frac{1}{n!}\Delta x^n f^{(n)}(x_0) \tag{1-8}$$

不管函数 $f(x)$ 几阶可导，也不管 $|\Delta x|$ 有多大，式(1-8)都恒成立。感兴趣的读者可参阅文献[3]，其作者是已故的日本数学家高木贞治，他由拉格朗日中值定理出发，经过严格的理论推导，证明出泰勒展开式对一切函数皆成立。

由式(1-8)可知，一阶导数是函数的线性变化（直线）部分。举个例子，如图1-3所示，二次函数 $f(x)=ax^2+bx+c$ 呈曲线形状，令直线 $y(x)=f(x_0)+(x-x_0)f'(x_0)$，它是 $f(x)$ 在点 x_0 处的切线。

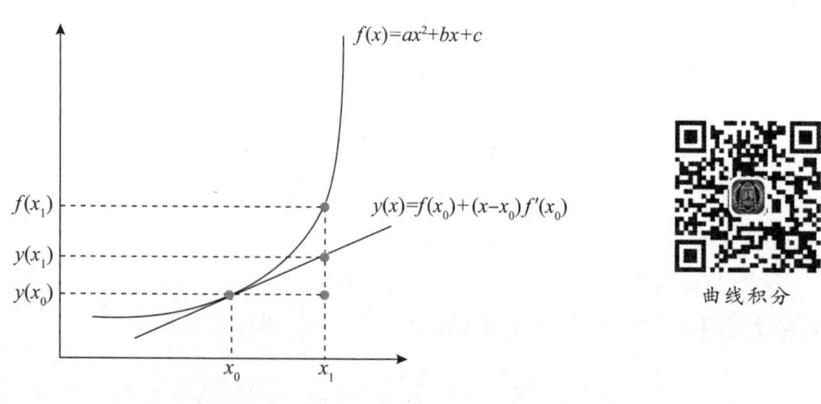

图1-3　二次函数 $f(x)=ax^2+bx+c$ 示意图

运用式(1-8)对 $f(x)$ 做泰勒展开，再结合图1-3，在 x_1 与 x_0 两点上（令 $\Delta x=x_1-x_0$），

函数值的差值 $f(x_1)-f(x_0)$包含两部分，即一阶部分和二阶部分。

一阶部分

$$y(x_1)-f(x_0)=f'(x_0)\Delta x$$

二阶部分

$$f(x_1)-y(x_1)=\frac{1}{2!}f''(x_0)\Delta x^2$$

由于 x_0 处一阶导数是 $f'(x_0)=2ax_0+b$，二阶导数是 $f''(x_0)=2a$，两部分合在一起即是 $f(x_1)-f(x_0)=(2ax_0+b)\Delta x+a\Delta x^2$。随着 x_1 不断向 x_0 靠近或远离，$|\Delta x|$会减小或增大，其中$(2ax_0+b)\Delta x$ 的变化与$|\Delta x|$呈线性关系；而 $a\Delta x^2$ 的变化与$|\Delta x|$呈二次非线性关系，这与式(1-5)最右边一项的情况完全一样。当$|\Delta x|\to 0$ 时，图 1-3 中 $f(x_1)-f(x_0)\to(2ax_0+b)\Delta x$，即一阶导数占主导作用。

图 1-3 展示的是一个二阶可导函数。对于 n 阶($n>2$)可导的函数 $f(x)$，泰勒展开式共有 n 项，三阶部分的变化与$|\Delta x|$呈三次关系，四阶部分的变化与$|\Delta x|$呈四次关系，以此类推，当 $\Delta x\to 0$ 时，二阶导数及以上的部分都趋于 0，即

$$\begin{aligned}&\lim_{\Delta x\to 0}\frac{\frac{1}{2!}\Delta x^2 f''(x_0)+\frac{1}{3!}\Delta x^3 f^{(3)}(x_0)\cdots+\frac{1}{n!}\Delta x^n f^{(n)}(x_0)}{\Delta x} \qquad (1\text{-}9)\\&=\lim_{\Delta x\to 0}\Delta x\left(\frac{1}{2!}f''(x_0)+\frac{1}{3!}\Delta x f^{(3)}(x_0)+\cdots+\frac{1}{n!}\Delta x^{n-2}f^{(n)}(x_0)\right)=0\end{aligned}$$

只有一阶导数 $f'(x_0)$对函数值变化起决定性作用，即

$$\lim_{\Delta x\to 0}f(x_1)-f(x_0)=f'(x_0)\Delta x \qquad (1\text{-}10)$$

式(1-10)表明，如果将 x 在有限区间内分成 n 等份 $x_1,x_2,\cdots,x_n$，其中 $\Delta x=x_i-x_{i-1}(i=1,2,\cdots,n)$，当 $\Delta x=x_1-x_0\to 0$ 时，$f(x_1)-f(x_0)$与 Δx 呈线性关系，两者的比值是一阶导数 $f'(x_0)$。

实际上，曲线积分也采用了“以直代曲”的核心思想。以图 1-4 中函数 $f(x)=x^3+0.1$ 为例，若它在 $x\in[0,4]$的曲线长度为 l，则 l 可以近似地表达成 n 段直线累加之和。图 1-4(a)和(b)分别展示了 $n=5$ 和 $n=10$ 时，n 段直线对曲线 l 的逼近。很明显，后者的逼近效果比前者更好。

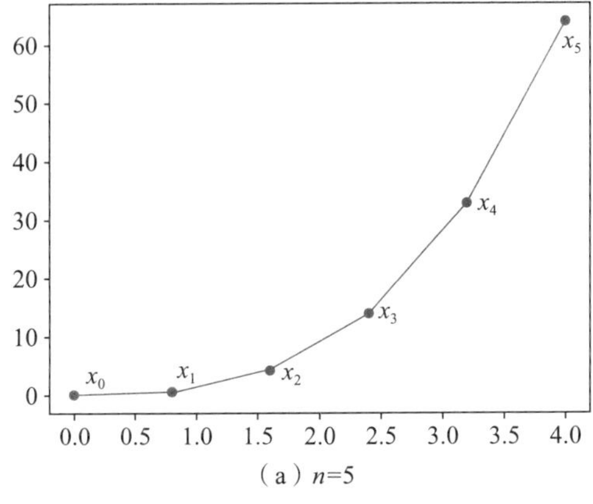

(a) n=5

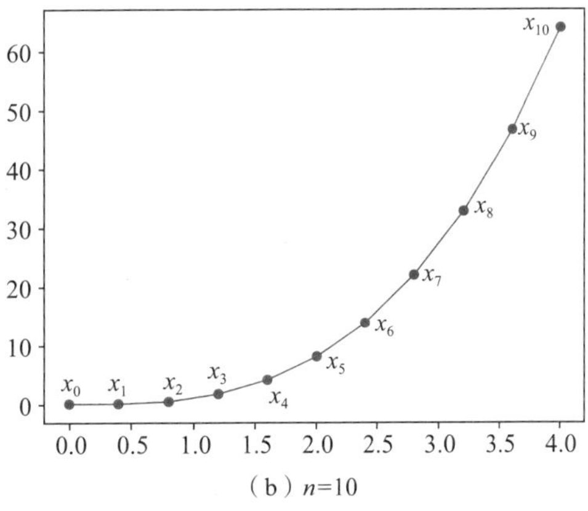

(b) n=10

图 1-4 $f(x)=x^3+0.1$ 在 $x\in[0,4]$内 n 段直线累加逼近函数曲线

根据勾股定理，若第 i 段直线的长度是 $l_i(i=1,2,\cdots,n)$，它满足

$$l_i^2=[f(x_i)-f(x_{i-1})]^2+(x_i-x_{i-1})^2$$

n 越大，Δx 越小，l_i 也就越短。当 $n\to\infty$ 时，l 就变成了对函数 $f(x)$ 的曲线积分，即

$$\begin{aligned}l&=\lim_{n\to\infty}\sum_{i=1}^{n}l_i=\lim_{n\to\infty}\sum_{i=1}^{n}\sqrt{[f(x_i)-f(x_{i-1})]^2+(x_i-x_{i-1})^2}\\&=\lim_{n\to\infty}\sum_{i=1}^{n}\sqrt{f'(x_i)^2+1}\,\Delta x\\&=\int_0^4\sqrt{f'(x)^2+1}\,\mathrm{d}x\end{aligned}$$

1.2 导数的近似估计

由 1.1 节可知，将变量的一阶导数做累加可以得到原函数。在此基础上，本节将做出相反的操作——给变量加上一点变动，根据函数值变化与变量变化的比值，近似地估计一阶导数和二阶导数，这种方法称作有限差分法。另外，本节也将给出有限差分法的两个应用案例——正弦函数导数的有限差分估计和图像边缘(轮廓)提取。

1.2.1 有限差分法

1.1 节阐明了微积分的核心思想——无限分割后将一阶导数累加，做到“以直代曲”。具体来说，它是将自变量 $x\in[a,b]$ 分割成 N 等份，当 $N\to\infty$ 时，则 $\Delta x=\dfrac{b-a}{N}\to 0$。如果 $f(x)$ 是 $F(x)$ 的一阶导数，不管 $F(x)$ 多少阶可导，式(1-11)均成立，即

$$F(b)-F(a)=\int_a^b f(x)\mathrm{d}x=\lim_{N\to\infty}\sum_{i=1}^{N}f(x_i)\Delta x\qquad(a\leqslant x_i\leqslant b)\tag{1-11}$$

这种只用一阶导数的逼近方法，在学术界称为**欧拉法**[2]。1.1.1 小节正弦函数积分的案例表明，Δx 越小，欧拉法的逼近越精确。

受到欧拉法的启发，可以进行相反的操作——将 x 取任一固定的值 x_0，稍作扰动变为 $x_1=x_0+\Delta x$。根据函数差值 $F(x_1)-F(x_0)$ 与变量差值 Δx 的比例关系，近似估计一阶导数 $f(x_0)$，这种方法称作**有限差分法**[4]。很多实际问题都可以采用有限差分法代替函数的真实导数，近似描述函数的真实变化情况。

常见的有限差分法有一阶导数的**前向差分估计**和**后向差分估计**，以及二阶导数的**中心差分估计**，计算式分别为

$$f'(x_i)\approx\frac{f(x_{i+1})-f(x_i)}{\Delta x}\tag{1-12}$$

$$f'(x_i)\approx\frac{f(x_i)-f(x_{i-1})}{\Delta x}\tag{1-13}$$

$$f''(x_i)\approx\frac{f(x_{i+1})-2f(x_i)+f(x_{i-1})}{\Delta x^2}\tag{1-14}$$

随着 $\Delta x \to 0$，一阶和二阶差分法都会收敛到相应导数，但是收敛速度不同[4]。如果固定 Δx，二阶差分估计的精度要高于一阶。究其原因，编著者认为，还是应该从泰勒展开式出发，追根溯源进行误差分析。

对于三次及以上可导的函数 $f(x)$，泰勒展开后保留前两阶导数，即

$$f(x_{i+1}) = f(x_i) + \Delta x f'(x_i) + \frac{1}{2}\Delta x^2 f''(x_i) + O\left(\sum_{j=3,4,5\cdots} \Delta x^j\right) \tag{1-15}$$

将式(1-15)变形，对照式(1-12)，一阶前向差分估计的误差为

$$\frac{f(x_{i+1}) - f(x_i)}{\Delta x} - f'(x) = \frac{1}{2}\Delta x f''(x_i) + O\left(\sum_{j=2,3,4\cdots} \Delta x^j\right) = O\left(\sum_{j=1,2,3\cdots} \Delta x^j\right) \tag{1-16}$$

二阶中心差分估计的误差分为两步，即

$$\frac{f(x_{i+1}) - f(x_i)}{\Delta x^2} = \frac{f'(x_i)}{\Delta x} + \frac{1}{2}f''(x_i) + O\left(\sum_{j=1,2,3\cdots} \Delta x^j\right) \quad ①$$

$$\frac{f(x_{i-1}) - f(x_i)}{\Delta x^2} = -\frac{f'(x_i)}{\Delta x} + \frac{1}{2}f''(x_i) + O\left(\sum_{j=1,2,3\cdots} (-1)^j \Delta x^j\right) \quad ②$$

注意：②中，$f(x_i) - f(x_{i-1}) = \Delta x$，所以 $f(x_{i-1}) - f(x_i) = -\Delta x$。

将①②相加，对照式(1-14)可得

$$\frac{f(x_{i+1}) - 2f(x_i) + f(x_{i-1})}{\Delta x^2} - f''(x_i) = 2O\left(\sum_{j=2,4,6\cdots} \Delta x^j\right) \tag{1-17}$$

对比式(1-16)和式(1-17)，不难发现二阶中心差分估计的误差仅仅是 Δx 的偶数次方的阶项之和，而一阶前向差分估计的误差是关于 Δx 的所有阶次之和，故前者精度更高。至于式(1-13)的一阶后向差分估计误差，请读者仿照上述内容自行推导。

1.2.2 案例：正弦函数导数的有限差分估计

文献[5]将正弦函数 $f(x)=\sin x$ 看作原函数，在一个周期 $x \in [0, 2\pi]$ 内均匀采样 $N=150$ 个点，分别采用前向差分估计法和二阶中心差分估计法，通过 C++与计算统一设备架构(compute unified device architecture，CUDA)相结合的并行编程方式，估算一阶导数 $f'(x)=\cos x$ 和二阶导数 $f''(x)=-\sin x$。

本案例将对此进行拓展，取 $N=20$、50 和 100 $\left(\text{即 } \Delta x=\frac{2\pi}{N}\right)$，计算这三种情况下的估计误差，并观察误差与 Δx 之间的关系。估计采用均方误差(mean square error，MSE)，即 $\text{MSE}=\frac{1}{N}\sum_{i=1}^{N}(y_i-\hat{y}_i)^2$，其中 y_i 表示第 i 个点的理论值，$\hat{y}_i$ 是估计值。

代码实现如下：

【代码 1-2】

```
import numpy as np
```

```
import matplotlib.pyplot as plt
import matplotlib as mpl
mpl.rcParams['font.sans-serif'] = 'SimHei'
plt.rcParams['axes.unicode_minus'] = False
config = {
    "font.family":'serif',
    "font.size":10,
    "mathtext.fontset":'stix',
    "font.serif":['SimSun'],
}
mpl.rcParams.update(config)
if __name__ == '__main__':
    N = 100
    Delta = 2 * np.pi/N
    Result = np.zeros((6,N),dtype = float)
    for i in range(N):
        Result[0,i] = np.sin(Delta * i)          # 原函数
        Result[1,i] = np.cos(Delta * i)          # 真实的一阶导数
        Result[2,i] = (np.sin(Delta * (i+1)) - np.sin(Delta * i))/Delta
                                                 # 一阶导数的前向差分估计
        Result[3,i] = (np.sin(Delta * i) - np.sin(Delta * (i-1)))/ Delta
                                                 # 一阶导数的后向差分估计
        Result[4,i] = - np.sin(Delta * i)        # 真实的二阶导数
        Result[5,i] = (np.sin(Delta * (i+1)) - 2 * np.sin(Delta * i) + np.sin(Delta *
(i-1)))/(Delta * * 2)                            # 二阶导数的中心差分估计
    D1 = Result[1] - Result[2]
    MSE_1 = np.mean(D1 * * 2)
    print(r'一阶前向差分的误差是:%.10f' % MSE_1)
    D2 = Result[1] - Result[3]
    MSE_2 = np.mean(D2 * * 2)
    print(r'一阶后向差分的误差是:%.10f' % MSE_2)
    D3 = Result[4] - Result[5]
    MSE_3 = np.mean(D3 * * 2)
    print(r'二阶中心差分的误差是:%.10f' % MSE_3)
    fig = plt.figure(figsize = (6,4))
    plt.plot(np.linspace(0,2 * np.pi,N),Result[0],'k-')
    plt.plot(np.linspace(0,2 * np.pi,N),Result[1],'b--')
    plt.plot(np.linspace(0,2 * np.pi,N),Result[2],'c-.')
    plt.plot(np.linspace(0,2 * np.pi,N),Result[3],'g-x')
    plt.plot(np.linspace(0,2 * np.pi,N),Result[4],'r-<')
    plt.plot(np.linspace(0,2 * np.pi,N),Result[5],'m-d')
    plt.legend([r'$ f(x) $',r'$ cos(x) $',r'Diff_1',r'Diff_2',r'$ - sin(x) $',r'Diff_3'],loc =
0,bbox_to_anchor = (1.05,1),borderaxespad = 0,fontsize = 12)
    plt.xlim([0,2 * np.pi])
    plt.ylim([-1,1])
    plt.xlabel(r'$ x $',fontsize = 12)
    fig.subplots_adjust(right = 0.75)
    plt.show()
```

当 N = 20、50、100 时，代码 1-2 的运行效果分别如图 1-5～图 1-7 所示，其中 Diff_1、Diff_2 和 Diff_3 分别表示 N 个点的一阶前向差分估计、一阶后向差分估计和二阶中心差分估计的结果。

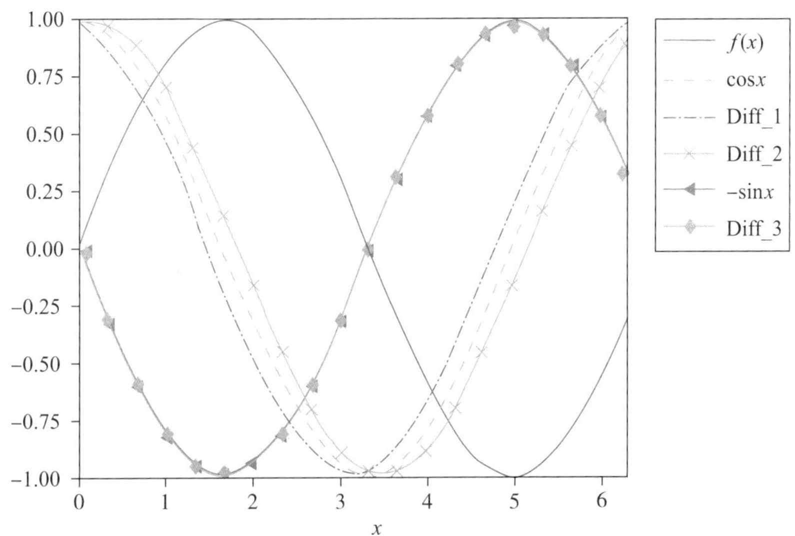

图 1-5 正弦函数的有限差分估计(N=20)

注：一阶前向差分的误差是 0.0122695270
一阶后向差分的误差是 0.0122695270
二阶中心差分的误差是 0.0000336008

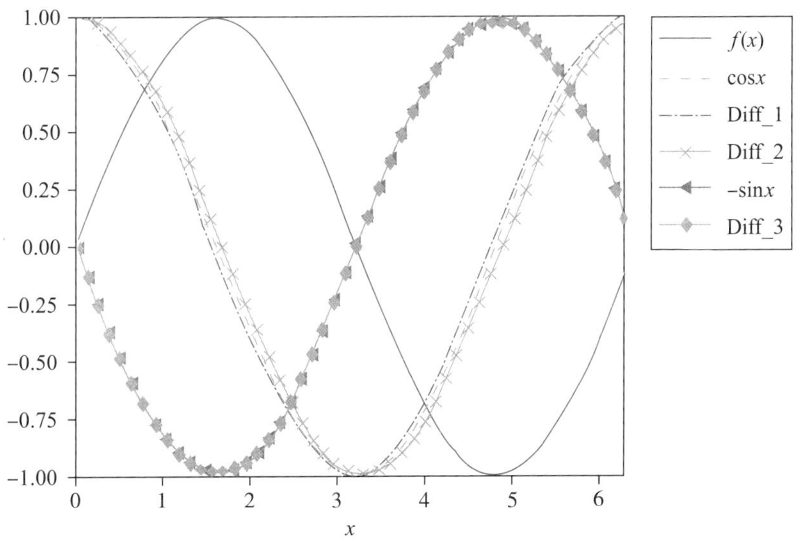

图 1-6 正弦函数的有限差分估计(N=50)

注：一阶前向差分的误差是 0.0019721898
一阶后向差分的误差是 0.0019721898
二阶中心差分的误差是 0.0000008649

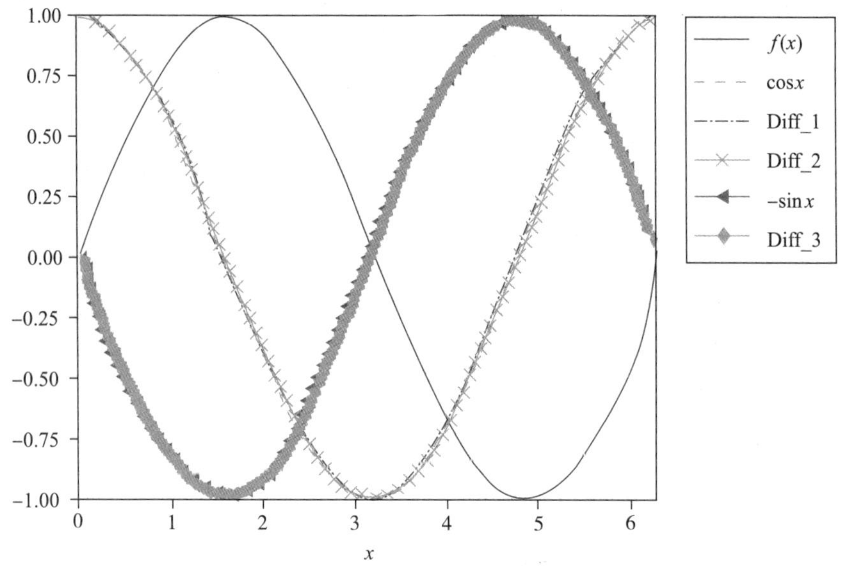

图 1-7 正弦函数的有限差分估计($N=100$)

注:一阶前向差分的误差是 0.0004933720
一阶后向差分的误差是 0.0004933720
二阶中心差分的误差是 0.0000000541

观察图 1-5～图 1-7,随着 N 的增大,Δx 在减小,这三种差分估计方法均会越来越精确。对于一阶导数,虽然前向和后向差分估计值不同,但是这 N 个点的均方误差完全一样。与此同时,二阶中心差分估计的精度要远远高于一阶的两种情况,这与 1.2.1 小节的误差分析结果一致。

1.2.3 案例:图像边缘(轮廓)提取

在人工智能领域,导数的近似估计被广泛应用在图像处理中,最典型的应用就是图像轮廓提取,也称作边缘检测。这里,首先需要了解图像在计算机中是如何表示的。图 1-8(a)是我们肉眼所见的阿拉伯数字 2 的灰度图像,分辨率为 16×16,即总共 256 个像素点。在计算机中,这张图像是一个 16×16 的二维矩阵,如图 1-8(b)所示。

通常,黑色像素点在计算机中用 0 表示,白色像素点用 255 表示。介于黑白之间的像素点即为灰色,像素值用 0～255 的整数表示,越接近白色的浅灰,像素值越接近 255,反之越接近 0。在图像处理中,将图 1-8(b)所示的二维矩阵看成一个平面坐标系,水平和垂直方向分别看成 x 轴和 y 轴,每个像素点都对应一个坐标位置(x,y),其像素值就是这个坐标位置上的函数值 $F(x,y)$。例如,第 1 行第 5 列的像素值是 76,即 $F(1,5)=76$。边缘(轮廓)提取会用到图像的导数(梯度)信息,它反映了在 x 轴和 y 轴方向上相邻两个像素值的变化程度。这其实延续了 1.2.1 小节有限差分法的思想,即根据函数值的变化近似估计导数大小。因此,边缘(轮廓)提取实际上就是遍历整个图像,找寻像素值发生突变(梯度大)的地方。

在现有的图像边缘检测提取方法中,较为常见的是 Sobel 检测、Laplacian 检测、Prewitt

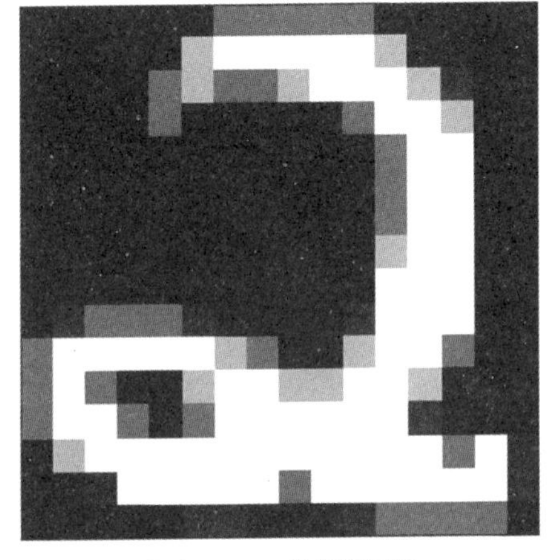

（a）16×16的灰度图像

```
[[  0   0   0   0  76  39   0   0   0   0   0   0   0   0   0   0]
 [  0   0   9 185 249 244 238 238 134  71   0   0   0   0   0   0]
 [  0   0  16 222 242 170 170 232 255 245  80   0   0   0   0   0]
 [  0   0   0  31  43   0   0  37 173 255 238  30   0   0   0   0]
 [  0   0   0   0   0   0   0   0  19 216 255 128   0   0   0   0]
 [  0   0   0   0   0   0   0   0   0 202 255 161   0   0   0   0]
 [  0   0   0   0   0   0   0   0   0 202 255 161   0   0   0   0]
 [  0   0   0   0   0   0   0   0   0 202 255  95   0   0   0   0]
 [  0   0   0   0   0   0   0   0  71 255 255  37   0   0   0   0]
 [  0  65 239 239 239 129   0  25 211 255 174   2   0   0   0   0]
 [ 49 240 205 221 255 249 127 193 255 229  46   0   0   0   0   0]
 [131 247  50  47 197 255 255 255 255 177   0   0   0   0   0   0]
 [131 255 204  69 198 255 255 255 255 234 142   8   0   0  49  26]
 [ 47 222 255 255 255 255 255 255 255 255 255 183 171 171 250 129]
 [  0   6 101 184 237 171 142 101 139 237 243 255 255 255 175  51]
 [  0   0   0   0   0   0   0   0   0   0  40 118 118 118   6   0]]
```

（b）计算机读入的16×16的矩阵

图 1-8 灰度图像在计算机中的表示

检测、Canny 检测、Roberts 检测和 log 检测[6-7]，本节将介绍前两种检测方法。Sobel 算子运用一阶导数信息[8]，分别对图像的水平和垂直方向寻找梯度突变的点。类似于式(1-12)的一阶前向差分估计，如果令 $\Delta x=1$，则水平方向梯度为

$$\nabla F_x(x,y)=\frac{\partial F(x,y)}{\partial x}=F(x,y+1)-F(x,y) \tag{1-18}$$

同理，令 $\Delta y=1$，则垂直方向梯度为

$$\nabla F_y(x,y)=\frac{\partial F(x,y)}{\partial y}=F(x+1,y)-F(x,y) \tag{1-19}$$

图 1-8(b)中第 1 行第 5 列，即 $F(1,5)=76$，而 $F(1,6)=39$，$F(2,5)=249$。根据式(1-18)和式(1-19)，$F(1,5)$处水平和垂直方向的梯度分别为：$\nabla F_x(1,5)=F(1,6)-F(1,5)=39-76=-37$；$\nabla F_y(1,5)=F(2,5)-F(1,5)=249-76=173$。另外，观察图 1-8(b)发现，矩阵中像素值发生突变的地方正好形成了图 1-8(a)中数字“2”的图像轮廓。

Laplacian 算子运用二阶信息[9]在水平和垂直方向寻找梯度突变的点，然后将两个方向做平均。Laplacian 算子的思想类似于式(1-14)的二阶中心差分估计，它在 x 轴和 y 轴方向上都要求解二阶差分，即水平方向上有

$$\frac{\partial^2 F(x,y)}{\partial x^2}=F(x+1,y)+F(x-1,y)-2F(x,y) \tag{1-20}$$

垂直方向上有

$$\frac{\partial^2 F(x,y)}{\partial y^2}=F(x,y+1)+F(x,y-1)-2F(x,y) \tag{1-21}$$

所以，整个 Laplacian 算子是式(1-20)和式(1-21)的结合，即

$$\frac{\partial^2 F(x,y)}{\partial x^2}+\frac{\partial^2 F(x,y)}{\partial y^2}=F(x+1,y)+F(x-1,y)+F(x,y+1)+F(x,y-1)-4F(x,y) \tag{1-22}$$

对图 1-8(a)的阿拉伯数字 2 分别采用 Sobel 算子和 Laplacian 算子提取图像轮廓，提取

的效果如图 1-9 所示。不难发现，图 1-9(a)主要展现了水平方向的轮廓，图 1-9(b)侧重于垂直方向。Laplacian 算子兼顾了两个方向，所以展示的轮廓比较完整，如图 1-9(c)所示。图 1-10 所示国际象棋棋盘图像的水平和垂直方向更为分明。水平方向的 Sobel 算子完全提取不到垂直方向的轮廓，反之亦然，如图 1-11(a)和(b)，而 Laplacian 算子能兼顾两个方向，如图 1-11(c)所示。至于如何运用 Sobel 和 Laplacian 算子提取图像轮廓，详见第 11 章中图像卷积部分。

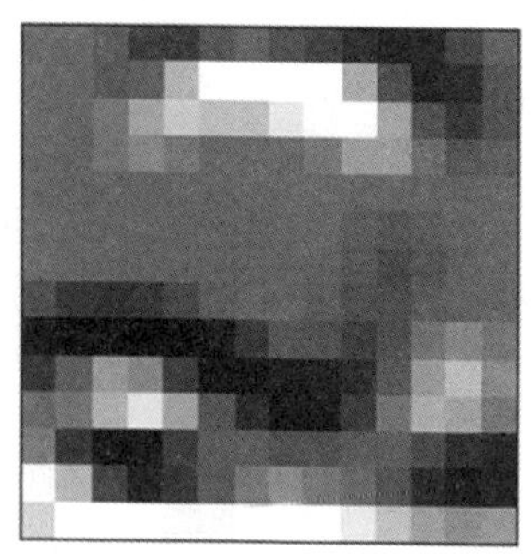
(a) Sobel水平方向

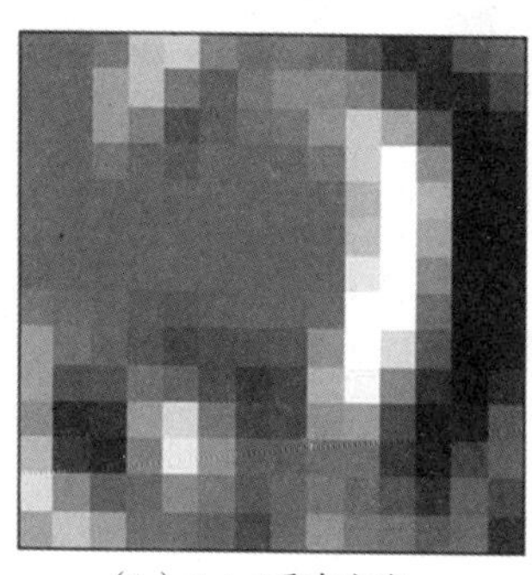
(b) Sobel垂直方向

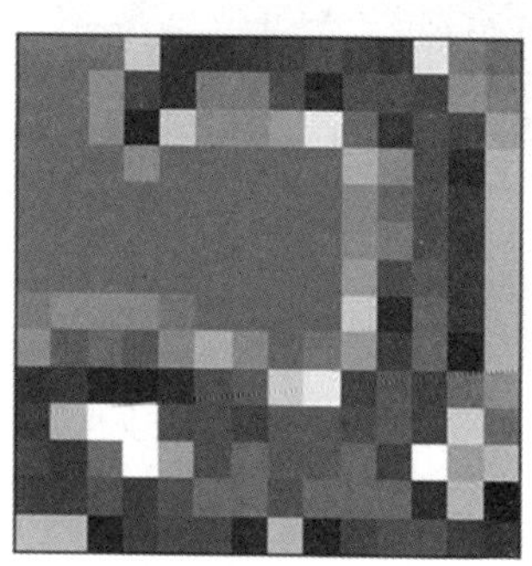
(c) Laplacian

图 1-9 对图 1-8(a)的图像边缘(轮廓)提取

图 1-10 国际象棋棋盘图像

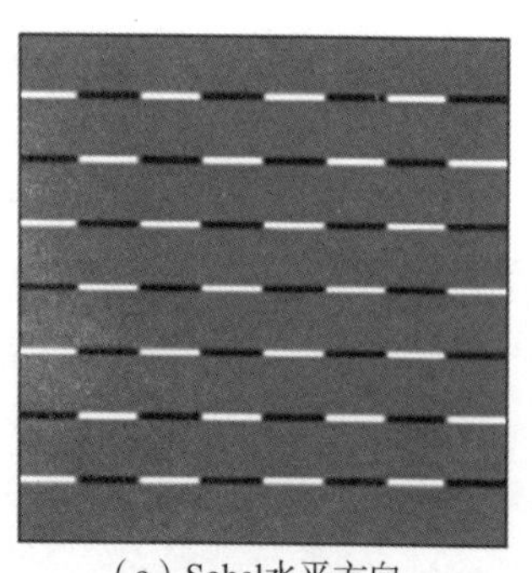
(a) Sobel水平方向

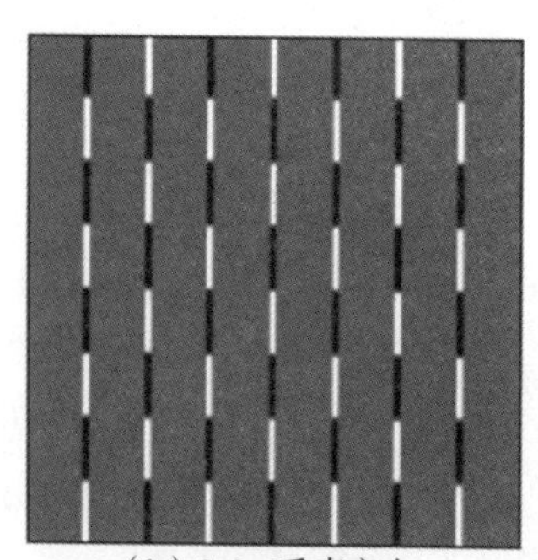
(b) Sobel垂直方向

(c) Laplacian

图 1-11 国际象棋棋盘图像的边缘(轮廓)提取

1.3 直角坐标与极坐标的变换

本节将介绍直角坐标与极坐标间的变换原理和过程，它涉及二重积分的知识。重积分是微积分的推广，并延续了微积分“以直代曲”并无限累加的思想。另外还将介绍直角坐标与极坐标变换的两个实际应用案例——用霍夫变换检测直线和高斯分布密度函数的推导过程。

1.3.1 坐标变换的微分解释

直角坐标系的水平和垂直方向分别是 x 轴和 y 轴，该坐标系下点 A 的位置是(x_0,y_0)。如果将 A 和原点 O 连成一条线（见图 1-12(a)中虚线），则虚线的长度 ρ_0 就是 A 在极坐标中对应的半径，而虚线与 x 轴的夹角 θ_0 是 A 在极坐标中对应的夹角，满足

$$\begin{cases} x_0=\rho_0\cos\theta_0 \\ y_0=\rho_0\sin\theta_0 \end{cases} \tag{1-23}$$

直角坐标系下 $A(x_0,y_0)$在极坐标系下对应的点是 $A'(\rho_0,\theta_0)$，如图 1-12 所示。

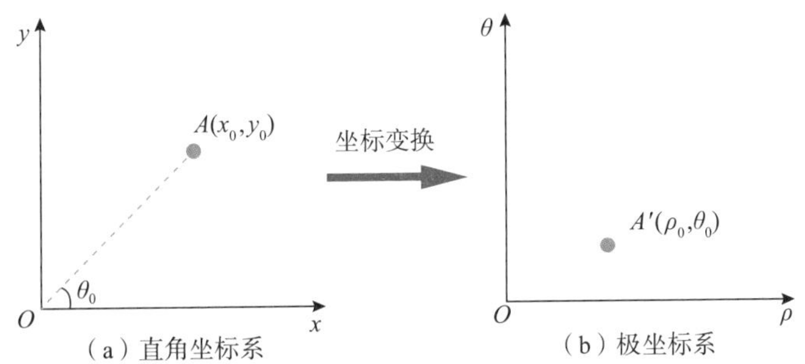

（a）直角坐标系　（b）极坐标系

图 1-12　坐标变换前后点 $A(x_0,y_0)$和点 $A'(\rho_0,\theta_0)$示意图

直角坐标系和极坐标系的微分满足以下等式，即

$$\mathrm{d}x\,\mathrm{d}y=\rho\,\mathrm{d}\rho\,\mathrm{d}\theta \tag{1-24}$$

对于式(1-24)的由来，本小节从微分角度给出以下解释。

直角坐标系下，长为 x、宽为 y 的矩形面积是 $S=xy$。如果 x 和 y 都趋于无穷小，那么无穷小的面积就是 $\mathrm{d}S=\mathrm{d}x\mathrm{d}y$。对于极坐标下的 ρ 和 θ，可推导出 $\mathrm{d}S=\rho\mathrm{d}\rho\mathrm{d}\theta$。由于半径为 ρ、角度为 θ 的扇形面积是 $S=\frac{1}{2}\rho^2\theta$，因此它和圆面积 $\pi\rho^2$ 的比值是$\frac{S}{\pi\rho^2}=\frac{\theta}{2\pi}$。

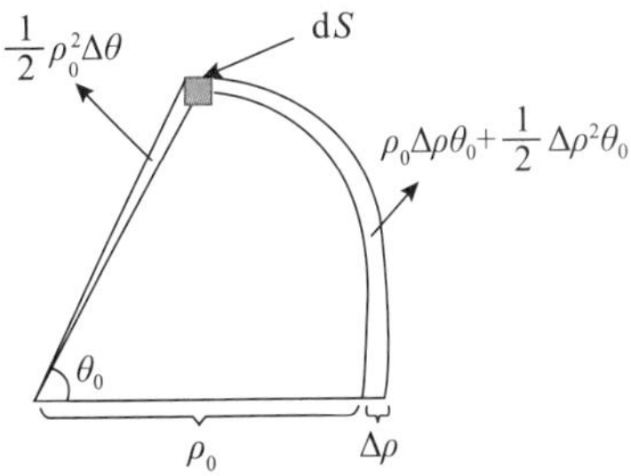

图 1-13　极坐标系下的面积 dS 示意图

极坐标下(ρ_0,θ_0)围成的扇形面积为 $S_0=\frac{1}{2}\rho_0^2\theta_0$，如图 1-13 所示，将半径延长 $\Delta\rho$，角度从 θ_0 转动到 $\theta_0+\Delta\theta$，则

新的扇形面积为 $S_1=\frac{1}{2}(\rho_0+\Delta\rho)^2(\theta_0+\Delta\theta)$。$S_1$ 可分为两个部分，即 $S_1=\frac{1}{2}(\rho_0+\Delta\rho)^2\theta_0+\frac{1}{2}(\rho_0+\Delta\rho)^2\Delta\theta$，等号右边第二部分是角度转动 $\Delta\theta$ 后增加的面积。将这部分展开，即为 $\frac{1}{2}\rho_0^2\Delta\theta+\rho_0\Delta\rho\Delta\theta+\frac{1}{2}\Delta\rho^2\Delta\theta$，其中 $\rho_0\Delta\rho\Delta\theta+\frac{1}{2}\Delta\rho^2\Delta\theta$ 是图 1-13 中小块的面积，记作 ΔS。鉴于 $\lim\limits_{\Delta\rho\to 0}\frac{\Delta S}{\Delta\rho}=\lim\limits_{\Delta\rho\to 0}\left(\rho_0\Delta\theta+\frac{1}{2}\Delta\rho\Delta\theta\right)=\rho_0\Delta\theta$，可推出 $\lim\limits_{\substack{\Delta\rho\to 0\\ \Delta\theta\to 0}}\frac{\Delta S}{\Delta\rho\Delta\theta}=\rho_0$。它的物理意义是：在半径 ρ_0 处，ρ 和 θ 分别增加 $\Delta\rho$ 和 $\Delta\theta$，若两者的增加都趋于无穷小，则增加的部分围成的面积 ΔS 是两者乘积 $\Delta\rho\Delta\theta$ 的 ρ_0 倍，即式(1-24)中的 $\mathrm{d}S=\rho_0\mathrm{d}\rho\mathrm{d}\theta$。

实际上，运用雅可比(Jacobi)行列式法也可以得到式(1-24)。由于 Jacobi 行列式的理论解释属于向量矩阵的知识范畴，这里不展开详细讨论。根据式(1-23)，$\frac{\partial x}{\partial\rho}=\cos\theta$，$\frac{\partial x}{\partial\theta}=-\rho\sin\theta$，$\frac{\partial y}{\partial\rho}=\sin\theta$，$\frac{\partial y}{\partial\theta}=\rho\cos\theta$。运用 Jacobi 行列式，得到直角坐标与极坐标的转换，即

$$\mathrm{d}x\mathrm{d}y=\begin{vmatrix}\cos\theta & -\rho\sin\theta\\ \sin\theta & \rho\cos\theta\end{vmatrix}\cdot\mathrm{d}\rho\mathrm{d}\theta=(\rho\cos^2\theta+\rho\sin^2\theta)\mathrm{d}\rho\mathrm{d}\theta=\rho\mathrm{d}\rho\mathrm{d}\theta$$

1.3.2 案例：高斯分布密度函数的推导

在概率统计中，高斯(正态)分布是一种十分常见的概率分布，其密度函数是 $f(x)=\frac{1}{\sqrt{2\pi}\sigma}\mathrm{e}^{-\frac{(x-\mu)^2}{2\sigma^2}}$，定义域 $x\in(-\infty,+\infty)$，均值和标准差分别是 μ 和 σ。众所周知，任何概率分布的积分都是 1，即 $\int_{-\infty}^{+\infty}f(x)\mathrm{d}x=1$，这意味着 $\int_{-\infty}^{+\infty}\mathrm{e}^{-\frac{(x-\mu)^2}{2\sigma^2}}\mathrm{d}x=\sqrt{2\pi}\sigma$。它是怎么算出来的？这要归功于直角坐标与极坐标的变换。

为了简单起见，先对 $\int_{-\infty}^{+\infty}\mathrm{e}^{-x^2}\mathrm{d}x$ 做平方运算，即

$$\left(\int_{-\infty}^{+\infty}\mathrm{e}^{-x^2}\mathrm{d}x\right)^2=\int_{-\infty}^{+\infty}\mathrm{e}^{-x^2}\mathrm{d}x\cdot\int_{-\infty}^{+\infty}\mathrm{e}^{-y^2}\mathrm{d}y=\iint\mathrm{e}^{-(x^2+y^2)}\mathrm{d}x\mathrm{d}y \tag{1-25}$$

这里可以把对平面坐标变量 x、y 的积分换成对极坐标变量 ρ、θ 的积分，即 $\mathrm{d}x\mathrm{d}y=\rho\mathrm{d}\rho\mathrm{d}\theta$。

由于 $x^2+y^2=\rho^2$，式(1-25)可转换成

$$\begin{aligned}\iint\mathrm{e}^{-(x^2+y^2)}\mathrm{d}x\mathrm{d}y&=\int\mathrm{e}^{-\rho^2}\rho\mathrm{d}\rho\mathrm{d}\theta=\int_0^{2\pi}\mathrm{d}\theta\int_0^{+\infty}\mathrm{e}^{-\rho^2}\rho\mathrm{d}\rho\\&=2\pi\cdot\frac{1}{2}\int_0^{+\infty}\mathrm{e}^{-\rho^2}\mathrm{d}(\rho^2)=\pi\left(-\mathrm{e}^{-\rho^2}\Big|_0^{+\infty}\right)=\pi\end{aligned}$$

图 1-14 中 $z=\mathrm{e}^{-(x^2+y^2)}$，二重积分 $\iint\mathrm{e}^{-(x^2+y^2)}\mathrm{d}x\mathrm{d}y$ 是一个像钟形的曲面体，体积是 π。

将式(1-25)的积分结果开根号，可得

$$\int_{-\infty}^{+\infty}\mathrm{e}^{-x^2}\mathrm{d}x=\sqrt{\pi} \tag{1-26}$$

式(1-26)中,令 $z=\dfrac{x-\mu}{\sqrt{2}\sigma}$,则 $\mathrm{d}x=\sqrt{2}\sigma\mathrm{d}z$,代入 $\int_{-\infty}^{+\infty}\mathrm{e}^{-\frac{(x-\mu)^2}{2\sigma^2}}\mathrm{d}x$ 后,得 $\int_{-\infty}^{+\infty}\mathrm{e}^{-z^2}\sqrt{2}\sigma\mathrm{d}z=\sqrt{2\pi}\sigma$,从而验证了 $f(x)$ 的积分结果为 1。

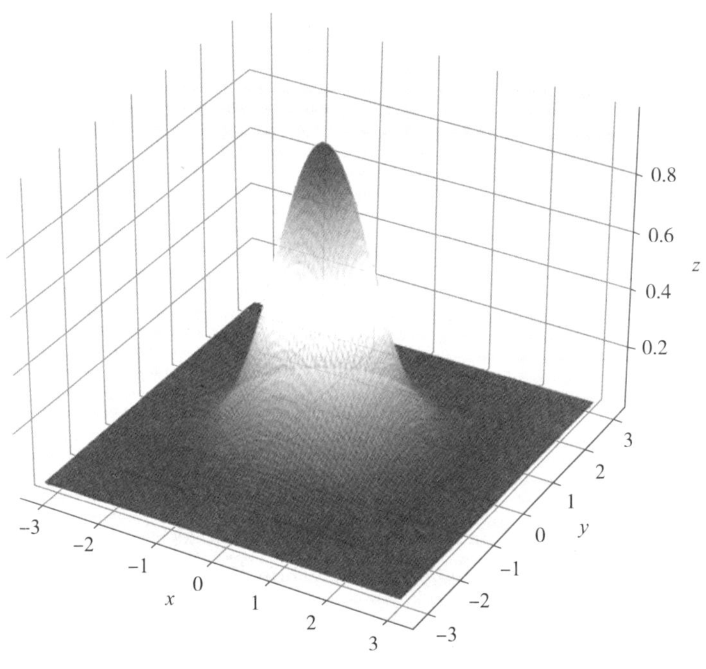

图 1-14　二重积分 $\iint\mathrm{e}^{-(x^2+y^2)}\mathrm{d}x\mathrm{d}y$ 所围成的曲面体

换个角度看,在伽马函数中,有一个非常著名的阶乘 $\left(-\dfrac{1}{2}\right)!$,即 $\Gamma\left(\dfrac{1}{2}\right)=\left(-\dfrac{1}{2}\right)!=\sqrt{\pi}$。通过它也可以推导出式(1-26),详见第 5 章的补充说明部分(扫描前言二维码获取)。事实上,除了高斯分布外,伽马分布还与其他许多常见的概率分布都有内在联系,比如指数分布、β 分布、χ^2 分布等,详见文献[10]。

本章小结

本章开始通过两个简单的例子——正弦函数面积和圆面积的累加计算,循序渐进地阐明了微积分“以直代曲”的核心思想,随后从泰勒展开式的角度给出了相应的理论解释。作为高等数学的重要内容,微积分在实际的科学与工程问题中都有非常广泛的应用。本章列举了微积分在人工智能领域的几个实际应用案例,包括正弦函数导数的有限差分估计、图像边缘(轮廓)的提取、用霍夫变换检测直线,以及高斯分布密度函数的推导。

第2章 迭代优化与凸函数

最优化理论与方法是第二次世界大战后迅速发展起来的一门新学科[11]，现在已广泛应用在经济学、城市规划和交通运输方面[12]，例如，城市交通的最短路径规划、产品的最低成本方案等。人工智能领域也涉及大量的优化问题，如深度学习中神经网络模型的优化、线性回归中的拟合直线、分类问题中的特征提取等。附录A（扫描前言二维码获取）给出了最优化建模在工程领域的应用案例，同时也介绍了Python最优化建模工具包（包括线性和非线性两种情况）。如果仅仅满足于会用工具包，那么我们对数学基础知识的理解还停留在表面。本章将循序渐进地讲解迭代优化和凸函数的理论基础，并分析如何得到最优解。

2.1 迭代优化

最优化问题是数学中的一个难点，它的内容非常多，理论性较强，且求解方法灵活多变。通常使用迭代方法求解最优化问题，所以也称作迭代优化。作为面向本科生的教材，本章旨在以深入浅出的方式引导读者入门，循序渐进地了解迭代优化的数学基础和应用。

2.1.1 一个简单的最优化问题

现实中很多优化问题都可以转换成函数求极值的问题。例如，在图2-1所示的二次函数 $y_1=x^2-2x+1$ 中，若自变量 $x\in(-2,4)$，当 x 取值多少时，能让抛物线 y_1 离水平线 $y_2=-1$（水平虚线）最近？y_1 会随着 x 的变化而变化，而 $y_2=-1$ 固定不变。显而易见，当 x 取值为1时，抛物线离水平线最近。

从优化问题的角度，建模过程是一个约束条件下二次函数求极值问题，变量是 x，约束条件是 $-2<x<4$，函数表达式为 $f(x)=y_1-y_2$，整理得

$$\begin{aligned}&f(x)=\min(x-1)^2+1\\&\text{s.t.}\ -2<x<4\end{aligned}\tag{2-1}$$

显然，式(2-1)可以一步到位求解出来。

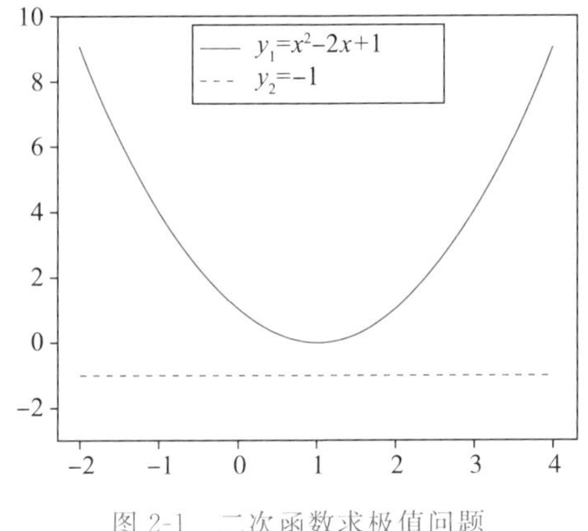

图 2-1　二次函数求极值问题

现实中，很多优化问题虽然没有这么简单直观，但是建模过程和求解思路却很类似。为了帮助读者理清优化问题的基础理论和求解过程，接下来将介绍闭式解的概念，并分析在没有闭式解情况下函数值迭代减小的数学理论。

2.1.2　闭式解与非闭式解

闭式解又称**解析解**(analytical solution)。在函数 $f(x)$中，令一阶导数 $f'(x)=0$，此时 $f'(x)=0$ 是关于 x 的方程。如果 x^* 是该方程的解，那么 x^* 就是函数 $f(x)$的极值点(也称驻点)，即该函数有解析解。比如，2.1.1 小节中 $f(x)=(x-1)^2+1$ 有闭式解，因为把它的一阶导数 $f'(x)=2(x-1)$置 0 后，可以算出 $x^*=1$。将 $x^*=1$ 代入 $f(x)$中，能得到函数的最小值 $f(x^*)=1$。换言之，当 $x=1$ 时，抛物线离水平线最近，即距离最短，所以函数的最优解是 x^*。

非闭式解又称**非解析解**，如果从函数 $f(x)$的一阶导数 $f'(x)=0$ 中无法直接计算出它的解，即无法一步得到函数 $f(x)$的最优解，那么这种情况就没有闭式解。例如，图 2-2 中函数 $y=-\ln x$ 没有闭式解，因为它的一阶导数 $y'=-\dfrac{1}{x}$，在 $x\in(0,+\infty)$内，不存在 $y'=0$ 的情况。

现实中的优化问题，像图 2-1 中能一步求解到位的理想情况非常少，而类似于图 2-2 没有闭式解的情况却很多。下面将从数学理论的角度重点讨论没有闭式解的函数该如何求解优化问题。

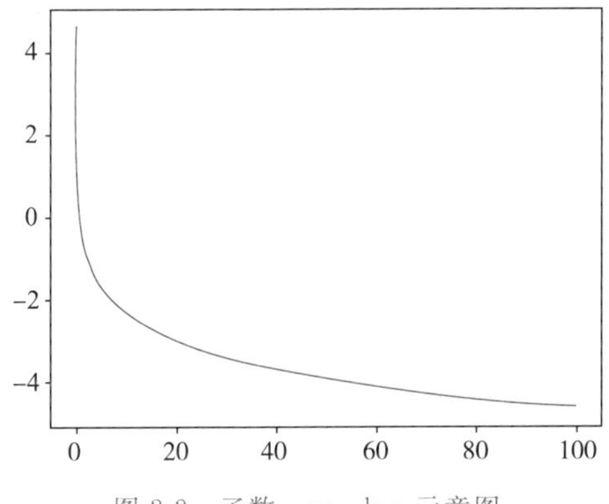

图 2-2　函数 $y=-\ln x$ 示意图

2.1.3 迭代优化的理论基础

对于没有闭式解的函数，只能采用迭代方法，不断更新变量 x，使函数值 $f(x)$不断下降，逐步接近最优解 x^*。当达到或非常接近 x^* 时，停止迭代。如果在停止迭代之前，x 更新了 t 次，那么 $x^*=x_t$ 且满足

$$f(x^*)=f(x_t)<f(x_{t-1})<\cdots<f(x_0) \tag{2-2}$$

式中，x_0 是变量 x 的初始值。

式(2-2)中，在第 k 步已知 $x_k(0\leqslant k<t)$的前提下，下一步 x_{k+1} 待求，即

$$x_{k+1}=x_k-\eta f'(x_k) \tag{2-3}$$

式中，常数 $\eta>0$ 是一个事先设定好的步长，而一阶导数 $f'(x_k)$是函数 $f(x)$在 x_k 处的**梯度**，从几何意义的角度看，梯度即是斜率[13]，它刻画了函数 $f(x)$在 x_k 处的变化方向与大小。实际上，自然界中食肉动物在觅食过程中，如果把猎物奔跑轨迹建模成函数，那么觅食的方向就是猎物奔跑的梯度方向[14]。

式(2-3)中，从 x_k 到 x_{k+1} 是迭代优化过程的核心步骤，即**梯度下降**。在梯度下降过程中，变量前进的方向是 x_k 的负梯度 $-f'(x_k)$，它是可微函数 $f(x)$在 x_k 处的局部最速下降方向[15]，前进的步长是 η，即 $\Delta x=x_{k+1}-x_k=-\eta f'(x_k)$。这种先确定方向再确定步长，从而使函数值 $f(x_{k+1})<f(x_k)$的优化方法，称作**线性搜索法**[16-17]。

表 2-1 给出了迭代优化过程的四个具体步骤。第 4 步中 $\varepsilon(\varepsilon>0)$是一个非常小的常数，如 0.1、0.01 等，它是函数收敛的判定条件，也称为**阈值**。只要相邻两次函数值的变化 $f(x_k)-f(x_{k-1})<\varepsilon$，就默认收敛，停止迭代过程。从表 2-1 看出，迭代优化过程需要先确定四大要素，即梯度$\nabla f(x)$、变量初始化 x_0、步长 η 和阈值 ε。

表 2-1 迭代优化过程的具体步骤

序号	内　　容
1	给定函数的变量初始值 x_0
2	更新变量，即 $x_1=x_0-\eta\nabla f(x_0)$　($\nabla f(x)$即是梯度)
3	再次更新变量，即 $x_2=x_1-\eta\nabla f(x_1)$
4	以此类推，更新 k 次变量，直到 $f(x_k)-f(x_{k-1})<\varepsilon$ 收敛，停止迭代

或者，也可以将收敛条件设置为$|\nabla f(x_k)|<\varepsilon$，即当梯度$\nabla f(x)$接近于 0 时，函数收敛。它与表 2-1 中第 4 步函数值收敛判定是等效的。因为式(2-3)中 $\Delta x=x_{k+1}-x_k=-\eta\nabla f(x_k)$，如果$|\nabla f(x_k)|\to 0$，则$|\Delta x|\to 0$。根据第 1 章介绍过的泰勒展开式，此时函数 $f(x)$的二阶及以上的高阶项部分可以忽略不计，即 $f(x_{k+1})\approx f(x_k)$。

在迭代优化过程中，只要满足式(2-2)中的函数值 $f(x)$单调下降，就能确保优化问题最终会收敛到最优解。关键在于怎样从理论上保证 $f(x)$在有限次迭代过程中单调下降，这还是要从泰勒展开式入手，分析函数自身的性质和特点。

对于无限次可导的函数，如图 2-2 中 $y=-\ln x$，或者 $y=e^x$、$y=\sin x$ 等，令 $f(x)=y$，泰勒展开式为

$$f(x)=\frac{f(x_0)}{0!}+\frac{f'(x_0)}{1!}(x-x_0)+\frac{f''(x_0)}{2!}(x-x_0)^2+\cdots+\frac{f^{(n)}(x_0)}{n!}(x-x_0)^n+R_n(x) \tag{2-4}$$

式中，$R_n(x)=o[(x-x_0)^n]$称为余项，它是 n 阶以上的高阶项，包括 $n+1$ 阶，$n+2$ 阶，……，当 x 充分接近 x_0 时，高阶项可以忽略不计。

线性函数只有一阶导数，泰勒展开式为

$$f(x)=f(x_0)+f'(x_0)\cdot(x-x_0) \tag{2-5}$$

二次函数只有一阶和二阶导数，泰勒展开式为

$$f(x)=f(x_0)+f'(x_0)\cdot(x-x_0)+\frac{1}{2}f''(x_0)\cdot(x-x_0)^2 \tag{2-6}$$

以二次函数 $f(x)=ax^2+bx+c$ 为例，结合式(2-3)和式(2-6)得

$$f(x_{k+1})=f(x_k)-\eta f'(x_k)^2+\frac{1}{2}2a\eta^2 f'(x_k)^2 \tag{2-7}$$

其中，二阶导数 $f''(x_k)=2a$ 是一个常数。

要确保式(2-7)中 $f(x_{k+1})<f(x_k)$，必须满足

$$\eta(a\eta-1)f'(x_k)^2<0 \tag{2-8}$$

其中，$\eta>0$，且 $f'(x_k)^2\geqslant 0$ 恒成立，所以式(2-8)只要满足 $a<1/\eta$ 即可。

当 $a<0$ 时，$f(x)=ax^2+bx+c$ 开口向下，采用式(2-6)梯度下降方法会将函数值一直拉向$-\infty$，所以没有现实意义。当 $a>0$ 时，$f(x)$开口向上(见图 2-1)，此时，抛物线有下确界，即谷底 $x=1$ 处。步长只要满足 $0<\eta<1/a$，无论初始值 x_0 是多少，采用梯度下降法都能从理论上保证函数单调下降。

若函数 $f(x)$本身三阶、四阶或者更高阶可导，那么泰勒展开式会变得非常复杂。此时可以将复杂的问题简单化，即对步长 η 取较小的值，以保留一阶、二阶信息，丢弃高阶部分。因为根据式(2-3)，充分小的 η(如 $\eta=0.1$ 或 0.01)可以确保$|\Delta x|=|x_{k+1}-x_k|$比较小，再根据式(2-4)，二阶以上余项 $R_2(x)=o[(x-x_0)^2]$会趋于 0。

抛物线的迭代优化

2.1.4 案例：抛物线的迭代优化过程

2.1.1 小节关于抛物线的优化问题有闭式解，可以一步到位求解最小值。理论上讲，也可以采用梯度下降的方法迭代求解最小值。对于没有闭式解的优化问题，只能采用迭代优化方法求解。

为了简单直观，本案例以 2.1.1 小节抛物线优化问题为例，通过设置不同步长 η、不同初始值 x_0 来验证最终收敛到最优解 $x^*=1$。本案例中，令阈值 $\varepsilon=0.001$。

代码实现如下：

【代码 2-1】

```
import numpy as np
import matplotlib.pyplot as plt
def grad(X):                          #定义梯度
  return 2 * X - 2
```

```
def gradient_descent(X0, ita):   #定义梯度下降函数
    Val = list()
    Func = list()
    X = X0
    f = X ** 2 - 2 * X + 1
    Val.append(X)
    Func.append(f)
    count = 0
    iter_max = 100
    Delta = 10
    while count < iter_max and Delta > 10 **(-3):
        count = count + 1
        up_X = X - ita * grad(X)
        up_f = up_X **2 - 2 * up_X + 1
        Delta = f - up_f
        X = up_X
        f = up_f
        Val.append(X)
        Func.append(f)
    return [Val, Func, count]

if __name__ == "__main__":              #主函数
    x_min = -2
    x_max = 4
    sample_num = 100
    dot_x = np.linspace(x_min, x_max, sample_num)
    dot_y = dot_x **2 - 2 * dot_x + 1
    X0 = 0                              #变量初始化,可改
    ita = 0.1                           #步长,可改

    [Val, Func, count] = gradient_descent(X0, ita)
    np.set_printoptions(formatter = {'float': '{: 0.3f}'.format})
    print(np.array(Val))
    print(np.array(Func))
    print(r'step_size = %.3f, x_{0} = %.1f, it iterates %d steps in total' % (ita, X0, 
count))
    plt.figure()                        #画图
    plt.plot(dot_x, dot_y, "-", c = 'b')
    #plt.title(r'$\eta$ = %.3f, $x_{0}$ = %.1f, it iterates %d steps in total' % (ita, 
X0, count), fontsize = 10)

    for i in range(count + 1):
        plt.scatter(Val[i], Func[i], color = 'r', s = 40, marker = 'o')
        text_pt = plt.text(Val[i], Func[i] - 0.5, s = 40, fontsize = 10)
        text_pt.set_text(r'$x_{%d}$' % i)
        plt.pause(0.2)
    plt.show()
```

运行代码 2-1，结果如图 2-3 所示。

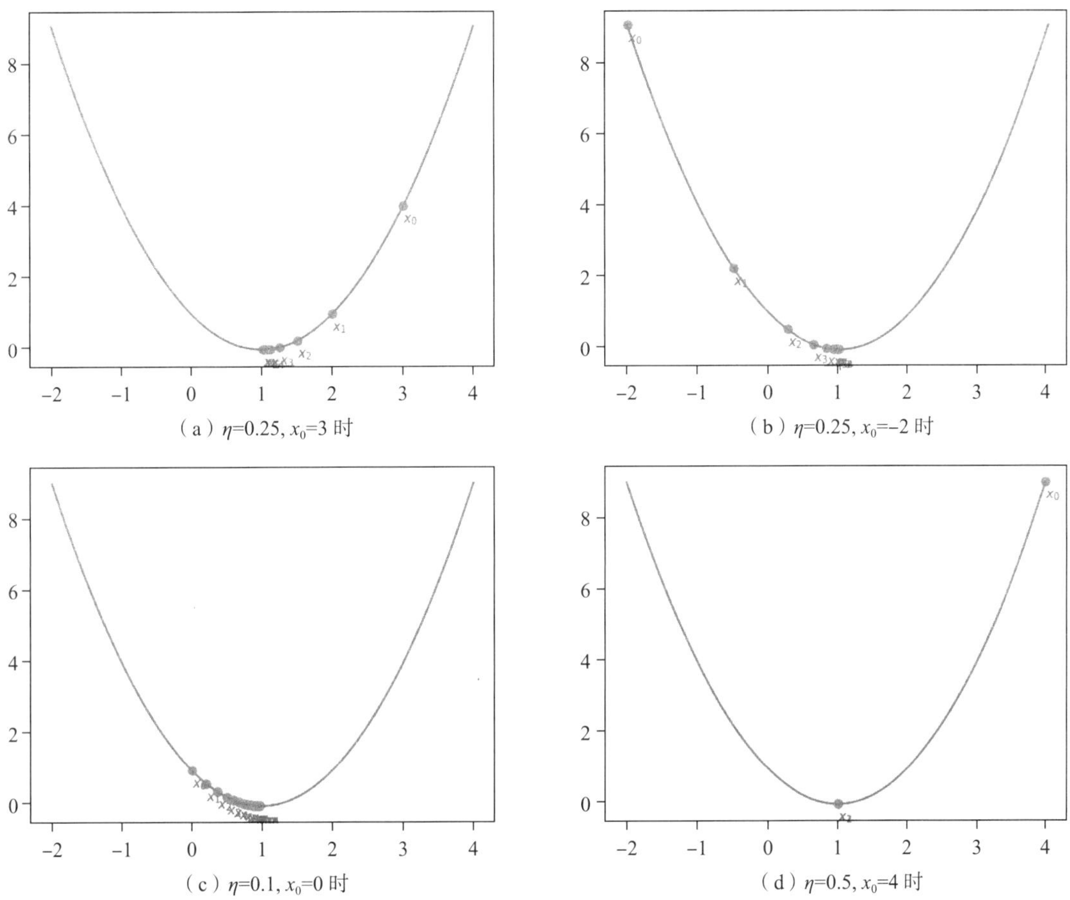

图 2-3　函数 $f(x)=x^2-2x+1$ 在不同步长 η、不同初始值 x_0 下的迭代收敛过程

图 2-3(a)中，步长 $\eta=0.25$，初始值 $x_0=3$，迭代 7 步收敛；图 2-3(b)中，$\eta=0.25$，$x_0=-2$，迭代 8 步收敛；图 2-3(c)中，$\eta=0.1$，$x_0=0$，迭代 15 步收敛；图 2-3(d)中，$\eta=0.5$，$x_0=4$，迭代 2 步收敛。尽管迭代步数会受步长和初始值影响，但是最终都收敛到抛物线的谷底，即达到了函数最小值。

2.2 梯度消失

2.2.1 梯度消失的概念

有些函数理论上可用梯度下降法降低函数值，即 $f(x_k)<\cdots<f(x_2)<f(x_1)$，但当下降到一定程度时，相邻两次函数值的变化会非常缓慢，即 $|f(x_{k+1})-f(x_k)|$ 非常小。第 1 章提到过，一阶导数（梯度）反映了函数变化的幅度。如果 $|f(x_{k+1})-f(x_k)|$ 接近于 0，则梯度 $|\nabla f(x_k)|$ 也趋于 0，始终达不到 0，这种情况称为**梯度消失**。

以图 2-2 中 $y=-\ln x$ 为例，它的一阶导数是 $y'=-\dfrac{1}{x}$，在整个定义域 $x\in(0,+\infty)$ 内都没有 $y'=0$ 的情况，只有 $y'<0$ 恒成立。从图 2-2 的函数曲线图走势能看出，当 $x<1$ 时，函数非常陡峭；当 $x>1$ 时，函数渐近趋于平缓，但是一直单调下降，并随着 x 的增大逐渐接近水平线。当 $x=10$ 时，$y'=-0.1$；当 $x=11$ 时，$y'=-0.099$，两者梯度之差是 0.001。随着 x 的继续增大，梯度之差会越来越小，梯度越来越趋于 0，但始终小于 0。

在迭代优化过程中，如果步长 η 固定，变量初始值 $x_0<1$，则函数 $y=-\ln x$ 的梯度下降过程是先陡峭后平缓，且越到后面越趋向于微小的步进式递减，但是始终达不到最小值，因为 $y=-\ln x$ 在整个定义域内单调递减，即 $\lim\limits_{x\to+\infty} y=-\infty$。类似于 $y=-\ln x$ 的函数都会产生梯度消失现象，如 $y=\mathrm{e}^{-x}$、$y=\dfrac{1}{x}$ 等函数。因为它们的一阶导数都是渐近趋向于 0，但是永远达不到 0。

此外，深度学习中常见的 Sigmoid 函数 $y=\dfrac{1}{1+\mathrm{e}^{-x}}$ 也会产生梯度消失现象，因为在 $x>6$ 和 $x<-6$ 的情况下，函数曲线趋于平坦。详见第 11 章相关内容。

2.2.2 案例：函数 $y=-\ln x$ 的梯度消失现象

函数 $y=-\ln x$ 的梯度消失现象

设置不同步长 η、不同阈值 ε，观察函数 $y=-\ln x$ 的梯度消失现象，即渐进式递减直至极其缓慢收敛的过程。初始值 $x_0=0.2$，代码类似于 2.1.4 小节的抛物线迭代优化，此处不再赘述。

图 2-4(a) 中，步长 $\eta=1$，阈值 $\varepsilon=0.1$，迭代两步收敛；图 2-4(b) 中，$\eta=1$，$\varepsilon=0.01$，迭代 38 步收敛；图 2-4(c) 中，$\eta=0.1$，$\varepsilon=0.1$，迭代 5 步收敛；图 2-4(d) 中，$\eta=0.1$，$\varepsilon=0.01$，迭代 49 步收敛。由此可见，当步长固定时，阈值对收敛前迭代次数起决定性作用；当阈值固定时，步长的变化对迭代次数影响不大，但是在曲线陡峭的部分，即 $x\in(0,6)$ 范围内，步长越大，从 x_0 到 x_1 之间的跨度也就越大。

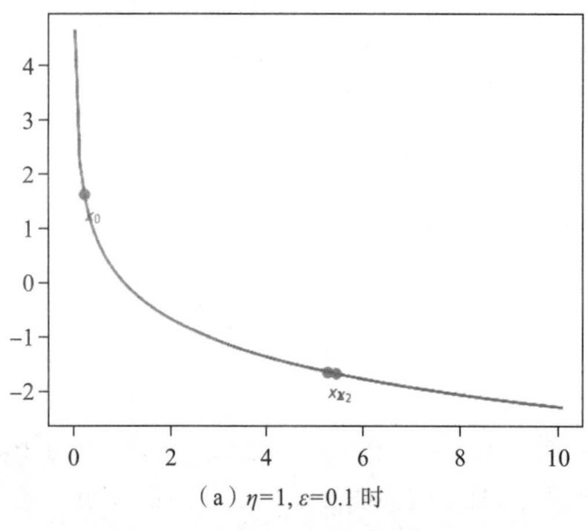

(a) $\eta=1, \varepsilon=0.1$ 时

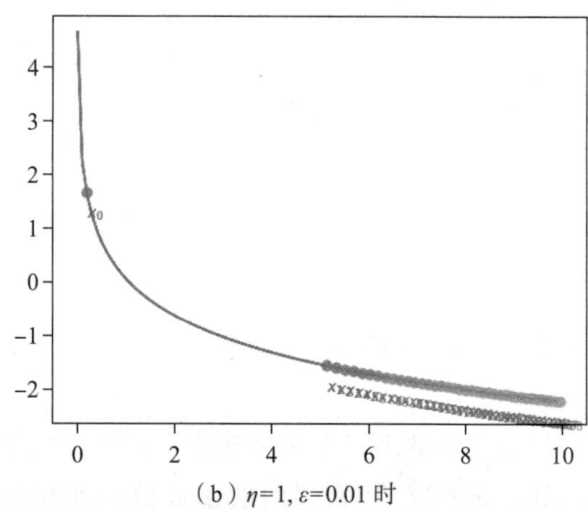

(b) $\eta=1, \varepsilon=0.01$ 时

图 2-4 函数 $f(x)=-\ln x$ 在不同步长 η、不同阈值 ε 下的迭代收敛过程

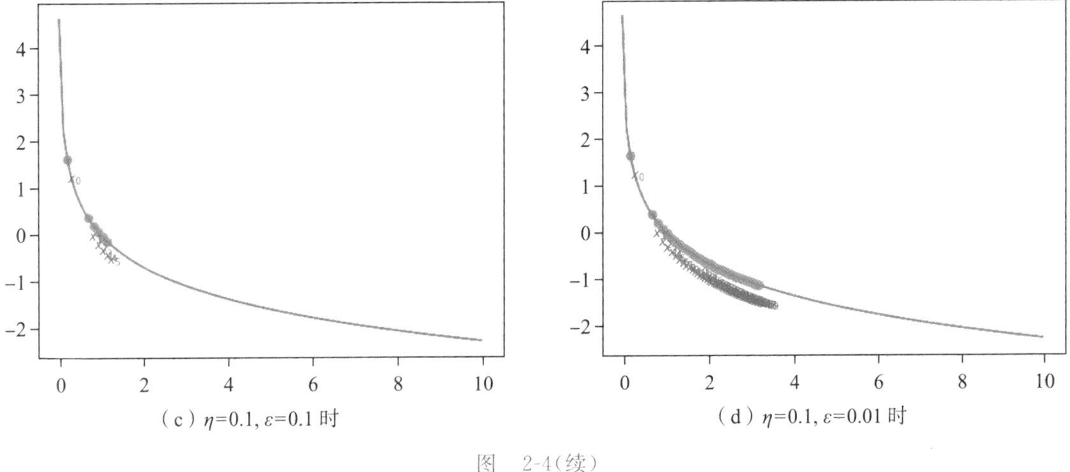

（c）η=0.1, ε=0.1 时

（d）η=0.1, ε=0.01 时

图 2-4（续）

2.3 凸函数

2.3.1 凸函数与全局最优解

有一类函数，它在定义域 $x \in \mathbf{D}$ 内存在唯一的最小值，即全局最优解。在迭代优化过程中，无论变量初始值 x_0 取值多少，函数值 $f(x)$ 都能确定地收敛到这个最小值，称这类函数为**凸函数**。比如，图 2-1 的抛物线 $f(x)=x^2-2x+1(-2<x<4)$ 是凸函数，从形状上看它确实只有一个谷底（最小值）。2.1.4 小节通过编程实现函数的迭代优化，也验证了无论变量初始值 x_0 取值多少，$f(x)$ 最后都能到达谷底，即到达全局最优解。

可是，并非所有的函数都存在唯一的最小值，有的函数存在多个一阶导数为 0 的点（即极值点，其中包括最大值和最小值）。这无疑给优化问题带来一定难度。例如，通信领域里经常用到的信号函数 $f(x)=\frac{\sin x}{x}$，它的形状像一个左右对称的波浪线，有多个极大值和极小值，如图 2-5 所示。

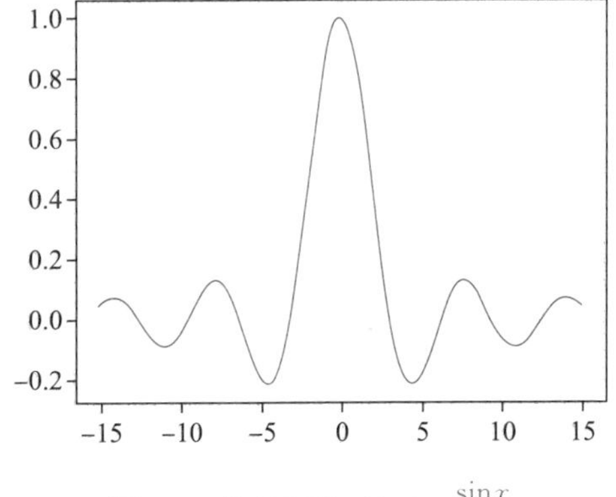

图 2-5 信号函数 $f(x)=\frac{\sin x}{x}$

用迭代优化方法求解图 2-5 的函数最小值，读者可能会产生一个疑问：到底收敛到哪个谷底？因为在 $x\in(-15,-10)$、$x\in(-5,0)$、$x\in(0,5)$ 和 $x\in(10,15)$ 四个区间内均有一个谷底，每个谷底处的梯度都为 0。显然，位于 $x\in(-5,0)$ 和 $x\in(0,5)$ 两个区间内的谷底处 $\left(\frac{\sin x}{x}\text{是偶函数，关于 } y \text{ 轴对称}\right)$ 是函数的最小值。倘若收敛到 $x\in(-15,-10)$ 或者 $x\in(10,15)$ 范围内的谷底，显然不是全局最优解（最小值），而是**局部最优解**。可一旦陷进去，理论上就不可能再出来了。因为根据式(2-6)，在迭代优化过程中，如果第 k 步变量 x_k 的梯度 $\nabla f(x_k)=0$，那么 $x_{k+1}=x_k-\eta\nabla f(x_k)=x_k$，即变量不再变化，所以函数值也不会再变化，即 $f(x_{k+1})=f(x_k)$。这种情况即是陷入了局部最优解。

为了验证信号函数 $f(x)=\frac{\sin x}{x}$ 在不同步长 η、不同初始值 x_0 下的迭代收敛结果不同（代码类似于 2.1.4 小节的案例），图 2-6 展示了它的迭代收敛过程。图 2-6(a)中，步长 $\eta=5$，初始化 $x_0=-13$，迭代 10 步收敛；图 2-6(b)中，$\eta=5$，$x_0=13$，迭代 10 步收敛；图 2-6(c)中，$\eta=2$，$x_0=0.1$，迭代 15 步收敛；图 2-6(d)中，$\eta=3$，$x_0=-7$，迭代 9 步收敛。迭代过程受不同步长和初始值影响，最终收敛到不同的谷底。图 2-6 中四种情况的共同点在于，迭代优化过程都是顺着山坡向下移动，收敛到离初始值 x_0 最近的谷底处，然后不动了。

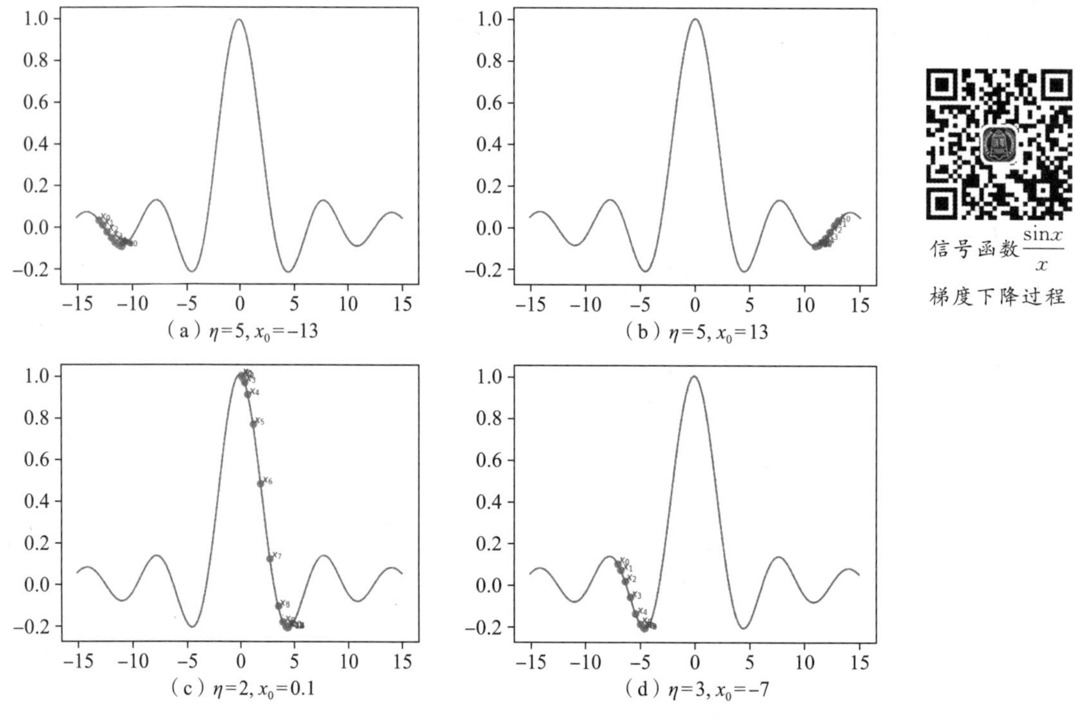

图 2-6 函数 $f(x)=\frac{\sin x}{x}$ 在不同步长 η、不同初始值 x_0 下的迭代收敛过程

对比图 2-3 和图 2-6，凸函数的优点在于，唯一的最小值保证了全局最优解。这种情况下，无论变量初始值 x_0 取值多少，函数最后都能收敛到这个唯一的最优解。而非凸函数存在多个极小值点，其中有的是局部最优解，并非全局最优解。在迭代过程中，不同的初始化

会导致变量 x 最终收敛在离 x_0 最近的极小值点(可能是局部最优解)。

2.3.2 单调性和凹凸性

2.3.1 小节阐述了凸函数相对于非凸函数的优势。函数 $f(x)$构造完成后,如何判断它是不是凸函数呢?本节着重讨论函数的单调性、凹凸性与一阶、二阶导数的关系,并将以此为基础,引入 2.3.3 小节的凸函数判定方法。

1. 函数的单调性

从一阶导数的正负性可以判断函数 $f(x)$的单调性。若 $f(x)$在 $x\in(a,b)$内连续可导,则

(1) $x\in(a,b)$时 $f'(x)>0$,则 $f(x)$在 $x\in(a,b)$内单调递增。

(2) $x\in(a,b)$时 $f'(x)<0$,则 $f(x)$在 $x\in(a,b)$内单调递减。

一次可导的函数(直线)的单调性非常简单,因为一阶导数 $f'(x)$就是直线的斜率 k。当 $k>0$ 时直线向右上方延伸,即单调递增;当 $k<0$ 时直线向右下方延伸,即单调递减。而二阶及以上可导的函数(曲线)递增和递减都会涉及凹和凸两种不同的情况。图 2-7(a)是 $f(x)=\mathrm{e}^x$ 的图像,为单调递增的凸函数;图 2-7(b)是 $f(x)=\log_2 x(x>0)$的图像,为单调递增的凹函数;图 2-7(c)是 $f(x)=\dfrac{1}{x}(x>0)$的图像,为单调递减的凸函数;图 2-7(d)是 $f(x)=-x^2+10(x>0)$的图像,为单调递减的凹函数。因此,曲线不仅有单调性,也有凹凸性。一阶导数的正负性决定了函数的单调性,而凹凸性还需要二阶导数的正负性来判定。

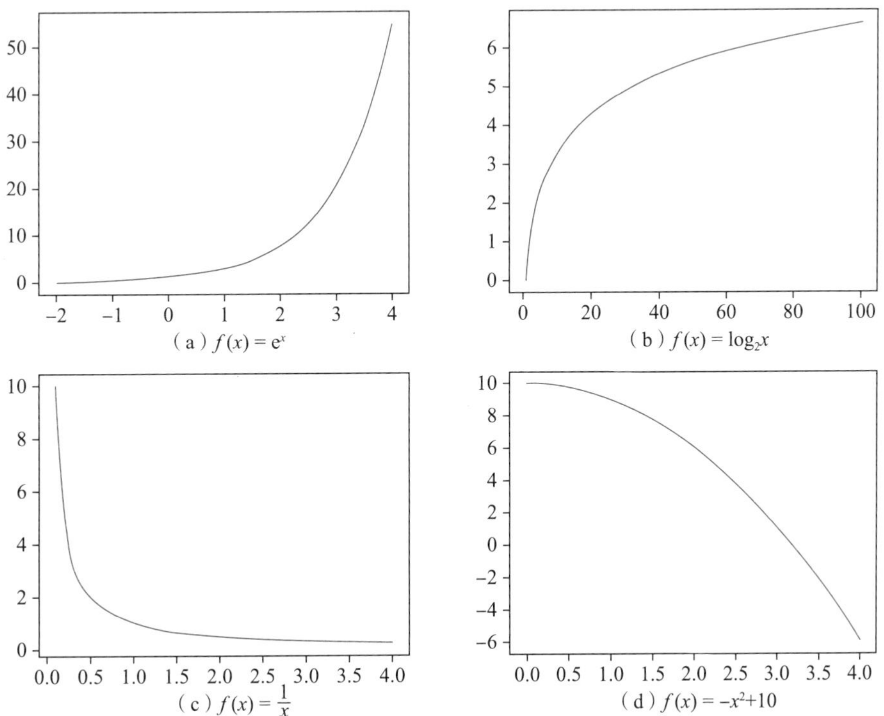

图 2-7 函数单调递增和单调递减的情况

2. 函数的凹凸性

图 2-7 给出了不同函数的单调性和凹凸性。如何根据二阶导数判定函数的凹凸性？为什么二阶导数可以作为判定标准？

假设函数 $f(x)$在 $x\in(a,b)$内连续且二阶可导，则

(1) $x\in(a,b)$时 $f''(x)>0$，则在 $x\in(a,b)$内 $f(x)$形状是凸的，如图 2-8(a)所示。

(2) $x\in(a,b)$时 $f''(x)<0$，则在 $x\in(a,b)$内 $f(x)$形状是凹的，如图 2-8(b)所示。

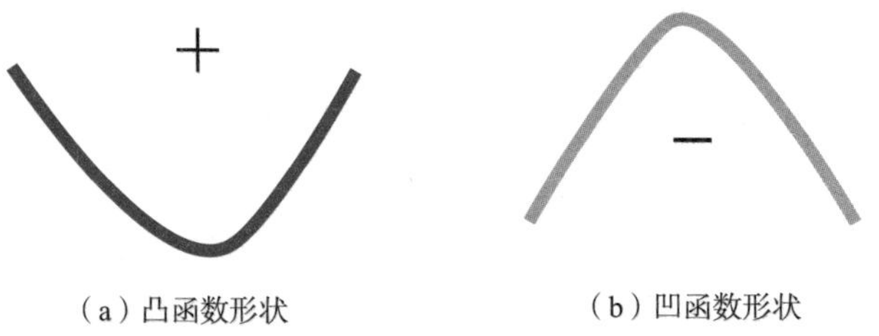

（a）凸函数形状　　（b）凹函数形状

图 2-8　凸凹函数形状

图 2-7(a)中，$f''(x)=\mathrm{e}^x>0$ 恒成立；图 2-7(b)中，$f''(x)=-\frac{1}{\ln 2}\cdot\frac{1}{x^2}<0$；图 2-7(c)中，当 $x>0$ 时，$f''(x)=\frac{2}{x^3}>0$；图 2-7(d)中，$f''(x)=-2<0$。所以根据图 2-8 的凹凸性定义，图 2-7(a)和(c)是凸函数，图 2-7(b)和(d)是凹函数。

3. 局部极值的判断

一阶导数 $f'(x^*)=0$，只能说明在 $x=x^*$ 处出现了极值，它可能是局部最大值，也可能是局部最小值，比如图 2-5 中信号函数的波峰与波谷。同样，在图 2-8(a)中，谷底处一阶导数为 0，它是极小值；而在图 2-8(b)中，山峰处一阶导数为 0，它是极大值。所以，局部最小值的条件是一阶导数 $f'(x^*)=0$，同时二阶导数 $f''(x^*)>0$；局部最大值的条件是一阶导数 $f'(x^*)=0$，同时二阶导数 $f''(x^*)<0$。

图 2-5 中信号函数 $f(x)=\frac{\sin x}{x}$的一阶导数为

$$f'(x)=\frac{\cos x}{x}-\frac{\sin x}{x^2}$$

二阶导数为

$$f''(x)=-\frac{\sin x}{x}-\frac{2\cos x}{x^2}+\frac{2\sin x}{x^3}$$

图 2-6 给出了变量 x 在四种不同初始化下的函数迭代收敛过程。一旦收敛到谷底 x^*，必然满足 $f'(x^*)=0$，同时 $f''(x^*)>0$。

反过来，如果将式(2-6)改为 $x_{k+1}=x_k+\eta f'(x_k)$，那么就变成了一个梯度上升的过程，变量 x 不断爬上山坡，到达山峰 x^* 处梯度为 0 收敛，即

$$f(x^*)=f(x_t)>f(x_{t-1})>\cdots>f(x_0)$$

必然满足 $f'(x^*)=0$，同时 $f''(x^*)<0$，即 x^* 是局部最大值。

关于函数梯度上升(下降)直至收敛的迭代优化过程，读者可以自己设计一个函数，参照

2.1.4 小节的案例代码进行编程验证。

4. 拐点

二阶导数 $f''(x)=0$ 的点，称作**拐点**(inflation point)[18]，它是函数凹凸性发生变化的临界点。但是该点处的函数单调性不一定变化，一阶导数 $f'(x)$ 也不一定为 0，如图 2-9 所示。在拐点的左边函数形状是凸的，而右边函数形状是凹的。拐点处函数单调递增。通过对函数 $f(x)$ 一阶导数和二阶导数的正负性判断，可以还原出函数的大致形状。

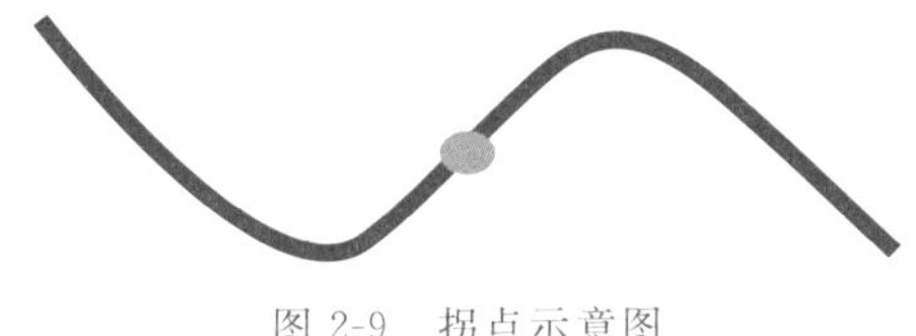

图 2-9　拐点示意图

【例 2-1】　判断函数 $f(x)=x^3+3x^2+2x+1$ 的单调区间和凹凸性，并画出函数的大致形状图。

解：一阶导数 $f'(x)=3x^2+6x+2$，令方程 $y=f'(x)=3x^2+6x+2=0$。

根据方程求根公式，若 $y=ax^2+bx+c=0$，则根 $x=\dfrac{-b\pm\sqrt{b^2-4ac}}{2a}$。

当 $x_1=-1+\dfrac{\sqrt{3}}{3}$，$x_2=-1-\dfrac{\sqrt{3}}{3}$ 时，一阶导数为 0。

二阶导数 $f''(x)=6x+6$，所以 $x=-1$ 处出现拐点。

当 $x<-1$ 时，$f''(x)<0$；而 $x>-1$ 时，$f''(x)>0$。

综上所述，$x_1=-1+\dfrac{\sqrt{3}}{3}$ 是极小值，$x_2=-1-\dfrac{\sqrt{3}}{3}$ 是极大值。

当 $x<-1-\dfrac{\sqrt{3}}{3}$ 或 $x>-1+\dfrac{\sqrt{3}}{3}$ 时，$f'(x)>0$，函数单调递增；当 $-1-\dfrac{\sqrt{3}}{3}<x<-1+\dfrac{\sqrt{3}}{3}$ 时，$f'(x)<0$，函数单调递减。

该函数的大致形状如图 2-10 所示。

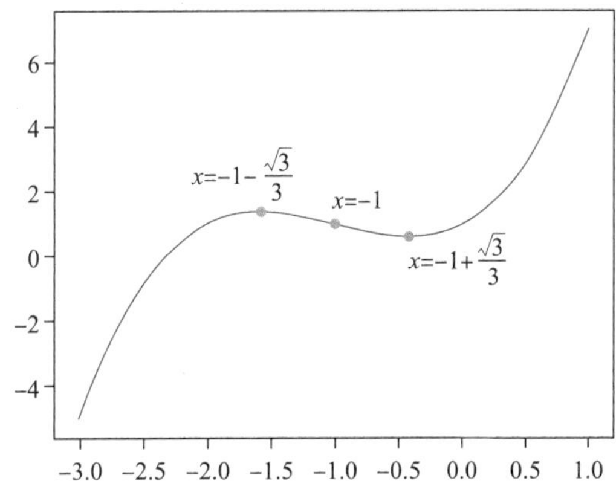

图 2-10　函数 $f(x)=x^3+3x^2+2x+1$ 的曲线图

【例 2-2】 讨论函数 $f(x)=x^3-6x^2+9x+1$ 的凹凸区间与拐点。

解：一阶导数为 $f'(x)=3x^2-12x+9$，二阶导数为 $f''(x)=6x-12$。

令 $f''(x)=0$，可得 $x=2$。

当 $x\in(-\infty,2)$时，$f''(x)<0$，所以此区间是凹区间；当 $x\in(2,+\infty)$时，$f''(x)>0$，所以此区间是凸区间。

小结

对于二次可导的函数，一阶导数(梯度)为 0 的点是极值点，即**驻点**。驻点可以是极大值，也可以是极小值。二阶导数大于 0 且一阶导数等于 0 的点，是函数的极小值；二阶导数小于 0 且一阶导数等于 0 的点，是函数的极大值。凸函数的驻点是唯一的，它是变量定义域中的全局最优点，变量到达该点，即是函数达到唯一的最小值，即**全局最优解**。

2.3.3 凸函数的判定方法

以 2.3.2 小节中函数单调性和凹凸性为基础，可以得到凸函数的三种判定方法，即一阶导数判定法、二阶导数判定法和 Jensen 不等式法。

1. 一阶导数判定法

对于 $\forall x\in\mathbf{D}$，其中 $\mathbf{D}$ 是 x 的定义域，如果满足

$$f(x_1)\geqslant f(x_0)+f'(x_0)(x_1-x_0) \tag{2-9}$$

则 $f(x)$是该定义域上的凸函数，如图 2-11 所示。

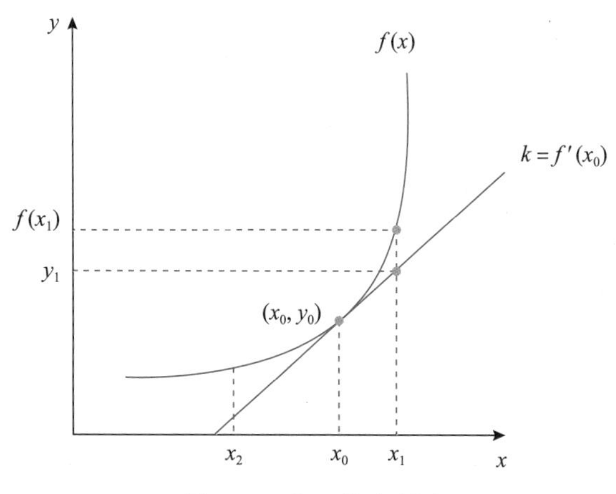

图 2-11 凸函数示意图

图 2-11 中，令 $y_0=f(x_0)$，$y_1=f(x_0)+f'(x_0)(x_1-x_0)$，在 x_0 处的切线斜率 $k=f'(x_0)$。由于函数 $f(x)$形状是凸的，所以很明显 $f(x_1)>y_1$。

2. 二阶导数判定法

对于 $\forall x\in\mathbf{D}$，若均满足 $f''(x)>0$，则 $f(x)$是凸函数。这与一阶导数判定法的实质是一样的。以二次可导函数(抛物线)的泰勒展开式为例，即

$$f(x_1)=f(x_0)+f'(x_0)(x_1-x_0)+\frac{1}{2}f''(x_0)(x_1-x_0)^2 \tag{2-10}$$

二次以上函数的泰勒展开式为

$$f(x_1)=f(x_0)+f'(x_0)(x_1-x_0)+\frac{1}{2}f''(x_0)(x_1-x_0)^2+O[(x_1-x_0)^2] \tag{2-11}$$

如果$|x_1-x_0|$比较小，可以保留一阶、二阶信息，三阶及以上可以忽略不计，即

$$f(x_1)\approx f(x_0)+f'(x_0)(x_1-x_0)+\frac{1}{2}f''(x_0)(x_1-x_0)^2 \tag{2-12}$$

图 2-11 中，$\frac{1}{2}f''(x_0)(x_1-x_0)^2=f(x_1)-y_1>0$，所以 $f''(x)>0$ 可以作为凸函数的判定条件。同理，在点 $x_2(x_2<x)$处，$f(x_2)>y_2$，两者之差为$\frac{1}{2}f''(x_0)(x_2-x_0)^2$。从中可知，$f''(x)$越趋近于 0，曲线越平坦且越逼近直线。真正的直线一阶导数是常数，所以它的二阶导数为 0，即不存在弯曲的部分。

【例 2-3】 已知 $f(x)$是关于 x 的凸函数，求证：$tf\left(\frac{x}{t}\right)(t>0)$也是关于 x 的凸函数。

证明：令 $y=\frac{x}{t}$，则$\frac{\mathrm{d}y}{\mathrm{d}x}=\frac{1}{t}$

$$\frac{\mathrm{d}\left[tf\left(\frac{x}{t}\right)\right]}{\mathrm{d}x}=\frac{\mathrm{d}[tf(y)]}{\mathrm{d}y}\cdot\frac{\mathrm{d}y}{\mathrm{d}x}=tf'(y)\cdot\frac{1}{t}=f'(y)$$

$$\frac{\mathrm{d}^2\left[tf\left(\frac{x}{t}\right)\right]}{\mathrm{d}x^2}=\frac{\mathrm{d}f'(y)}{\mathrm{d}x}=\frac{\mathrm{d}f'(y)}{\mathrm{d}y}\cdot\frac{\mathrm{d}y}{\mathrm{d}x}=\frac{1}{t}f''(y)$$

x 和 y 的定义域一样，都是$(-\infty,+\infty)$，因为 $f''(x)>0$，所以 $f''(y)>0$。

综上所述

$$\frac{\mathrm{d}^2\left[tf\left(\frac{x}{t}\right)\right]}{\mathrm{d}x^2}=\frac{1}{t}f''(y)>0$$

证得 $tf\left(\frac{x}{t}\right)(t>0)$是关于 x 的凸函数。

【例 2-4】 在复合函数 $f(g(x))$ 中，如果 f 是一个单调递减的凹函数，g 是一个单调递增的凸函数，请分析 $f(g(x))$的单调性和凹凸性。

解：f 的一阶导数和二阶导数都小于 0，而 g 的一阶导数和二阶导数都大于 0，f 关于 x 的一阶导数的正负性是

$$\frac{\mathrm{d}f}{\mathrm{d}x}=\frac{\mathrm{d}f}{\mathrm{d}g}\cdot\frac{\mathrm{d}g}{\mathrm{d}x}<0$$

f 关于 x 的二阶导数的正负性是

$$\begin{aligned}\frac{\mathrm{d}^2f}{\mathrm{d}x^2}=\left(\frac{\mathrm{d}f}{\mathrm{d}x}\right)'&=\frac{\mathrm{d}g}{\mathrm{d}x}\cdot\left(\frac{\mathrm{d}f}{\mathrm{d}g}\right)'+\frac{\mathrm{d}f}{\mathrm{d}g}\cdot\left(\frac{\mathrm{d}g}{\mathrm{d}x}\right)'\\&=\frac{\mathrm{d}g}{\mathrm{d}x}\cdot\frac{\mathrm{d}^2f}{\mathrm{d}g^2}\cdot\frac{\mathrm{d}g}{\mathrm{d}x}+\frac{\mathrm{d}^2g}{\mathrm{d}x^2}\cdot\frac{\mathrm{d}f}{\mathrm{d}g}<0\end{aligned}$$

综上所述，f 是一个单调递减的凹函数。

3. Jensen 不等式法

如果 $\theta \in [0,1]$，对于所有 $\forall x \in \mathbf{D}$，均满足 Jensen 不等式，即

$$f[\theta x_1 + (1-\theta) x_2] \leqslant \theta f(x_1) + (1-\theta) f(x_2) \tag{2-13}$$

则 $f(x)$ 是凸函数，如图 2-12 所示。

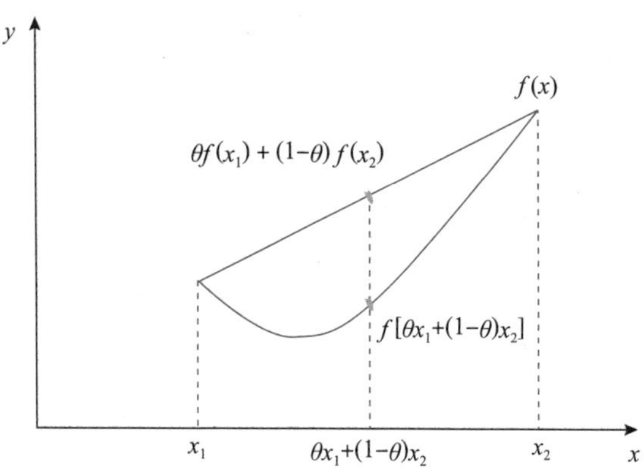

图 2-12　凸函数 $f(x)$ 满足 Jensen 不等式

定理 2-1　满足 Jensen 不等式的函数 $f(x)$ 是凸函数。

证明：令 $\Delta_1 = \theta x_1 + (1-\theta) x_2 - x_1 = (1-\theta)(x_2 - x_1)$，根据泰勒展开式

$$f[\theta x_1 + (1-\theta) x_2] = f(x_1) + \Delta_1 f'(x_1) + \frac{1}{2}\Delta_1^2 f''(x_1) \quad ①$$

同理，令 $\Delta_2 = x_2 - x_1$，则

$$f(x_2) = f(x_1) + \Delta_2 f'(x_1) + \frac{1}{2}\Delta_2^2 f''(x_1)$$

所以

$$\begin{aligned}
&\theta f(x_1) + (1-\theta) f(x_2) \\
&= \theta f(x_1) + (1-\theta) f(x_1) + (1-\theta)\Delta_2 f'(x_1) + \frac{1}{2}(1-\theta)\Delta_2^2 f''(x_1) \\
&= f(x_1) + (1-\theta)(x_2 - x_1) f'(x_1) + \frac{1}{2}(1-\theta)(x_2 - x_1)^2 f''(x_1) \quad ②
\end{aligned}$$

整理得

$$① - ② = \frac{1}{2}[(1-\theta)^2 - (1-\theta)](x_2 - x_1)^2 f''(x_1)$$

凸函数的二阶导数大于 0 且 $1-\theta \in (0,1)$，所以 $(1-\theta)^2 \leqslant 1-\theta$，Jensen 不等式成立。

【例 2-5】　用 Jensen 不等式证明，图 2-1 的抛物线 $y = x^2 - 2x + 1$ 是凸函数。

证明：令 $f(x) = y = (x-1)^2$，则

$$\theta f(x_1) = \theta x_1^2 - 2\theta x_1 + \theta \quad ①$$

$$\begin{aligned}
(1-\theta) f(x_2) &= (1-\theta)(x_2^2 - 2x_2 + 1) \\
&= x_2^2 - 2x_2 + 1 - \theta x_2^2 + 2\theta x_2 - \theta \quad ②
\end{aligned}$$

$$
\begin{aligned}
f[\theta x_1+(1-\theta)x_2]&=[\theta x_1+(1-\theta)x_2-1]^2\\
&=[\theta x_1+(1-\theta)x_2]^2-2[\theta x_1+(1-\theta)x_2]+1\\
&=\theta^2x_1^2-2\theta(1-\theta)x_1x_2+(1-\theta)^2x_2^2-2\theta(x_1-x_2)-2x_2+1\\
&=\theta^2(x_1^2+x_2^2)-2\theta(1-\theta)x_1x_2-2\theta x_2^2+x_2^2-2\theta(x_1-x_2)-2x_2+1 \quad ③
\end{aligned}
$$

整理①②③得

$$
\begin{aligned}
&f[\theta x_1+(1-\theta)x_2]-[\theta f(x_1)+(1-\theta)f(x_2)]\\
&=\theta^2(x_1^2+x_2^2)-\theta(x_1^2+x_2^2)+2\theta(1-\theta)x_1x_2\\
&=\theta(\theta-1)(x_1-x_2)^2<0
\end{aligned}
$$

综上所述，抛物线函数满足 Jensen 不等式，它是凸函数。

2.4 凸集与凸规划

2.4.1 凸集的概念

凸集和凸函数在非线性规划[19]中具有重要作用，之前介绍过凸函数，这里不再赘述。本节将介绍凸集的基础知识。

定义域 **D** 中的任意两点 x_1 和 x_2，它们之间连线上的任一点 x 也在 **D** 中，则 **D** 称为凸集。换言之，对于 $\forall x_1, x_2 \in \mathbf{D}$，恒有 $\theta \in [0,1]$，使得 $\theta x_1+(1-\theta)x_2 \in \mathbf{D}$[15]。而 $x=\theta x_1+(1-\theta)x_2$ 称为 x_1 和 x_2 的凸组合。

图 2-13(a)中，**D** 是一个实心圆，形状鼓起，圆内任意两点 x_1 和 x_2 连线上的点 x 均在圆域内；图 2-13(b)也是凸集，而图 2-13(c)不是凸集，因为 x_1 和 x_2 连线上有一部分点不在定义域 **D** 内。另外，三角形、五边形等多边形也是凸集，因为它们的形状都是向外凸起的；而圆环、月牙等具有凹陷的形状，则不是凸集，类似于图 2-13(c)，定义域 **D** 内存在两点连线上的点不在 **D** 内的情况。

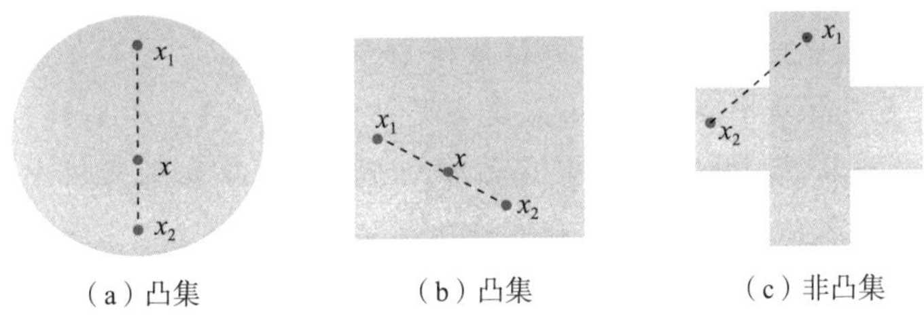

(a) 凸集　(b) 凸集　(c) 非凸集

图 2-13　凸集与非凸集示意图

将凸集推广到维度 $n \geqslant 3$ 的情况。球体、立方体等都是凸集($n=3$)，因为形状都是向外凸起的。当 $n>3$ 时，我们无法直观地判断是否凸起，但从几何学角度讲，它却有一定的物理意义，因此称作超球体，或者**超平面**(Hyperplane)。

凸集与凸函数的区别如下。

(1) **凸函数**：存在点 x^*，满足 $x^*=\theta x_1+(1-\theta)x_2(0<\theta<1)$，即 x^* 在 x_1 和 x_2 之间的连线上。若 $f(x)$是凸函数，则 $f(x^*)$满足 Jensen 不等式，即 $f(x^*) \leqslant \theta f(x_1)+(1-\theta)f(x_2)$。

（2）**凸集**：存在点 x^*，满足 $x^*=\theta x_1+(1-\theta)x_2(0<\theta<1)$，如果 x_1 和 x_2 都在变量 x 的定义域中，则 x_1 和 x_2 连线上的任一点 x^* 也在 x 的定义域中。

2.4.2 凸规划的应用

若变量 $x\in\mathbf{D}$，其中定义域 $\mathbf{D}$ 是凸集，同时函数 $f(x)$ 是关于 x 的凸函数，此时所产生的特殊的最优化问题称作凸规划[20]。凸规划的模型表达式为

$$\begin{aligned}&\min f(x)\\&\text{s. t. } g_i(x)\geqslant 0, h_j(x)=0\quad (i=1,2,\cdots,m; j=1,2,\cdots,l)\end{aligned}\tag{2-14}$$

式中，$g(x)$ 为非线性凸函数；$h(x)$ 为线性函数。

【例 2-6】 要做一个容积为 V 的圆柱形罐头筒，怎样设计才能使所用材料最省？

解：材料最省，即表面积最小。设底半径为 r，高为 h，表面积 S 为两个底面与一个侧面之和，它是关于半径 r 和高 h 的函数，即

$$\begin{aligned}&S(r,h)=2\pi r^2+2\pi rh\\&\text{s. t. } r\in(0,+\infty)\end{aligned}$$

实际上 r 与 h 存在约束关系，因为容积 V 一定，即 $V=\pi r^2h$，由此可推出 $h=\dfrac{V}{\pi r^2}$。

将 h 代入 $S(r,h)$ 中，即

$$\begin{aligned}&S(r)=2\pi r^2+\frac{2V}{r}\\&\text{s. t. } r\in(0,+\infty)\end{aligned}$$

一阶导数为 $S'(r)=4\pi r-\dfrac{2V}{r^2}$，令 $S'(r)=0$，得到唯一极值点 $r=\sqrt[3]{\dfrac{V}{2\pi}}$，此时 $h=\dfrac{V}{\pi r^2}=\dfrac{Vr}{\pi r^3}=2r$，同时二阶导数 $S''(r)=4\pi+\dfrac{4V}{r^3}>0$ 恒成立，即高与底面直径相等时，表面积最小。

小结

凸规划是非线性规划中一种重要的特殊情形，它具有以下三个性质：①凸规划的任意局部极小点就是整体极小点，且极小点集合是凸集；②如果凸规划的目标函数是严格的凸函数，又存在极小点，则它的极小点是唯一的；③凸规划的定义域和值域都满足 Jensen 不等式，即如果 $x_1,x_2\in\mathbf{D}$，则必然存在点 x^*，使得 $x^*=\theta x_1+(1-\theta)x_2$，其中 $\theta\in[0,1]$。不仅 $x^*\in\mathbf{D}$，而且 $f(x^*)\leqslant\theta f(x_1)+(1-\theta)f(x_2)$。

本章小结

本章内容分为迭代优化和凸函数两个部分。迭代优化部分以一个简单的抛物线为例，循序渐进地介绍了优化问题中的相关概念，如闭式解、非闭式解、梯度下降等。在迭代过程

中，本章融入了泰勒展开式，给出函数值单调下降的理论基础，从而引出了梯度消失的概念。凸函数部分，首先以信号函数（非凸函数）存在多个局部最优解为例，对比阐述了凸函数在迭代优化过程中的优势，即存在唯一的全局最优解；然后介绍了函数单调性和凹凸性的判断方法，以及凸函数的三种判定方法；最后，由凸函数引出了凸集和凸规划的概念，并给出了凸规划的一个实际应用案例。

向量空间

向量和矩阵是线性代数的重点内容，它们在人工智能领域都有着非常广泛的应用，本章将围绕向量展开讨论，而第4章侧重于矩阵。从几何学角度讲，多个向量张开的空间便是**向量空间**，也称作**线性空间**。在计算机图形学中，二维和三维图形的旋转、拉伸、平移等操作，皆依赖于向量的各种运算。在模式识别中存在许多诸如图像的高维样本，一组样本排列在一起，便构成了一个向量空间。为了降低高维样本的计算量，常规的做法是降维，这就涉及线性变换。在某个向量空间里，不平行的向量之间往往也不垂直，它们之间存在冗余性。施密特正交化可以消除冗余，构造出两两垂直且模长为1的向量集合——规范正交基，作为这组样本的统一模板，每个样本都可以由规范正交基线性表示。

3.1 向量概述

3.1.1 点与向量

向量空间(vector space)也称线性空间(linear space)，是指由向量组成的集合[21]，通常把向量空间记为 $\mathbb{V}$。仅含有一列的矩阵称为列向量，或简称**向量**。包含 n 个元素的向量 $\boldsymbol{v}$ 记作 $\boldsymbol{v}\in\mathbb{R}^n$，它表示 $\boldsymbol{v}$ 中的 n 个元素都是实数。

1. $\mathbb{R}^2$ 中的向量

在二维平面坐标系中，每个点都由实数的有序对确定，如图3-1(a)中点(1,2)表示在横坐标的位移为1，纵坐标的位移为2。向量 $\begin{bmatrix}1\\2\end{bmatrix}$ 是由原点(0,0)指向点(1,2)的一条有向线段，如图3-1(b)中箭头表示。向量是在某一方向上拉伸的量，也称为**矢量**。

2. $\mathbb{R}^3$ 中的向量

$\mathbb{R}^3$ 中的向量是3行1列的矩阵，即三维的列向量。图3-2中，$\boldsymbol{a}=\begin{bmatrix}-2\\4\\2\end{bmatrix}$ 是 $\mathbb{R}^3$ 中的一个向

量，而 2$\boldsymbol{a}$ 表示将向量 $\boldsymbol{a}$ 拉长为原来的 2 倍。

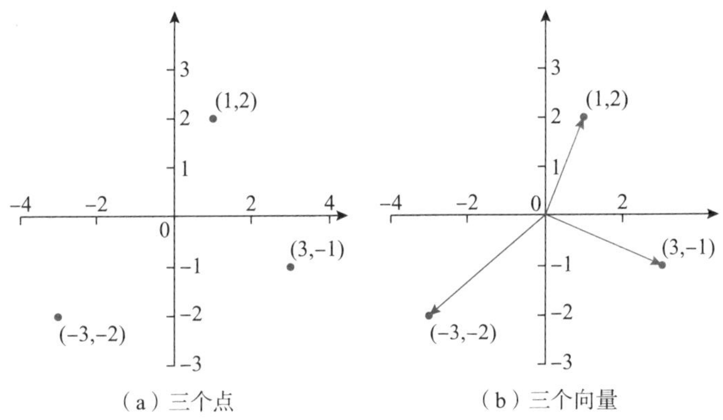

（a）三个点　　（b）三个向量

图 3-1　二维空间中点和向量示意图

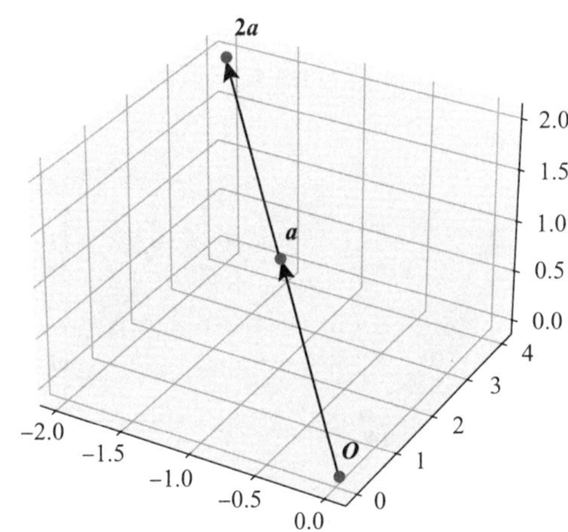

图 3-2　三维空间中的向量示意图

3. $\mathbb{R}^n$ 中的向量

$\mathbb{R}^n$ 表示 n 维空间中的列向量，它是由 n 个有序的实数组成的集合，记作 $\boldsymbol{a}=\begin{bmatrix}a_1\\a_2\\\vdots\\a_n\end{bmatrix}$。若向量中所有的元素都为 0，则称为 $\mathbb{R}^n$ 中的**零向量**[22]，写成 $\mathbf{0}$。

3.1.2 向量的基本运算

向量的基本运算包括拉伸、加减和线性组合。

1. 拉伸

假如二维向量 $\boldsymbol{u}=\begin{bmatrix}4\\2\end{bmatrix}$，则 $\boldsymbol{u}$、$2\boldsymbol{u}$、$-\dfrac{1}{2}\boldsymbol{u}$ 在二维平面上的连线呈一条直线，如图 3-3 所示。

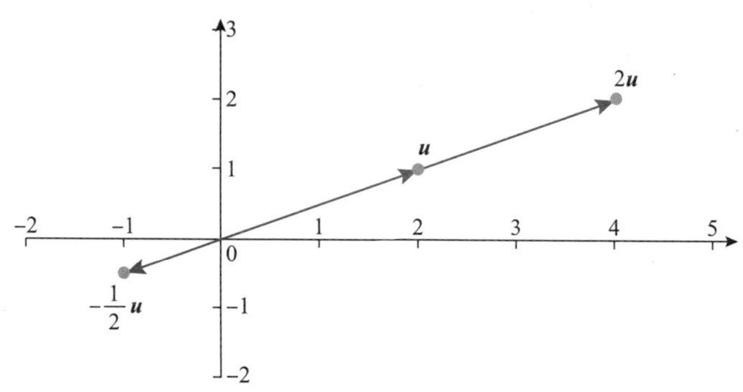

图 3-3 向量的拉伸示意图

2. 加减

如果向量 $\boldsymbol{u}=\begin{bmatrix}2\\1\end{bmatrix}$，$\boldsymbol{v}=\begin{bmatrix}-1\\3\end{bmatrix}$，那么 $\boldsymbol{u}+\boldsymbol{v}=\begin{bmatrix}1\\4\end{bmatrix}$，如图 3-4 所示。同理，向量的减法如图 3-5 所示，其中 $\boldsymbol{u}-\boldsymbol{v}=\boldsymbol{u}+(-\boldsymbol{v})$。

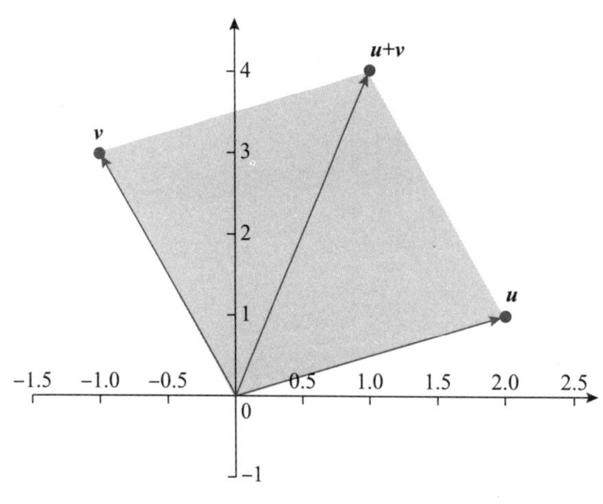

图 3-4 向量的加法示意图

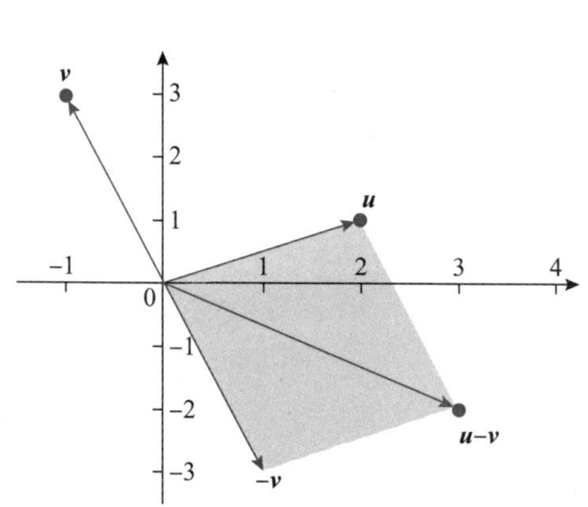

图 3-5 向量的减法示意图

3. 线性组合

已知$\mathbb{R}^n$中 m 个向量 $\boldsymbol{u}_1,\boldsymbol{u}_2,\cdots,\boldsymbol{u}_m$ 和 m 个表示系数 $\beta_1,\beta_2,\cdots,\beta_m$。如果 $\boldsymbol{v}=\beta_1\boldsymbol{u}_1+\beta_2\boldsymbol{u}_2+\cdots+\beta_m\boldsymbol{u}_m$，那么 $\boldsymbol{v}$ 就是 $\boldsymbol{u}_1,\boldsymbol{u}_2,\cdots,\boldsymbol{u}_m$ 的线性组合。表示系数可以是任一实数，包括 0。当系数 $\beta_1,\beta_2,\cdots,\beta_m$ 不全为 0 时，$\boldsymbol{v}$ 和 $\boldsymbol{u}_1,\boldsymbol{u}_2,\cdots,\boldsymbol{u}_m$ 线性相关。

若 $\boldsymbol{u}=\begin{bmatrix}-2\\1\end{bmatrix}$，$\boldsymbol{v}=\begin{bmatrix}1\\1\end{bmatrix}$，则 $\boldsymbol{w}=\boldsymbol{u}+\boldsymbol{v}$，$\boldsymbol{s}=-\boldsymbol{u}+\boldsymbol{v}$ 以及 $\boldsymbol{t}=\frac{1}{2}\boldsymbol{u}-2\boldsymbol{v}$ 都是 $\boldsymbol{u}$ 和 $\boldsymbol{v}$ 的线性组合，如图 3-6 所示。实际上，在 $\boldsymbol{u}$ 和 $\boldsymbol{v}$ 张成的二维平面上，所有向

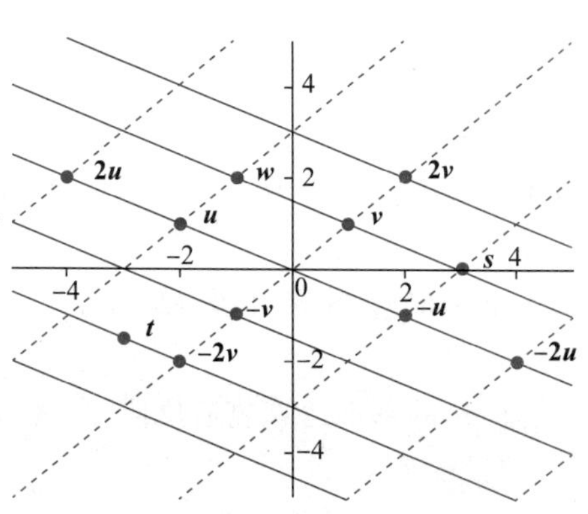

图 3-6 $\boldsymbol{w}$、$\boldsymbol{s}$ 和 $\boldsymbol{t}$ 都是 $\boldsymbol{u}$ 和 $\boldsymbol{v}$ 的线性组合

量都是它们的线性组合。

小结

向量空间 $\mathbb{V}$ 中的任意向量 $\boldsymbol{u}$、$\boldsymbol{v}$、$\boldsymbol{w}$ 和任意标量 c、d 的运算，均满足以下公理[21]：

(1) $\boldsymbol{u}+\boldsymbol{v}=\boldsymbol{v}+\boldsymbol{u}$；

(2) $(\boldsymbol{u}+\boldsymbol{v})+\boldsymbol{w}=\boldsymbol{u}+(\boldsymbol{v}+\boldsymbol{w})$；

(3) $\mathbb{V}$ 中存在一个零向量 $\boldsymbol{0}$，使得 $\boldsymbol{u}+\boldsymbol{0}=\boldsymbol{u}$；

(4) $\boldsymbol{u}$ 与 c 的乘积 $c\boldsymbol{u}$ 也在 $\mathbb{V}$ 中；

(5) $c(\boldsymbol{u}+\boldsymbol{v})=c\boldsymbol{u}+c\boldsymbol{v}$；

(6) $(c+d)\boldsymbol{u}=c\boldsymbol{u}+d\boldsymbol{u}$；

(7) 对 $\mathbb{V}$ 中每个向量 $\boldsymbol{u}$，存在 $\mathbb{V}$ 中一个向量 $-\boldsymbol{u}$，使得 $\boldsymbol{u}+(-\boldsymbol{u})=\boldsymbol{0}$；

(8) $\boldsymbol{u}$ 与 $\boldsymbol{v}$ 之和，即 $\boldsymbol{u}+\boldsymbol{v}$ 也在 $\mathbb{V}$ 中。

3.1.3 案例：计算机图形学中的向量矩阵运算

娱乐行业中，从电竞游戏到3D电影再到科幻片的特效渲染，计算机图形学的应用都十分广泛。通过二维和三维向量矩阵的计算，可以在计算机上实现图形的各种变换[23-24]，比如拉伸、缩放、旋转、平移和投影等。对于二维图形，其平面是一个直角坐标系，图形在平面中的位置用坐标点 (x,y) 描述。三维图形的坐标系是一个三维立体坐标系，分别对应了长、宽和高，三维图形的位置用坐标点 (x,y,z) 描述。

本案例中，二维平面上有一个边长为1的正方形，通过向量矩阵运算实现旋转、拉伸、斜剪和平移四种不同操作。如图3-7所示，原始的矩形由四个点连接而成，它们的坐标点分别是(0,0)、(0,1)、(1,1)和(1,0)。将这四个点记录下来，构成了一个 2×4 的矩阵，即

$$\text{Origin}=\begin{bmatrix}0 & 0 & 1 & 1\\ 0 & 1 & 1 & 0\end{bmatrix}\begin{matrix}\text{横坐标}\\ \text{纵坐标}\end{matrix}$$

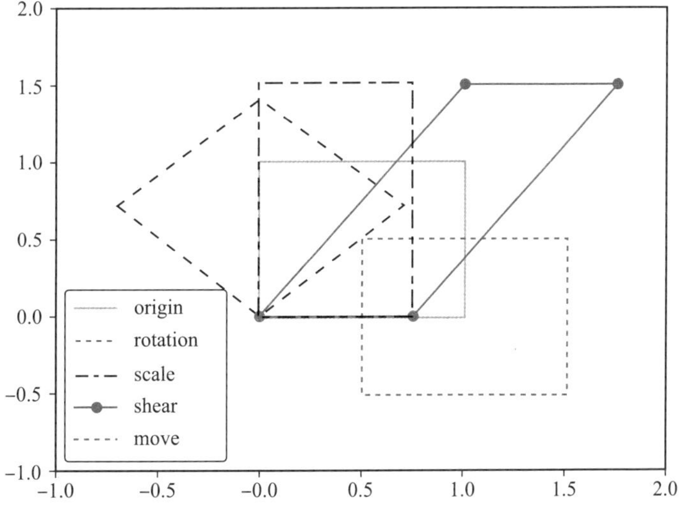

计算机图形学中的向量矩阵运算

图3-7 向量运算在计算机图形学中的应用(旋转、拉伸、斜剪、平移)

对矩形 Origin 分别做旋转(rotation)、拉伸(scale)、斜剪(shear)和平移(move)操作。旋转算子是 $\boldsymbol{C}=\begin{bmatrix}\frac{\sqrt{2}}{2} & -\frac{\sqrt{2}}{2} \\ \frac{\sqrt{2}}{2} & \frac{\sqrt{2}}{2}\end{bmatrix}$,旋转结果是

$$\text{Rotation}=\boldsymbol{C}\cdot\text{Origin}=\begin{bmatrix}0 & -\frac{\sqrt{2}}{2} & 0 & \frac{\sqrt{2}}{2} \\ 0 & \frac{\sqrt{2}}{2} & \sqrt{2} & \frac{\sqrt{2}}{2}\end{bmatrix}$$

拉伸算子是 $\boldsymbol{S}=\begin{bmatrix}0.75 & 0 \\ 0 & 1.5\end{bmatrix}$,拉伸结果是

$$\text{Scale}=\boldsymbol{S}\cdot\text{Origin}=\begin{bmatrix}0 & 0 & 0.75 & 0.75 \\ 0 & 1.5 & 1.5 & 0\end{bmatrix}$$

斜剪算子是 $\boldsymbol{S}_2=\begin{bmatrix}0.75 & 1 \\ 0 & 1.5\end{bmatrix}$,斜剪结果是

$$\text{Shear}=\boldsymbol{S}_2\cdot\text{Origin}=\begin{bmatrix}0 & 1 & 1.75 & 0.75 \\ 0 & 1.5 & 1.5 & 0\end{bmatrix}$$

平移算子是 $\boldsymbol{T}=\begin{bmatrix}0.5 \\ -0.5\end{bmatrix}$,将 Origin 中四个点分别与 $\boldsymbol{T}$ 相加,平移结果是

$$\text{Move}=\begin{bmatrix}0.5 & 0.5 & 1.5 & 1.5 \\ -0.5 & 0.5 & 0.5 & -0.5\end{bmatrix}$$

本案例中,Rotation、Scale、Shear 和 Move 都是 2×4 的矩阵,它们分别对应了旋转、拉伸、斜剪和平移后图形的四个坐标点位置。把每个矩阵中四个坐标点连接起来,就得到了图 3-7 中变换后的图形。请读者自己编程,实现本案例的旋转、拉伸、斜剪和平移变换。

小结

圆、矩形、三角形、多边形等都是图形,它们在计算机图形学中都是以参数的方式存储和表达的。比如,圆的参数是圆心坐标和半径;三角形的参数是三个顶点坐标,以此类推。对图形做怎样的变换,关键取决于算子。根据事先设定好的算子(旋转、拉伸、斜剪或平移),对图形的参数做矩阵运算,即可得到变换后的图形。

3.2 秩与子空间

3.2.1 线性相关与线性无关

相同维度的向量,如果通过加减运算能够相互表示,则称为**线性相关**,否则就是线性无关。如图 3-8(a)所示,两个相互平行的向量 $\boldsymbol{a}$ 和 $\boldsymbol{b}$ 线性相关,因为 $\boldsymbol{a}=c\boldsymbol{b}$($c$ 是任一非零常数),反过

来 $\boldsymbol{b}=\frac{1}{c}\boldsymbol{a}$，即它们能够相互表示。图 3-3 中 $\boldsymbol{u}$、$2\boldsymbol{u}$ 和 $-\frac{1}{2}\boldsymbol{u}$ 也是线性相关，因为它们两两之间能够相互表示。倘若 $\boldsymbol{a}$ 和 $\boldsymbol{b}$ 不在同一个方向上，则无法相互表示，即为**线性无关**。

在图 3-8(b)中，向量 $\boldsymbol{u}$ 和 $\boldsymbol{v}$ 张成了一个二维平面，$\boldsymbol{r}$ 与该平面垂直，$\boldsymbol{s}$ 斜穿过该平面。将 $\boldsymbol{s}$ 分解为 $\boldsymbol{s}=\boldsymbol{s}_1+\boldsymbol{s}_2$，其中 $\boldsymbol{s}_2$ 在该平面上，$\boldsymbol{s}_1$ 垂直于这个面，因此 $\boldsymbol{s}_1\perp\boldsymbol{s}_2$。$\boldsymbol{s}_2$ 能够完全由 $\boldsymbol{u}$ 和 $\boldsymbol{v}$ 线性表示，但是 $\boldsymbol{s}_1$ 不能。另外，$\boldsymbol{r}$ 完全不能被这个平面线性表示，而 $\boldsymbol{s}$ 中只有一部分能被线性表示，所以它们都与向量集合 $\{\boldsymbol{u},\boldsymbol{v}\}$ 线性无关。

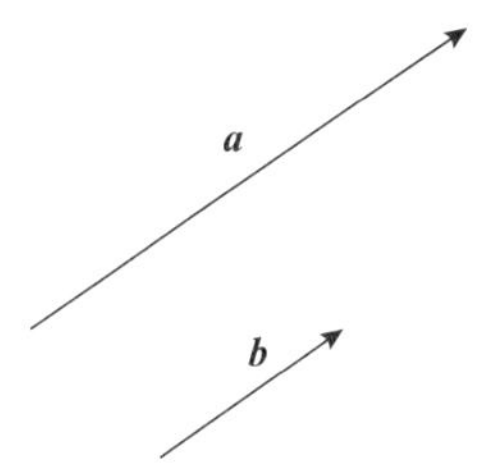

(a) 向量 $\boldsymbol{a}$ 和 $\boldsymbol{b}$ 线性相关

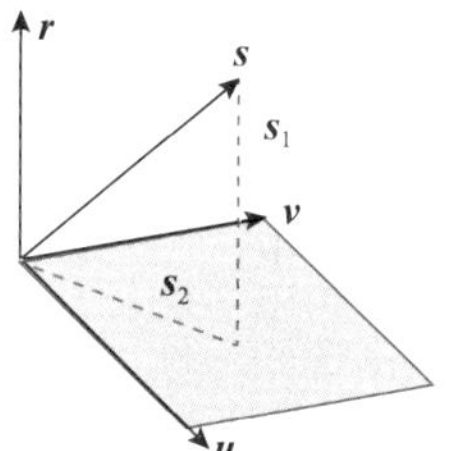

(b) 向量 $\boldsymbol{r}$、$\boldsymbol{s}$ 都与 $\boldsymbol{u}$、$\boldsymbol{v}$ 张开的平面线性无关

图 3-8 线性相关和线性无关示意图

3.2.2 秩的概念

线性代数中，秩是一个非常重要而又抽象的概念，令许多初学者感到费解。很多相关教材中，把秩定义成极大线性无关组，如文献[25]。为了形象地解释秩的概念，本节将以三维向量空间的三种示意图分别展开介绍。

1. 秩为 1 的情况

$\mathbb{R}^3$ 中的三个向量 $\boldsymbol{u}_1=\begin{bmatrix}-1\\2\\1\end{bmatrix}$，$\boldsymbol{u}_2=\begin{bmatrix}-2\\4\\2\end{bmatrix}$，$\boldsymbol{u}_3=\begin{bmatrix}-3\\6\\3\end{bmatrix}$。很明显 $\boldsymbol{u}_1,\boldsymbol{u}_2,\boldsymbol{u}_3$ 呈比例关系，它们在三维空间里的方向一致，两两之间可以相互线性表示。如图 3-9 所示，从原点 $\boldsymbol{O}$ 出发，$\boldsymbol{u}_1,\boldsymbol{u}_2,\boldsymbol{u}_3$ 连成了 $\mathbb{R}^3$ 中的一条直线，即为共线，所以向量集合 $\{\boldsymbol{u}_1,\boldsymbol{u}_2,\boldsymbol{u}_3\}$ 的秩是 1。

2. 秩为 2 的情况

$\mathbb{R}^3$ 中的三个向量 $\boldsymbol{v}_1=\begin{bmatrix}1\\2\\0\end{bmatrix}$，$\boldsymbol{v}_2=\begin{bmatrix}-2\\1\\2\end{bmatrix}$，$\boldsymbol{v}_3=\begin{bmatrix}-0.5\\1.5\\1\end{bmatrix}$。如图 3-10 所示，向量 $\boldsymbol{v}_1$ 和 $\boldsymbol{v}_2$ 张成了三维空间中的一个二维斜面，$\boldsymbol{v}_3$ 也在该斜面上，它可以由 $\boldsymbol{v}_1$ 和 $\boldsymbol{v}_2$ 线性表示。$\boldsymbol{v}_1,\boldsymbol{v}_2,\boldsymbol{v}_3$ 三个向量在同一个平面上，所以向量集合 $\{\boldsymbol{v}_1,\boldsymbol{v}_2,\boldsymbol{v}_3\}$ 的秩是 2。

3. 满秩的情况

$\mathbb{R}^3$ 中向量 $\boldsymbol{w}_1=\begin{bmatrix}1\\2\\0\end{bmatrix}$，$\boldsymbol{w}_2=\begin{bmatrix}-2\\1\\2\end{bmatrix}$，$\boldsymbol{w}_3=\begin{bmatrix}0\\1\\3\end{bmatrix}$。如图 3-11 所示，以 $\boldsymbol{w}_1,\boldsymbol{w}_2,\boldsymbol{w}_3$ 为邻边，围成了一个三角体，它们撑起了 $\mathbb{R}^3$ 中三个不同的方向，而不是坍缩成一条线或一个面。$\boldsymbol{w}_1,\boldsymbol{w}_2,$

w_3 无法相互线性表示，所以向量集合$\{w_1, w_2, w_3\}$的秩是 3，即为满秩。

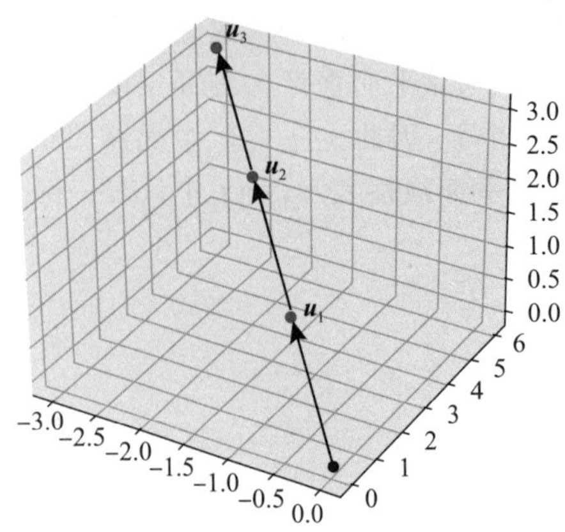

图 3-9 $\mathbb{R}^3$ 中共线的三个向量 u_1, u_2, u_3

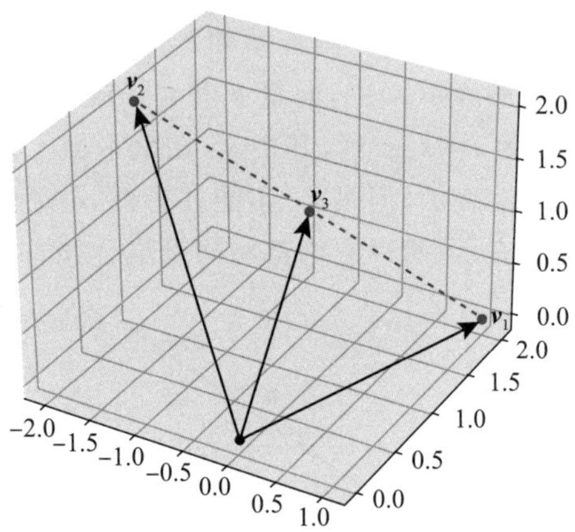

图 3-10 $\mathbb{R}^3$ 中共面的三个向量 v_1, v_2, v_3

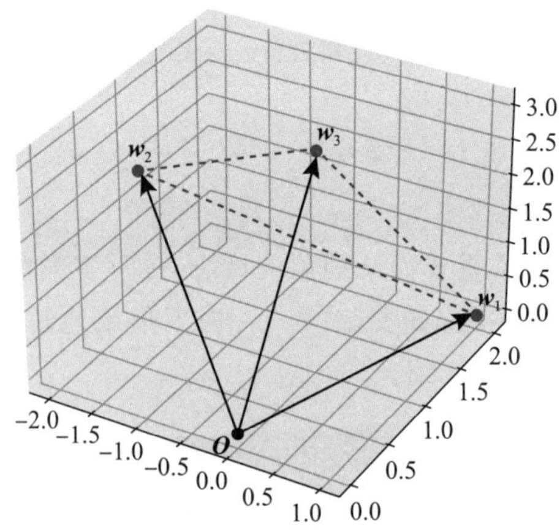

图 3-11 $\mathbb{R}^3$ 中满秩的三个向量 w_1, w_2, w_3

小结

图 3-9～图 3-11 揭示了一个现象——秩为 1 的向量集合中，所有向量方向都一致，它们存在倍数关系，形成了向量空间中的一条线（即共线）；秩为 2 的向量集合中，所有向量都在同一个平面上（即共面），这个面是由该向量集合中任意两个不共线的向量张开形成的；秩为 3 的向量集合中，向量能撑起三维立体空间的三个方向，所以，秩反映了向量空间的**真实维度**。$\mathbb{R}^n$ 中的 m 个向量 $v_1, v_2, \cdots, v_m$，形式上都有 n 个维度，但却都指向同一个方向，那么向量集合$\{v_1, v_2, \cdots, v_m\}$的真实维度只有一维，即秩是 1。

3.2.3 子空间

对于一个向量空间 $\mathbb{V}$，它的子空间 $\mathbb{H}$ 满足以下三条性质[21]：

(1) $\mathbb{V}$ 中的零向量在 $\mathbb{H}$ 中（$\mathbb{H}$ 过原点）；

(2) $\mathbb{H}$ 对向量加法封闭，即若 $\mathbb{H}$ 中存在任意向量 $\boldsymbol{u}$ 和 $\boldsymbol{v}$，则 $\boldsymbol{u}+\boldsymbol{v}$ 也在 $\mathbb{H}$ 中；

(3) $\mathbb{H}$ 对标量乘法封闭，即对 $\mathbb{H}$ 中的任意向量 $\boldsymbol{u}$ 和任意标量 c，向量 $c\boldsymbol{u}$ 仍在 $\mathbb{H}$ 中 。

若向量空间 $\mathbb{V}$ 中仅由零向量组成的集合是 $\mathbb{V}$ 的一个子空间，称为**零子空间**，记作$\{\boldsymbol{0}\}$。例如，$\mathbb{R}^3$ 上的零空间为 $\boldsymbol{0}=\begin{bmatrix}0\\0\\0\end{bmatrix}$。

1. $\mathbb{R}^n$ 及其子空间

图 3-12(a)中，$\mathbb{R}^2$ 是向量空间 $\mathbb{V}$，其子空间 $\mathbb{H}$ 是一个过原点 $O(0,0)$的直线；图 3-12(b)中 $\mathbb{R}^3$ 是向量空间 $\mathbb{V}$，其子空间 $\mathbb{H}$ 是一个过原点由坐标轴 xy 张开的平面。虽然 $\mathbb{H}$ 和$\mathbb{R}^2$ 很像，但是逻辑上却不同，因为在 $\mathbb{H}$ 中任意一个向量 $\boldsymbol{u}$ 都有三个元素，即 $\boldsymbol{u}=[a,b,0]^{\mathrm{T}}$(其中 a,b 均为任一常数)，$\boldsymbol{u}$ 在 z 轴方向的分量为 0。

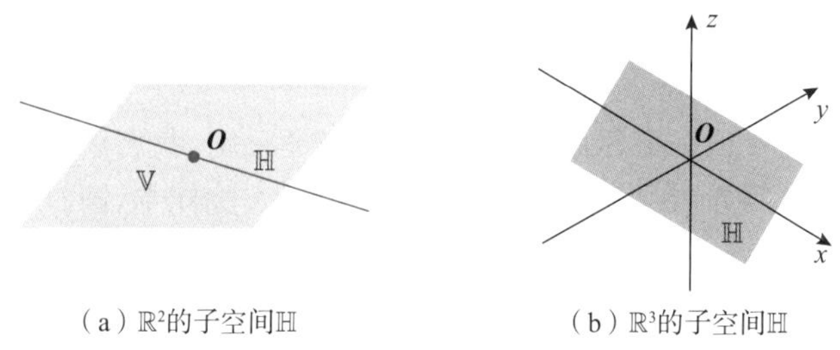

(a) $\mathbb{R}^2$的子空间$\mathbb{H}$　　(b) $\mathbb{R}^3$的子空间$\mathbb{H}$

图 3-12　$\mathbb{R}^n$ 及其子空间

2. $\mathbb{H}$ 不是$\mathbb{R}^2$ 的子空间

图 3-13 中，向量空间 $\mathbb{V}\in\mathbb{R}^2$ 是一个由 x 轴和 y 轴组成的二维直角坐标系，而斜线 $\mathbb{H}$ 不是 $\mathbb{V}$ 的子空间，因为零向量(即原点)不包含在 $\mathbb{H}$ 内。

3. 由向量集合表示的子空间

由 $\boldsymbol{v}_1,\boldsymbol{v}_2,\cdots,\boldsymbol{v}_m$ 能够线性表示的向量集合记作 $\operatorname{span}\{\boldsymbol{v}_1,\boldsymbol{v}_2,\cdots,\boldsymbol{v}_m\}$。如图 3-14 所示，向量空间 $\mathbb{V}\in\mathbb{R}^3$，$\boldsymbol{v}_1,\boldsymbol{v}_2$ 是平面 xy 上两个都过原点且线性无关的向量，所以 $\mathbb{H}=\operatorname{span}\{\boldsymbol{v}_1,\boldsymbol{v}_2\}$ 就是平面 xy，同时它也是 $\mathbb{V}$ 的一个二维子空间。若平面 xy 上有另外两条过原点且不共线的向量 $\boldsymbol{u}_1,\boldsymbol{u}_2$，则 $\mathbb{H}=\operatorname{span}\{\boldsymbol{u}_1,\boldsymbol{u}_2\}$，即 $\boldsymbol{v}_1,\boldsymbol{v}_2$ 和 $\boldsymbol{u}_1,\boldsymbol{u}_2$ 都在子空间 $\mathbb{H}$ 中，它们张开了同一个平面，$\mathbb{H}$ 中存在无数个像 $\boldsymbol{v}_1,\boldsymbol{v}_2$ 和 $\boldsymbol{u}_1,\boldsymbol{u}_2$ 这样的向量对。若仅有一个向量 $\boldsymbol{v}$ 过原点且 $\mathbb{H}=\operatorname{span}\{\boldsymbol{v}\}$，则直线 $\mathbb{H}$ 是 $\mathbb{V}$ 的一维子空间，与 $\boldsymbol{v}$ 共线的所有向量都在子空间 $\mathbb{H}$ 中。

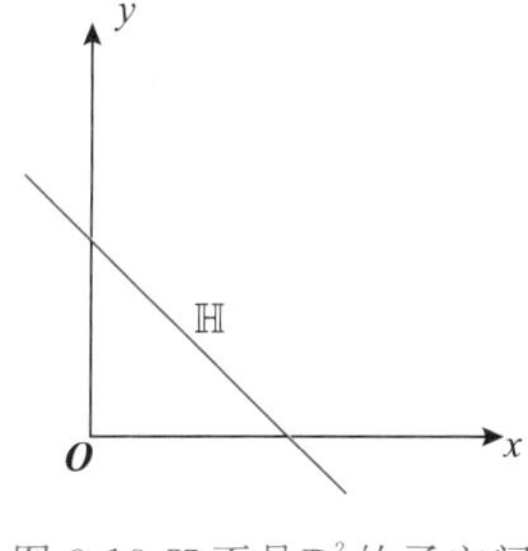

图 3-13 $\mathbb{H}$ 不是$\mathbb{R}^2$ 的子空间

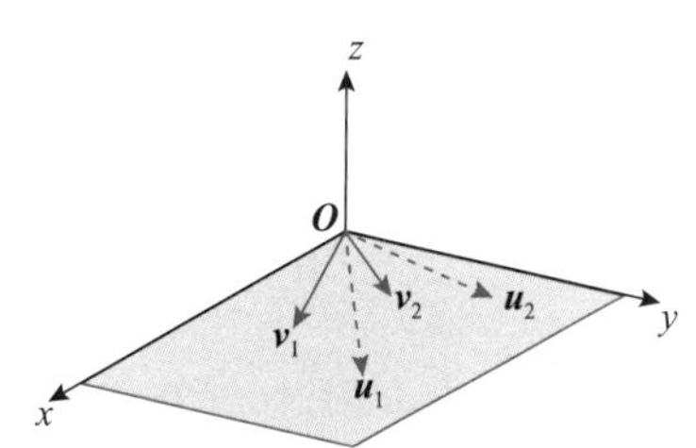

图 3-14　$\mathbb{R}^3$ 中的二维子空间 $\mathbb{H}=\operatorname{span}\{\boldsymbol{v}_1,\boldsymbol{v}_2\}$(平面 xy)

小结

子空间 $\mathbb{H}$ 的秩不会超过向量空间 $\mathbb{V}$ 的秩，即 $\text{rank}(\mathbb{H}) \leqslant \text{rank}(\mathbb{V})$。若等于号成立，则 $\mathbb{H}$ 就是 $\mathbb{V}$ 本身；若小于号成立，则 $\mathbb{H}$ 有无穷多个。在向量空间 $\mathbb{V} \in \mathbb{R}^3$ 中，任意一个过原点的平面 $\mathbb{H}$ 都是 $\mathbb{V}$ 的二维子空间，这样的平面有无穷多个，比如水平面、垂直面、不同倾角的斜面。同理，任一条过原点的直线都是 $\mathbb{V}$ 的一维子空间 $\mathbb{H}$，这样的直线也有无穷多个（斜率不同）。以此类推，向量空间 $\mathbb{V} \in \mathbb{R}^n$ 中存在无数个 d 维子空间 $\mathbb{H}(d<n)$，前提是 $\mathbb{H}$ 过原点。

3.2.4 高维人脸图像的低维子空间

本小节以 ORL 人脸库为例，旨在说明人脸识别中高维图像实际上存在于低维子空间中，为第 4 章的图像压缩做铺垫。

计算机图形学只能处理二维和三维图形，一旦超过三维，我们就无法直观感受到，但它仍然有一定物理意义。例如，在模式识别中，指纹样本、人脸样本、阿拉伯数字样本等，每个样本都有 p 个维度($p>3$)，总共 n 个样本，排列起来能形成一个 $p \times n$ 的样本矩阵。在人脸识别、字符识别等分类任务中，都会涉及对样本矩阵的运算。

在人脸识别领域中，ORL 标准人脸库是一个经典的小样本数据库。该人脸库有 40 个人，每人 10 幅 112×92 像素的图像，共计 400 张图，其中有些图像拍摄于不同时期，人的脸部表情和细节也有不同程度的变化，如笑与不笑、嘴巴或张或闭、戴与不戴眼镜等，人脸姿态也有一定程度的变化，深度旋转和平面旋转可达 20°，人脸的尺度也有多达 10%的变化，如图 3-15 所示。

图 3-15 ORL 人脸库中某个人的 10 张图像

1.2.3 小节案例中介绍过，计算机把每幅图像都当作二维矩阵来处理，矩阵大小取决于图像的像素点个数。ORL 库中每张人脸图像都是 112×92 像素，即 10304 个像素点。把 112×92 大小的矩阵拉成一个 10304 维列向量，整个样本矩阵 $\boldsymbol{M}=[\boldsymbol{m}_1, \boldsymbol{m}_2, \cdots, \boldsymbol{m}_{400}]$ 的大小是 10304×400，其中 $\boldsymbol{m}_i \in \mathbb{R}^{10304}(i=1,2,\cdots,400)$，所以人脸属于高维小样本数据。由矩阵

知识可知，$\boldsymbol{M}$ 的秩不会超过 400。根据 3.2.1～3.2.3 小节内容，$\boldsymbol{M}$ 中每个样本都是 10304 维向量空间 $\mathbb{V}$ 中的一个点，这 400 个点最多能撑起秩为 400 的线性子空间 $\mathbb{H}$，即 $\mathbb{H}=\operatorname{span}\{\boldsymbol{m}_1,\boldsymbol{m}_2,\cdots,\boldsymbol{m}_{400}\}$ 且 $\boldsymbol{M}\in\mathbb{H}$。

在模式识别领域，像人脸图像这样的高维小样本情况非常多，如自然场景图像、掌纹图像、DNA 基因序列等。同时也存在低维大样本情况，如 1.2.3 小节中的阿拉伯数字"2"图像，它来源于 USPS 字符库。该库中阿拉伯数字有 0～9，每个数字有 1100 张图片，即共计 11000 个样本，维度都是 16×16，即 256 维。

直接处理高维小样本数据，不仅计算量大，还会造成维数灾难[26-27]。因此，在做具体的模式识别任务(如特征提取、分类等)之前，需把高维原始数据降至低维，即降维[28]。如果把样本矩阵 $\boldsymbol{M}$ 从 10304 维降到 400 维，会形成 400×400 大小的低维样本矩阵 $\boldsymbol{M}'$。理论上，$\boldsymbol{M}'$可以完全保留所有样本的原始信息，如样本间的距离、样本分布状况、不同的人(即不同类别)之间人脸的区分度等，所以，在模式识别过程中，降维本质上是对数据的预处理，而后续的特征提取是对 $\boldsymbol{M}'$做矩阵运算。

3.3 线性变换

降维是把高维向量空间降至低维，以便后续开展的模式识别任务。本节将着重介绍高维到低维线性变换的理论基础，需要先掌握基与坐标系的概念。

3.3.1 基与坐标系

1. 基的概念

$\mathbb{H}$ 是向量空间 $\mathbb{V}$ 的一个子空间，$\mathbb{V}$ 中向量集合$\{\boldsymbol{v}_1,\boldsymbol{v}_2,\cdots,\boldsymbol{v}_p\}$称为 $\mathbb{H}$ 的一个基，需满足以下两个条件：

(1) $\{\boldsymbol{v}_1,\boldsymbol{v}_2\cdots,\boldsymbol{v}_p\}$是一个线性无关集。

(2) 由$\{\boldsymbol{v}_1,\boldsymbol{v}_2\cdots,\boldsymbol{v}_p\}$生成的空间与 $\mathbb{H}$ 相同，即 $\mathbb{H}=\operatorname{span}\{\boldsymbol{v}_1,\boldsymbol{v}_2\cdots,\boldsymbol{v}_p\}$。

同一个子空间中，基不是唯一的。例如，图 3-14 中$\{\boldsymbol{v}_1,\boldsymbol{v}_2\}$是平面 xy 的一个基；同理，$\{\boldsymbol{u}_1,\boldsymbol{u}_2\}$也是一个基。同一个子空间中不同的基之间是线性相关的，因为它们能相互线性表示。

【例 3-1】 如果 $\boldsymbol{v}_1=\begin{bmatrix}3\\0\\-6\end{bmatrix}$，$\boldsymbol{v}_2=\begin{bmatrix}-4\\1\\7\end{bmatrix}$，$\boldsymbol{v}_3=\begin{bmatrix}-2\\1\\-5\end{bmatrix}$，判断$\{\boldsymbol{v}_1,\boldsymbol{v}_2,\boldsymbol{v}_3\}$是不是$\mathbb{R}^3$的一个基。

解：令 $\boldsymbol{A}=[\boldsymbol{v}_1,\boldsymbol{v}_2,\boldsymbol{v}_3]$，通过计算 $\det(\boldsymbol{A})=6\neq0$，$\boldsymbol{A}$ 可逆，它的秩为 3。

所以$\{\boldsymbol{v}_1,\boldsymbol{v}_2,\boldsymbol{v}_3\}$线性无关，它是$\mathbb{R}^3$的一个基。

【例 3-2】 把例 3-1 修改一下，令 $\boldsymbol{v}_3=\begin{bmatrix}-2\\2\\2\end{bmatrix}$，其他不变，判断$\{\boldsymbol{v}_1,\boldsymbol{v}_2,\boldsymbol{v}_3\}$是不是$\mathbb{R}^3$的一

个基。

解：运用行列式化简，把修改后的 $\boldsymbol{A}=[\boldsymbol{v}_1,\boldsymbol{v}_2,\boldsymbol{v}_3]$ 化成阶梯形，即

$$\begin{vmatrix} 3 & -4 & -2 \\ 0 & 1 & 2 \\ -6 & 7 & 2 \\ \boldsymbol{v}_1 & \boldsymbol{v}_2 & \boldsymbol{v}_3 \end{vmatrix} \xrightarrow{r_3=2r_1+r_2} \begin{vmatrix} 3 & -4 & -2 \\ 0 & 1 & 2 \\ 0 & 0 & 0 \end{vmatrix} \xrightarrow{r_1=r_1+4r_2} \begin{vmatrix} 3 & 0 & 6 \\ 0 & 1 & 2 \\ 0 & 0 & 0 \end{vmatrix} \xrightarrow[r_1=\frac{1}{3}r_1]{c_3=c_3-2c_1-2c_2} \begin{vmatrix} 1 & 0 & 0 \\ 0 & 1 & 0 \\ 0 & 0 & 0 \end{vmatrix}$$

所以 $\boldsymbol{A}=[\boldsymbol{v}_1,\boldsymbol{v}_2,\boldsymbol{v}_3]$ 的秩是 2，它不是 $\mathbb{R}^3$ 的一个基。

观察例 3-2 的行列式最左边，很容易发现 $\boldsymbol{v}_3=2(\boldsymbol{v}_1+\boldsymbol{v}_2)$，所以 $\boldsymbol{v}_3$ 是 $\boldsymbol{v}_1,\boldsymbol{v}_2$ 的线性组合，即 $\boldsymbol{v}_3\in\text{span}\{\boldsymbol{v}_1,\boldsymbol{v}_2\}$。同理，$\boldsymbol{v}_2\in\text{span}\{\boldsymbol{v}_1,\boldsymbol{v}_3\}$，且 $\boldsymbol{v}_1\in\text{span}\{\boldsymbol{v}_2,\boldsymbol{v}_3\}$。这三个向量都在 $\mathbb{R}^3$ 的同一个二维子空间中。

2. 标准基

单位矩阵 $\boldsymbol{I}_n$ 的列 $\boldsymbol{e}_1,\boldsymbol{e}_2,\cdots,\boldsymbol{e}_n$ 构成 $\mathbb{R}^n$ 的**标准基**[21]，其中

$$\boldsymbol{e}_1=\begin{bmatrix}1\\0\\\vdots\\0\end{bmatrix},\boldsymbol{e}_2=\begin{bmatrix}0\\1\\\vdots\\0\end{bmatrix},\cdots,\boldsymbol{e}_n=\begin{bmatrix}0\\0\\\vdots\\1\end{bmatrix}$$

如图 3-16 所示，当 $n=3$ 时，$\mathbb{R}^3$ 的标准基是三维直角坐标系 (x,y,z)，通常默认 $\{\boldsymbol{e}_1,\boldsymbol{e}_2,\boldsymbol{e}_3\}$ 分别对应 x 轴、y 轴和 z 轴。同理，$\mathbb{R}^2$ 的标准基是由 x 轴和 y 轴构成的平面直角坐标系。因为 $\mathbb{R}^n$ 的标准基中 n 个坐标轴是两两垂直的，所以标准基实际上也是**标准正交基**[29]，它属于规范正交基的一种特殊情况。

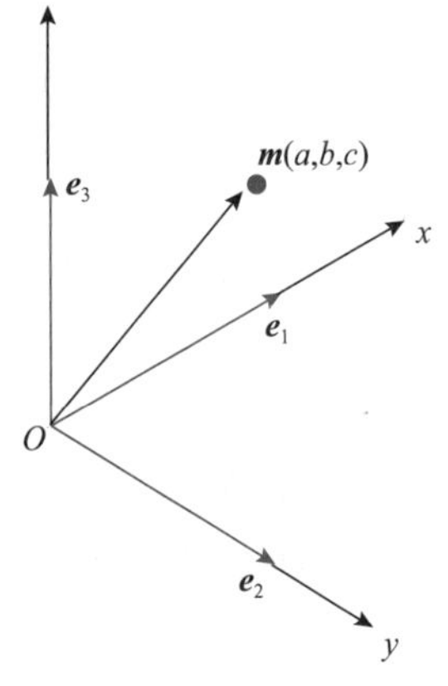

图 3-16 $\mathbb{R}^3$ 的标准基

图 3-16 中的任一向量 $\boldsymbol{m}=[a,b,c]^{\mathrm{T}}$（$a,b,c$ 皆是标量）都可以用标准基线性表示，即

$$\boldsymbol{m}=a\boldsymbol{e}_1+b\boldsymbol{e}_2+c\boldsymbol{e}_3=a\begin{bmatrix}1\\0\\0\end{bmatrix}+b\begin{bmatrix}0\\1\\0\end{bmatrix}+c\begin{bmatrix}0\\0\\1\end{bmatrix}=\begin{bmatrix}a\\b\\c\end{bmatrix}$$

它表示从原点 $\boldsymbol{O}$ 出发，向量 $\boldsymbol{m}$ 在 x 轴、y 轴和 z 轴三个方向上的长度分别为 a、b 和 c。换言之，向量 $\boldsymbol{m}$ 在标准基 $\{\boldsymbol{e}_1,\boldsymbol{e}_2,\boldsymbol{e}_3\}$ 中的坐标是 (a,b,c)，它是 $\boldsymbol{m}$ 在 $\boldsymbol{e}_1,\boldsymbol{e}_2,\boldsymbol{e}_3$ 三个方向上的表示系数，而坐标点 (a,b,c) 也是向量 $\boldsymbol{m}$ 在标准基 $\{\boldsymbol{e}_1,\boldsymbol{e}_2,\boldsymbol{e}_3\}$ 中对应的点。

3. 坐标系

根据基的定义，只要 $\{\boldsymbol{v}_1,\boldsymbol{v}_2,\cdots,\boldsymbol{v}_n\}$ 是一组线性无关向量，且满足 $\boldsymbol{v}_k\in\mathbb{R}^n$ $(k=1,2,\cdots,n)$，它就是 $\mathbb{R}^n$ 的一个基。图 3-16 是 $\mathbb{R}^3$ 的标准基，因为 $\boldsymbol{e}_1,\boldsymbol{e}_2,\boldsymbol{e}_3$ 两两垂直，模长都为 1。实际上 $\mathbb{R}^3$ 中存在无数个秩为 3 的向量集合，它们都是 $\mathbb{R}^3$ 的基，这些基即是**坐标系**。

将图 3-16 中的标准基稍作改动，令 $\boldsymbol{d}=2\boldsymbol{e}_1$，则 $\{\boldsymbol{d},\boldsymbol{e}_2,\boldsymbol{e}_3\}$ 依旧是 $\mathbb{R}^3$ 的一个基（坐标系），$\mathbb{R}^3$ 中任一向量都可以被 $\{\boldsymbol{d},\boldsymbol{e}_2,\boldsymbol{e}_3\}$ 线性表示。此时，$\boldsymbol{m}$ 在坐标系 $\{\boldsymbol{d},\boldsymbol{e}_2,\boldsymbol{e}_3\}$ 中的表达式为

$$\boldsymbol{m}=\begin{bmatrix}a\\b\\c\end{bmatrix}=\frac{1}{2}a\boldsymbol{d}+b\boldsymbol{e}_2+c\boldsymbol{e}_3=\frac{1}{2}a\begin{bmatrix}2\\0\\0\end{bmatrix}+b\begin{bmatrix}0\\1\\0\end{bmatrix}+c\begin{bmatrix}0\\0\\1\end{bmatrix}$$

即 $\boldsymbol{m}$ 在$\{\boldsymbol{d},\boldsymbol{e}_2,\boldsymbol{e}_3\}$中的表示系数为$\left(\frac{1}{2}a,b,c\right)$，它是 $\boldsymbol{m}$ 在该坐标系中对应的坐标点。

【例 3-3】 如果$\mathbb{R}^2$的一个基 $\boldsymbol{B}=\{\boldsymbol{b}_1,\boldsymbol{b}_2\}$，其中 $\boldsymbol{b}_1=\begin{bmatrix}-2\\1\end{bmatrix}$，$\boldsymbol{b}_2=\begin{bmatrix}1\\1\end{bmatrix}$，若向量 $\boldsymbol{x}$ 在基 $\boldsymbol{B}$ 中的表示系数为(2，−3)，求向量 $\boldsymbol{x}$。

解：
$$\boldsymbol{x}=\boldsymbol{B}\begin{bmatrix}2\\-3\end{bmatrix}=2\boldsymbol{b}_1+(-3)\boldsymbol{b}_2=2\begin{bmatrix}-2\\1\end{bmatrix}-3\begin{bmatrix}1\\1\end{bmatrix}=\begin{bmatrix}-7\\-1\end{bmatrix}$$

$\boldsymbol{x}$ 也可以由$\{\boldsymbol{e}_1,\boldsymbol{e}_2\}$表示，其中 $\boldsymbol{e}_1=\begin{bmatrix}1\\0\end{bmatrix}$，$\boldsymbol{e}_2=\begin{bmatrix}0\\1\end{bmatrix}$，表示系数是$\begin{bmatrix}-7\\-1\end{bmatrix}$，即 $\boldsymbol{x}$ 本身。

例 3-3 中，标准基 $\boldsymbol{I}_2=\{\boldsymbol{e}_1,\boldsymbol{e}_2\}$和基 $\boldsymbol{B}=\{\boldsymbol{b}_1,\boldsymbol{b}_2\}$是线性相关的，因为它们都在$\mathbb{R}^2$中。以此类推，只要能被 $\boldsymbol{I}_2=\{\boldsymbol{e}_1,\boldsymbol{e}_2\}$线性表示，$\mathbb{R}^2$中的任何一个基都可以作为向量 $\boldsymbol{x}$ 的坐标系。例 3-2 中，$\boldsymbol{v}_1,\boldsymbol{v}_2,\boldsymbol{v}_3$ 都是$\mathbb{R}^3$中的向量，其中 $\boldsymbol{v}_3=2(\boldsymbol{v}_1+\boldsymbol{v}_2)$，所以$\{\boldsymbol{v}_1,\boldsymbol{v}_2\}$是向量 $\boldsymbol{v}_3$ 的一个坐标系。例 3-1 中，因为 $\boldsymbol{v}_3$ 无法由$\{\boldsymbol{v}_1,\boldsymbol{v}_2\}$线性表示，所以它不能构成 $\boldsymbol{v}_3$ 的坐标系。例 3-1 是满秩的情况，所以$\{\boldsymbol{v}_1,\boldsymbol{v}_2,\boldsymbol{v}_3\}$构成了$\mathbb{R}^3$空间的一个基，它与图 3-16 的标准基$\{\boldsymbol{e}_1,\boldsymbol{e}_2,\boldsymbol{e}_3\}$线性相关，所以两者之间也可以相互表示。

小结

在向量空间 $\mathbb{V}$ 中，任何一组线性无关的向量集合$\{\boldsymbol{v}_1,\boldsymbol{v}_2\cdots,\boldsymbol{v}_n\}$都可构成$\mathbb{R}^n$的一个基。如果 $\mathbb{V}$ 的子空间 $\mathbb{H}=\text{span}\{\boldsymbol{v}_1,\boldsymbol{v}_2,\cdots,\boldsymbol{v}_p\}(p\leqslant n)$，则 $\mathbb{H}$ 中任一向量都可以由$\{\boldsymbol{v}_1,\boldsymbol{v}_2,\cdots,\boldsymbol{v}_p\}$线性表示。$\{\boldsymbol{v}_1,\boldsymbol{v}_2,\cdots,\boldsymbol{v}_p\}$是 $\mathbb{H}$ 的一个基，它构成了子空间 $\mathbb{H}$ 的一个坐标系。因此 $\mathbb{H}$ 的基(坐标系)不是唯一的，它们之间线性相关，可以相互表示。此外，$\mathbb{H}$ 中任一向量都能被 $\mathbb{H}$ 的不同坐标系线性表示，但是表示系数不一样，正如图 3-16 中 $\boldsymbol{m}$ 在不同坐标系中对应的坐标点是不同的。

3.3.2 高维到低维的线性变换

将高维线性空间变换到低维俗称“降维”，它是模式识别中常用的数据压缩方法。3.2.4 小节提到过降维的意义，这里不再赘述。图 3-3 中，$\boldsymbol{u}=\begin{bmatrix}4\\2\end{bmatrix}$是$\mathbb{R}^2$的一个向量，它在标准基 $\boldsymbol{I}_2=\{\boldsymbol{e}_1,\boldsymbol{e}_2\}$的表示下，系数分别是 4 和 2。结合 3.3.1 小节，$\boldsymbol{u}$ 在 x 轴和 y 轴构成的直角坐标系中对应的坐标点就是(4,2)，即为原点 $\boldsymbol{O}$ 到坐标点(4,2)的向量。换个角度看，沿着 x 轴和 y 轴的正方向分别移动 4 个单位长度和 2 个单位长度，根据平行四边形法则，两者的结合正好是向量 $\boldsymbol{u}$。

如果图 3-3 中向量集合$\left\{\boldsymbol{u},2\boldsymbol{u},-\frac{1}{2}\boldsymbol{u}\right\}$不再使用标准基 $\boldsymbol{I}_2=\{\boldsymbol{e}_1,\boldsymbol{e}_2\}$，而是把 $\boldsymbol{u}=\begin{bmatrix}4\\2\end{bmatrix}$看成坐标轴，那么$\left\{\boldsymbol{u},2\boldsymbol{u},-\frac{1}{2}\boldsymbol{u}\right\}$在新坐标轴中对应的点分别是 1、2 和$-\frac{1}{2}$。这个向量集合之前需要 $\boldsymbol{e}_1$ 和 $\boldsymbol{e}_2$ 两个坐标轴来线性表示，现在只要一个新坐标轴 $\boldsymbol{u}$ 就可表示，从而实现了

降维。

另一个降维的例子是图 3-9，其中 $\boldsymbol{u}_1,\boldsymbol{u}_2,\boldsymbol{u}_3$ 都是$\mathbb{R}^3$的向量，在标准基 $\boldsymbol{I}_3=\{\boldsymbol{e}_1,\boldsymbol{e}_2,\boldsymbol{e}_3\}$的表示下，它们在 x 轴、y 轴和 z 轴上都有各自的坐标点。如果换成新坐标轴 $\boldsymbol{u}_1=\begin{bmatrix}-1\\2\\1\end{bmatrix}$，则 $\boldsymbol{u}_1,\boldsymbol{u}_2,\boldsymbol{u}_3$ 对应的点分别是 1,2,3。

图 3-3 和图 3-9 都是秩为 1 的情况。这种情况下，理论上存在一个坐标轴（方向），使得三个共线的向量能完全被它线性表示，从而将原始维度降到了一维。而图 3-10 中三个向量 $\boldsymbol{v}_1,\boldsymbol{v}_2,\boldsymbol{v}_3$ 张开成了一个二维斜面，它是向量空间$\mathbb{R}^3$中秩为 2 的一个子空间 $\mathbb{H}$，因此用一个坐标轴无法完全表示 $\boldsymbol{v}_1,\boldsymbol{v}_2,\boldsymbol{v}_3$。$\{\boldsymbol{v}_1,\boldsymbol{v}_2\}$构成了 $\mathbb{H}$ 的一个基，那么 $\boldsymbol{v}_3=\dfrac{1}{2}(\boldsymbol{v}_1+\boldsymbol{v}_2)$，即 $\boldsymbol{v}_3$ 在坐标系$\{\boldsymbol{v}_1,\boldsymbol{v}_2\}$中对应的点是$\left(\dfrac{1}{2},\dfrac{1}{2}\right)$，将三维降到了二维。图 3-11 是$\mathbb{R}^3$中的满秩情况，向量集合$\{\boldsymbol{w}_1,\boldsymbol{w}_2,\boldsymbol{w}_3\}$不能够被一个或者两个坐标轴完全表示，所以无法实现降维。

小结

只有在向量集合不满秩的情况下，才能实现高维到低维的线性变换，至于能降至多少维，取决于该向量集合本身所张开的维度（秩）。

3.3.3 坐标系之间的线性变换

通过 3.3.1 小节可知，同一空间 $\mathbb{H}$ 中基（坐标系）不是唯一的。它们不仅具有相同的秩，而且线性相关。通过线性变换，可以实现坐标系之间的相互表示。

例 3-3 的标准基 $\boldsymbol{I}_2=\{\boldsymbol{e}_1,\boldsymbol{e}_2\}$是$\mathbb{R}^2$的坐标系，$\mathbb{R}^2$的另一个坐标系 $\boldsymbol{B}=\{\boldsymbol{b}_1,\boldsymbol{b}_2\}$在 $\boldsymbol{I}_2$ 的表示下，系数就是 $\boldsymbol{B}$ 本身，即 $\boldsymbol{B}=\boldsymbol{I}_2\boldsymbol{B}$。反过来，若 $\boldsymbol{I}_2$ 在 $\boldsymbol{B}=\{\boldsymbol{b}_1,\boldsymbol{b}_2\}$中表示系数为 $\boldsymbol{y}$，则$\boldsymbol{I}_2=\boldsymbol{B}\boldsymbol{y}$。$\boldsymbol{B}$ 的秩是 2（满秩），直接求逆可得 $\boldsymbol{y}=\boldsymbol{B}^{-1}=\begin{bmatrix}-\dfrac{1}{3} & \dfrac{1}{3}\\ \dfrac{1}{3} & \dfrac{2}{3}\end{bmatrix}$。

此外，用线性方程组法和增广矩阵法也可以求解表示系数 $\boldsymbol{y}$。

1. 线性方程组法

类似于线性方程组 $\boldsymbol{A}\boldsymbol{x}=\boldsymbol{b}$，这里把 $\boldsymbol{y}$ 看作待求解的变量，即

$$\boldsymbol{B}\boldsymbol{y}=[\boldsymbol{b}_1,\boldsymbol{b}_2]\underbrace{\begin{bmatrix}y_{11} & y_{12}\\ y_{21} & y_{22}\end{bmatrix}}_{\boldsymbol{y}_1\quad\boldsymbol{y}_2}=\Big[\underbrace{y_{11}\boldsymbol{b}_1+y_{21}\boldsymbol{b}_2}_{\boldsymbol{e}_1},\underbrace{y_{12}\boldsymbol{b}_2+y_{22}\boldsymbol{b}_2}_{\boldsymbol{e}_2}\Big]=\underbrace{\begin{bmatrix}1 & 0\\ 0 & 1\end{bmatrix}}_{\boldsymbol{e}_1\quad\boldsymbol{e}_2}=\boldsymbol{I}_2$$

根据 $\boldsymbol{y}=[\boldsymbol{y}_1,\boldsymbol{y}_2]$列出两个线性方程组，分别为

$$\boldsymbol{B}\boldsymbol{y}_1=\begin{bmatrix}-2 & 1\\ 1 & 1\end{bmatrix}\begin{bmatrix}y_{11}\\ y_{21}\end{bmatrix}=\begin{bmatrix}1\\ 0\end{bmatrix}=\boldsymbol{e}_1,\quad \boldsymbol{B}\boldsymbol{y}_2=\begin{bmatrix}-2 & 1\\ 1 & 1\end{bmatrix}\begin{bmatrix}y_{12}\\ y_{22}\end{bmatrix}=\begin{bmatrix}0\\ 1\end{bmatrix}=\boldsymbol{e}_2$$

所以表示系数为

$$y=\begin{bmatrix}-\frac{1}{3} & \frac{1}{3}\\ \frac{1}{3} & \frac{2}{3}\end{bmatrix}$$

坐标系 $\boldsymbol{B}$ 中，$\boldsymbol{b}_1$ 和 $\boldsymbol{b}_2$ 是两个通用的模板（坐标轴）。在 $\boldsymbol{B}$ 中，$\boldsymbol{e}_1$ 和 $\boldsymbol{e}_2$ 要被 $\{\boldsymbol{b}_1,\boldsymbol{b}_2\}$ 线性表示，所以构建了上述两个方程组 $\boldsymbol{B}\boldsymbol{y}_1=\boldsymbol{e}_1$ 和 $\boldsymbol{B}\boldsymbol{y}_2=\boldsymbol{e}_2$。$\boldsymbol{y}=[\boldsymbol{y}_1,\boldsymbol{y}_2]$ 分别是 $\boldsymbol{e}_1$ 和 $\boldsymbol{e}_2$ 在坐标轴 $\boldsymbol{b}_1$ 和 $\boldsymbol{b}_2$ 中对应的坐标点，也是方程组的待求变量。

2. 增广矩阵法

将 $\boldsymbol{B}$ 和 $\boldsymbol{I}_2$ 左右排列起来，构造成 4×2 的增广矩阵，再做行变换；或者上下排列成 2×4 的矩阵，再做列变换。在行变换中，$\boldsymbol{B}$ 和 $\boldsymbol{I}_2$ 同时左乘某一算子 $\boldsymbol{S}$ 后，得到 $\boldsymbol{S}[\boldsymbol{B}|\boldsymbol{I}_2]=[\boldsymbol{I}_2|\boldsymbol{B}^{-1}]$。在 $\boldsymbol{S}$ 的作用下，$\boldsymbol{SB}=\boldsymbol{I}_2$，同时 $\boldsymbol{SI}_2=\boldsymbol{B}^{-1}$。根据 $\boldsymbol{I}_2=\boldsymbol{B}\boldsymbol{y}$，待求的表示系数 $\boldsymbol{y}=\boldsymbol{S}=\boldsymbol{B}^{-1}$，即

$$\Bigl[\underbrace{\begin{matrix}-2 & 1\\ 1 & 1\end{matrix}}_{\boldsymbol{B}}\Bigm|\underbrace{\begin{matrix}1 & 0\\ 0 & 1\end{matrix}}_{\boldsymbol{I}_2}\Bigr]\xrightarrow{r_2=\frac{2}{3}\left(r_2+\frac{1}{2}r_1\right)}\left[\begin{array}{cc|cc}-2 & 1 & 1 & 0\\ 0 & 1 & \frac{1}{3} & \frac{2}{3}\end{array}\right]\xrightarrow{r_1=r_1-r_2}\left[\begin{array}{cc|cc}-2 & 0 & \frac{2}{3} & -\frac{2}{3}\\ 0 & 1 & \frac{1}{3} & \frac{2}{3}\end{array}\right]\xrightarrow{r_1=-\frac{1}{2}r_1}\Bigl[\underbrace{\begin{matrix}1 & 0\\ 0 & 1\end{matrix}}_{\boldsymbol{I}_2}\Bigm|\underbrace{\begin{matrix}-\frac{1}{3} & \frac{1}{3}\\ \frac{1}{3} & \frac{2}{3}\end{matrix}}_{\boldsymbol{B}^{-1}}\Bigr]$$

与行变换不同的是，列变换是同时右乘一个算子 $\boldsymbol{T}$，使得 $\begin{bmatrix}\boldsymbol{BT}\\ \boldsymbol{I}_2\boldsymbol{T}\end{bmatrix}=\begin{bmatrix}\boldsymbol{I}_2\\ \boldsymbol{T}\end{bmatrix}$，即

$$\left[\begin{array}{cc}-2 & 1\\ 1 & 1\\ \hline 1 & 0\\ 0 & 1\end{array}\right]\xrightarrow{c_1=c_1-c_2}\left[\begin{array}{cc}-3 & 1\\ 0 & 1\\ \hline 1 & 0\\ -1 & 1\end{array}\right]\xrightarrow{c_2=c_2+\frac{1}{3}c_1}\left[\begin{array}{cc}-3 & 0\\ 0 & 1\\ \hline 1 & \frac{1}{3}\\ -1 & \frac{2}{3}\end{array}\right]\xrightarrow{c_1=-\frac{1}{3}c_1}\left[\begin{array}{cc}1 & 0\\ 0 & 1\\ \hline -\frac{1}{3} & \frac{1}{3}\\ \frac{1}{3} & \frac{2}{3}\end{array}\right]$$

根据 $\boldsymbol{I}_2=\boldsymbol{B}\boldsymbol{y}$，这里通过列变换使 $\boldsymbol{B}$ 变成 $\boldsymbol{I}_2$ 的算子就是 $\boldsymbol{y}$，所以 $\boldsymbol{y}=\begin{bmatrix}-\frac{1}{3} & \frac{1}{3}\\ \frac{1}{3} & \frac{2}{3}\end{bmatrix}$。

注意：如果两个坐标系 $\boldsymbol{A}$ 和 $\boldsymbol{B}$ 都不是标准基（单位矩阵），则使用行变换更容易计算。假设 $\boldsymbol{A}=\boldsymbol{B}\boldsymbol{y}$，行变换相当于 $\boldsymbol{A}$ 和 $\boldsymbol{B}$ 都左乘 $\boldsymbol{B}^{-1}$，分别得到 $\boldsymbol{B}^{-1}\boldsymbol{A}=\boldsymbol{y}$ 和 $\boldsymbol{B}^{-1}\boldsymbol{B}=\boldsymbol{I}$。这表明，同时左乘 $\boldsymbol{B}^{-1}$ 后，能将 $\boldsymbol{A}$ 和 $\boldsymbol{B}$ 分别变换成表示系数和单位矩阵。上述例子中，列变换将 $\boldsymbol{B}$ 变换成 $\boldsymbol{I}_2$，同时将 $\boldsymbol{I}_2$ 变换成 $\boldsymbol{y}$，这是一种特殊情况。对于 $\boldsymbol{A}=\boldsymbol{B}\boldsymbol{y}$（$\boldsymbol{A}$ 不是单位矩阵 $\boldsymbol{I}$），列变换会将 $\boldsymbol{B}$ 变换成 $\boldsymbol{B}\boldsymbol{y}$，同时将 $\boldsymbol{A}$ 变换成 $\boldsymbol{A}\boldsymbol{y}$，无法从中直接得到 $\boldsymbol{y}$。

3.4 投影与正交化

3.4.1 正交投影

正交投影（orthogonal projection）是指一个向量沿一条直线或沿一个平面的方向，分解成重合和垂直两个相互正交的部分，如图 3-17 所示，其中重合的部分就是向量在这个方向

上的**正交投影**[30]。

具体地，图 3-17(a)将向量 $\boldsymbol{a}_2$ 分解成 $\hat{\boldsymbol{a}}_2$ 和 $\boldsymbol{a}_{1\perp}$ 两个部分，它们分别重合和垂直于 $\boldsymbol{a}_1$；图 3-17(b)中，向量 $\boldsymbol{m}$ 斜穿过平面 $\mathbb{H}$，它沿着 $\mathbb{H}$ 分解成重合的 $\boldsymbol{m}_1$ 和垂直的 $\boldsymbol{m}_2$ 两个部分。所以，$\hat{\boldsymbol{a}}_2$ 是 $\boldsymbol{a}_2$ 在 $\boldsymbol{a}_1$ 方向上的正交投影，而 $\boldsymbol{m}_1$ 是 $\boldsymbol{m}$ 在平面 $\mathbb{H}$ 上的正交投影。

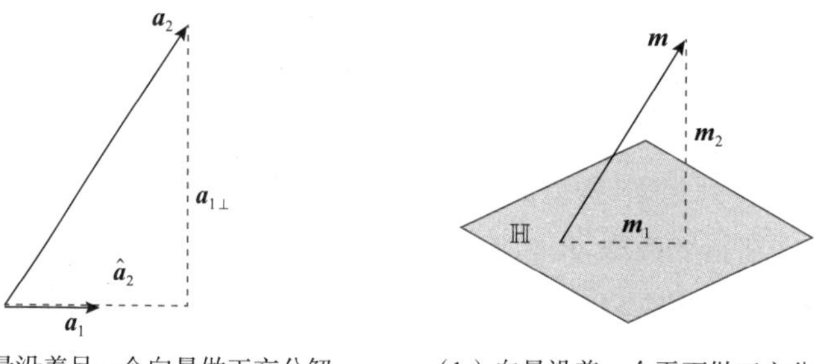

(a) 向量沿着另一个向量做正交分解　　(b) 向量沿着一个平面做正交分解

图 3-17　正交分解示意图

图 3-17(a)中，$\hat{\boldsymbol{a}}_2$ 与 $\boldsymbol{a}_1$ 能重合，必然线性相关，所以 $\hat{\boldsymbol{a}}_2=k\boldsymbol{a}_1$($k$ 为任一非零常数)，这里的 k 是**投影系数**。那么如何求 k 呢？根据 $\boldsymbol{a}_2=\hat{\boldsymbol{a}}_2+\boldsymbol{a}_{1\perp}$ 且 $<\boldsymbol{a}_{1\perp},\hat{\boldsymbol{a}}_2>=0$，可以确定 $(\boldsymbol{a}_2-k\boldsymbol{a}_1)^{\mathrm{T}}\boldsymbol{a}_1=0$，从而投影系数为 $k=\dfrac{<\boldsymbol{a}_2,\boldsymbol{a}_1>}{\|\boldsymbol{a}_1\|^2}$。代入可得 $\boldsymbol{a}_2$ 在 $\boldsymbol{a}_1$ 上的正交投影为 $\hat{\boldsymbol{a}}_2=\dfrac{<\boldsymbol{a}_2,\boldsymbol{a}_1>}{\|\boldsymbol{a}_1\|^2}\cdot\boldsymbol{a}_1$，记作 $\hat{\boldsymbol{a}}_2=\mathrm{Proj}_{\boldsymbol{a}_1}\boldsymbol{a}_2$。如果投影方向 $\boldsymbol{a}_1$ 的模长 $\|\boldsymbol{a}_1\|_2=1$，则正交投影就简化成 $\hat{\boldsymbol{a}}_2=\mathrm{Proj}_{\boldsymbol{a}_1}\boldsymbol{a}_2=<\boldsymbol{a}_2,\boldsymbol{a}_1>\cdot\boldsymbol{a}_1$。

从几何学角度讲，正交投影的意义在于寻找并消除原信号在某个方向上的分量。如果将图 3-17(a)中 $\boldsymbol{a}_2$ 看作原信号，消除它在 $\boldsymbol{a}_1$ 方向上的正交投影 $\hat{\boldsymbol{a}}_2$ 后，剩下的 $\boldsymbol{a}_{1\perp}$ 与 $\boldsymbol{a}_1$ 垂直，即它们之间毫不相关。因而 $\boldsymbol{a}_1$ 方向上的长度无论怎么变化，都与 $\boldsymbol{a}_{1\perp}$ 没有任何关系，反之亦然。同理，图 3-17(b)中平面 $\mathbb{H}$ 无论如何延伸，只要它的法线方向不变，也与 $\boldsymbol{m}_2$ 无关。

基于这种不相关的性质，正交投影在现实中具有一定的应用价值。例如，对雷达信号中的强杂波构建子空间，用正交投影方法能过滤掉强杂波，从而提取出弱小的目标信号[31]；在伪卫星系统中，将接收信号与其在强信号空间的正交投影相减后，会得到弱信号空间，从而消除强信号对弱信号的干扰[32]；在楼梯的三维建模方面，结合正交投影与多级优化方法，可得到楼梯精确的几何参数[33]；在文本情感分类中，将中性词向量投影到情感极性词向量的正交空间中，通过计算两者的相似度，可以捕获情感分类的鉴别信息[34]。

【例 3-4】 如图 3-17(a)，$\boldsymbol{a}_1=\begin{bmatrix}1\\0\end{bmatrix}$，$\boldsymbol{a}_2=\begin{bmatrix}2\\3\end{bmatrix}$，求出 $\boldsymbol{a}_2$ 在 $\boldsymbol{a}_1$ 方向上的正交投影 $\hat{\boldsymbol{a}}_2$，以及与 $\boldsymbol{a}_1$ 垂直的分量 $\boldsymbol{a}_{1\perp}$。

解：

$$\hat{\boldsymbol{a}}_2=\mathrm{Proj}_{\boldsymbol{a}_1}\boldsymbol{a}_2=\frac{<\boldsymbol{a}_2,\boldsymbol{a}_1>}{\|\boldsymbol{a}_1\|^2}\cdot\boldsymbol{a}_1=\frac{2}{1}\cdot\begin{bmatrix}1\\0\end{bmatrix}=\begin{bmatrix}2\\0\end{bmatrix}$$

$$\boldsymbol{a}_{1\perp}=\boldsymbol{a}_2-\hat{\boldsymbol{a}}_2=\begin{bmatrix}2\\3\end{bmatrix}-\begin{bmatrix}2\\0\end{bmatrix}=\begin{bmatrix}0\\3\end{bmatrix}$$

固定 $\boldsymbol{a}_2$，也能用同样的方法求出 $\boldsymbol{a}_1$ 在其方向上的正交投影，即

$$\hat{\boldsymbol{a}}_1=\text{Proj}_{\boldsymbol{a}_2}\boldsymbol{a}_1=\frac{<\boldsymbol{a}_1,\boldsymbol{a}_2>}{\|\boldsymbol{a}_2\|^2}\cdot\boldsymbol{a}_1=\frac{2}{13}\cdot\begin{bmatrix}2\\3\end{bmatrix}=\begin{bmatrix}\frac{4}{13}\\\frac{6}{13}\end{bmatrix}$$

相应的垂直分量为

$$\boldsymbol{a}_{2\perp}=\boldsymbol{a}_1-\hat{\boldsymbol{a}}_1=\begin{bmatrix}1\\0\end{bmatrix}-\begin{bmatrix}\frac{4}{13}\\\frac{6}{13}\end{bmatrix}=\begin{bmatrix}\frac{9}{13}\\-\frac{6}{13}\end{bmatrix}$$

3.4.2 施密特正交化

正交投影可以将两个线性无关的向量化为两个互相垂直的向量，如例 3-4 中 $\boldsymbol{a}_1$ 与 $\boldsymbol{a}_{1\perp}$ 以及 $\boldsymbol{a}_2$ 与 $\boldsymbol{a}_{2\perp}$，但是不能确保投影后模长为 1。假如$\mathbb{R}^n(n>2)$中存在 p 个线性无关的向量 $\boldsymbol{V}=\{\boldsymbol{v}_1,\boldsymbol{v}_2,\cdots,\boldsymbol{v}_p\}(p\leqslant n)$，将它们化成模长为 1 且两两正交的基 $\boldsymbol{U}=\{\boldsymbol{u}_1,\boldsymbol{u}_2,\cdots,\boldsymbol{u}_p\}$，则 $\boldsymbol{U}$ 是一个秩为 p 的**规范正交基**。而将 $\boldsymbol{V}$ 化成 $\boldsymbol{U}$ 的过程，称作**施密特正交化**。

施密特正交化(schimit orthogonalization)最初于 1907 年由 Schimit 提出[35]，它是一个递归求解正交向量(方向)，并将它们做归一化的过程[36]。例如，图 3-17(b)是一个$\mathbb{R}^3$空间，该空间必然存在两两正交的三个向量。在平面 $\mathbb{H}$ 上肯定能找到相互正交的方向 $\boldsymbol{u}_1,\boldsymbol{u}_2$，那么$\mathbb{H}=\text{span}\{\boldsymbol{u}_1,\boldsymbol{u}_2\}$。向量 $\boldsymbol{m}$ 在 $\mathbb{H}$ 上的正交投影 $\boldsymbol{m}_1\in\mathbb{H}$，它能完全被 $\boldsymbol{u}_1,\boldsymbol{u}_2$ 线性表示。同时 $\boldsymbol{m}_2\perp\mathbb{H}$，它垂直于平面 $\mathbb{H}$ 上的任何向量。将两两垂直的 $\boldsymbol{u}_1,\boldsymbol{u}_2$ 和 $\boldsymbol{m}_2$ 都做归一化，就能得到$\mathbb{R}^3$中的一个规范正交基。

如今施密特正交化在矩阵计算中起着非常重要的作用，它常常应用在 QR 分解和 Krylov 子空间方法中[37]。其中，QR 分解有助于求解线性方程组，不但计算效率高，而且稳定性好(详见第 9 章)；而 Krylov 子空间方法可用于求解大型稀疏线性系统和特征值问题。另外，施密特正交化也广泛应用在信号处理、医学成像、基因工程、统计计算、语音识别、计算机网络、经济学建模和搜索引擎中[35]。

【例 3-5】 将例 3-1 中的$\{\boldsymbol{v}_1,\boldsymbol{v}_2,\boldsymbol{v}_3\}$用施密特正交化构造出一组规范正交基$\{\boldsymbol{u}_1,\boldsymbol{u}_2,\boldsymbol{u}_3\}$。

解：先正交化，$\boldsymbol{u}_1$ 方向与 $\boldsymbol{v}_1$ 保持一致，即 $\boldsymbol{u}_1=\boldsymbol{v}_1=\begin{bmatrix}3\\0\\-6\end{bmatrix}$

$$\boldsymbol{u}_2=\boldsymbol{v}_2-\frac{<\boldsymbol{v}_2,\boldsymbol{u}_1>}{\|\boldsymbol{u}_1\|^2}\cdot\boldsymbol{u}_1=\begin{bmatrix}-4\\1\\7\end{bmatrix}-\left(-\frac{6}{5}\right)\cdot\begin{bmatrix}3\\0\\-6\end{bmatrix}=\begin{bmatrix}-\frac{2}{5}\\1\\-\frac{1}{5}\end{bmatrix}$$

$\{\boldsymbol{u}_1,\boldsymbol{u}_2\}$是图 3-18 中二维平面 $\mathbb{H}$ 中相互垂直的两个向量，那么 $\mathbb{H}=\text{span}\{\boldsymbol{v}_1,\boldsymbol{v}_2\}=\text{span}\{\boldsymbol{u}_1,\boldsymbol{u}_2\}$。向量 $\boldsymbol{v}_3$ 在 $\mathbb{H}$ 上的正交投影为 $\hat{\boldsymbol{v}}_3=\frac{<\boldsymbol{v}_3,\boldsymbol{u}_1>}{\|\boldsymbol{u}_1\|^2}\cdot\boldsymbol{u}_1+\frac{<\boldsymbol{v}_3,\boldsymbol{u}_2>}{\|\boldsymbol{u}_2\|^2}\cdot\boldsymbol{u}_2$。而 $\boldsymbol{v}_3$ 中剩

余部分 $\boldsymbol{v}_{3\perp}$ 垂直于 $\mathbb{H}$，即

$$\boldsymbol{v}_{3\perp}=\boldsymbol{v}_3-\frac{<\boldsymbol{v}_3,\boldsymbol{u}_1>}{\|\boldsymbol{u}_1\|^2}\cdot\boldsymbol{u}_1-\frac{<\boldsymbol{v}_3,\boldsymbol{u}_2>}{\|\boldsymbol{u}_2\|^2}\cdot\boldsymbol{u}_2$$

$$=\begin{bmatrix}-2\\1\\5\end{bmatrix}-\left(-\frac{4}{5}\right)\begin{bmatrix}3\\0\\-6\end{bmatrix}-\left(-\frac{2}{3}\right)\begin{bmatrix}-\frac{2}{5}\\1\\-\frac{1}{5}\end{bmatrix}=\begin{bmatrix}\frac{2}{3}\\\frac{1}{3}\\\frac{1}{3}\end{bmatrix}$$

$\boldsymbol{u}_3$ 的方向就是 $\boldsymbol{v}_{3\perp}$，此时 $\{\boldsymbol{u}_1,\boldsymbol{u}_2,\boldsymbol{u}_3\}$ 两两正交，如图 3-18 所示。

归一化后得到规范正交基 $\boldsymbol{U}$，即

$$\boldsymbol{U}=\left[\frac{\boldsymbol{u}_1}{\|\boldsymbol{u}_1\|_2},\frac{\boldsymbol{u}_2}{\|\boldsymbol{u}_2\|_2},\frac{\boldsymbol{u}_3}{\|\boldsymbol{u}_3\|_2}\right]$$

$$=\begin{bmatrix}\frac{1}{\sqrt{5}}&-\frac{2}{\sqrt{30}}&\frac{2}{\sqrt{6}}\\0&\frac{5}{\sqrt{30}}&\frac{1}{\sqrt{6}}\\-\frac{2}{\sqrt{5}}&-\frac{1}{\sqrt{30}}&\frac{1}{\sqrt{6}}\end{bmatrix}$$

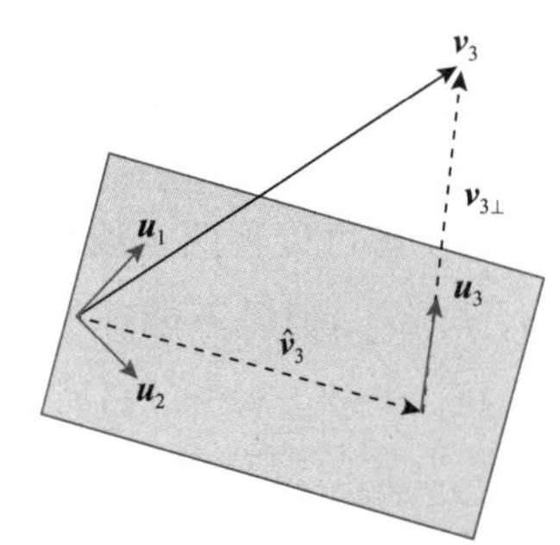

图 3-18　向量 $\boldsymbol{u}_3$ 垂直于 $\mathbb{H}=\text{span}\{\boldsymbol{u}_1,\boldsymbol{u}_2\}$ 且 $\boldsymbol{u}_1,\boldsymbol{u}_2,\boldsymbol{u}_3$ 是规范正交基

注意：例 3-5 中 $\boldsymbol{v}_3$ 在 $\text{span}\{\boldsymbol{v}_1,\boldsymbol{v}_2\}$ 上的正交投影为

$$\hat{\boldsymbol{v}}_3=\text{Proj}_{\{\boldsymbol{v}_1,\boldsymbol{v}_2\}}\boldsymbol{v}_3=\frac{<\boldsymbol{v}_3,\boldsymbol{u}_1>}{\|\boldsymbol{u}_1\|^2}\cdot\boldsymbol{u}_1+\frac{<\boldsymbol{v}_3,\boldsymbol{u}_2>}{\|\boldsymbol{u}_2\|^2}\cdot\boldsymbol{u}_2$$

而不是

$$\hat{\boldsymbol{v}}_3=\text{Proj}_{\{\boldsymbol{v}_1,\boldsymbol{v}_2\}}\boldsymbol{v}_3=\frac{<\boldsymbol{v}_3,\boldsymbol{v}_1>}{\|\boldsymbol{v}_1\|^2}\cdot\boldsymbol{v}_1+\frac{<\boldsymbol{v}_3,\boldsymbol{v}_2>}{\|\boldsymbol{v}_2\|^2}\cdot\boldsymbol{v}_2$$

这是因为 $\{\boldsymbol{v}_1,\boldsymbol{v}_2\}$ 虽然也是平面 $\mathbb{H}$ 的基，但不是正交基，毕竟 $\boldsymbol{v}_1$ 和 $\boldsymbol{v}_2$ 存在相关性。如果将 $\boldsymbol{v}_3$ 在 $\boldsymbol{v}_1$ 方向上的正交投影分量去掉，必然会干扰 $\boldsymbol{v}_3$ 在 $\boldsymbol{v}_2$ 上的分量。而 $\boldsymbol{u}_1$ 和 $\boldsymbol{u}_2$ 相互垂直，所以去掉 $\boldsymbol{v}_3$ 在 $\boldsymbol{u}_1$ 方向上的正交投影分量后，不会干扰 $\boldsymbol{v}_3$ 在 $\boldsymbol{u}_2$ 方向上的分量。

例 3-5 求解了 $\mathbb{R}^3$ 空间中一个规范正交基。由此可以推广到 $\mathbb{R}^n$ 空间中做施密特正交化的步骤，即正交投影的递归过程。若 $\mathbb{R}^n$ 空间中 $\{\boldsymbol{v}_1,\boldsymbol{v}_2,\cdots,\boldsymbol{v}_n\}$ 线性无关，则递归过程如下。

将 $\boldsymbol{v}_1$ 固定，默认它是 $\boldsymbol{u}_1$ 的方向；将 $\boldsymbol{v}_2$ 中与 $\boldsymbol{u}_1$ 垂直的方向分离出来，形成 $\boldsymbol{u}_2$，即 $\boldsymbol{u}_1\perp\boldsymbol{u}_2$；将 $\boldsymbol{v}_3$ 中与 $\text{span}\{\boldsymbol{u}_1,\boldsymbol{u}_2\}$ 正交的方向分离出来，求出 $\boldsymbol{u}_3$，此时 $\boldsymbol{u}_1$、$\boldsymbol{u}_2$ 和 $\boldsymbol{u}_3$ 两两垂直；再将 $\boldsymbol{v}_4$ 中与 $\text{span}\{\boldsymbol{u}_1,\boldsymbol{u}_2,\boldsymbol{u}_3\}$ 正交的方向分离出来，求出 $\boldsymbol{u}_4$，此时 $\boldsymbol{u}_1$、$\boldsymbol{u}_2$、$\boldsymbol{u}_3$ 和 $\boldsymbol{u}_4$ 两两垂直，以此类推，直到求出 $\boldsymbol{u}_n$，即可得到 n 个两两垂直的方向 $\boldsymbol{u}_1,\boldsymbol{u}_2,\cdots,\boldsymbol{u}_n$。

归纳起来，施密特正交化的完整过程如下：

$$\boldsymbol{u}_1=\boldsymbol{v}_1$$

$$\boldsymbol{u}_2=\boldsymbol{v}_2-\frac{<\boldsymbol{v}_2,\boldsymbol{u}_1>}{\|\boldsymbol{u}_1\|^2}\cdot\boldsymbol{u}_1$$

$$\vdots$$

$$u_n = v_n - \frac{<v_n, u_1>}{\| u_1 \|^2} \cdot u_1 - \frac{<v_n, u_2>}{\| u_2 \|^2} \cdot u_2 - \cdots - \frac{<v_n, u_{n-1}>}{\| u_{n-1} \|^2} \cdot u_{n-1}$$

最后将它们都做归一化，便可得到$\mathbb{R}^n$中的一个规范正交基$\left\{\frac{u_1}{\| u_1 \|_2}, \frac{u_2}{\| u_2 \|_2}, \cdots, \frac{u_n}{\| u_n \|_2}\right\}$。

本章小结

本章介绍了线性代数中与向量空间有关的几个重要知识点：向量概述、秩与子空间、线性变换、投影及施密特正交化。对于每个知识点，本章给出了相关的数学理论推导和解释，并列举了它们在人工智能领域中的实际应用案例。

矩阵的特征分解与压缩

在工程技术领域中，解决动力系统的稳定性问题和振动问题，要用到特征值和特征向量[38]；在生态模型中，预测濒危灭绝动物在若干年后灭绝与否，也要用到特征值和特征向量[21]。

矩阵的特征值称作本征值，特征向量称作本征向量，因为它们反映了矩阵本来的面目。如果矩阵的特征向量满秩，它就可以对角化，反之则不能。通过对角化可以对矩阵进行特征分解，从而挖掘出矩阵主要集中的方向和大小。有一类特殊的矩阵——正交矩阵，不仅它的转置是它的逆，而且它可以起到旋转作用。另外，非对称矩阵的特征值和特征向量可能存在复数，给计算带来不便；实对称矩阵分解后不存在复数，而且相异特征值所对应的特征向量相互正交。事实上，奇异值分解的第一步也是矩阵乘以自身的转置，构造出对称矩阵，再对其做特征分解，从而求出奇异值及其对应的左右奇异向量。通过保留图像矩阵中较大的奇异值，舍弃接近于零的奇异值和对应的奇异向量，可以实现图像压缩。

4.1 特征分解与对角化

4.1.1 特征值和特征向量

线性代数中一般通过**特征方程**求解矩阵的特征值和特征向量。由于 $\boldsymbol{x}$ 是 $\boldsymbol{A}$ 的特征向量，而 λ 是对应的特征值，所以满足

$$\boldsymbol{A}\boldsymbol{x}=\lambda\boldsymbol{x} \tag{4-1}$$

式(4-1)的特征方程是$(\boldsymbol{A}-\lambda\boldsymbol{I})\boldsymbol{x}=\boldsymbol{0}$，其中 $\boldsymbol{I}$ 是一个单位矩阵，大小跟 $\boldsymbol{A}$ 相等。当且仅当 λ 是特征方程 $\det(\boldsymbol{A}-\lambda\boldsymbol{I})=0$ 的根时，λ 是 $\boldsymbol{A}$ 的特征值。

先回忆一下秩的概念。图 3-11 中，$\mathbb{R}^3$ 的满秩向量 $\boldsymbol{w}_1,\boldsymbol{w}_2,\boldsymbol{w}_3$ 撑起了一个三维立体空间，所以 $\boldsymbol{W}=[\boldsymbol{w}_1,\boldsymbol{w}_2,\boldsymbol{w}_3]$是一个满秩矩阵，其中 $\det(\boldsymbol{W})\neq 0$。图 3-9 中 $\boldsymbol{U}=[\boldsymbol{u}_1,\boldsymbol{u}_2,\boldsymbol{u}_3]$，图 3-10 中 $\boldsymbol{V}=[\boldsymbol{v}_1,\boldsymbol{v}_2,\boldsymbol{v}_3]$，因为 $\boldsymbol{U}$ 和 $\boldsymbol{V}$ 都不是满秩矩阵，所以 $\det(\boldsymbol{U})=\det(\boldsymbol{V})=0$，即 $\boldsymbol{U}$ 和 $\boldsymbol{V}$ 都撑不起$\mathbb{R}^3$ 中三维物体的体积，它们分别坍缩成了一条线和一个面。

能使 $\boldsymbol{U}\boldsymbol{x}=\boldsymbol{0}$ 成立的方向 $\boldsymbol{x}$ 肯定垂直于 $\boldsymbol{u}_1,\boldsymbol{u}_2,\boldsymbol{u}_3$ 形成的直线，所以 $\boldsymbol{x}$ 张开了一个二维斜面 $\mathbb{H}$，它垂直于这条直线。同理，能使 $\boldsymbol{V}\boldsymbol{x}=\boldsymbol{0}$ 成立的方向 $\boldsymbol{x}$ 是一条直线，它与 $\boldsymbol{v}_1,\boldsymbol{v}_2,\boldsymbol{v}_3$ 所张开的平面垂直。对于满秩的 $\boldsymbol{W}$，不存在任何方向 $\boldsymbol{x}$ 能使 $\boldsymbol{W}\boldsymbol{x}=\boldsymbol{0}$ 成立。

由此推广到 n 阶不满秩的矩阵 $\boldsymbol{M}$，此时 $\det(\boldsymbol{M})=\boldsymbol{0}$，说明至少存在一个方向 $\boldsymbol{v}\in\mathbb{R}^n$，使得 $\boldsymbol{M}\boldsymbol{v}=\boldsymbol{0}$。从特征值和特征向量的角度，$\boldsymbol{v}$ 就是矩阵 $\boldsymbol{M}$ 的特征值 $\lambda=0$ 所对应的特征向量，因为 $\boldsymbol{M}\boldsymbol{v}=\boldsymbol{0}=0\boldsymbol{v}$。

同理，式(4-1)中令 $\boldsymbol{B}=\boldsymbol{A}-\lambda\boldsymbol{I}$，特征方程 $\det(\boldsymbol{A}-\lambda\boldsymbol{I})=0$ 即 $\det(\boldsymbol{B})=0$，说明 $\boldsymbol{B}$ 中至少存在一个特征值 0，它对应的特征向量 $\boldsymbol{x}$ 满足 $\boldsymbol{B}\boldsymbol{x}=0\boldsymbol{x}$，即 $\boldsymbol{B}$ 在 $\boldsymbol{x}$ 方向上没有任何拉伸，但是在 $\boldsymbol{A}$ 的作用下，该方向拉伸了 λ 倍。

【例 4-1】 用特征方程求解矩阵 $\boldsymbol{A}=\begin{bmatrix}1 & 4\\ 1 & -2\end{bmatrix}$ 的特征值和特征向量。

解：对于 $\boldsymbol{A}$ 建立特征方程，即

$$\det(\boldsymbol{A}-\lambda\boldsymbol{I})=\det\begin{bmatrix}1-\lambda & 4\\ 1 & -2-\lambda\end{bmatrix}=0$$

根据 $\det\begin{bmatrix}a & b\\ c & d\end{bmatrix}=ad-bc$，得

$$\begin{aligned}\det(\boldsymbol{A}-\lambda\boldsymbol{I})&=-(1-\lambda)(2+\lambda)-4\\&=(\lambda-2)(\lambda+3)\\&=0\end{aligned}$$

解得 $\lambda_1=2,\lambda_2=-3$。

有了特征值，如何求解特征向量呢？特征向量 $\boldsymbol{x}$ 在矩阵 $\boldsymbol{B}=\boldsymbol{A}-\lambda\boldsymbol{I}$ 的作用下会变成零向量，即 $\boldsymbol{B}\boldsymbol{x}=\boldsymbol{0}$。换言之，$\boldsymbol{x}$ 与 $\boldsymbol{B}$ 中的每一行都垂直。

将 $\lambda_1=2$ 代入 $\boldsymbol{B}$，对应的特征向量为 $\boldsymbol{x}_1$，得

$$(\boldsymbol{A}-\lambda_1\boldsymbol{I})\boldsymbol{x}_1=\begin{bmatrix}1-\lambda_1 & 4\\ 1 & -2-\lambda_1\end{bmatrix}\boldsymbol{x}_1=\begin{bmatrix}-1 & 4\\ 1 & -4\end{bmatrix}\boldsymbol{x}_1\xrightarrow{r_2=r_2+r_1}\begin{bmatrix}-1 & 4\\ 0 & 0\end{bmatrix}\boldsymbol{x}_1=\boldsymbol{0}$$

解得 $\boldsymbol{x}_1=\begin{bmatrix}4\\1\end{bmatrix}$

将 $\lambda_2=-3$ 代入 $\boldsymbol{B}$，对应的特征向量为 $\boldsymbol{x}_2$，得

$$(\boldsymbol{A}-\lambda_2\boldsymbol{I})\boldsymbol{x}_2=\begin{bmatrix}1-\lambda_2 & 4\\ 1 & -2-\lambda_2\end{bmatrix}\boldsymbol{x}_2=\begin{bmatrix}4 & 4\\ 1 & 1\end{bmatrix}\boldsymbol{x}_2\xrightarrow{r_2=r_2-\frac{1}{4}r_1}\begin{bmatrix}4 & 4\\ 0 & 0\end{bmatrix}\boldsymbol{x}_2=\boldsymbol{0}$$

解得 $\boldsymbol{x}_2=\begin{bmatrix}1\\-1\end{bmatrix}$

矩阵 $\boldsymbol{A}$ 的非零特征值对应的特征向量所张开的空间 $\mathbb{H}$，称为 $\boldsymbol{A}$ 的**特征空间**[21]。换言之，对于 $\forall\,\boldsymbol{v}_k$，若 $\boldsymbol{A}\boldsymbol{v}_k=\lambda_k\boldsymbol{v}_k(\lambda_k\neq0)$，则 $\boldsymbol{v}_k\in\mathbb{H}$。例如，例 4-1 中 $\boldsymbol{A}=\begin{bmatrix}1 & 4\\ 1 & -2\end{bmatrix}$ 有两个相异的特征值且都不为 0，它们的特征向量分别是 $\boldsymbol{v}_1=\begin{bmatrix}1\\ \frac{1}{4}\end{bmatrix}$ 和 $\boldsymbol{v}_2=\begin{bmatrix}1\\-1\end{bmatrix}$，$\mathbb{H}=\mathrm{span}\{\boldsymbol{v}_1,\boldsymbol{v}_2\}$ 为 $\boldsymbol{A}$ 的

特征空间。如图 4-1 所示，两条线分别是 $\lambda_1=2$ 和 $\lambda_2=-3$ 所对应的特征空间。

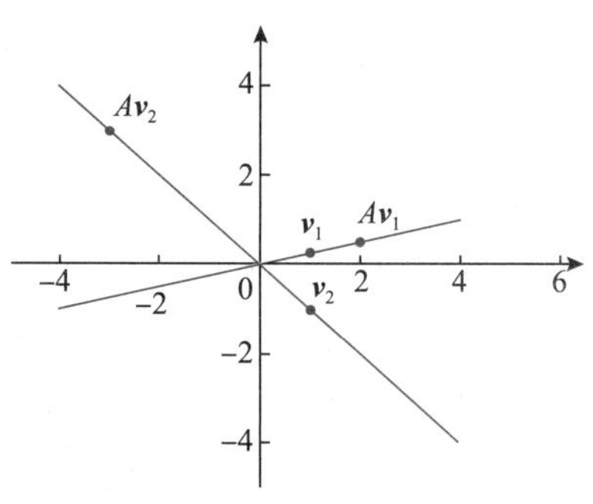

图 4-1 矩阵 $\boldsymbol{A}$ 的特征空间(两条线)

【例 4-2】 已知矩阵 $\boldsymbol{B}=\begin{bmatrix}5&-1&2\\-1&5&2\\2&2&2\end{bmatrix}$，求它的特征值 6 所对应的特征空间。

解：

$$\det(\boldsymbol{B}-\lambda\boldsymbol{I})=|\boldsymbol{B}-\lambda\boldsymbol{I}|=\begin{vmatrix}5-\lambda&-1&2\\-1&5-\lambda&2\\2&2&2-\lambda\end{vmatrix}$$

$$=(5-\lambda)^2(2-\lambda)-4-4-4(5-\lambda)-2(5-\lambda)-4(5-\lambda)$$

$$=(5-\lambda)^2(2-\lambda)+9\lambda-50$$

$$=-\lambda(\lambda-6)^2$$

$$=0$$

$\boldsymbol{B}$ 的三个特征值为 0,6,6。

将 $\lambda=6$ 代入 $\boldsymbol{B}$，化简得

$$|\boldsymbol{B}-\lambda\boldsymbol{I}|=\begin{vmatrix}5-\lambda&-1&2\\-1&5-\lambda&2\\2&2&2-\lambda\end{vmatrix}=\begin{vmatrix}-1&-1&2\\-1&-1&2\\2&2&-4\end{vmatrix}\xrightarrow[r_3+2r_1]{r_2-r_1,}\begin{vmatrix}-1&-1&2\\0&0&0\\0&0&0\end{vmatrix}$$

$\lambda=6$ 对应的特征向量 $\boldsymbol{v}$ 满足 $(\boldsymbol{B}-6\boldsymbol{I})\boldsymbol{v}=\boldsymbol{0}$，所以 $\boldsymbol{v}$ 必然正交于向量 $[-1,-1,2]^{\mathrm{T}}$。行列式两行化为 0，说明 $\boldsymbol{v}$ 处在垂直于向量 $[-1,-1,2]^{\mathrm{T}}$ 的平面 $\mathbb{H}$ 上，$\mathbb{H}$ 的秩为 2(这种情况类似于图 3-10)。在 $\mathbb{H}$ 中可以找到无穷多个相互垂直的向量对，如 $\boldsymbol{\xi}_1=\begin{bmatrix}2\\0\\1\end{bmatrix}$，$\boldsymbol{\xi}_2=\begin{bmatrix}-1\\5\\2\end{bmatrix}$。$\boldsymbol{v}=c_1\boldsymbol{\xi}_1+c_2\boldsymbol{\xi}_2$(其中 c_1、c_2 不全为 0)，都满足 $\boldsymbol{B}\boldsymbol{v}=6\boldsymbol{v}$。

如图 4-2 所示，平面 $\mathbb{H}$ 是 $\boldsymbol{B}$ 中特征值 $\lambda=6$ 所对应的特征空间 $\mathbb{H}=\mathrm{span}\{\boldsymbol{\xi}_1,\boldsymbol{\xi}_2\}$，它垂直于法向量 $[-1,-1,2]^{\mathrm{T}}$(虚线箭头)。在 $\boldsymbol{B}$ 的作用下，$\mathbb{H}$ 中任一向量 $\boldsymbol{v}$(实线箭头)都被拉伸了 6 倍。

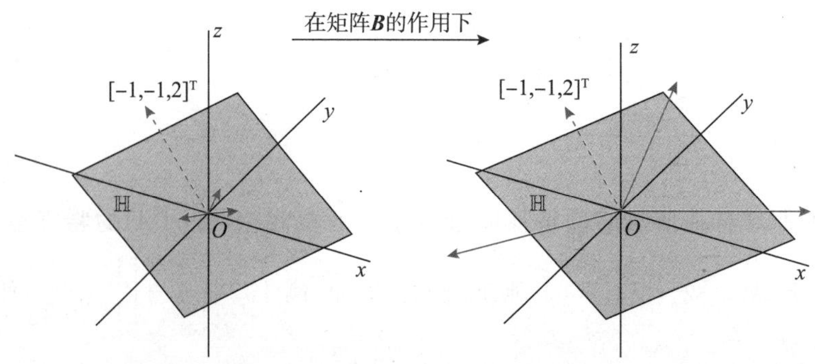

图 4-2 矩阵 $\boldsymbol{B}$ 的特征值 6 对应的特征空间 $\mathbb{H}$(平面)

4.1.2 矩阵对角化

本小节将给出矩阵的对角化表达式，并通过一个反例说明并非所有的矩阵都可以对角化，最后给出矩阵可对角化的条件。

1. 对角化表达式

对于 2×2 的矩阵 $\boldsymbol{A}$，能得到两个特征值 λ_1 和 λ_2 及其对应的特征向量 $\boldsymbol{v}_1$ 和 $\boldsymbol{v}_2$。将特征值排列成对角矩阵 $\boldsymbol{\Lambda}=\begin{bmatrix}\lambda_1 & 0\\ 0 & \lambda_2\end{bmatrix}$，再将特征向量排列成 $\boldsymbol{V}=[\boldsymbol{v}_1,\boldsymbol{v}_2]$，此时 $\boldsymbol{AV}=\boldsymbol{V\Lambda}$，即$[\boldsymbol{A}\boldsymbol{v}_1,\boldsymbol{A}\boldsymbol{v}_2]=[\lambda_1\boldsymbol{v}_1,\lambda_2\boldsymbol{v}_2]$。

同理，若 n 阶矩阵 $\boldsymbol{A}$ 的 n 个特征向量 $\boldsymbol{V}=[\boldsymbol{v}_1,\boldsymbol{v}_2,\cdots,\boldsymbol{v}_n]$线性无关，则 $\boldsymbol{V}$ 满秩，逆 $\boldsymbol{V}^{-1}$ 存在。对 $\boldsymbol{A}$ 做变形，可以得到对角化表达式[39]，即

$$\boldsymbol{A}=\boldsymbol{V\Lambda V}^{-1} \tag{4-2}$$

其中，$\boldsymbol{\Lambda}=\begin{bmatrix}\lambda_1 & 0 & 0\\ 0 & \vdots & 0\\ 0 & 0 & \lambda_n\end{bmatrix}$的对角线元素是 $\boldsymbol{A}$ 的 n 个特征值。式(4-2)中，$\boldsymbol{A}$ 相似于对角矩阵 $\boldsymbol{\Lambda}$。

例 4-1 中矩阵 $\boldsymbol{A}$ 可以对角化，因为它的两个特征向量线性无关，$\boldsymbol{A}$ 可以分解成

$$\boldsymbol{A}=\begin{bmatrix}1 & 4\\ 1 & -2\end{bmatrix}=\underbrace{\begin{bmatrix}4 & 1\\ 1 & -1\end{bmatrix}}_{\boldsymbol{V}}\underbrace{\begin{bmatrix}2 & 0\\ 0 & -3\end{bmatrix}}_{\boldsymbol{\Lambda}}\underbrace{\begin{bmatrix}4 & 1\\ 1 & -1\end{bmatrix}^{-1}}_{\boldsymbol{V}^{-1}} \tag{4-3}$$

结合图 4-1，$\boldsymbol{A}$ 也可以分解成

$$\boldsymbol{A}=\begin{bmatrix}1 & 4\\ 1 & -2\end{bmatrix}=\underbrace{\begin{bmatrix}1 & 1\\ \frac{1}{4} & -1\end{bmatrix}}_{\boldsymbol{V}}\underbrace{\begin{bmatrix}2 & 0\\ 0 & -3\end{bmatrix}}_{\boldsymbol{\Lambda}}\underbrace{\begin{bmatrix}1 & 1\\ \frac{1}{4} & -1\end{bmatrix}^{-1}}_{\boldsymbol{V}^{-1}} \tag{4-4}$$

例 4-2 中求出了矩阵 $\boldsymbol{B}$ 中特征值 6 所对应的两个特征向量 $\boldsymbol{\xi}_1$ 和 $\boldsymbol{\xi}_2$。在此求解特征值 0 对应的特征向量 $\boldsymbol{\xi}_3$。将 $\lambda=0$ 代入 $\boldsymbol{B}$，行列式化简得

$$|\boldsymbol{B}-\lambda\boldsymbol{I}|=\begin{vmatrix}5 & -1 & 2\\ -1 & 5 & 2\\ 2 & 2 & 2\end{vmatrix}\xrightarrow[r_3=r_3+2r_2]{r_1=r_1+5r_2,}\begin{vmatrix}0 & 24 & 12\\ -1 & 5 & 2\\ 0 & 12 & 6\end{vmatrix}\xrightarrow[r_1=\frac{1}{12}r_1]{r_3=r_3-\frac{1}{2}r_2,}\begin{vmatrix}0 & 2 & 1\\ -1 & 5 & 2\\ 0 & 0 & 0\end{vmatrix}\xrightarrow{r_2=r_2-2r_1}\begin{vmatrix}0 & 2 & 1\\ -1 & 1 & 0\\ 0 & 0 & 0\end{vmatrix}$$

理论上，$\boldsymbol{\xi}_3$ 与上述化简后的行向量$[0,2,1]$和$[-1,5,2]$都垂直，可得 $\boldsymbol{\xi}_3=\begin{bmatrix}1\\ 1\\ -2\end{bmatrix}$。

图 4-2 中，$\boldsymbol{\xi}_3$ 即是与平面 $\mathbb{H}$ 垂直的法方向，从而 $\boldsymbol{\xi}_1,\boldsymbol{\xi}_2,\boldsymbol{\xi}_3$ 之间两两垂直。$\boldsymbol{B}$ 的三个特征向量 $\boldsymbol{\Phi}=[\boldsymbol{\xi}_1,\boldsymbol{\xi}_2,\boldsymbol{\xi}_3]$线性无关，所以 $\boldsymbol{\Phi}^{-1}$ 存在，$\boldsymbol{B}$ 可对角化为 $\boldsymbol{B}=\boldsymbol{\Phi\Lambda\Phi}^{-1}$，即

$$\boldsymbol{B}=\begin{bmatrix}5 & -1 & 2\\ -1 & 5 & 2\\ 2 & 2 & 2\end{bmatrix}=\underbrace{\begin{bmatrix}2 & -1 & 1\\ 0 & 5 & 1\\ 1 & 2 & -2\end{bmatrix}}_{\boldsymbol{\Phi}}\underbrace{\begin{bmatrix}6 & 0 & 0\\ 0 & 6 & 0\\ 0 & 0 & 0\end{bmatrix}}_{\boldsymbol{\Lambda}}\underbrace{\begin{bmatrix}2 & -1 & 1\\ 0 & 5 & 1\\ 1 & 2 & -2\end{bmatrix}^{-1}}_{\boldsymbol{\Phi}^{-1}} \tag{4-5}$$

2. 不可对角化的矩阵

事实上,并非所有的矩阵都能对角化。比如,$\boldsymbol{C}=\begin{bmatrix}3 & 7 & 6\\-1 & -5 & -6\\1 & 1 & 2\end{bmatrix}$就无法对角化。通过计算得 $\det(\boldsymbol{C})=|\boldsymbol{C}|=-16$,表明 $\boldsymbol{C}$ 的三个特征值全都不为 0。构建特征方程,解出 $\boldsymbol{C}$ 的三个特征值分别为 $\lambda_1=-4$,$\lambda_2=\lambda_3=2$。

将 $\lambda_1=-4$ 代入特征方程,行列式化简得

$$|\boldsymbol{C}+4\boldsymbol{I}|=\begin{vmatrix}7 & 7 & 6\\-1 & -1 & -6\\1 & 1 & 6\end{vmatrix}\Rightarrow\begin{vmatrix}7 & 7 & 6\\1 & 1 & 6\\0 & 0 & 0\end{vmatrix}\Rightarrow\begin{vmatrix}0 & 0 & 1\\1 & 1 & 0\\0 & 0 & 0\end{vmatrix}$$

由$(\boldsymbol{C}+4\boldsymbol{I})\boldsymbol{x}_1=\boldsymbol{0}$,解得 $\boldsymbol{x}_1=\begin{bmatrix}-1\\1\\0\end{bmatrix}$,即对应的特征向量是 $c_1\boldsymbol{x}_1$(c_1 为任一常数)。

将 $\lambda_2=\lambda_3=2$ 代入特征方程,行列式化简得

$$|\boldsymbol{C}-2\boldsymbol{I}|=\begin{vmatrix}1 & 7 & 6\\-1 & -7 & -6\\1 & 1 & 0\end{vmatrix}\Rightarrow\begin{vmatrix}1 & 7 & 6\\0 & 1 & 1\\0 & 0 & 0\end{vmatrix}\Rightarrow\begin{vmatrix}1 & 0 & -1\\0 & 1 & 1\\0 & 0 & 0\end{vmatrix}$$

只有最后一行全为 0,即对于特征值 2,才能得到自由度(即几何重数)为 1 的特征向量 $c_2\boldsymbol{x}_2$,其中 $\boldsymbol{x}_2=\begin{bmatrix}1\\-1\\1\end{bmatrix}$,$c_2$ 为任一常数。

综上,虽然 $\boldsymbol{C}$ 有三个特征值,但是特征向量只有$[\boldsymbol{x}_1,\boldsymbol{x}_2]$两个方向,特征向量不满秩(不可逆),故 $\boldsymbol{C}$ 无法对角化。

3. 可对角化的条件

当且仅当满足以下两个条件之一时,n 阶矩阵 $\boldsymbol{A}$ 可对角化。

(1) 当 $\boldsymbol{A}$ 存在 n 个相异特征值;

(2) 当 $\boldsymbol{A}$ 的特征值有重根时,其几何重数等于代数重数。

条件(1)中,矩阵的相异特征值所对应的特征向量线性无关[40];条件(2)详见文献[41]中的定理 9.4.7。这两个条件都表明,$\boldsymbol{A}$ 存在 n 个线性无关的特征向量,它是 $\boldsymbol{A}$ 可对角化的关键。

矩阵 $\boldsymbol{C}$ 中,特征值 $\lambda=2$ 出现了两次,即代数重数为 2,但对应的特征空间只有 $\boldsymbol{x}_2$,即几何重数为 1,$\boldsymbol{C}$ 不能对角化。例 4-2 中,$\boldsymbol{B}$ 的特征值 6 也出现了两次,但是它对应的特征向量是图 4-2 中的二维平面 $\mathbb{H}$,这说明它的几何重数也是 2,所以能对角化。关于矩阵 $\boldsymbol{C}$ 不能对角化的原因,可扫描前言二维码获取。

小结

如果 n 阶可对角化矩阵 $\boldsymbol{A}$ 相似于一个对角矩阵 $\boldsymbol{\Lambda}$,则 $\boldsymbol{A}$ 可以表示为 $\boldsymbol{A}=\boldsymbol{V\Lambda V}^{-1}$,其中 $\boldsymbol{\Lambda}$ 的对角线元素是 $\boldsymbol{A}$ 的特征值,$\boldsymbol{V}$ 是 $\boldsymbol{A}$ 的特征向量。鉴于 $\boldsymbol{V}$ 满秩,$\boldsymbol{V}$ 中存在 n 个线性无关的列向量,即 $\boldsymbol{V}=[\boldsymbol{v}_1,\boldsymbol{v}_2,\cdots,\boldsymbol{v}_n]$。

在对角矩阵 $\boldsymbol{\Lambda}$ 的作用下，向量集$\{\boldsymbol{v}_1,\boldsymbol{v}_2,\cdots,\boldsymbol{v}_n\}$分别沿各自方向拉伸了一定倍数，这个倍数就是特征值，即 $\boldsymbol{V\Lambda}=[\lambda_1\boldsymbol{v}_1,\lambda_2\boldsymbol{v}_2,\cdots,\lambda_n\boldsymbol{v}_n]$。同时，在矩阵 $\boldsymbol{A}$ 的作用下，$\{\boldsymbol{v}_1,\boldsymbol{v}_2,\cdots,\boldsymbol{v}_n\}$ 也分别拉伸了各自特征值的倍数，即 $\boldsymbol{AV}=[\boldsymbol{Av}_1,\boldsymbol{Av}_2,\cdots,\boldsymbol{Av}_n]=[\lambda_1\boldsymbol{v}_1,\lambda_2\boldsymbol{v}_2,\cdots,\lambda_n\boldsymbol{v}_n]$。由于 $\boldsymbol{AV}=\boldsymbol{V\Lambda}$，所以矩阵 $\boldsymbol{A}$ 和 $\boldsymbol{\Lambda}$ 对于 $\boldsymbol{V}$ 中 n 个列向量的拉伸作用是一样的。

4.1.3 左右特征向量和特征分解

4.1.1 小节介绍了用特征方程求解矩阵特征值和特征向量的过程。在等式 $\boldsymbol{Av}=\lambda\boldsymbol{v}$ 中，$\boldsymbol{v}$ 是 $\boldsymbol{A}$ 的**右特征向量**。4.1.2 小节的对角化，是对 $\boldsymbol{A}$ 的右特征向量集$\{\boldsymbol{v}_1,\boldsymbol{v}_2,\cdots,\boldsymbol{v}_n\}$分别拉伸了各自特征值的倍数。

事实上，矩阵也存在左特征向量[2]。将式(4-2)等号两边乘 $\boldsymbol{V}^{-1}$，得 $\boldsymbol{V}^{-1}\boldsymbol{A}=\boldsymbol{\Lambda V}^{-1}$，再令 $\boldsymbol{U}^{\mathrm{T}}=\boldsymbol{V}^{-1}$，转置后 $\boldsymbol{A}^{\mathrm{T}}\boldsymbol{U}=\boldsymbol{U\Lambda}$。$\boldsymbol{U}$ 的列向量是 $\boldsymbol{U}=[\boldsymbol{u}_1,\boldsymbol{u}_2,\cdots,\boldsymbol{u}_n]$，满足

$$\boldsymbol{A}^{\mathrm{T}}\boldsymbol{u}_i=\lambda_i\boldsymbol{u}_i \quad (i=1,2,\cdots,n) \tag{4-6}$$

式(4-6)表明 $\boldsymbol{u}_i$ 是矩阵 $\boldsymbol{A}^{\mathrm{T}}$ 的右特征向量。由式(4-6)得 $\boldsymbol{u}_i^{\mathrm{T}}\boldsymbol{A}=\lambda_i\boldsymbol{u}_i^{\mathrm{T}}$，所以 $\boldsymbol{u}_i$ 是 $\boldsymbol{A}$ 的**左特征向量**。与此同时，$\boldsymbol{v}_i$ 是式(4-6)中特征值 λ_i 对应的右特征向量，满足 $\boldsymbol{Av}_i=\lambda_i\boldsymbol{v}_i$。

矩阵的每个特征值都有自己对应的左右特征向量。根据式(4-2)，将 n 阶可对角化矩阵 $\boldsymbol{A}$ 表示为 $\boldsymbol{A}=\boldsymbol{V\Lambda U}^{\mathrm{T}}$，即

$$\boldsymbol{A}=[\lambda_1\boldsymbol{v}_1,\lambda_2\boldsymbol{v}_2,\cdots,\lambda_n\boldsymbol{v}_n]\begin{bmatrix}\boldsymbol{u}_1^{\mathrm{T}}\\ \boldsymbol{u}_2^{\mathrm{T}}\\ \vdots\\ \boldsymbol{u}_n^{\mathrm{T}}\end{bmatrix}=\sum_{i=1}^{n}\lambda_i\boldsymbol{v}_i\boldsymbol{u}_i^{\mathrm{T}} \tag{4-7}$$

式(4-7)是矩阵 $\boldsymbol{A}$ 的**特征分解**，其中 $\lambda_i\boldsymbol{v}_i\boldsymbol{u}_i^{\mathrm{T}}$ 是一个 $n\times n$ 的矩阵，它是向量 $\boldsymbol{v}_i$ 和 $\boldsymbol{u}_i$ 外积的 λ_i 倍，而矩阵 $\boldsymbol{A}$ 就是由 n 个这样的外积矩阵相加而成。如果 $\boldsymbol{A}$ 对称，则 $\boldsymbol{A}^{\mathrm{T}}=\boldsymbol{A}$，所以它的左右特征向量相等，即 $\boldsymbol{U}=\boldsymbol{V}$，这是一种特殊情况。4.2.1 小节将着重讨论实对称矩阵的对角化。

【例 4-3】 对例 4-1 中 $\boldsymbol{A}=\begin{bmatrix}1 & 4\\ 1 & -2\end{bmatrix}$做形如式(4-7)的特征分解。

解：根据式(4-3)的对角化，$\boldsymbol{A}$ 的右特征向量 $\boldsymbol{V}=\begin{bmatrix}4 & 1\\ 1 & -1\end{bmatrix}$，左特征向量 $\boldsymbol{U}$ 的转置为

$$\boldsymbol{U}^{\mathrm{T}}=\boldsymbol{V}^{-1}=\begin{bmatrix}4 & 1\\ 1 & -1\end{bmatrix}^{-1}=\begin{bmatrix}\frac{1}{5} & \frac{1}{5}\\ \frac{1}{5} & -\frac{4}{5}\end{bmatrix},$$

所以

$$\boldsymbol{U}=[\boldsymbol{u}_1,\boldsymbol{u}_2]=\begin{bmatrix}\frac{1}{5} & \frac{1}{5}\\ \frac{1}{5} & -\frac{4}{5}\end{bmatrix}$$

$\boldsymbol{A}$ 的特征分解为

$$A=\lambda_1 v_1 u_1^{\mathrm{T}}+\lambda_2 v_2 u_2^{\mathrm{T}}=2\begin{bmatrix}4\\1\end{bmatrix}[1/5 \quad 1/5]+(-3)\begin{bmatrix}1\\-1\end{bmatrix}[1/5 \quad -4/5]$$

对比式(4-3)和式(4-4)，同一个矩阵 $\boldsymbol{A}$ 的对角化不是唯一的，因为特征向量的模长可以更改，从而相应的特征分解也不唯一。请读者仿照例 4-3，根据式(4-4)的对角化，对 $\boldsymbol{A}$ 做另一个特征分解，并通过计算验证分解是否正确。

例 4-3 中 $\boldsymbol{A}$ 的特征值都是实数。事实上，有些非对称矩阵的特征值会存在复数(实部+虚部)，相应特征向量也会存在复数。例如，3.1.3 小节的案例中旋转算子 $\boldsymbol{C}=\begin{bmatrix}\frac{\sqrt{2}}{2} & -\frac{\sqrt{2}}{2}\\ \frac{\sqrt{2}}{2} & \frac{\sqrt{2}}{2}\end{bmatrix}$，根据特征方程 $\det(\boldsymbol{C}-\lambda\boldsymbol{I})=|\boldsymbol{C}-\lambda\boldsymbol{I}|=0$，得 $|\boldsymbol{C}-\lambda\boldsymbol{I}|=\begin{vmatrix}\frac{\sqrt{2}}{2}-\lambda & -\frac{\sqrt{2}}{2}\\ \frac{\sqrt{2}}{2} & \frac{\sqrt{2}}{2}-\lambda\end{vmatrix}=\left(\frac{\sqrt{2}}{2}-\lambda\right)^2+\frac{1}{2}=0$，解得 $\boldsymbol{C}$ 的两个特征值是 $\lambda=\frac{\sqrt{2}}{2}\pm\frac{\sqrt{2}}{2}\mathrm{i}$。复数特征值的大小满足勾股定理，如果 $\lambda=a+b\mathrm{i}$，则模长 $|\lambda|=\sqrt{a^2+b^2}$。这里 $\boldsymbol{C}$ 的两个特征值模长都是 1。

如果矩阵存在复特征值，其中虚部的物理意义是旋转[21]。在 $\boldsymbol{C}$ 的作用下，特征向量的方向也跟着变动，从而它的某些元素会出现复数。由于复数超出了本书范围，在此不展开详细讨论。

4.1.4 案例：图像矩阵的特征分解与重构

本案例旨在对正方形的灰度图像矩阵(方阵)做特征分解，展示分解后的重构效果(实部+虚部)。在图像处理领域中，图 4-3(a)所示的 chelsea 彩色图像非常经典且常见，它的分辨率是 300×451 像素。读入计算机后，会生成三个大小为 300×451 像素的二维矩阵，表示 RGB 三个通道的分辨率都是 300×451 像素。本案例将该图像转换成大小为 300×300 像素的灰度图像(只有一个通道)，记作 $\boldsymbol{A}$，如图 4-3(b)所示。很明显，$\boldsymbol{A}$ 是一个非对称方阵。

(a) 原始的chelsea彩色图像

(b) 转换后的chelsea灰度图像$\boldsymbol{A}$

图像矩阵的特征分解与重构

图 4-3 原始 chelsea 彩色图像和尺寸变化后的灰度图像

特征分解与重构的步骤如下。

(1) 为了防止 $\boldsymbol{A}$ 的特征值过大，将 $\boldsymbol{A}$ 中每个像素点除以 255，即像素值控制在 0～1 内，形成矩阵 $\boldsymbol{B}$，即 $\boldsymbol{B}=\boldsymbol{A}/255$。

(2) 求出 $\boldsymbol{B}$ 的特征值 $\boldsymbol{\Lambda}$ 和特征向量 $\boldsymbol{V}$。如果 $\boldsymbol{V}$ 满秩，则 $\boldsymbol{B}$ 能对角化成 $\boldsymbol{B}=\boldsymbol{V}\boldsymbol{\Lambda}\boldsymbol{V}^{-1}$。得

到 $\boldsymbol{B}$ 的左特征向量 $\boldsymbol{U}$,满足 $\boldsymbol{U}^{\mathrm{T}}=\boldsymbol{V}^{-1}$,则 $\boldsymbol{B}$ 可以做特征分解,即 $\boldsymbol{B}=\boldsymbol{V\Lambda U}^{\mathrm{T}}$

(3) 将 $\boldsymbol{B}$ 的特征值的模长从大到小排序,即 $|\lambda_1|\geqslant|\lambda_2|\geqslant\cdots\geqslant|\lambda_{300}|$

注意:非对称矩阵可能存在复特征值,将对应的左右特征向量也排序,满足 $\boldsymbol{u}_i^{\mathrm{T}}\boldsymbol{B}=\lambda_i\boldsymbol{u}_i^{\mathrm{T}}$ 且 $\boldsymbol{Bv}_i=\lambda_i\boldsymbol{v}_i$。

(4) 取前 k 个($k=1,2,\cdots,300$)模长最大的特征值及其对应的左右特征向量,得到重构后的图像矩阵 $\boldsymbol{B}'=\sum_{i=1}^{k}\lambda_i\boldsymbol{v}_i\boldsymbol{u}_i^{\mathrm{T}}$,它的大小是 300×300 像素,并包含了实部(real part)和虚部(imagine part)。

代码实现如下:

【代码 4-1】

```
import numpy as np
import matplotlib.pyplot as plt
from skimage import io data.transform
from skimage.color import rgbzgray
img = data.chelsea()                          #读取原始 chelsea 图像
print('size of image is:',img.shape)
A = rgb2gray(img)                             #转换成灰度图像
A = transform.resize(A,(300,300))             #尺寸转换成 300×300
print('size of A is:',A.shape)
B = A/255
eig_val,V = np.linalg.eig(B)
print(r'rank(V) =',np.linalg.matrix_rank(V))
U = np.linalg.inv(V)
idx = np.argsort(-np.abs(eig_val))
eig_num = 100                                 #选取的特征个数 k,可改
S = np.diag(eig_val[idx])
Recov_img = V[:,idx[0:eig_num]]@S[0:eig_num,0:eig_num]@U[idx[0:eig_num]]
Re_img = Recov_img.real
Im_img = Recov_img.imag
Im_img[np.abs(Im_img)<1e-12] = 0
Com_img = Re_img + Im_img
fig,ax = plt.subplots(nrows=1,ncols=3,figsize=(12,4))
ax[0].imshow(Re_img).set_cmap("gray")
ax[0].set_title("Real Part")
ax[0].get_xaxis().set_ticks([])
ax[0].get_yaxis().set_ticks([])
ax[1].imshow(Im_img).set_cmap("gray")
ax[1].set_title("Imagine Part")
ax[1].get_xaxis().set_ticks([])
ax[1].get_yaxis().set_ticks([])
ax[2].imshow(Com_img).set_cmap("gray")
ax[2].set_title("Real + Imagine")
ax[2].get_xaxis().set_ticks([])
ax[2].get_yaxis().set_ticks([])
plt.figure()
```

```
plt.plot(np.linspace(1,300,300,dtype=int),np.abs(eig_val[idx]))
plt.show()
```

运行代码 4-1,结果如下:

```
size of image is:(300,451,3)
size of A is:(300,300)
rank(V)=300
```

图 4-4 展示了所有的特征值按照模长从大到小排序后的分布情况,其中绝大多数特征值的模长接近 0,只有极少数特征值的模长比较大。取 $k=30$、100 和 300 三种情况,重构后的图像矩阵 $\boldsymbol{B}'$分别如图 4-5～图 4-7 所示。由于 $\boldsymbol{B}'$是复数,它的每个元素都有可能存在虚部,所以图 4-5～图 4-7 分别展示了实部、虚部和复数(实部+虚部,即 $\boldsymbol{B}'$)。图像主要信息集中在实部,而虚部是噪声。随着 k 的增大,重构后的图像越来越清晰。当 $k=300$ 时,$\boldsymbol{B}'=\boldsymbol{B}$,做到了完全复原。

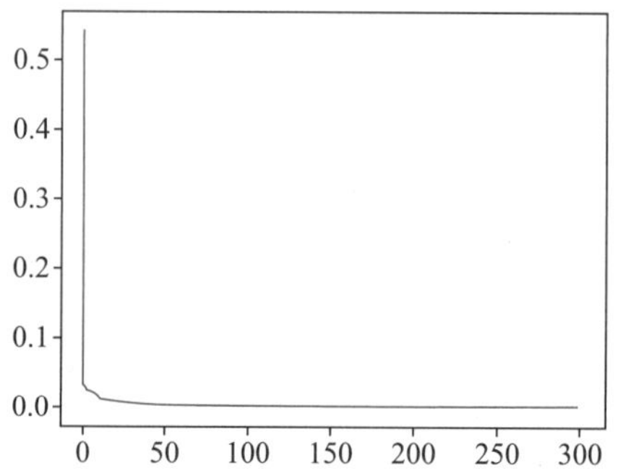

图 4-4　300 个特征值按照模长从大到小排序后的分布情况

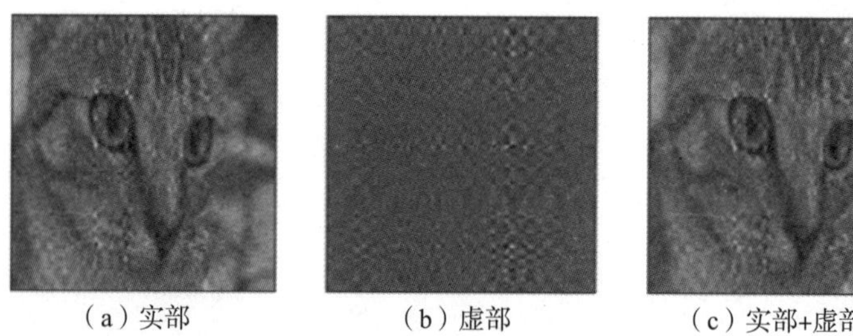

图 4-5　重构后的图像($k=30$)

图 4-6　重构后的图像($k=100$)

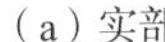

(a) 实部　(b) 虚部　(c) 实部+虚部

图 4-7　重构后的图像($k=300$)

4.2 正交矩阵

4.2.1 正交对角化

由 4.1.3 小节可知，非对称实矩阵存在两个缺陷：①左右特征向量不同；②特征值和特征向量可能会出现复数。实际上，非对称实矩阵的特征向量不满足正交关系，如例 4-1 中 $\boldsymbol{A}$ 的两个特征向量的内积不为 0，即夹角不是 90°。复数的出现增加了数据处理的复杂度，正如图 4-5 那样，将图像做特征分解后再重构，很明显虚部不为 0。实对称矩阵会不会遇到上述问题呢？

根据矩阵论，实对称矩阵的特征值和特征向量都是实数，不会出现虚部。4.1.3 小节提到过，对称矩阵的左右特征向量完全相等，从而确保了实对称矩阵相异特征值对应的特征向量之间夹角为 90°。

定理 4-1　任何实对称矩阵 $\boldsymbol{A}$ 的相异特征值所对应的特征向量相互正交。

证明： 运用反证法，假设 $\boldsymbol{A}$ 的不同特征向量之间 $\boldsymbol{v}_i^{\mathrm{T}}\boldsymbol{v}_j \neq 0(i \neq j)$，且 $\boldsymbol{A}\boldsymbol{v}_i=\lambda_i\boldsymbol{v}_i$ 和 $\boldsymbol{A}\boldsymbol{v}_j=\lambda_j\boldsymbol{v}_j$，对应的特征值 $\lambda_i \neq \lambda_j$。那么 $\boldsymbol{v}_i^{\mathrm{T}}\boldsymbol{A}\boldsymbol{v}_j=\lambda_i\boldsymbol{v}_i^{\mathrm{T}}\boldsymbol{v}_j$，同时 $\boldsymbol{v}_i^{\mathrm{T}}\boldsymbol{A}\boldsymbol{v}_j=\boldsymbol{v}_i^{\mathrm{T}}\boldsymbol{A}^{\mathrm{T}}\boldsymbol{v}_j=(\boldsymbol{A}\boldsymbol{v}_i)^{\mathrm{T}}\boldsymbol{v}_j=\lambda_j\boldsymbol{v}_i^{\mathrm{T}}\boldsymbol{v}_j$，出现矛盾，所以只能是 $\boldsymbol{v}_i^{\mathrm{T}}\boldsymbol{v}_j=0(i \neq j)$。

若 $\boldsymbol{A}$ 是 n 阶实对称矩阵，则它一定可以对角化[40]。将 $\boldsymbol{A}$ 的 n 个特征向量都归一化，可以得到一组规范正交基 $\boldsymbol{V}$，即 $\boldsymbol{V}=[\boldsymbol{v}_1,\boldsymbol{v}_2,\cdots,\boldsymbol{v}_n]$。$\boldsymbol{V}$ 中列向量两两垂直且模长都为 1，满足 $\boldsymbol{V}^{\mathrm{T}}\boldsymbol{V}=\boldsymbol{I}$。满秩的规范正交基 $\boldsymbol{V}$ 是 $\mathbb{R}^n$ 的一个**正交矩阵**。

鉴于正交矩阵 $\boldsymbol{V}$ 可逆，所以 $\boldsymbol{V}^{-1}\boldsymbol{V}=\boldsymbol{V}\boldsymbol{V}^{-1}=\boldsymbol{I}$[42]。整理得

$$\boldsymbol{V}^{\mathrm{T}}=\boldsymbol{V}^{-1} \tag{4-8}$$

结合式(4-2)和式(4-8)，$\boldsymbol{A}$ 可以表示为

$$\boldsymbol{A}=\boldsymbol{V}\boldsymbol{\Lambda}\boldsymbol{V}^{\mathrm{T}} \tag{4-9}$$

式(4-9)是实对称矩阵 $\boldsymbol{A}$ 的**正交对角化**[21]。其中，$\boldsymbol{\Lambda}$ 的对角线元素是 $\boldsymbol{A}$ 的 n 个特征值；$\boldsymbol{V}$ 是正交矩阵。

例 4-2 中，对称矩阵 $\boldsymbol{B}$ 的特征值 6 出现了两次(代数重数是 2)，它对应的特征向量是图 4-2 中的绿色平面，即几何重数也是 2。式(4-5)是 $\boldsymbol{B}$ 的一般对角化，因为特征向量虽然两

两正交，但是没有归一化。

将该平面上任意两个相互正交的向量 $\boldsymbol{\xi}_1$ 和 $\boldsymbol{\xi}_2$ 归一化后，就得到了规范正交基。$\boldsymbol{B}$ 的特征值 0 所对应的特征向量 $\boldsymbol{\xi}_3$ 是图 4-2 中的虚线方向，它垂直于绿色平面。再将 $\boldsymbol{\xi}_3$ 归一化，就能得到正交矩阵 $\boldsymbol{\Psi}=\left[\frac{\boldsymbol{\xi}_1}{\|\boldsymbol{\xi}_1\|_2},\frac{\boldsymbol{\xi}_2}{\|\boldsymbol{\xi}_2\|_2},\frac{\boldsymbol{\xi}_3}{\|\boldsymbol{\xi}_3\|_2}\right]$。根据式(4-9)可知，$\boldsymbol{B}$ 的正交对角化是 $\boldsymbol{B}=\boldsymbol{\Psi\Lambda\Psi}^{\mathrm{T}}$。

4.2.2 正交旋转算子

1. 正交矩阵的作用——旋转

从几何学角度看，正交矩阵的物理意义是旋转，即将物体转动一定角度后，使原始结构保持不变，比如向量模长、两点间距离等。在模式识别中，正交矩阵可以保持样本旋转后的整体结构，比如 4.2.3 小节的案例。另外，用于矩阵 QR 分解的 Householder 变换算子和 Given 变换算子，本质上也是正交矩阵[42]，详见第 9 章内容。

图 4-8 中，正交矩阵 $\boldsymbol{P}=\begin{bmatrix}\cos\theta & \sin\theta\\ -\sin\theta & \cos\theta\end{bmatrix}$ 是 $\mathbb{R}^2$ 的一个旋转算子，它能将点 $\boldsymbol{A}$ 沿逆时针方向旋转 θ 角度，到达点 $\boldsymbol{B}$ 的位置，即 $\boldsymbol{B}=\boldsymbol{P}^{\mathrm{T}}\boldsymbol{A}$。假设 $\boldsymbol{A}$ 的坐标为 $\boldsymbol{A}=\begin{bmatrix}x_A\\ y_A\end{bmatrix}$，则 $\boldsymbol{B}=\boldsymbol{P}^{\mathrm{T}}\boldsymbol{A}=\begin{bmatrix}x_B\\ y_B\end{bmatrix}$，其中 $\begin{cases}x_B=x_A\cos\theta-y_A\sin\theta\\ y_B=x_A\sin\theta+y_A\cos\theta\end{cases}$。

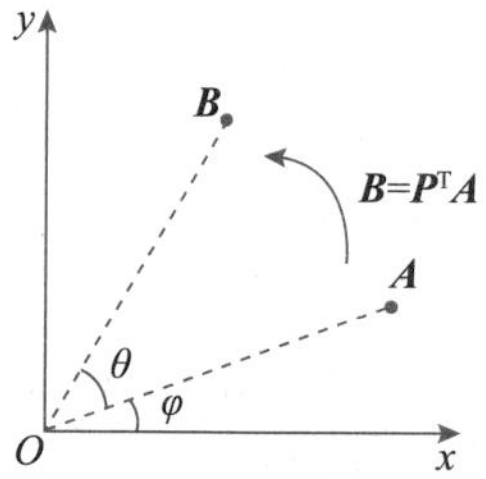

图 4-8 中，令 $\boldsymbol{OA}$ 的模长为 r，$\boldsymbol{A}$ 的坐标为 $x_A=r\cos\varphi$，$y_A=r\sin\varphi$。结合三角函数公式，得到 $\boldsymbol{B}$ 的坐标为 $x_B=\cos(\varphi+\theta)$，$y_B=\sin(\varphi+\theta)$。不难证明，$\sqrt{x_A^2+y_A^2}=\sqrt{x_B^2+y_B^2}$，即 $\|\boldsymbol{B}\|_2=\|\boldsymbol{A}\|_2$，说明旋转后模长不变。

图 4-8 正交变换(旋转)示意图

【例 4-4】 $\boldsymbol{x}$ 在标准基 $\boldsymbol{E}=[\boldsymbol{e}_1,\boldsymbol{e}_2]$ 下的系数是(1,6)，求 $\boldsymbol{x}$ 在坐标系 $\boldsymbol{C}=\begin{bmatrix}\frac{2}{\sqrt{5}} & \frac{1}{\sqrt{5}}\\ -\frac{1}{\sqrt{5}} & \frac{2}{\sqrt{5}}\end{bmatrix}$ 下的系数。

解：令 $\boldsymbol{x}$ 在 $\boldsymbol{C}$ 表示下的系数为 $\boldsymbol{x}_c=\begin{bmatrix}x_1\\ x_2\end{bmatrix}$，则 $\boldsymbol{Cx}_c=\boldsymbol{Ex}=\begin{bmatrix}1 & 0\\ 0 & 1\end{bmatrix}\begin{bmatrix}1\\ 6\end{bmatrix}=\begin{bmatrix}1\\ 6\end{bmatrix}$。

所以 $\boldsymbol{x}_c=\boldsymbol{C}^{-1}\begin{bmatrix}1\\ 6\end{bmatrix}=\boldsymbol{C}^{\mathrm{T}}\begin{bmatrix}1\\ 6\end{bmatrix}=\begin{bmatrix}-\frac{4}{\sqrt{5}}\\ \frac{13}{\sqrt{5}}\end{bmatrix}$，模长 $\|\boldsymbol{x}_c\|_2=\sqrt{x_1^2+x_2^2}=\sqrt{37}$，与 $\|\boldsymbol{x}\|_2$ 一样。

2. 两点距离的旋转不变性

标准基 $[\boldsymbol{e}_1,\boldsymbol{e}_2]$ 下两个点 $\boldsymbol{a}=\begin{bmatrix}a_1\\ a_2\end{bmatrix}$，$\boldsymbol{b}=\begin{bmatrix}b_1\\ b_2\end{bmatrix}$，它们相减的结果为

$$\boldsymbol{\Delta}=\boldsymbol{a}-\boldsymbol{b}=\begin{bmatrix}\Delta_1\\ \Delta_2\end{bmatrix}=\begin{bmatrix}a_1-b_1\\ a_2-b_2\end{bmatrix}$$

两点的距离为 $\text{dist}(\boldsymbol{a},\boldsymbol{b})=\sqrt{\Delta_1^2+\Delta_2^2}=\sqrt{\boldsymbol{\Delta}^{\mathrm{T}}\boldsymbol{\Delta}}$。

经过正交矩阵 $\boldsymbol{C}$ 的变换后，两点分别为 $\boldsymbol{a}_c=\boldsymbol{C}^{\mathrm{T}}\boldsymbol{a}$，$\boldsymbol{b}_c=\boldsymbol{C}^{\mathrm{T}}\boldsymbol{b}$，它们相减的结果是

$$\boldsymbol{C}^{\mathrm{T}}(\boldsymbol{a}-\boldsymbol{b})=\boldsymbol{C}^{\mathrm{T}}\boldsymbol{\Delta}=\boldsymbol{C}^{\mathrm{T}}\begin{bmatrix}\boldsymbol{\Delta}_1\\ \boldsymbol{\Delta}_2\end{bmatrix}$$

变换后两点的距离为 $\text{dist}(\boldsymbol{a}_c,\boldsymbol{b}_c)=\sqrt{\boldsymbol{\Delta}^{\mathrm{T}}\boldsymbol{C}\boldsymbol{C}^{\mathrm{T}}\boldsymbol{\Delta}}=\sqrt{\boldsymbol{\Delta}^{\mathrm{T}}\boldsymbol{\Delta}}$，与变换前距离一样。

【例 4-5】 继续例 4-4，已知二维平面上点 $\boldsymbol{x}$ 和旋转算子 $\boldsymbol{C}$，若另一个点为 $\boldsymbol{y}=\begin{bmatrix}2\\3\end{bmatrix}$。请计算在连续旋转四次的过程中 $\boldsymbol{x}$ 和 $\boldsymbol{y}$ 的坐标，画出示意图，并验证每次旋转都不改变两点的模长和距离。

解：令 $\boldsymbol{x}_0=\begin{bmatrix}1\\6\end{bmatrix}$，$\boldsymbol{y}_0=\begin{bmatrix}2\\3\end{bmatrix}$，则在 $\boldsymbol{C}$ 的作用下，第 1 次旋转后的两个点为

$$\boldsymbol{x}_1=\boldsymbol{C}^{\mathrm{T}}\boldsymbol{x}_0=\begin{bmatrix}-1.789\\ 5.814\end{bmatrix},\quad \boldsymbol{y}_1=\boldsymbol{C}^{\mathrm{T}}\boldsymbol{y}_0=\begin{bmatrix}0.447\\ 3.578\end{bmatrix}$$

第 2 次旋转后的两个点为

$$\boldsymbol{x}_2=\boldsymbol{C}^{\mathrm{T}}\boldsymbol{x}_1=\boldsymbol{C}^{\mathrm{T}}\boldsymbol{C}^{\mathrm{T}}\boldsymbol{x}_0=\begin{bmatrix}-4.2\\ 4.4\end{bmatrix},\quad \boldsymbol{y}_2=\boldsymbol{C}^{\mathrm{T}}\boldsymbol{y}_1=\boldsymbol{C}^{\mathrm{T}}\boldsymbol{C}^{\mathrm{T}}\boldsymbol{y}_0=\begin{bmatrix}-1.2\\ 3.4\end{bmatrix}$$

第 3 次旋转后的两个点为

$$\boldsymbol{x}_3=\boldsymbol{C}^{\mathrm{T}}\boldsymbol{C}^{\mathrm{T}}\boldsymbol{C}^{\mathrm{T}}\boldsymbol{x}_0=\begin{bmatrix}-5.724\\ 2.057\end{bmatrix},\quad \boldsymbol{y}_3=\boldsymbol{C}^{\mathrm{T}}\boldsymbol{C}^{\mathrm{T}}\boldsymbol{C}^{\mathrm{T}}\boldsymbol{y}_0=\begin{bmatrix}-2.594\\ 2.504\end{bmatrix}$$

第 4 次旋转后的两个点为

$$\boldsymbol{x}_4=\boldsymbol{C}^{\mathrm{T}}\boldsymbol{C}^{\mathrm{T}}\boldsymbol{C}^{\mathrm{T}}\boldsymbol{C}^{\mathrm{T}}\boldsymbol{x}_0=\begin{bmatrix}6.04\\ -0.72\end{bmatrix},\quad \boldsymbol{y}_4=\boldsymbol{C}^{\mathrm{T}}\boldsymbol{C}^{\mathrm{T}}\boldsymbol{C}^{\mathrm{T}}\boldsymbol{C}^{\mathrm{T}}\boldsymbol{y}_0=\begin{bmatrix}-3.44\\ 1.08\end{bmatrix}$$

四次旋转过程如图 4-9 所示，其中 $\|\boldsymbol{x}_i\|_2=\sqrt{37}$，$\|\boldsymbol{y}_i\|_2=\sqrt{13}$，距离 $\|\boldsymbol{x}_i-\boldsymbol{y}_i\|_2=\sqrt{10}\,(i=0,1,\cdots,4)$。

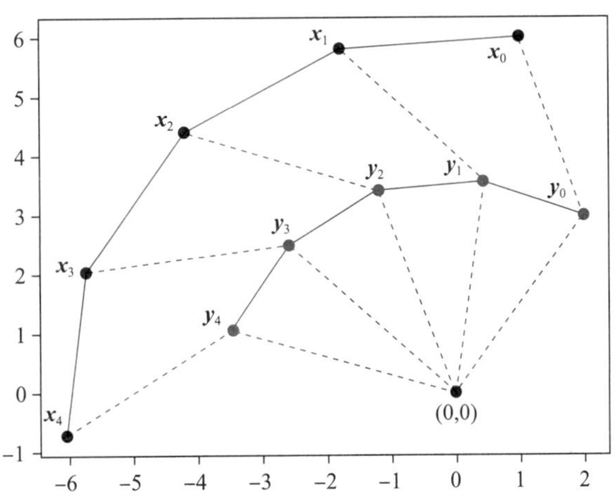

图 4-9 $\boldsymbol{x}$ 和 $\boldsymbol{y}$ 在旋转算子 $\boldsymbol{C}$ 的作用下的旋转示意图

综上，正交矩阵只改变方向，不改变模长和距离。在旋转算子 $\boldsymbol{C}$ 的作用下，每次逆时针方向旋转角度都是 $\theta=\arcsin\left(\frac{1}{\sqrt{5}}\right)$。总共旋转 n 次后，可以得出 $\boldsymbol{x}_n=(\boldsymbol{C}^{\mathrm{T}})^n\boldsymbol{x}_0$，$\boldsymbol{y}_n=(\boldsymbol{C}^{\mathrm{T}})^n\boldsymbol{y}_0$。

4.2.3 案例：样本结构的旋转不变性

样本结构的旋转不变性

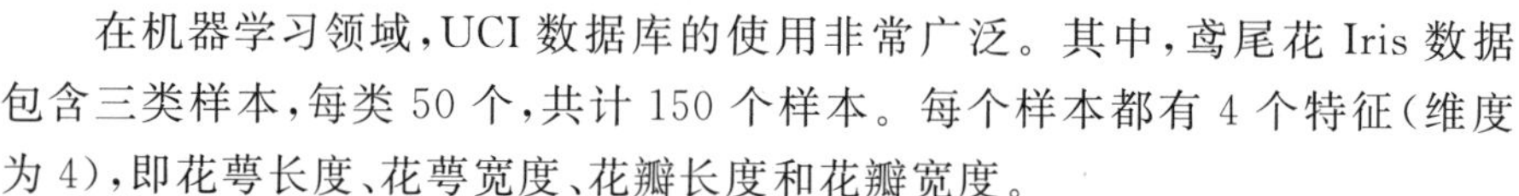

在机器学习领域，UCI 数据库的使用非常广泛。其中，鸢尾花 Iris 数据包含三类样本，每类 50 个，共计 150 个样本。每个样本都有 4 个特征（维度为 4），即花萼长度、花萼宽度、花瓣长度和花瓣宽度。

本案例选取每个样本的前两个特征——花萼长度和花萼宽度，得到一个大小为 2×150 的样本矩阵 Iris，其中每个样本都是平面直角坐标系中的一个点，这两个特征分别对应 x 轴和 y 轴。

本案例将展现 Iris 的二维散点图（每个点对应一个样本），旨在将样本结构可视化。在此基础上，运用旋转矩阵 $\boldsymbol{C}=\begin{bmatrix}\cos\theta & \sin\theta\\ -\sin\theta & \cos\theta\end{bmatrix}$（这里 $\theta=90°$）将样本旋转三次，每次沿逆时针方向转 90°，即 90°、180°和 270°。

代码实现如下：

【代码 4-2】

```
import numpy as np
from sklearn import datasets
np.set_printoptions(formatter = {'float':'{:0.3f}'.format})
iris = datasets.load_iris()
data = iris.data
label = iris.target
#print(label.shape)
Iris = data[:,0:2].T
print(r'size of Iris:',Iris.shape)
theta = np.pi/2
C = np.array([[np.cos(theta),np.sin(theta)],[ - np.sin(theta),np.cos(theta)]])
print(r'C = ',C)
Iris1 = C.T@Iris
Iris2 = C.T@C.T@Iris
Iris3 = C.T@C.T@C.T@Iris
fig1 = plt.figure()
plt.scatter(Iris[0, 0:50], Iris[1, 0:50], c = 'b', marker = 'o', s = 20)
plt.scatter(Iris[0, 50:100], Iris[1, 50:100], c = 'r', marker = 'x', s = 20)
plt.scatter(Iris[0, 100:150], Iris[1, 100:150], c = 'g', marker = 'd', s = 20)
plt.legend([r'Class 1',r'Class 2',r'Class 3'])
plt.title("Original data")
plt.xticks([])
plt.yticks([])
fig2 = plt.figure()
plt.scatter(Iris1[0, 0:50], Iris1[1, 0:50], c = 'b', marker = 'o', s = 20)
plt.scatter(Iris1[0, 50:100], Iris1[1, 50:100], c = 'r', marker = 'x', s = 20)
```

```
plt.scatter(Iris1[0, 100:150], Iris1[1, 100:150], c='g', marker='d', s=20)
plt.legend([r'Class 1',r'Class 2',r'Class 3'])
plt.title("Rotation $90^{o}$")
plt.xticks([])
plt.yticks([])
fig3 = plt.figure()
plt.scatter(Iris2[0, 0:50], Iris2[1, 0:50], c='b', marker='o', s=20)
plt.scatter(Iris2[0, 50:100], Iris2[1, 50:100], c='r', marker='x', s=20)
plt.scatter(Iris2[0, 100:150], Iris2[1, 100:150], c='g', marker='d', s=20)
plt.legend([r'Class 1',r'Class 2',r'Class 3'])
plt.title("Rotation $180^{o}$")
plt.xticks([])
plt.yticks([])
fig4 = plt.figure()
plt.scatter(Iris3[0, 0:50], Iris3[1, 0:50], c='b', marker='o', s=20)
plt.scatter(Iris3[0, 50:100], Iris3[1, 50:100], c='r', marker='x', s=20)
plt.scatter(Iris3[0, 100:150], Iris3[1, 100:150], c='g', marker='d', s=20)
plt.legend([r'Class 1',r'Class 2',r'Class 3'])
plt.title("Rotation $270^{o}$")
plt.xticks([])
plt.yticks([])
plt.show()
```

运行代码 4-2,结果如下:

```
size of Iris:(2,150)
C= [[ 0.000  1.000]
[-1.000  0.000]]
```

将三类样本分别用圆点、叉点和菱形点表示,样本矩阵 Iris 的二维散点图如图 4-10(a)所示。同类的花萼长度和花萼宽度很接近,而异类会有相对明显的差距,所以同类样本之间距离近,异类距离远,从而呈现出“簇”的样本结构,即同类聚拢到一起形成一个簇(cluster),不同类别会形成不同的簇。图 4-10(b)~(d)分别展示了旋转 90°、180°和 270°后的样本。无论怎样旋转,整体样本结构都保持不变。

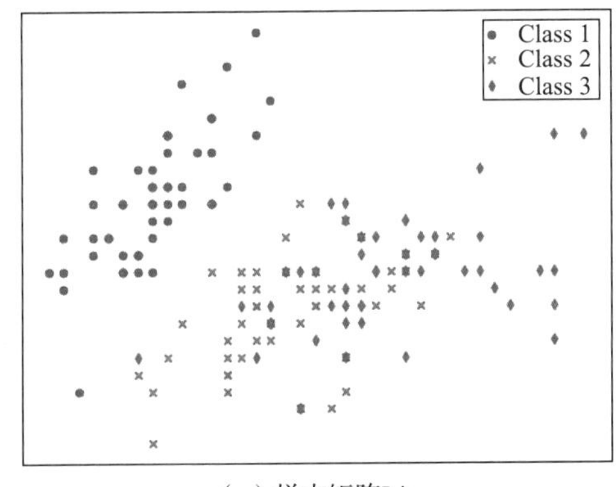

(a) 样本矩阵Iris

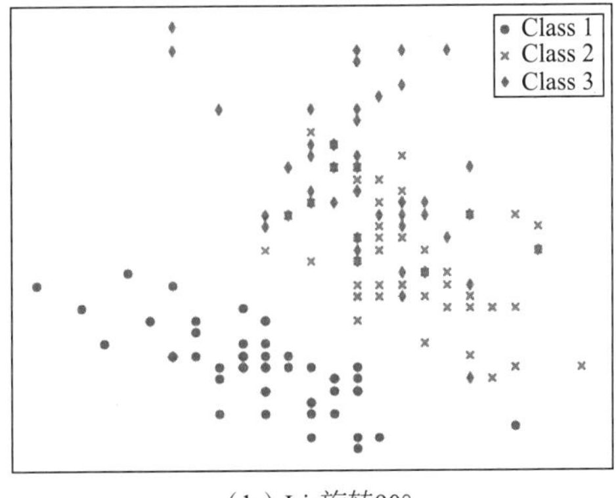

(b) Iris旋转90°

图 4-10 样本矩阵 Iris 及其旋转 90°、180°和 270°后的情况

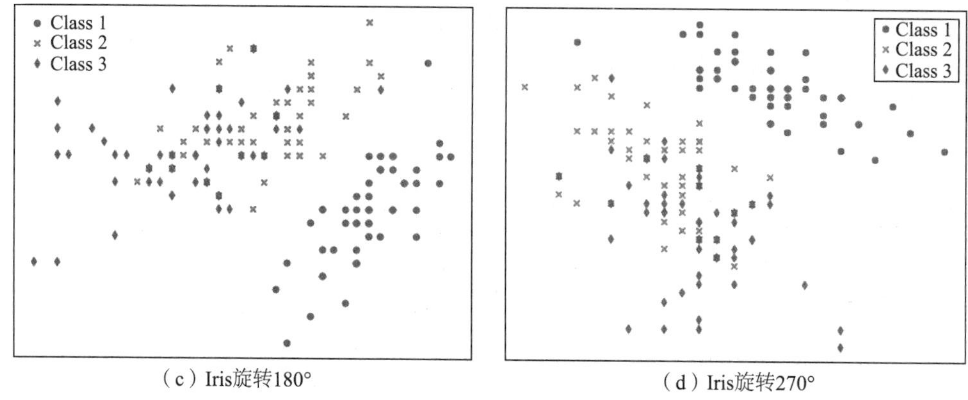

(c) Iris旋转180°

(d) Iris旋转270°

图 4-10(续)

4.3 对称矩阵的压缩

4.3.1 零空间

如果 n 阶对称矩阵 $\boldsymbol{A}$ 不满秩,即 $\mathrm{rank}(\boldsymbol{A})=m(m<n)$,那么 $\boldsymbol{A}$ 存在 m 个不为 0 的特征值,它们所对应的特征向量张成了 $\mathbb{R}^n$ 中自由度(秩)为 m 的子空间,记作 $\mathbb{H}_1$,即 4.1 节提到的特征空间。与此同时,$\boldsymbol{A}$ 的特征值 0 对应的特征向量张开了 $\mathbb{R}^n$ 中自由度为 $n-m$ 的子空间,记作 $\mathbb{H}_2$,它是 $\boldsymbol{A}$ 的**零空间**(null space)[21]。零空间的物理意义是把 $\boldsymbol{A}$ 投影到该空间后,将该方向拉伸的长度为 0,即 $\boldsymbol{A}$ 对该空间不起任何作用。

直观来看,例 4-1 中矩阵 $\boldsymbol{A}$ 满秩,不存在零空间;例 4-2 中三阶矩阵 $\boldsymbol{B}$ 存在 1 个特征值 0,所以 $\boldsymbol{B}$ 的零空间维度是 1。再如,图 3-9～图 3-11 分别展示了 $\mathbb{R}^3$ 中秩分别为 1、2 和 3 的矩阵 $\boldsymbol{U}$、$\boldsymbol{V}$ 和 $\boldsymbol{W}$。其中,$\boldsymbol{U}$ 的特征空间是一条直线,零空间是与之相垂直的二维平面;$\boldsymbol{V}$ 的特征空间是一个平面,零空间是与之相垂直的直线(法向量);$\boldsymbol{W}$ 满秩,不存在零空间。另外,在线性方程组 $\boldsymbol{Ax}=\boldsymbol{0}$ 中,$\boldsymbol{A}$ 的零空间的自由度直接决定了其解 $\boldsymbol{x}$ 的个数,详见 7.1.2 小节中对超定、欠定和恰定方程三种情况的讨论分析。

对称矩阵的零空间 $\mathbb{H}_2$ 与特征空间 $\mathbb{H}_1$ 存在正交关系,即 $\mathbb{H}_1\perp\mathbb{H}_2$。例 4-2 中矩阵 $\boldsymbol{B}$ 的特征空间是图 4-2 中平面,零空间是这个平面的法向量。该平面中任意两个相互垂直的方向 $\boldsymbol{\xi}_1$、$\boldsymbol{\xi}_2$ 是 $\mathbb{H}_1$ 的一个正交基,向量 $\boldsymbol{v}=c_1\boldsymbol{\xi}_1+c_2\boldsymbol{\xi}_2\neq 0$($c_1$、$c_2$ 不全为 0)在 $\boldsymbol{B}$ 的作用下拉伸了 6 倍,即 $\boldsymbol{Bv}=6\boldsymbol{v}$。

同理,n 阶对称矩阵 $\boldsymbol{A}$ 的零空间 $\mathbb{H}_2$ 是由 $n-m$ 个线性无关的向量张成,即 $\mathbb{H}_2=\mathrm{span}\{\boldsymbol{\varphi}_1,\boldsymbol{\varphi}_2,\cdots,\boldsymbol{\varphi}_{n-m}\}$。任一向量 $\boldsymbol{p}\in\mathbb{H}_2$,都满足 $\boldsymbol{A}^{\mathrm{T}}\boldsymbol{p}=\boldsymbol{Ap}=\boldsymbol{0}$。与此同时,$\boldsymbol{A}$ 的 n 个(行)列向量 $\boldsymbol{A}=[\boldsymbol{a}_1,\boldsymbol{a}_2,\cdots,\boldsymbol{a}_n]$都在 $\mathbb{H}_1$ 里。对于 $\boldsymbol{p}\in\mathbb{H}_2$,式(4-10)成立,即

$$\boldsymbol{Ap}=\begin{bmatrix}\boldsymbol{a}_1^{\mathrm{T}}\\\boldsymbol{a}_2^{\mathrm{T}}\\\vdots\\\boldsymbol{a}_n^{\mathrm{T}}\end{bmatrix}\boldsymbol{p}=\begin{bmatrix}\boldsymbol{a}_1^{\mathrm{T}}\boldsymbol{p}\\\boldsymbol{a}_2^{\mathrm{T}}\boldsymbol{p}\\\vdots\\\boldsymbol{a}_n^{\mathrm{T}}\boldsymbol{p}\end{bmatrix}=\begin{bmatrix}0\\0\\\vdots\\0\end{bmatrix}=\boldsymbol{0} \tag{4-10}$$

式(4-10)表明，只要 $\boldsymbol{p}\in\mathbb{H}_2$，$\boldsymbol{A}$ 的所有行向量都和 $\boldsymbol{p}$ 垂直，所以 $\{\boldsymbol{a}_1,\boldsymbol{a}_2,\cdots,\boldsymbol{a}_n\}\in\mathbb{H}_1$。

对于 $\boldsymbol{A}$ 的非零特征值 λ 所对应的特征向量 $\boldsymbol{v}$，展开后为

$$\boldsymbol{A}\boldsymbol{v}=[\boldsymbol{a}_1,\boldsymbol{a}_2,\cdots,\boldsymbol{a}_n]\begin{bmatrix}v_1\\v_2\\\vdots\\v_n\end{bmatrix}=v_1\boldsymbol{a}_1+v_2\boldsymbol{a}_2+\cdots+v_n\boldsymbol{a}_n=\lambda\boldsymbol{v}\neq\boldsymbol{0} \tag{4-11}$$

式(4-11)中，$\boldsymbol{v}$ 是 $\boldsymbol{A}$ 的 n 个列向量 $\boldsymbol{a}_1,\boldsymbol{a}_2,\cdots,\boldsymbol{a}_n$ 的线性组合系数，所以 $\boldsymbol{v}\in\mathbb{H}_1$。

小结

(1) 当矩阵 $\boldsymbol{A}$ 的特征值不为 0 时，其特征向量张成的线性空间称为**特征空间**。

(2) 当矩阵 $\boldsymbol{A}$ 不满秩时，一定存在特征值 0，其特征向量张成的空间称为**零空间**。

4.3.2 无损压缩

由 4.3.1 小节可知，若 n 阶实对称矩阵 $\boldsymbol{A}$ 的秩为 $m(m<n)$，将 $\boldsymbol{A}$ 的非零特征值所对应的特征向量归一化，得到 $\boldsymbol{V}=[\boldsymbol{v}_1,\boldsymbol{v}_2,\cdots,\boldsymbol{v}_m]$，它便是 $\mathbb{H}_1$ 的一个规范正交基。理论上，在 $\boldsymbol{A}$ 的零空间 $\mathbb{H}_2$ 中能找到 $n-m$ 个规范正交基 $\boldsymbol{V}_\perp=[\boldsymbol{v}_{m+1},\boldsymbol{v}_{m+2},\cdots,\boldsymbol{v}_n]$，使得 $\boldsymbol{V}^{\mathrm{T}}\boldsymbol{V}_\perp=\boldsymbol{0}$，即 $\boldsymbol{V}$ 中的向量与 $\boldsymbol{V}_\perp$ 中的向量两两正交。$\boldsymbol{V}_\perp$ 是 $\boldsymbol{V}$ 的**正交补**[41]，从而 $\boldsymbol{\Omega}=[\boldsymbol{V},\boldsymbol{V}_\perp]$满秩，即 $\boldsymbol{\Omega}$ 是 $\mathbb{R}^n$ 的一个正交矩阵。

根据 $\boldsymbol{A}$ 的正交对角化，可得

$$\boldsymbol{\Omega}^{\mathrm{T}}\boldsymbol{A}\boldsymbol{\Omega}=\begin{bmatrix}\boldsymbol{V}^{\mathrm{T}}\\\boldsymbol{V}_\perp^{\mathrm{T}}\end{bmatrix}\boldsymbol{A}[\boldsymbol{V}\quad\boldsymbol{V}_\perp]=\left[\begin{array}{cccc|cccc}\lambda_1&&&&&&&\\&\lambda_2&&&&\boldsymbol{0}&&\\&&\ddots&&&&&\\&&&\lambda_m&&&&\\\hline&&&&0&&&\\&&\boldsymbol{0}&&&0&&\\&&&&&&\ddots&\\&&&&&&&0\end{array}\right]=\begin{bmatrix}\boldsymbol{\Lambda}&\\&\boldsymbol{0}\end{bmatrix}=\boldsymbol{\Theta} \tag{4-12}$$

其中，$\boldsymbol{V}^{\mathrm{T}}\boldsymbol{A}\boldsymbol{V}=\boldsymbol{\Lambda}$ 的大小为 $m\times m$，而 $\boldsymbol{V}_\perp^{\mathrm{T}}\boldsymbol{A}\boldsymbol{V}_\perp=\boldsymbol{0}$ 的大小为$(n-m)\times(n-m)$。由于 $\boldsymbol{\Omega}^{-1}=\boldsymbol{\Omega}^{\mathrm{T}}$，从式(4-12)可得

$$\boldsymbol{A}=\boldsymbol{\Omega}\boldsymbol{\Theta}\boldsymbol{\Omega}^{\mathrm{T}}=\sum_{i=1}^{m}\lambda_i\boldsymbol{v}_i\boldsymbol{v}_i^{\mathrm{T}}+\underbrace{\sum_{k=m+1}^{n}\lambda_k\boldsymbol{v}_k\boldsymbol{v}_k^{\mathrm{T}}}_{0}=\boldsymbol{V}\boldsymbol{\Lambda}\boldsymbol{V}^{\mathrm{T}}=\sum_{i=1}^{m}\lambda_i\boldsymbol{v}_i\boldsymbol{v}_i^{\mathrm{T}} \tag{4-13}$$

鉴于 $\boldsymbol{v}_k\in\mathbb{H}_2\,(k=m+1,\cdots,n)$，$\boldsymbol{A}\boldsymbol{v}_k=\lambda_k\boldsymbol{v}_k=\boldsymbol{0}$，即 $\lambda_k=0$。式(4-13)等号最右边 $\sum\limits_{i=1}^{m}\lambda_i\boldsymbol{v}_i\boldsymbol{v}_i^{\mathrm{T}}$ 完全保留了 $\boldsymbol{A}$ 的信息，而去掉 $\sum\limits_{k=m+1}^{n}\lambda_k\boldsymbol{v}_k\boldsymbol{v}_k^{\mathrm{T}}$ 后，对 $\boldsymbol{A}$ 没有任何影响，这种取舍称为**无损压缩**。

式(4-5)是对例 4-2 矩阵 $\boldsymbol{B}$ 的对角化，其中 $\boldsymbol{\xi}_1,\boldsymbol{\xi}_2\in\mathbb{H}_1$，而 $\boldsymbol{\xi}_3\in\mathbb{H}_2$。4.2.1 小节中也提

到，$\boldsymbol{\Phi}=[\xi_1,\xi_2,\xi_3]$两两垂直，模长归一化后得 $\boldsymbol{\Psi}=\left[\frac{\xi_1}{\|\xi_1\|_2},\frac{\xi_2}{\|\xi_2\|_2},\frac{\xi_3}{\|\xi_3\|_2}\right]$，满足 $\boldsymbol{\Psi}^{\mathrm{T}}=\boldsymbol{\Psi}^{-1}$，所以 $\boldsymbol{B}$ 的正交对角化是 $\boldsymbol{B}=\boldsymbol{\Psi\Lambda\Psi}^{\mathrm{T}}$。归一化后的 ξ_1,ξ_2,ξ_3 分别用 $\bar{\xi}_1,\bar{\xi}_2,\bar{\xi}_3$ 表示，则 $\boldsymbol{\Psi}$ 展开后为

$$\boldsymbol{\Psi}=[\bar{\xi}_1,\bar{\xi}_2,\bar{\xi}_3]=\begin{bmatrix}\frac{2}{\sqrt{5}} & \frac{-1}{\sqrt{30}} & \frac{-1}{\sqrt{6}}\\ 0 & \frac{5}{\sqrt{30}} & \frac{-1}{\sqrt{6}}\\ \frac{1}{\sqrt{5}} & \frac{2}{\sqrt{30}} & \frac{2}{\sqrt{6}}\end{bmatrix}$$

根据式(4-13)，$\boldsymbol{B}=\boldsymbol{\psi\Lambda\psi}^{\mathrm{T}}=\lambda_1\bar{\xi}_1\bar{\xi}_1^{\mathrm{T}}+\lambda_2\bar{\xi}_2\bar{\xi}_2^{\mathrm{T}}+\lambda_3\bar{\xi}_3\bar{\xi}_3^{\mathrm{T}}$，其中 $\lambda_1=\lambda_2=6,\lambda_3=0$。对 $\boldsymbol{B}$ 可以做无损压缩，得到 $\boldsymbol{B}=\lambda_1\bar{\xi}_1\bar{\xi}_1^{\mathrm{T}}+\lambda_2\bar{\xi}_2\bar{\xi}_2^{\mathrm{T}}$，展开后为

$$\boldsymbol{B}=[\bar{\xi}_1,\bar{\xi}_2]\begin{bmatrix}\lambda_1 & 0\\ 0 & \lambda_2\end{bmatrix}\begin{bmatrix}\bar{\xi}_1^{\mathrm{T}}\\ \bar{\xi}_2^{\mathrm{T}}\end{bmatrix}=\begin{bmatrix}\frac{2}{\sqrt{5}} & \frac{-1}{\sqrt{30}}\\ 0 & \frac{5}{\sqrt{30}}\\ \frac{1}{\sqrt{5}} & \frac{2}{\sqrt{30}}\end{bmatrix}\begin{bmatrix}6 & 0\\ 0 & 6\end{bmatrix}\begin{bmatrix}\frac{2}{\sqrt{5}} & 0 & \frac{1}{\sqrt{5}}\\ \frac{-1}{\sqrt{30}} & \frac{5}{\sqrt{30}} & \frac{2}{\sqrt{30}}\end{bmatrix}\tag{4-14}$$

读者可以自己计算，验证式(4-14)的正确性。

4.3.3 低秩逼近的误差平方和

由 4.3.2 小节可知，去掉矩阵的零特征值及其对应的特征向量，能实现无损压缩，因为保留的部分能够完全恢复原始矩阵。在此基础上，若再舍弃一些非零特征值及其特征向量，则保留下来的少量特征值和对应特征向量无法完全恢复原始矩阵，只能尽量接近它，这便是**低秩逼近**。

4.1.4 小节的案例中，当 $k=30$ 和 100 时，重构后的图像 $\boldsymbol{B}'\neq\boldsymbol{B}$(见图 4-5 和图 4-6)，这两种情况就是图像矩阵 $\boldsymbol{B}$ 的低秩逼近。与图 4-5 相比，图 4-6 的重构图像更接近原始图像，因为两者在压缩后，信息损失的程度不同。4.2.1 小节开始提到了非对称实矩阵的特征值和特征向量可能会出现复数，而对称矩阵则不会。4.1.4 小节的案例中，对图像矩阵做特征分解，就出现了虚部，如图 4-5 中的虚部很明显不为 0。

为了减小计算复杂度并消除虚部，可以将非对称矩阵 $\boldsymbol{B}$ 乘以自身的转置，构造成对称矩阵 $\boldsymbol{A}$，即$\boldsymbol{A}=\boldsymbol{BB}^{\mathrm{T}}$ 或者 $\boldsymbol{A}=\boldsymbol{B}^{\mathrm{T}}\boldsymbol{B}$，再对 $\boldsymbol{A}$ 做分解压缩。另外，对于行和列不相同的长方形矩阵 $\boldsymbol{B}$，通常也是先构造对称矩阵 $\boldsymbol{A}$，再做分解压缩，详见 4.4 节奇异值分解。现实中大多数图像的长和宽都不相等，因此奇异值分解与低秩逼近被广泛应用在图像压缩领域[43-44]。

由式(4-13)可知，秩为 m 的 n 阶实对称矩阵 $\boldsymbol{A}$ 可以表示为 $\boldsymbol{A}=\sum_{i=1}^{m}\lambda_i\boldsymbol{v}_i\boldsymbol{v}_i^{\mathrm{T}}$，其中 $\lambda_i\neq 0(i=1,2,\cdots,m)$。在此基础上，将 λ_i 的绝对值从大到小排列成 $|\lambda_1|\geqslant|\lambda_2|\geqslant\cdots\geqslant|\lambda_m|$，保

留前 k 个($k<m$)最大的特征分量后,所恢复的矩阵为 $\boldsymbol{A}'=\sum_{i=1}^{k}\lambda_i\boldsymbol{v}_i\boldsymbol{v}_i^{\mathrm{T}}$,它是 $\boldsymbol{A}$ 的**低秩逼近**。

与此同时,舍弃掉的是

$$\boldsymbol{A}-\boldsymbol{A}'=\sum_{j=k+1}^{m}\lambda_j\boldsymbol{v}_j\boldsymbol{v}_j^{\mathrm{T}} \tag{4-15}$$

由于 $\boldsymbol{A}'\neq\boldsymbol{A}$,因此低秩逼近实质上是一种有损压缩,损失的部分就是式(4-15)中的 $\sum_{j=k+1}^{m}\lambda_j\boldsymbol{v}_j\boldsymbol{v}_j^{\mathrm{T}}$。

如何定义并量化低秩逼近的损失程度呢?人工智能领域中,通常采用**误差平方和**(sum of square error,SSE)进行计算,即

$$\mathrm{SSE}=\|\boldsymbol{A}-\boldsymbol{A}'\|_{\mathrm{F}}^{2} \tag{4-16}$$

式中,$\|\cdot\|_{\mathrm{F}}^{2}$ 是 Frobenius 范数(即 F 范数),其中 $\|\boldsymbol{A}-\boldsymbol{A}'\|_{\mathrm{F}}^{2}=\mathrm{trace}[(\boldsymbol{A}-\boldsymbol{A}')^{\mathrm{T}}(\boldsymbol{A}-\boldsymbol{A}')]$。如果用 a_{ij} 和 a_{ij}' 分别表示矩阵 $\boldsymbol{A}$ 和 $\boldsymbol{A}'$ 第 i 行第 j 列的元素,则 $\|\boldsymbol{A}-\boldsymbol{A}'\|_{\mathrm{F}}^{2}=\sum_{i=1}^{n}\sum_{j=1}^{n}(a_{ij}-a'_{ij})^2$。

正交对角化后,$\boldsymbol{A}$ 的特征向量是 n 阶正交矩阵。根据式(4-15)和式(4-16),低秩逼近的误差平方和为

$$\begin{aligned}\mathrm{SSE}&=\|\boldsymbol{A}-\boldsymbol{A}'\|_{\mathrm{F}}^{2}=\mathrm{trace}[(\boldsymbol{A}-\boldsymbol{A}')^{\mathrm{T}}(\boldsymbol{A}-\boldsymbol{A}')]\\&=\sum_{j=k+1}^{m}\mathrm{trace}(\lambda_j\boldsymbol{v}_j\boldsymbol{v}_j^{\mathrm{T}}\cdot\lambda_j\boldsymbol{v}_j\boldsymbol{v}_j^{\mathrm{T}})\\&=\sum_{j=k+1}^{m}\lambda_j^2\mathrm{trace}(\boldsymbol{v}_j\underbrace{\boldsymbol{v}_j^{\mathrm{T}}\boldsymbol{v}_j}_{1}\boldsymbol{v}_j^{\mathrm{T}})\\&=\sum_{j=k+1}^{m}\lambda_j^2\end{aligned} \tag{4-17}$$

式中,$\mathrm{trace}(\boldsymbol{v}_j\boldsymbol{v}_j^{\mathrm{T}})=\mathrm{trace}(\boldsymbol{v}_j^{\mathrm{T}}\boldsymbol{v}_j)=1(j=k+1,k+2,\cdots,m)$,所以误差平方和即为舍弃掉的特征值平方和。

例如,式(4-14)对例 4-2 中的矩阵 $\boldsymbol{B}$ 做了无损压缩,即 $\boldsymbol{B}=\lambda_1\bar{\boldsymbol{\xi}}_1\bar{\boldsymbol{\xi}}_1^{\mathrm{T}}+\lambda_2\bar{\boldsymbol{\xi}}_2\bar{\boldsymbol{\xi}}_2^{\mathrm{T}}$。倘若在此基础上只保留 $\lambda_1\bar{\boldsymbol{\xi}}_1\bar{\boldsymbol{\xi}}_1^{\mathrm{T}}$,即 $\boldsymbol{B}'=\lambda_1\bar{\boldsymbol{\xi}}_1\bar{\boldsymbol{\xi}}_1^{\mathrm{T}}$,那么 $\mathrm{SSE}=\|\boldsymbol{B}-\boldsymbol{B}'\|_{\mathrm{F}}^{2}=\lambda_2^2\mathrm{trace}(\bar{\boldsymbol{\xi}}_2\bar{\boldsymbol{\xi}}_2^{\mathrm{T}}\cdot\bar{\boldsymbol{\xi}}_2\bar{\boldsymbol{\xi}}_2^{\mathrm{T}})=\lambda_2^2=36$。

在模式识别中,SSE 是衡量样本重构误差的重要指标。例如,在 n 个样本组成的数据集中,每个样本有 p 个维度,它们能排列成 $p\times n$ 的样本矩阵 $\boldsymbol{M}$。实际上,实矩阵 $\boldsymbol{M}$ 可能非对称,也可能不是方阵(即 $p\neq n$)。通过转置,将 $\boldsymbol{M}$ 转化成实对称矩阵 $\boldsymbol{A}=\boldsymbol{M}\boldsymbol{M}^{\mathrm{T}}$,再将 $\boldsymbol{A}$ 做正交对角化,进一步根据需要做低秩逼近即可。

4.4 奇异值分解

4.4.1 奇异值分解概述

4.1～4.3 节都是围绕 n 阶实矩阵(行和列都是 n)的特征分解和对角化展开讨论的,其

中包括对称和非对称两种情况。若对一张分辨率为 $m\times n$ 的图像($m\neq n$)做压缩,读入计算机的将会是一个 $m\times n$ 的长方形矩阵。对于这类行列不相等的矩阵,如何做特征分解和对角化呢?这就要用到**奇异值分解**(singular value decomposition,SVD)。

除了图像压缩外,奇异值分解还广泛应用在高维数据的特征提取和维度缩减等方面[45],其中包括主分量分析[46]、隐含语义分析[47]和文本分类[48]等。关于主分量分析,详见5.2.3小节内容。

1. 简约奇异值分解

任一矩阵 $\boldsymbol{A}\in\mathbb{R}^{m\times n}$ 都可以分解成

$$\boldsymbol{A}=\boldsymbol{U\Sigma V}^{\mathrm{T}} \tag{4-18}$$

式(4-18)是 $\boldsymbol{A}$ 的**简约奇异值分解**,其中 $\operatorname{rank}(\boldsymbol{A})=r\leqslant\min\{m,n\}$,$r$ 阶对角矩阵 $\boldsymbol{\Sigma}$ 的对角线元素 $\sigma_i(i=1,2,\cdots,r)$ 是 $\boldsymbol{A}$ 的**非零奇异值**。$\boldsymbol{U}=[\boldsymbol{u}_1,\boldsymbol{u}_2,\cdots,\boldsymbol{u}_r]\in\mathbb{R}^{m\times r}$ 和 $\boldsymbol{V}=[\boldsymbol{v}_1,\boldsymbol{v}_2,\cdots\boldsymbol{v}_r]\in\mathbb{R}^{n\times r}$ 都是规范正交基,它们分别是矩阵 $\boldsymbol{A}$ 的**左奇异向量**和**右奇异向量**。

图4-11是式(4-18)矩阵 $\boldsymbol{A}$ 的**简约奇异值分解示意图**,它是 $\boldsymbol{A}$ 的无损压缩,即

$$\boldsymbol{A}=\sigma_1\boldsymbol{u}_1\boldsymbol{v}_1^{\mathrm{T}}+\sigma_2\boldsymbol{u}_2\boldsymbol{v}_2^{\mathrm{T}}+\cdots+\sigma_r\boldsymbol{u}_r\boldsymbol{v}_r^{\mathrm{T}} \tag{4-19}$$

式(4-19)保留了 $\boldsymbol{A}$ 中 $\sigma_i>0$ 的奇异值及其对应的左右奇异向量。

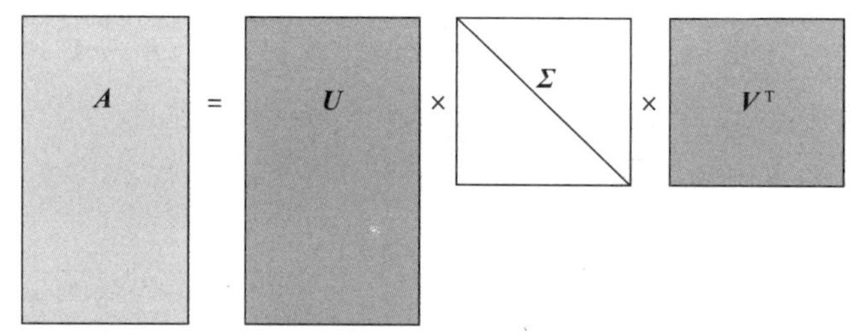

图4-11 简约奇异值分解示意图

本质上,简约奇异值分解是一种基于子空间的方法,因为该分解所生成的 $\boldsymbol{U}$ 是矩阵 $\boldsymbol{A}$ 的列向量空间的基,而 $\boldsymbol{V}$ 是 $\boldsymbol{A}$ 的行向量空间的基。鉴于此,文献[49]提出了一种基于奇异值分解的稳健人脸图像相似度度量方法,它在被遮挡的人脸图像识别中,具有较好的鲁棒效果。该方法将完全无遮挡的图像 $\boldsymbol{A}$ 做奇异值分解,得到 $\boldsymbol{A}=\boldsymbol{U\Sigma V}^{\mathrm{T}}$;而在部分被遮挡的图像中,未被遮挡的行或列分别是 $\boldsymbol{U}$ 和 $\boldsymbol{V}$ 的线性组合。

2. 完整奇异值分解

完整的奇异值分解可以将 $\boldsymbol{A}$ 的左奇异向量 $\boldsymbol{U}$ 和右奇异向量 $\boldsymbol{V}$ 分别拓展成 $\mathbb{R}^m$ 和 $\mathbb{R}^n$ 的正交矩阵。若 $\operatorname{rank}(\boldsymbol{A})=r<\min(m,n)$,对于 $\boldsymbol{V}$,根据4.3.2小节零空间的相关内容,可以找到秩为 $n-r$ 的规范正交基 $\boldsymbol{V}_{\perp}=[\boldsymbol{v}_{r+1},\boldsymbol{v}_{r+2},\cdots,\boldsymbol{v}_n]$,使得 $\boldsymbol{V}^{\mathrm{T}}\boldsymbol{V}_{\perp}=\boldsymbol{0}$,从而构造出 $\mathbb{R}^n$ 的一个正交矩阵 $\boldsymbol{\Phi}=[\boldsymbol{V},\boldsymbol{V}_{\perp}]$。同样地,对于 $\boldsymbol{U}$,存在秩为 $m-r$ 的规范正交基 $\boldsymbol{U}_{\perp}=[\boldsymbol{u}_{r+1},\boldsymbol{u}_{r+2},\cdots,\boldsymbol{u}_m]$,使得 $\boldsymbol{U}^{\mathrm{T}}\boldsymbol{U}_{\perp}=\boldsymbol{0}$,因此 $\boldsymbol{\psi}=[\boldsymbol{U},\boldsymbol{U}_{\perp}]$ 是 $\mathbb{R}^m$ 的一个正交矩阵。

图4-12是矩阵 $\boldsymbol{A}$ 的**完整奇异值分解示意图**,表达式为

$$\boldsymbol{A}=\boldsymbol{\psi S\Phi}^{\mathrm{T}}=[\boldsymbol{U},\boldsymbol{U}_{\perp}]\underbrace{\begin{bmatrix}\boldsymbol{\Sigma} & \boldsymbol{0}\\ \boldsymbol{0} & \boldsymbol{0}\end{bmatrix}}_{\boldsymbol{S}}\begin{bmatrix}\boldsymbol{V}^{\mathrm{T}}\\ \boldsymbol{V}_{\perp}^{\mathrm{T}}\end{bmatrix}=[\boldsymbol{U\Sigma},\boldsymbol{0}]\begin{bmatrix}\boldsymbol{V}^{\mathrm{T}}\\ \boldsymbol{V}_{\perp}^{\mathrm{T}}\end{bmatrix}=\boldsymbol{U\Sigma V}^{\mathrm{T}} \tag{4-20}$$

式中,$\boldsymbol{S}$ 是一个 $m\times n$ 的矩阵;$\boldsymbol{\Sigma}$ 是式(4-18)中的 r 阶对角矩阵,$\boldsymbol{\Sigma}$ 中的 r 个奇异值降序排列

后 $\sigma_1 \geqslant \sigma_2 \geqslant \cdots \geqslant \sigma_r > 0$，而 $\boldsymbol{V}_{\perp} = [\boldsymbol{v}_{r+1}, \boldsymbol{v}_{r+2}, \cdots, \boldsymbol{v}_n]$ 和 $\boldsymbol{U}_{\perp} = [\boldsymbol{u}_{r+1}, \boldsymbol{u}_{r+2}, \cdots, \boldsymbol{u}_m]$ 都对应了零奇异值。

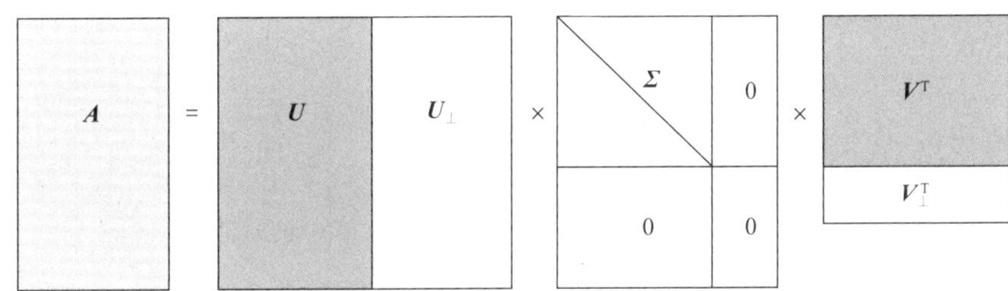

图 4-12　完整奇异值分解示意图

通常简约奇异值分解的应用更为广泛，因为大部分重要信息都集中在少量较大奇异值所对应的左右奇异向量上；而完整奇异值分解不仅计算量大，而且所求得的零奇异值及其奇异向量不包含任何有用的信息。

4.4.2　奇异值分解步骤

对任一大小为 $m \times n$、秩为 r 的矩阵 $\boldsymbol{A}$ 做奇异值分解 $\boldsymbol{A} = \boldsymbol{U\Sigma V}^{\mathrm{T}}$，通常分为以下四步。

(1) 构造对称矩阵 $\boldsymbol{A}^{\mathrm{T}}\boldsymbol{A}$，即 $\boldsymbol{A}^{\mathrm{T}}\boldsymbol{A} = \boldsymbol{V\Sigma}^2\boldsymbol{V}^{\mathrm{T}}$。

(2) 求解 $\boldsymbol{A}^{\mathrm{T}}\boldsymbol{A}$ 的特征值 $\boldsymbol{\Lambda} = [\lambda_1, \lambda_2, \cdots, \lambda_r]$ 和特征向量 $\boldsymbol{V} = [\boldsymbol{v}_1, \boldsymbol{v}_2, \cdots, \boldsymbol{v}_r]$（其中 $\lambda_1 \geqslant \lambda_2 \geqslant \cdots \geqslant \lambda_r$）。

(3) 根据 $\sigma_i = \sqrt{\lambda_i} > 0 (i = 1, 2, \cdots, r)$，构造奇异值矩阵 $\boldsymbol{\Sigma} = \begin{bmatrix} \sigma_1 & & & \\ & \sigma_2 & & \\ & & \ddots & \\ & & & \sigma_r \end{bmatrix}$。

(4) 根据 $\boldsymbol{AV} = \boldsymbol{U\Sigma}$，得 $\boldsymbol{U} = \boldsymbol{AV\Sigma}^{-1}$，即 $\boldsymbol{U} = [\boldsymbol{u}_1, \boldsymbol{u}_2, \cdots, \boldsymbol{u}_r]$，其中 $\boldsymbol{u}_i = \frac{1}{\sigma_i}\boldsymbol{A}\boldsymbol{v}_i$。

换个思路可以将矩阵 $\boldsymbol{A}$ 构造成 $\boldsymbol{AA}^{\mathrm{T}}$，求解特征值 $\boldsymbol{\Lambda}$ 和特征向量 $\boldsymbol{U}$，再构造 $\boldsymbol{\Sigma}$ 和 $\boldsymbol{V}$。这与上述四个步骤得到的分解结果一致。鉴于 $\boldsymbol{A}^{\mathrm{T}}\boldsymbol{A} \in \mathbb{R}^{n \times n}$，而 $\boldsymbol{AA}^{\mathrm{T}} \in \mathbb{R}^{m \times m}$，为了减小计算量，一般倾向于构造成 m 和 n 中规模较小的对称矩阵。

从计算量的角度看，大规模矩阵的奇异值分解比较耗时，对于秩为 r 的矩阵，其计算复杂度大约是 $O(r^3)$[49]。但是，并行化的计算处理能提高奇异值分解效率[50]。

【例 4-6】 求 $\boldsymbol{A} = \begin{bmatrix} 1 & 1 \\ 0 & 1 \\ 1 & 0 \end{bmatrix}$ 完整和简约的奇异值分解。

解：$\boldsymbol{A}^{\mathrm{T}}\boldsymbol{A} = \begin{bmatrix} 2 & 1 \\ 1 & 2 \end{bmatrix}$，得到其特征值为 $\boldsymbol{\Lambda} = \begin{bmatrix} 3 & \\ & 1 \end{bmatrix}$，特征向量为 $\boldsymbol{V} = [\boldsymbol{v}_1, \boldsymbol{v}_2] = \begin{bmatrix} \frac{1}{\sqrt{2}} & \frac{1}{\sqrt{2}} \\ \frac{1}{\sqrt{2}} & -\frac{1}{\sqrt{2}} \end{bmatrix}$。

将特征值开根号得到奇异值，即 $\boldsymbol{\Sigma}=\begin{bmatrix}\sigma_1 & \\ & \sigma_2\end{bmatrix}=\begin{bmatrix}\sqrt{3} & \\ & 1\end{bmatrix}$。

$\boldsymbol{U}=[\boldsymbol{u}_1,\boldsymbol{u}_2]$，其中 $\boldsymbol{u}_1=\dfrac{1}{\sigma_1}\boldsymbol{A}\boldsymbol{v}_1=\begin{bmatrix}\sqrt{\dfrac{2}{3}}\\ \dfrac{1}{\sqrt{6}}\\ \dfrac{1}{\sqrt{6}}\end{bmatrix}$，$\boldsymbol{u}_2=\dfrac{1}{\sigma_2}\boldsymbol{A}\boldsymbol{v}_2=\begin{bmatrix}0\\ -\dfrac{1}{\sqrt{2}}\\ \dfrac{1}{\sqrt{2}}\end{bmatrix}$ $\boldsymbol{u}_3=\begin{bmatrix}-\dfrac{1}{\sqrt{3}}\\ \dfrac{1}{\sqrt{3}}\\ \dfrac{1}{\sqrt{3}}\end{bmatrix}$，它所对应的奇异值是 0，且 $\boldsymbol{u}_3\perp \text{span}\{\boldsymbol{u}_1,\boldsymbol{u}_2\}$。

矩阵 $\boldsymbol{A}$ 的完整奇异值分解：

$$\boldsymbol{A}=[\boldsymbol{U},\boldsymbol{u}_3]\boldsymbol{S}\boldsymbol{V}^{\mathrm{T}}=\begin{bmatrix}\sqrt{\dfrac{2}{3}} & 0 & -\dfrac{1}{\sqrt{3}}\\ \dfrac{1}{\sqrt{6}} & -\dfrac{1}{\sqrt{2}} & \dfrac{1}{\sqrt{3}}\\ \dfrac{1}{\sqrt{6}} & \dfrac{1}{\sqrt{2}} & \dfrac{1}{\sqrt{3}}\end{bmatrix}\begin{bmatrix}\sqrt{3} & 0\\ 0 & 1\\ 0 & 0\end{bmatrix}\begin{bmatrix}\dfrac{1}{\sqrt{2}} & \dfrac{1}{\sqrt{2}}\\ \dfrac{1}{\sqrt{2}} & -\dfrac{1}{\sqrt{2}}\end{bmatrix}。$$

$\boldsymbol{A}$ 的简约奇异值分解：

$$\boldsymbol{A}=\boldsymbol{U}\boldsymbol{\Sigma}\boldsymbol{V}^{\mathrm{T}}=\sigma_1\boldsymbol{u}_1\boldsymbol{v}_1^{\mathrm{T}}+\sigma_2\boldsymbol{u}_2\boldsymbol{v}_2^{\mathrm{T}}=\begin{bmatrix}\sqrt{\dfrac{2}{3}} & 0\\ \dfrac{1}{\sqrt{6}} & -\dfrac{1}{\sqrt{2}}\\ \dfrac{1}{\sqrt{6}} & \dfrac{1}{\sqrt{2}}\end{bmatrix}\begin{bmatrix}\sqrt{3} & 0\\ 0 & 1\end{bmatrix}\begin{bmatrix}\dfrac{1}{\sqrt{2}} & \dfrac{1}{\sqrt{2}}\\ \dfrac{1}{\sqrt{2}} & -\dfrac{1}{\sqrt{2}}\end{bmatrix}。$$

4.4.3 案例：奇异值分解实现人脸图像压缩

奇异值分解实现人脸图像压缩

本案例旨在运用奇异值分解，对 ORL 人脸库中某一张人脸图像做低秩逼近，并展示压缩后的可视化效果。验证压缩后的误差平方和是图像矩阵舍弃的奇异值平方和。

3.2.4 小节已介绍过 ORL 人脸库，在此不再赘述。由于该库中每张人脸图像大小都是 112×92 像素，读入计算机后会形成一个长方形矩阵 $\boldsymbol{A}(m=112,n=92)$，因此不能像 n 阶方阵直接求解特征值和特征向量。

与 4.1.4 小节类似，本案例中为了防止奇异值过大，先对像素值做归一化，即 $\boldsymbol{B}=\boldsymbol{A}/255$。在此基础上，根据 4.4.2 小节的四个步骤，构造对称矩阵 $\boldsymbol{B}=\boldsymbol{A}^{\mathrm{T}}\boldsymbol{A}$，实现对 $\boldsymbol{A}$ 的奇异值分解 $\boldsymbol{A}=\boldsymbol{U}\boldsymbol{\Sigma}\boldsymbol{V}^{\mathrm{T}}$。

注意： 不同于 4.1.4 小节，对称矩阵 $\boldsymbol{B}$ 的特征分解不会产生虚数，所以 $\boldsymbol{A}$ 的奇异值分解也没有虚数。

将 $\boldsymbol{A}$ 的奇异值降序排列，根据式(4-19)，取前 k 个($k<r$)最大的奇异值及其对应的左右

奇异分量，得到重构后的图像 $\boldsymbol{A}'=\boldsymbol{U}_k\boldsymbol{\Sigma}_k\boldsymbol{V}_k^{\mathrm{T}}=[\boldsymbol{u}_1,\boldsymbol{u}_2,\cdots,\boldsymbol{u}_k]\begin{bmatrix}\sigma_1 & & & \\ & \sigma_2 & & \\ & & \ddots & \\ & & & \sigma_k\end{bmatrix}\begin{bmatrix}\boldsymbol{v}_1^{\mathrm{T}}\\ \boldsymbol{v}_2^{\mathrm{T}}\\ \vdots \\ \boldsymbol{v}_k^{\mathrm{T}}\end{bmatrix}$。其低秩逼近的误差是 $\boldsymbol{A}-\boldsymbol{A}'=\sum_{j=k+1}^{r}\sigma_j\boldsymbol{u}_j\boldsymbol{v}_j^{\mathrm{T}}$，SSE 是 $\boldsymbol{B}$ 中舍弃的特征值之和，即

$$\begin{aligned}\mathrm{SSE}&=\|\boldsymbol{A}-\boldsymbol{A}'\|_{\mathrm{F}}^2=\sum_{i=1}^{m}\sum_{j=1}^{n}(a_{ij}-a'_{ij})2\\&=\mathrm{trace}(\sigma_{k+1}^2\boldsymbol{u}_{k+1}\underbrace{\boldsymbol{v}_{k+1}^{\mathrm{T}}\boldsymbol{v}_{k+1}}_{1}\boldsymbol{u}_{k+1}^{\mathrm{T}}+\cdots+\sigma_r^2\boldsymbol{u}_r\underbrace{\boldsymbol{v}_r^{\mathrm{T}}\boldsymbol{v}_r}_{1}u_r^{\mathrm{T}})\\&=\sigma_{k+1}^2\mathrm{trace}(\underbrace{\boldsymbol{u}_{k+1}^{\mathrm{T}}\boldsymbol{u}_{k+1}}_{1})+\cdots+\sigma_r^2\mathrm{trace}(\underbrace{\boldsymbol{u}_r^{\mathrm{T}}\boldsymbol{u}_r}_{1})\\&=\sum_{j=k+1}^{r}\lambda_j\end{aligned}$$

代码实现如下：

【代码 4-3】

```
import matplotlib.pyplot as plt
import numpy as np
import matplotlib.image as mpimg
np.set_printoptions(formatter={'float':'{:0.3f}'.format})
image_path="./ORL_face/orlnumtotal/s1_1.bmp"
A = mpimg.imread(image_path)
print('size of A is:',A.shape)
A = A/255                                    #控制像素值在(0,1),否则 A 的奇异值会很大
# SVD 分解过程
B = A.T@A
Lambda,V = np.linalg.eig(B)
print(r'rank(V) = ',np.linalg.matrix_rank(V))
idx = np.argsort(-Lambda)                    #B 的特征值降序排列
sigma = np.diag(np.sqrt(Lambda[idx]))
k = 20
U = A@V[:,idx[0:k]]@np.linalg.inv(sigma[0:k,0:k])
Recon_A = U@sigma[0:k,0:k]@V[:,idx[0:k]].T  #重构后的图像
m,n = A.shape
print(r'row:',m)
print(r'col:',n)
loss1 = np.sum(Lambda[idx[k:]])              # 计算舍弃的特征值之和
print(r'loss1:',loss1)
loss2 = 0                                    # 计算误差平方和
for i in range(m):
    for j in range(n):
        loss2 = loss2 +(A[i,j]- Recon_A[i,j])**2
print(r'loss2:',loss2)
fig1,ax = plt.subplots(nrows=1,ncols=2,figsize=(6,3))
```

```
ax[0].imshow(A).set_cmap("gray")
ax[0].set_title("Original Image")
ax[0].get_xaxis().set_ticks([])
ax[0].get_yaxis().set_ticks([])
ax[1].imshow(Recon_A).set_cmap("gray")
ax[1].set_title("k = %d" %k)
ax[1].get_xaxis().set_ticks([])
ax[1].get_yaxis().set_ticks([])
fig2 = plt.figure()                                    #展示奇异值降序分布图
singular_value = np.sqrt(Lambda[idx])
plt.bar(np.linspace(1,92,92,dtype=int),singular_value)
plt.show()
```

运行代码 4-3，结果如下：

```
size of A is:(112,92)
rank(V) = 92
row:112
col:92
loss1:3.91176824038435
loss2:3.9117682403840086
```

代码 4-3 的运行结果中，loss1 是矩阵 $\boldsymbol{B}$ 中舍弃的特征值之和，而 loss2 是图像低秩逼近的误差平方和，运行结果表明，两者结果一致。图 4-13(a)是 ORL 库中某一张人脸原图，通过奇异值分解取前 20 个最大奇异值对应的左右奇异分量，重构后的图像 $\boldsymbol{A}'$ 如图 4-13(b)所示，它属于低秩逼近的效果。前 20 个奇异分量重构后的图像与原图相差甚微。原因在于从第 20 个开始，排在后面的奇异值几乎都接近 0，如图 4-14 所示。它展示了 92 个非零奇异值从大到小的排序情况，因为把单张图片读进去，会形成一个 112×92 像素大小的矩阵，所以秩是 92。

（a）原图$\boldsymbol{A}$

（b）重构图像$\boldsymbol{A}'(k=20)$

图 4-13　原图和重构图像

从存储容量上看，$\boldsymbol{A}'$ 比 $\boldsymbol{A}$ 更节省空间。根据 $\boldsymbol{A}'=\boldsymbol{U}_k\boldsymbol{\Sigma}_k\boldsymbol{V}_k^{\mathrm{T}}$，只需保留 20 个左右奇异分量 $\boldsymbol{U}_k$ 和 $\boldsymbol{V}_k$ 以及 20 个最大的奇异值即可，数据量为 112×20+92×20+20=4100；而 $\boldsymbol{A}$ 的数据量是 112×92=10304，前者节省的存储空间超过一半。

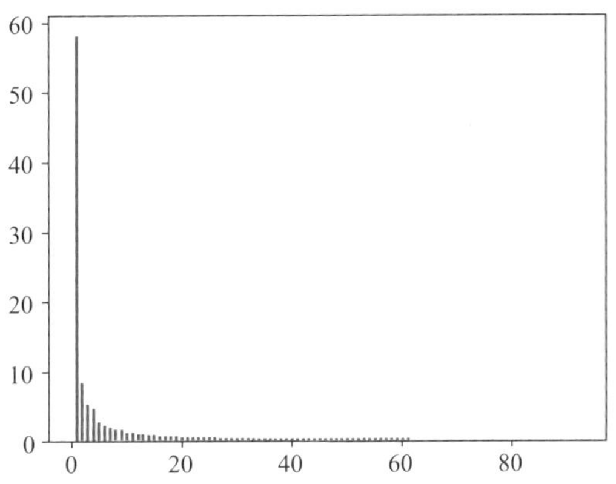

图 4-14　92 个非零奇异值从大到小排序后的分布

小结

对于长方形矩阵 $\boldsymbol{A}\in\mathbb{R}^{m\times n}(m\neq n)$，可以通过奇异值分解做有损压缩和低秩逼近。完整的左右奇异向量集分别是$\mathbb{R}^m$和$\mathbb{R}^n$的正交矩阵，而 $\boldsymbol{A}$ 的奇异值是对称矩阵 $\boldsymbol{A}^{\mathrm{T}}\boldsymbol{A}$ 或 $\boldsymbol{A}\boldsymbol{A}^{\mathrm{T}}$ 特征值的平方根。一般情况下，图像矩阵的少量奇异值非常大，而大部分奇异值接近于 0。图像的低秩逼近通常保留少量较大的奇异分量，同时丢弃奇异值接近于 0 的分量。

本章小结

本章介绍了线性代数中与矩阵相关的几个方面内容，包括特征值与特征向量的求解、矩阵可对角化的条件、正交矩阵的旋转作用、对称矩阵的无损压缩和低秩逼近，以及长方形矩阵的奇异值分解。根据特征方程的求解，阐明了非对称矩阵可能存在复数的原因，并以 4.1.4 小节的案例说明了复数在矩阵分解的处理上带来的不便。相反，对称矩阵不存在复数问题，本章给出了它的压缩表达式，以及低秩逼近的量化指标——误差平方和。奇异值分解通常应用在行和列不相等的长方形矩阵中。最后还给出了奇异值分解的步骤，并通过人脸图像压缩的案例，验证了压缩后低秩逼近的误差平方和就是舍弃的奇异值平方和。

第5章 概率论基础

自然界中诸多事物的出现都有一定规律，将这些规律表达成数学模型，便是概率分布。比如，骰子的六个面朝上概率都相等，它们服从均匀分布；硬币只有正反两面，所以正面朝上的概率服从 0－1 分布，反面也是。基本概念包括条件概率、事件的独立性、全概率与贝叶斯公式。条件概率用于分析事物间的关联性，而贝叶斯公式常用于参数估计。人工智能领域中，经常会面临大量的数据样本，那怎样寻找样本间的分布规律呢？一般采用期望和方差。对于维度很高的样本，往往采用主分量分析，即构建协方差矩阵并对其做特征分解，以实现降维，并提取少量重要特征。此外，自然界中存在几种常见的概率分布，如 0－1 分布、二项分布、泊松分布、指数分布和高斯（正态）分布等，它们之间并非相互孤立，而是存在某些联系。若服从两个不同分布的变量满足某个函数关系，那么从微分角度能够对它们之间的分布变换给出理论解释。基于此，由标准正态分布可以导出统计学中的三大分布——χ^2 分布、t 分布和 F 分布。

5.1 基本概率

定义 5-1（概率） 假设在某个试验中，任一事件 B 发生的概率为 $P(B)$，即

$$P(B)=\lim_{n\to\infty}\frac{n(B)}{n} \tag{5-1}$$

式(5-1)中，n 是所有事件发生的总次数；$n(B)$是事件 B 发生的次数。因此概率 $P(B)$即为 B 发生的次数占试验总次数的比例，也称为 B 发生频率的极限[51]。

概率本身包含了不确定性。式(5-1)中发生的 n 次事件中，有时会出现事件 B，有时会出现其他事件。所有可能发生的事件称为**样本空间**[51]。例如，硬币只有正反两面，所以样本空间 $\Omega=\{$正面朝上，反面朝上$\}$；骰子共六个面，即样本空间为 $\Omega=\{1,2,3,4,5,6\}$。

公理 1：任何事件 B 的概率在 0～1，即 $0\leqslant P(B)\leqslant 1$。

公理 2：样本空间 Ω 作为必然发生的事件，i. e. $\Omega=\{B_1,B_2,\cdots\}$ 其概率为 1，即 $P(\Omega)=1$。

换言之，Ω 是所有概率的并集。

公理 3：对于任一组互不相容的事件 $B_1, B_2, \cdots$（如果 $i \neq j$，则 $P(B_i \cap B_j)=0$），换言之，若两个不同事件交集为空集，则有 $P\left(\bigcup_{i=1}^{\infty} B_i\right)=\sum_{i=1}^{\infty} P(B_i)$。

5.1.1　条件概率——关联性的度量

数据挖掘旨在从看似无关的海量数据中，寻找数据间的潜在关联性。如果一个事件的发生与否会在很大程度上影响另一个事件的概率，那么两者必然存在关联性，这就涉及条件概率。数据挖掘技术主要包括两个方面[52]：①统计学；②人工智能和机器学习。统计学主要应用到抽样和估计，即从海量数据中随机抽取少部分作为训练样本集，再据此估算出它们的一些特性。例如，分别随机抽取白种人和黄种人各 100 人，判断他们的身高差异、智商差异和体质差异等。而机器学习算法包括决策树、逻辑回归、支持向量机、马尔可夫概率转移和神经网络等，这些算法基本都用到了条件概率[52]。甚至自 2023 年以来，火爆全球的 GPT 大语言模型也是用条件概率的乘积来表达自然语言的联合概率分布[53]。

本节先介绍条件概率的定义，再以雨天和非雨天汽车追尾不同条件概率的简单例子，阐明下雨会在很大程度上影响追尾，两者存在明显的关联。

定义 5-2(条件概率)　设 A 和 B 是随机试验中任意两个事件，且 $P(B)>0$，则

$$P(A|B)=\frac{P(AB)}{P(B)} \tag{5-2}$$

式中，$P(A|B)$是 A 关于 B 的**条件概率**，即在已知事件 B 的影响下，事件 A 发生的可能性。

图 5-1(a)和(b)所示的田字格分别是两个样本空间 Ω_A 和 Ω_B 的示意图，因为样本空间的概率总和都是 1，所以 $P(\Omega_A)=P(\Omega_B)=1$。事件 A 和 B 分别来自 Ω_A 和 Ω_B，其中 A 占 Ω_A 的$\frac{1}{4}$，B 占 Ω_B 的$\frac{1}{8}$，所以 $P(A)=\frac{1}{4}$，$P(B)=\frac{1}{8}$。图 5-1(c)阴影部分是 A 和 B 的交集 $P(A\cap B)$，记作 $P(AB)$，它占 A 面积的$\frac{1}{4}$，占 B 面积的$\frac{1}{2}$。因此条件概率是阴影部分面积分别与 A 和 B 的比值，即 $P(A|B)=\frac{P(AB)}{P(B)}=\frac{1}{2}$和 $P(B|A)=\frac{P(AB)}{P(A)}=\frac{1}{4}$。

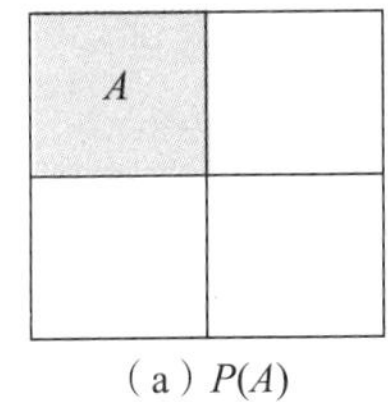

(a) $P(A)$

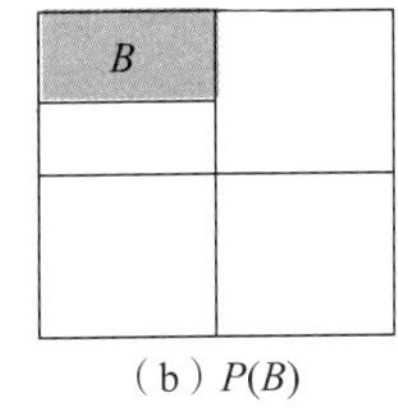

(b) $P(B)$

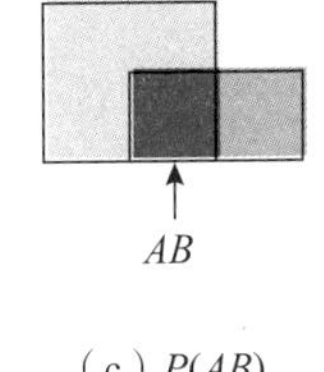

(c) $P(AB)$

图 5-1　概率示意图

【例 5-1】　汽车追尾属于交通事故，根据官方记载，大多数追尾事件发生在雨天，源于路面湿滑和能见度低。每年雨天追尾的概率约占总通勤(包括追尾与正常行驶)次数的 0.5%。雨天数占全年总天数的 20%，求雨天追尾的条件概率。

解：假定追尾为事件 A，下雨为事件 B，则 $P(B)=0.2$；下雨天且追尾，表明事件 A 和 B 同时发生，即 $P(AB)=0.005$；雨天条件下追尾概率 $P(A|B)=\frac{P(AB)}{P(B)}=\frac{0.005}{0.2}=0.025$，即雨天追尾的概率为 2.5%。

【例 5-2】 继续例 5-1，不下雨也会追尾。下雨天占 20%，则不下雨的天数就是 80%。如果不下雨追尾次数占总通勤次数的 0.2%，不下雨追尾概率是多少？

解：不下雨的概率是 $P(\bar{B})=1-P(B)=0.8$；不下雨且追尾占总通勤次数的概率是 $P(A\bar{B})=0.002$；不下雨条件下追尾概率是 $P(A|\bar{B})=\frac{P(A\bar{B})}{P(\bar{B})}=\frac{0.002}{0.8}=0.0025$，即不下雨追尾概率为 0.25%。

从总通勤次数看，下雨和不下雨的追尾比例为 5∶2。在雨天和非雨天两种条件下，追尾比例竟然高达 10∶1。这说明雨天更容易造成追尾，它符合人们的认知。这个例子非常简单，可是现实中其他许多事件相互之间存在错综复杂的关系，并非那么显而易见，这就要借助其他更为复杂的数学方法。这个例子能启发读者利用条件概率分析更为复杂的数据挖掘问题，如股票分析、商业投资风险等。

5.1.2 事件的独立性

在事件 B 的影响下，A 的概率变了，即 $P(A|B)\neq P(A)$。有没有特定的情况，会使 $P(A|B)=P(A)$呢？有的，若 A 与 B 相互独立，则 B 的存在与否，都不会影响 A 发生的概率。

将图 5-1 中 A 平均分成四等份，如图 5-2 所示，Ω_C 是另一个样本空间。将 Ω_C 的横向和纵向都按照 1∶3 划分，得到 C_1、C_2、C_3 和 C_4 四个部分，则 $P(C_1)=\frac{1}{16}$，$P(C_2)=P(C_3)=\frac{3}{16}$，$P(C_4)=\frac{9}{16}$。将 A 与 Ω_C 按分界线重叠起来，A_1、A_2、A_3 和 A_4 分别是 A 在 Ω_C 的四个区域中占据的部分，A_1 占了整个 C_1，即条件概率 $P(A|C_1)=1$。同理，A_2 占 C_2 的$\frac{1}{3}$，即 $P(A|C_2)=\frac{1}{3}$，以此类推，$P(A|C_3)=\frac{1}{3}$，$P(A|C_4)=\frac{1}{9}$。A 在 Ω_C 条件下的概率与它本身的概率 $P(A)=\frac{1}{4}$不一致，所以 A 和 C 不独立。

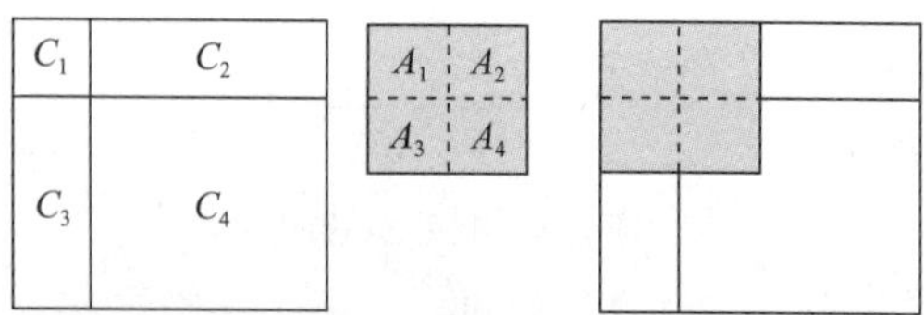

图 5-2 A 与 Ω_C 不独立

如果将 A 也按照边长 1∶3 划分，如图 5-3 所示，A 与 Ω_C 分界线重叠后，A 与 Ω_C 的

4 个重叠区域分别是 A'_1、A'_2、A'_3 和 A'_4，它们都占相应区域的$\frac{1}{4}$，此时 A 与 C_1、C_2、C_3 和 C_4 都相互独立，因为 $P(A|C_1)=P(A|C_2)=P(A|C_3)=P(A|C_4)=P(A)=\frac{1}{4}$。独立意味着 A 在 Ω_C 的条件下，本身的概率 $P(A)=\frac{1}{4}$不受影响。

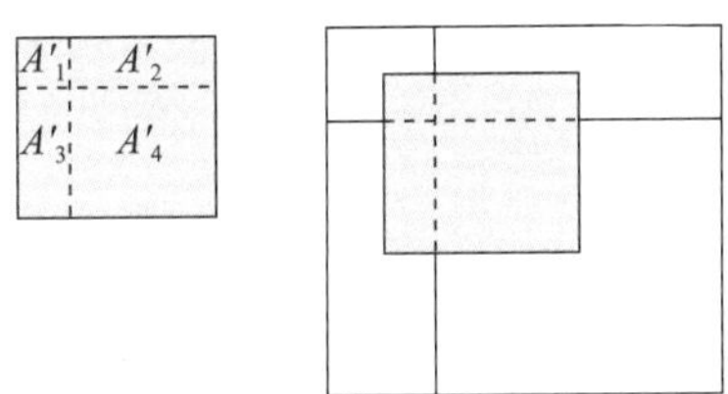

图 5-3　A 与图 5-2 中的 Ω_C 相互独立

引理 5-1　若 $P(A)>0$，则事件 A、B 独立的充分必要条件是 $P(B|A)=P(B)$；同理，若 $P(B)>0$，则事件 A、B 独立的充分必要条件是 $P(A|B)=P(A)$。

根据图 5-3 得到如下关于事件相互独立的定义。

定义 5-3(独立性)　设 A、B 是随机试验的两个事件，若满足等式

$$P(AB)=P(A)P(B) \tag{5-3}$$

则称事件 A、B 相互独立，或简称 A、B 独立。

【例 5-3】　继续例 5-1 和例 5-2，雨天占全年总天数的 20%，即雨天与非雨天的比例为 1∶4。如果雨天追尾还是占总通勤次数的 0.5%不变，而非雨天追尾变成了占总通勤次数的 2%，那么能否判定下雨是追尾的罪魁祸首，为什么?

解：雨天追尾与非雨天追尾的比例也是 1∶4。

追尾概率为

$$P(A)=P(AB)+P(A\bar{B})=0.005+0.02=0.025$$

根据式(5-2)，雨天追尾概率为

$$P(A|B)=\frac{P(AB)}{P(B)}=\frac{0.005}{0.2}=0.025$$

不下雨追尾概率为

$$P(A|\bar{B})=\frac{P(A\bar{B})}{P(\bar{B})}=\frac{0.02}{0.8}=0.025$$

通过计算发现 $P(A)=P(A|B)=P(A|\bar{B})$，表明下雨(事件 B)对追尾(事件 A)发生的概率没有影响，即 A 与 B **相互独立**。这种情形下，我们无法判定追尾事故是下雨造成的。

定义 5-4(独立性的推广)　如果任意 n 个事件 $A_1,A_2,\cdots,A_n$ 有

$$P(A_1,A_2,\cdots,A_n)=P(A_1)P(A_2)\cdots P(A_n) \tag{5-4}$$

则这 n 个事件相互独立。

5.1.3　全概率与贝叶斯公式

定义 5-5(全概率)　设事件 $B_1,B_2,\cdots,B_n$ 两两不相容($\forall i\neq j, P(B_iB_j)=0$)，且

$\bigcup_{i=1}^{n} B_i = \Omega, P(B_i) > 0, i=1,2,\cdots,n$，则对任一事件 A，有

$$P(A)=\sum_{i=1}^{n} P(B_i)P(A \mid B_i) \tag{5-5}$$

式(5-5)称为**全概率公式**。

结合全概率公式和图 5-2，计算出

$$\begin{aligned}P(A)&=P(A|C_1)P(C_1)+P(A|C_2)P(C_2)+P(A|C_3)P(C_3)+P(A|C_4)P(C_4)\\&=P(AC_1)+P(AC_2)+P(AC_3)+P(AC_4)\\&=1\times\frac{1}{16}+\frac{1}{3}\times\frac{3}{16}+\frac{1}{3}\times\frac{3}{16}+\frac{1}{9}\times\frac{9}{16}\\&=\frac{1}{4}\end{aligned}$$

此外，5.1.1 小节中提到的追尾事件共包含两种情况，即雨天追尾和非雨天追尾。根据例 5-1 和例 5-2，结合式(5-5)，追尾的全概率为

$$\begin{aligned}P(A)&=P(A|B)P(B)+P(A|\bar{B})P(\bar{B})\\&=P(AB)+P(A\bar{B})\\&=0.005+0.002\\&=0.7\%\end{aligned}$$

在计算全概率 $P(A)$时，要考虑 A 在 B 情况下所有条件概率 $P(A|B_i)(i=1,2,\cdots,n)$。正如定义 5-5 中，$B_1,B_2\cdots,B_n$加起来构成了一个完备的样本空间 Ω，且它们之间互不相容。

上述内容都是围绕事件 A 在 B 条件下的概率。反过来已知 $P(A|B)$，可不可以计算出事件 B 在 A 条件下的概率 $P(B|A)$呢？当然可以。已知的 $P(A|B)$称作**先验概率**，而待求的 $P(B|A)$则是**后验概率**。贝叶斯公式就是运用了这个思想，即已知先验概率再求后验概率，由全概率公式能得到贝叶斯公式。

定义 5-6(贝叶斯公式) 设事件 $B_1,B_2,\cdots,B_n$ 两两不相容，且 $\bigcup_{i=1}^{n} B_i=\Omega_B, P(B_i)>0, i=1,2,\cdots,n$，对任一事件 $A\subset\Omega_A(P(A)>0)$ 有后验概率

$$P(B_j \mid A)=\frac{P(AB_j)}{P(A)}=\frac{P(B_j)P(A \mid B_j)}{\sum_{j=1}^{n} P(B_j)P(A \mid B_j)} \quad (j=1,2,\cdots,n) \tag{5-6}$$

则式(5-6)称为**贝叶斯公式**，或是**贝叶斯定理**。

【例 5-4】 已知图 5-2 和图 5-3 中 A 在 Ω_C 下的概率 $P(A|C_1)$、$P(A|C_2)$、$P(A|C_3)$和 $P(A|C_4)$，分别计算 C_1、C_2、C_3 和 C_4 在 A 条件下的概率。

解：已知 $P(A)=\frac{1}{4}$，运用贝叶斯公式，图 5-2 中

$$P(C_1 \mid A)=\frac{P(AC_1)}{P(A)}=\frac{P(A \mid C_1)P(C_1)}{\sum_{i=1}^{4} P(A \mid C_i)P(C_i)}=\frac{1\times\frac{1}{16}}{\frac{1}{4}}=\frac{1}{4}$$

同理，$P(C_2|A)=P(C_3|A)=P(C_4|A)=\frac{1}{4}$

而图 5-3 中

$$P(C_1 \mid A)=\frac{P(AC_1)}{P(A)}=\frac{P(A \mid C_1)P(C_1)}{\sum_{i=1}^{4}P(A \mid C_i)P(C_i)}=\frac{\frac{1}{4}\times\frac{1}{16}}{\frac{1}{4}}=\frac{1}{16}$$

同理，$P(C_2|A)=P(C_3|A)=\frac{3}{16}$，$P(C_4|A)=\frac{9}{16}$

例 5-4 中，C_1、C_2、C_3 和 C_4 在条件 A 下的概率就是它们占据 A 的百分比。很明显，图 5-2 中如果把 A 看成基底，那么 C_1、C_2、C_3 和 C_4 分别完整占据了 A_1，A_2，A_3，A_4，而 A_1，A_2，A_3，A_4 本身都是 A 的$\frac{1}{4}$，所以 C_1，C_2，C_3，C_4 都占据了 A 的$\frac{1}{4}$；而图 5-3 却非常不均匀，其中 C_4 占据了$\frac{9}{16}$，明显多于 C_1、C_2 和 C_3。虽然从图 5-2 和图 5-3 很容易看出它们的比例，但现实中很多复杂的问题却很难看出来，所以要用形如式(5-6)的贝叶斯公式计算。

贝叶斯公式展示了一个从先验观察数据到后验分析推断的通用框架。目前，贝叶斯公式已经广泛应用于统计模型、预测推断、参数估计等方面。例如，我国现阶段老龄化程度严重，构建基于发病率、死亡率等参数的数理模型，并通过贝叶斯公式，能预测出目前不健康老人的抚养比要大于健康老人，养老负担重；而 2030 年后，后者的抚养比将逐渐超过前者，从而会减轻养老和医疗负担[54]。再如，在网络技术飞速发展的当今时代，信息安全问题面临巨大挑战。在构建安全的网络环境方面，将风险概率因素引入网络模型，并根据贝叶斯公式实时更新网络参数，可以反映系统的实际风险状况，提高风险评估的正确性[55]。另外，贝叶斯公式也可用于深度神经网络的参数优化和更新[56-57]。

5.2 样本统计量

如果把样本看成某个分布总体下的随机变量，那么期望反映了随机变量取值的平均。仅有期望，还不足以全面反映变量内在的统计特征。比如，两个班级都参加某门课的考试，仅用均分衡量谁好谁差是不够的。假如两个班均分都是 75 分，其中一个班 90 分以上和不及格的人都很多，而另一个班绝大多数人都在 75 分左右，他们对该门课掌握的情况一样吗？显然不一样，所以还要引入随机变量的另一个重要指标——方差。方差刻画了随机变量的取值围绕期望的离散（波动）程度，它的大小衡量随机变量取值的分散程度和稳定性，方差越小，则稳定性越好。

5.2.1 期望和方差

1. 离散型随机变量的期望和方差

设 X 是离散型随机变量，概率分布为 $P\{X=x_i\}=p(x_i)$，$i=1,2,\cdots,n$，若级数 $\sum_{i=1}^{n}x_i p(x_i)$ 收敛，则 X 的期望为

$$E(X)=\sum_{i=1}^{n}x_i p(x_i) \tag{5-7}$$

即期望 $E(X)$是 X 所有可能取值的**加权平均**,每个值的权重就是 X 取该值的概率。

而 X 的方差为

$$D(X)=\sum_{i=1}^{n}[x_i-E(X)]^2 p(x_i) \tag{5-8}$$

方差的算术平方根$\sqrt{D(X)}$称为**标准差**,记为 $\mathrm{std}(X)$,它跟方差一样,应用也十分广泛。

【例 5-5】 X 是离散型随机变量,分别以概率$\frac{1}{2},\frac{3}{8},\frac{1}{8}$取值 0,1,2。计算 X 的期望 $E(X)$和方差 $D(X)$。

解:

$$E(X)=\frac{1}{2}\times 0+\frac{3}{8}\times 1+\frac{1}{8}\times 2=\frac{5}{8}$$

$$D(X)=\left(0-\frac{5}{8}\right)^2\times\frac{1}{2}+\left(1-\frac{5}{8}\right)^2\times\frac{3}{8}+\left(2-\frac{5}{8}\right)^2\times\frac{1}{8}=\frac{31}{64}$$

2. 连续型随机变量的期望和方差

设 X 是连续型随机变量,密度函数为 $f(x)$,若积分 $\int_{-\infty}^{+\infty}xf(x)\mathrm{d}x$ 收敛,则 X 的期望为

$$E(x)=\int_{-\infty}^{+\infty}xf(x)\mathrm{d}x \tag{5-9}$$

而 X 的方差为

$$D(X)=\int[x-E(X)]^2 f(x)\mathrm{d}x \tag{5-10}$$

【例 5-6】 X 的概率密度为 $f(x)=\frac{1+\alpha x}{2}(-1\leqslant x\leqslant 1)$($\alpha$ 为常数),计算期望 $E(X)$和方差 $D(X)$。

解:

$$\begin{aligned}E(X)&=\int_{-1}^{1}xf(x)\,\mathrm{d}x=\int_{-1}^{1}x\,\frac{1+\alpha x}{2}\mathrm{d}x\\&=\int_{-1}^{1}\frac{1}{2}x\,\mathrm{d}x+\frac{\alpha}{2}\int_{-1}^{1}x^2\mathrm{d}x\\&=0+\frac{\alpha}{2}\times\frac{1}{3}x^2\Big|_{-1}^{1}=\frac{1}{3}\alpha\end{aligned}$$

$$\begin{aligned}D(X)&=\int_{-1}^{1}[x-E(X)]^2 f(x)\mathrm{d}x=\int_{-1}^{1}\left(x-\frac{1}{3}\alpha\right)^2\frac{1+\alpha x}{2}\mathrm{d}x\\&=\int_{-1}^{1}\left(x^2-\frac{2}{3}\alpha x+\frac{1}{9}\alpha^2\right)\frac{1+\alpha x}{2}\mathrm{d}x\\&=\int_{-1}^{1}\frac{1}{2}x^2\mathrm{d}x+\int_{-1}^{1}\frac{\alpha}{2}x^3\mathrm{d}x-\int_{-1}^{1}\frac{1}{3}\alpha x\,\mathrm{d}x-\int_{-1}^{1}\frac{1}{3}\alpha^2x^2\mathrm{d}x\\&\quad+\int_{-1}^{1}\frac{1}{18}\alpha^2\mathrm{d}x+\int_{-1}^{1}\frac{1}{18}\alpha^3x\,\mathrm{d}x\\&=\frac{1}{6}x^3\Big|_{-1}^{1}+0-0-\frac{1}{3}\alpha^2\,\frac{1}{3}x^3\Big|_{-1}^{1}+\frac{1}{18}\alpha^2x\Big|_{-1}^{1}+0\\&=\frac{1}{3}-\frac{1}{9}\alpha^2\end{aligned}$$

引理 5-2 $D(X)=E(X^2)-E^2(X)$

证明：

$$
\begin{aligned}
D(X)&=E\{[X-E(X)]^2\}\\
&=E\{X^2-2XE(X)+[E(X)]^2\}\\
&=E(X^2)-2E(X)E(X)+[E(X)]^2\\
&=E(X^2)-[E(X)]^2
\end{aligned}
$$

对于例 5-6，也可以先计算 $E(X^2)$，再根据引理 5-2 计算方差 $D(X)$，读者不妨一试。

5.2.2 协方差与相关系数

1. 协方差

若(X,Y)是两组随机变量，$E\{[X-E(X)][Y-E(Y)]\}$存在，则 X 和 Y 的协方差为

$$
\mathrm{cov}(X,Y)=E\{[X-E(X)][Y-E(Y)]\} \tag{5-11}
$$

当 $X=Y$ 时，有 $\mathrm{cov}(X,X)=E\{[X-E(X)][X-E(X)]\}=E\{[X-E(X)]^2\}=D(X)$。所以方差 $D(X)$是协方差的特例。

若(X,Y)为**离散型**随机变量，联合概率分布为 $P\{X=x_i,Y=y_j\}=p(x_i,y_j)$，协方差为

$$
\mathrm{cov}(X,Y)=\sum_{i=1}^{n}\sum_{j=1}^{n}p(x_i,y_j)\{[x_i-E(X)][y_j-E(Y)]\} \tag{5-12}
$$

若(X,Y)为**连续型**随机变量，联合概率密度为 $f(x,y)$，协方差为

$$
\mathrm{cov}(X,Y)=\iint f(x,y)\{[x-E(X)][y-E(Y)]\}\,\mathrm{d}x\,\mathrm{d}y \tag{5-13}
$$

引理 5-3 $\mathrm{cov}(X,Y)=E(XY)-E(X)E(Y)$

证明：

$$
\begin{aligned}
\mathrm{cov}(X,Y)&=E\{[X-E(X)][Y-E(Y)]\}\\
&=E(XY)-E(X)E(Y)-E(Y)E(X)+E(X)E(Y)\\
&=E(XY)-E(X)E(Y)
\end{aligned}
$$

由引理 5-3 得 $\mathrm{cov}(X,X)=E(X^2)-[E(X)]^2=D(X)$，正好与引理 5-2 等价。

2. 相关系数

设(X,Y)是两组随机变量，且 $D(X)>0,D(Y)>0$，则

$$
\rho_{XY}=\frac{\mathrm{cov}(X,Y)}{\sqrt{D(X)D(Y)}} \tag{5-14}
$$

式(5-14)是随机变量 X 和 Y 的**相关系数**。若 $\rho_{XY}=0$，则 X 和 Y 不相关。

相关系数 ρ_{XY} 实际上是对协方差 $\mathrm{cov}(X,Y)$做了归一化，读者可以证明 $\rho_{XY}\in[-1,1]$。统计学中的“相关”，指的是线性相关，相关系数 ρ_{XY} 衡量了变量 X 和 Y 的线性相关程度，详见 7.2.2 小节。

【例 5-7】 正弦函数 $\sin x$ 和余弦函数 $\cos x$ 在一个周期$[0,2\pi]$内均匀采样 5 个点，如图 5-4 所示。令变量 X 和 Y 分别是 $\sin x$ 和 $\cos x$ 采样的 5 个点，计算 $D(X)$、$D(Y)$、$\mathrm{cov}(X,Y)$、$D(X+Y)$和相关系数 ρ_{XY}。

解：根据题意，$X=\{0,1,0,-1,0\}$，$Y=\{1,0,-1,0,1\}$，所以 $E(X)=0$，$E(Y)=\frac{1}{5}$，则

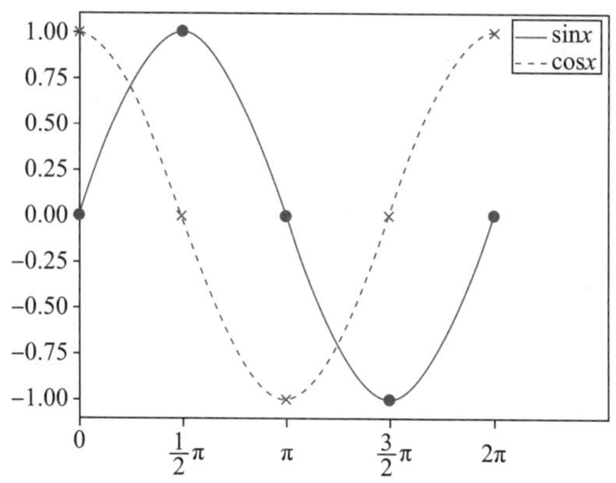

图 5-4 $\sin x$ 和 $\cos x$ 在$[0,2\pi]$内采样 5 个点示意图

$$D(X)=\frac{1}{5}\times[(0-0)^2+(1-0)^2+(0-0)^2+(-1-0)^2+(0-0)^2]=\frac{2}{5}$$

$$D(Y)=\frac{1}{5}\times\left[\left(1-\frac{1}{5}\right)^2+\left(0-\frac{1}{5}\right)^2+\left(-1-\frac{1}{5}\right)^2+\left(0-\frac{1}{5}\right)^2+\left(1-\frac{1}{5}\right)^2\right]=\frac{14}{25}$$

根据式(5-11)，协方差是 X 和 Y 去掉各自的期望 $E(X)$和 $E(Y)$后，相乘后再取期望。

先减去各自期望，得 $\bar{X}=[0,1,0,-1,0]$，$\bar{Y}=\left[\frac{4}{5},-\frac{1}{5},-\frac{6}{5},-\frac{1}{5},\frac{4}{5}\right]$，所以 $E(\bar{X})=E(\bar{Y})=0$。

$$\begin{aligned}\operatorname{cov}(X,Y)&=E(\bar{X}\bar{Y})-E(\bar{X})E(\bar{Y})\\&=\frac{1}{5}\times\left[0\times\frac{4}{5}+1\times\left(-\frac{1}{5}\right)+0\times\left(-\frac{6}{5}\right)+(-1)\times\left(-\frac{1}{5}\right)+0\times\frac{4}{5}\right]=0\end{aligned}$$

令变量 $Z=X+Y$，那么 $Z=\{1,1,-1,-1,1\}$，$E(Z)=E(X)+E(Y)=\frac{1}{5}$，则

$$\begin{aligned}D(Z)=E\{[Z-E(Z)]^2\}=\frac{1}{5}\times\left[\left(1-\frac{1}{5}\right)^2+\left(1-\frac{1}{5}\right)^2+\left(-1-\frac{1}{5}\right)^2+\left(-1-\frac{1}{5}\right)^2\right.\\\left.+\left(1-\frac{1}{5}\right)^2\right]=\frac{24}{25}\end{aligned}$$

根据式(5-14)，相关系数 $\rho_{XY}=0$，因为 $\operatorname{cov}(X,Y)=0$

协方差衡量了两个变量相互影响的程度。例 5-7 中，从几何学角度看 $\bar{X}\perp\bar{Y}$，即两者夹角为 90°，所以 $\operatorname{cov}(X,Y)=0$。协方差非常类似于两个 n 维向量的内积，夹角越趋于垂直，则内积越趋于 0，即相互无影响。这里，n 是变量 X 和 Y 取值的个数。当夹角 $\theta\in(90°,180°)$时，$\operatorname{cov}(X,Y)<0$，即两个变量相互产生了负影响。

如果两个变量独立，那么肯定不相关，但是反过来不一定成立。例 5-7 中，从正弦和余弦函数采样的 5 个点(样本个数)来看，鉴于 $\sin^2x+\cos^2x=1$，变量 X 和 Y 的取值会相互影响，所以它们虽不相关，但也不独立。比如，当 $x=\frac{\pi}{2}$或$\frac{3\pi}{2}$时，$X=\pm1$，此时 Y 只能是 0，即 $P\{Y=0|X=\pm1\}=1$。而在 $Y=\{1,0,-1,0,1\}$中，$P\{Y=0\}=\frac{2}{5}$，所以 $P\{Y=0|X=\pm1\}\neq$

$P\{Y=0\}$，不满足引理 5-1。反之，若变量 X 无论怎么取值，都不会影响 Y 本身的概率，两者才是相互独立的。

但是，自然界中十分常见的正态分布却是一种特殊情况，它的不相关性和独立性互为充要条件。具体地，变量 X 服从某个参数下的正态分布，而变量 Y 服从另一个正态分布，那么 X 和 Y 若无相关性，则必然独立[58]。此外，服从 0—1 分布的两个变量的独立性也与不相关性存在等价关系[59]。

5.2.3 主分量分析——协方差矩阵的特征分解

本节将介绍模式识别中非常经典的特征提取方法——主分量分析(principle component analysis，PCA)[46,60]，它是矩阵运算与概率统计相结合的产物。

1. 协方差矩阵

第 3.2.4 小节中曾介绍过样本矩阵 $\boldsymbol{M}=[\boldsymbol{m}_1,\boldsymbol{m}_2,\cdots,\boldsymbol{m}_n]\in\mathbb{R}^{p\times n}$，其中 n 是样本个数，p 是维度，即 $\boldsymbol{m}_i\in\mathbb{R}^p(i=1,2,\cdots,n)$。如果将每个维度都看成一个变量，那么 $\boldsymbol{M}$ 中存在 p 个变量，每个变量都有 n 个样本。这些样本在每个维度上的均值就是期望，即

$$E(\boldsymbol{m})=\frac{1}{n}\sum_{i=1}^{n}\boldsymbol{m}_i=\bar{\boldsymbol{m}} \tag{5-15}$$

将每个维度都减去均值，即中心化(Centralization)，得到 $\widetilde{\boldsymbol{M}}=[\widetilde{\boldsymbol{m}}_1,\widetilde{\boldsymbol{m}}_2,\cdots,\widetilde{\boldsymbol{m}}_n]$，其中 $\widetilde{\boldsymbol{m}}_i=\boldsymbol{m}_i-\bar{\boldsymbol{m}}$。如果 $\boldsymbol{e}\in\mathbb{R}^n$ 中所有元素都是 1，则 $\widetilde{\boldsymbol{M}}=\boldsymbol{M}-\bar{\boldsymbol{m}}\,\boldsymbol{e}^{\mathrm{T}}$。

根据式(5-8)，第 j 个($j=1,2,\cdots,p$)维度的方差是 $\frac{1}{n}\sum_{i=1}^{n}(m_{ij}-\bar{m}_j)^2$。样本的总体方差是每个维度的方差之和，即

$$\begin{aligned}\sum_{j=1}^{p}\frac{1}{n}\sum_{i=1}^{n}(m_{ij}-\bar{m}_j)^2&=\frac{1}{n}\mathrm{trace}(\widetilde{\boldsymbol{M}}\widetilde{\boldsymbol{M}}^{\mathrm{T}})\\&=\mathrm{trace}\left[\frac{1}{n}(\boldsymbol{M}-\bar{\boldsymbol{m}}\boldsymbol{e}^{\mathrm{T}})(\boldsymbol{M}-\bar{\boldsymbol{m}}\boldsymbol{e}^{\mathrm{T}})^{\mathrm{T}}\right]\end{aligned} \tag{5-16}$$

协方差矩阵为

$$\boldsymbol{S}=\frac{1}{n-1}(\boldsymbol{M}-\bar{\boldsymbol{m}}\boldsymbol{e}^{\mathrm{T}})(\boldsymbol{M}-\bar{\boldsymbol{m}}\boldsymbol{e}^{\mathrm{T}})^{\mathrm{T}} \tag{5-17}$$

式中，$\boldsymbol{S}$ 的第 j 个对角线元素 S_{jj} 是第 j 个维度的方差，而非对角线元素 $S_{ij}(i\neq j)$ 是第 i 个维度与第 j 个维度上变量的协方差。

注意： 模式识别中，通常将样本的协方差矩阵构建成式(5-17)的 $\boldsymbol{S}$，即分母为样本个数 n 减去 1。因为从统计学角度讲，协方差的期望 $E(\boldsymbol{S})$ 是 $\boldsymbol{S}$ 的无偏估计，详见 6.1.3 小节。

2. 主分量分析

将协方差矩阵 $\boldsymbol{S}$ 做特征分解，得到 $\boldsymbol{S}=\boldsymbol{U\Lambda U}^{\mathrm{T}}$。根据 4.4 节奇异值分解，对角矩阵 $\boldsymbol{\Lambda}$ 中的特征值 λ_j 开根号会得到矩阵 $\frac{1}{\sqrt{n-1}}\widetilde{\boldsymbol{M}}$ 的奇异值，即 $\sigma_j=\sqrt{\lambda_j}$。将特征值从大到小排列成 $\lambda_1\geqslant\lambda_2\geqslant\cdots\geqslant\lambda_r$，相应的奇异值 $\sigma_1\geqslant\sigma_2\geqslant\cdots\geqslant\sigma_r$(假设 $\boldsymbol{S}$ 的秩为 r)。

由于 $\boldsymbol{S}$ 的特征向量 $\boldsymbol{U}$ 是矩阵 $\frac{1}{\sqrt{n-1}}\widetilde{\boldsymbol{M}}$ 的左奇异向量，根据 $\boldsymbol{Su}_j=\lambda_j\boldsymbol{u}_j$，得

$$\boldsymbol{u}_j^{\mathrm{T}}\frac{1}{\sqrt{n-1}}\widetilde{\boldsymbol{M}}\frac{1}{\sqrt{n-1}}\widetilde{\boldsymbol{M}}^{\mathrm{T}}\boldsymbol{u}_j=\sigma_j^2\boldsymbol{u}_j^{\mathrm{T}}\boldsymbol{u}_j=\lambda_j \tag{5-18}$$

式中，$\widetilde{\boldsymbol{M}}^{\mathrm{T}}\boldsymbol{u}_j$ 是 $\boldsymbol{M}$ 投影到坐标轴 $\boldsymbol{u}_j$ 上形成的 n 个坐标点，即 $\boldsymbol{M}^{\mathrm{T}}\boldsymbol{u}_j=[\boldsymbol{y}_1,\cdots,\boldsymbol{y}_n]^{\mathrm{T}}$。中心化后得到 $\boldsymbol{y}=\widetilde{\boldsymbol{M}}^{\mathrm{T}}\boldsymbol{u}_j=(\boldsymbol{M}-\bar{m}e^{\mathrm{T}})^{\mathrm{T}}\boldsymbol{u}_j=[\tilde{\boldsymbol{y}}_1,\tilde{\boldsymbol{y}}_2,\cdots,\tilde{\boldsymbol{y}}_n]^{\mathrm{T}}$，其中 $\tilde{\boldsymbol{y}}_i=\boldsymbol{y}_i-\bar{\boldsymbol{y}}=(\boldsymbol{m}_i-\bar{\boldsymbol{m}})^{\mathrm{T}}\boldsymbol{u}_j$，所以

$$\lambda_j=\frac{1}{n-1}\boldsymbol{y}^{\mathrm{T}}\boldsymbol{y}=\frac{1}{n-1}\sum_{i=1}^{n}(\boldsymbol{y}_i-\bar{\boldsymbol{y}})^2 \tag{5-19}$$

式(5-19)的物理意义是，投影后 n 个样本点的方差是 λ_j。

主分量分析(PCA)提取协方差矩阵 $\boldsymbol{S}$ 前 k 个最大特征值 $\lambda_1,\cdots,\lambda_k(k<r)$ 对应的特征向量(主分量)$\boldsymbol{U}_k=[\boldsymbol{u}_1,\boldsymbol{u}_2,\cdots,\boldsymbol{u}_k]$。$\mathbb{H}=\mathrm{span}\{\boldsymbol{u}_1,\boldsymbol{u}_2,\cdots,\boldsymbol{u}_k\}$ 张开了 $\mathbb{R}^p$ 的 k 维子空间，规范正交基 $\boldsymbol{U}_k$ 构成了 $\mathbb{H}$ 的一个直角坐标系。$\boldsymbol{Y}=\widetilde{\boldsymbol{M}}^{\mathrm{T}}\boldsymbol{U}_k=[\boldsymbol{y}_1,\boldsymbol{y}_2,\cdots,\boldsymbol{y}_k]\in\mathbb{R}^{n\times k}$ 将样本 $\boldsymbol{M}$ 从原始的 p 维空间映射到 k 维空间($k<p$)，即降维。$\boldsymbol{Y}$ 的第 i 行($i=1,2,\cdots,n$)是第 i 个样本去均值后，在 $\boldsymbol{U}_k$ 中的一个 k 维坐标点。鉴于 $\boldsymbol{u}_1,\boldsymbol{u}_2,\cdots,\boldsymbol{u}_k$ 两两正交，投影到主分量 $\boldsymbol{U}_k$ 后，保留的方差是 $D(\boldsymbol{M})=\sum_{j=1}^{k}\lambda_j$。

小结

主分量分析的核心思想是用少量的主分量(坐标系)最大限度保留样本的方差。对于高维样本(如图像)，主分量分析在降维的同时，不仅最大限度保持了样本的分布结构，也能大幅度降低计算量。正如 3.2.4 小节所介绍，模式识别任务通常是针对降维后的矩阵 $\boldsymbol{M}'$ 做运算。主分量分析是一种经典的降维方法，通常用于数据的预处理。

5.2.4 案例：人脸图像的主分量分析①

3.2.4 小节介绍了 ORL 库中 400 张人脸图像的高维样本矩阵 $\boldsymbol{M}\in\mathbb{R}^{10304\times400}$。本案例旨在提取 $\boldsymbol{M}$ 的前 20 个主分量 $\boldsymbol{U}_{20}=[\boldsymbol{u}_1,\boldsymbol{u}_2,\cdots,\boldsymbol{u}_{20}]$，将它们还原成 112×92 的特征脸(eigenface)图像，并展现可视化效果。跟先前章节案例中一样，先将图像每个像素点控制在 0～1 范围内。

PCA 对 wine. data 数据的降维作用

1. 实现步骤

(1) 将样本矩阵 $\boldsymbol{M}$ 中心化，得到 $\widetilde{\boldsymbol{M}}$(由于去掉了样本均值，$\widetilde{\boldsymbol{M}}$ 的秩为 $r=n-1=399$)。

(2) 将 $\frac{1}{\sqrt{n-1}}\widetilde{\boldsymbol{M}}$ 奇异值分解为 $\widetilde{\boldsymbol{M}}=\sqrt{n-1}\boldsymbol{U\Sigma V}^{\mathrm{T}}=\sqrt{n-1}(\sigma_1\boldsymbol{u}_1\boldsymbol{v}_1^{\mathrm{T}}+\sigma_2\boldsymbol{u}_2\boldsymbol{v}_2^{\mathrm{T}}+\cdots+\sigma_r\boldsymbol{u}_r\boldsymbol{v}_r^{\mathrm{T}})$。

(3) 将 r 个非零奇异值从大到小排列，得到 $\sigma_1\geqslant\sigma_2\geqslant\cdots\geqslant\sigma_r>0$，取前 k 个最大奇异值。

(4) 得到重构的样本矩阵 $\widetilde{\boldsymbol{M}}_k=\sqrt{n-1}\boldsymbol{U}_k\boldsymbol{\Sigma}_k\boldsymbol{V}_k^{\mathrm{T}}=\sqrt{n-1}(\sigma_1\boldsymbol{u}_1\boldsymbol{v}_1^{\mathrm{T}}+\sigma_2\boldsymbol{u}_2\boldsymbol{v}_2^{\mathrm{T}}+\cdots+\sigma_k\boldsymbol{u}_k\boldsymbol{v}_k^{\mathrm{T}})$ $(k\leqslant r)$。

① 本案例代码略，请读者参考 4.4.3 小节案例代码，结合自己对下文的理解，复现运行效果。

2. 特征脸

前 20 个最大奇异值对应的左奇异向量是$[\boldsymbol{u}_1,\boldsymbol{u}_2,\cdots,\boldsymbol{u}_{20}]$，由于每列都是 10304 维，还原成大小为 112×92 的矩阵，分别构成的 20 张特征脸如图 5-5 所示。

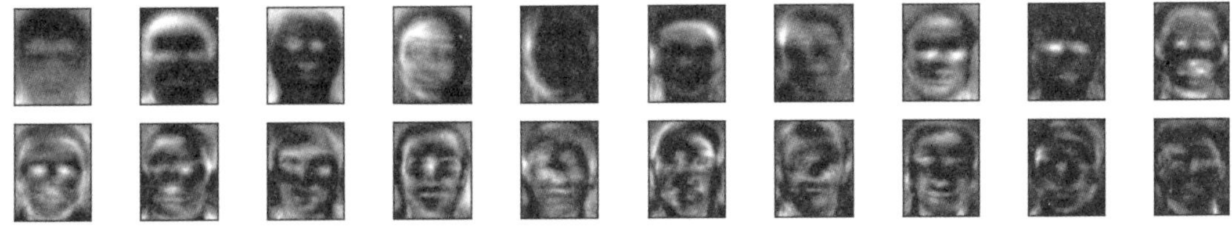

图 5-5 前 20 个最大奇异值对应的左奇异向量$[\boldsymbol{u}_1,\boldsymbol{u}_2,\cdots,\boldsymbol{u}_{20}]$
第一行(从左到右)$\boldsymbol{u}_1\sim\boldsymbol{u}_{10}$，第二行(从左到右)$\boldsymbol{u}_{11}\sim\boldsymbol{u}_{20}$

3. 奇异值的分布

图 5-6 展示了 399 个非零奇异值降序排列后的分布情况。最大的奇异值约为 6.59，第 200 个奇异值是 0.32，所有奇异值的平方和(即样本总方差)是 246.62。

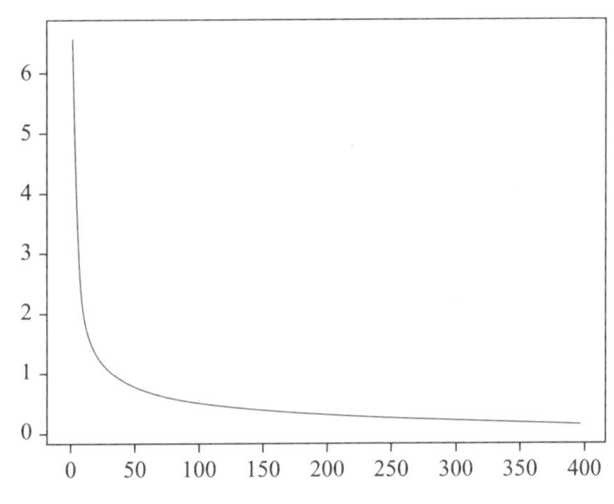

图 5-6 399 个非零奇异值降序排列后的分布

4. 图像重构误差

保留前 k 个($k\leqslant r$)最大奇异值及其对应的左右奇异向量，得到重构后的样本矩阵 $\widetilde{\boldsymbol{M}}'$，即 $\widetilde{\boldsymbol{M}}'=\sqrt{n-1}\boldsymbol{U}_k\boldsymbol{\Sigma}_k\boldsymbol{V}_k^{\mathrm{T}}=\sqrt{n-1}[\boldsymbol{u}_1,\boldsymbol{u}_2,\cdots,\boldsymbol{u}_k]\begin{bmatrix}\sigma_1 & & & \\ & \sigma_2 & & \\ & & \ddots & \\ & & & \sigma_k\end{bmatrix}\begin{bmatrix}\boldsymbol{v}_1^{\mathrm{T}}\\ \boldsymbol{v}_2^{\mathrm{T}}\\ \vdots\\ \boldsymbol{v}_k^{\mathrm{T}}\end{bmatrix}$，其中 $\boldsymbol{\Sigma}_k\boldsymbol{V}_k^{\mathrm{T}}$ 是一个大小为 $k\times 400$ 的矩阵。令 $\boldsymbol{\Sigma}_k\boldsymbol{V}_k^{\mathrm{T}}=[\boldsymbol{\psi}_1,\boldsymbol{\psi}_2,\cdots,\boldsymbol{\psi}_{400}]$，第 i 列 $\boldsymbol{\psi}_i\in\mathbb{R}^k$ 是第 i 张人脸在坐标系 $\boldsymbol{U}_k=[\boldsymbol{u}_1,\boldsymbol{u}_2,\cdots,\boldsymbol{u}_k]$(即 k 个特征脸)下的表示系数。第 i 张人脸的重构图像由这 k 个特征脸线性组合而成，即

$$\widetilde{\boldsymbol{m}}_i'=\sqrt{n-1}\boldsymbol{U}_k\boldsymbol{\psi}_i=\sqrt{n-1}\sum_{j=1}^{k}\psi_{ij}\boldsymbol{u}_j\quad(i=1,2,\cdots,n)\tag{5-20}$$

式中，ψ_{ij} 是向量$\boldsymbol{\psi}_i$ 的第 j 个元素。

当 $k=r$ 时，$\widetilde{\boldsymbol{M}}'=\widetilde{\boldsymbol{M}}$ 属于无损压缩；当 $k<r$ 时，是低秩逼近，通常采用 4.3.3 小节的误差平方和(SSE)量化信息损失，它跟舍弃的奇异值平方和成正比例线性关系，即

$$\begin{aligned}\text{SSE}&=\|\widetilde{\boldsymbol{M}}-\widetilde{\boldsymbol{M}}'\|_{\text{F}}^{2}=\sum_{i=1}^{m}\sum_{j=1}^{n}(\widetilde{m}_{ij}-\widetilde{m}_{ij}{}')^2\\&=(n-1)\text{trace}(\sigma_{k+1}^2\boldsymbol{u}_{k+1}\underbrace{\boldsymbol{v}_{k+1}^{\text{T}}\boldsymbol{v}_{k+1}}_{1}\boldsymbol{u}_{k+1}^{\text{T}}+\cdots+\sigma_r^2\boldsymbol{u}_r\underbrace{\boldsymbol{v}_r^{\text{T}}\boldsymbol{v}_r}_{1}\boldsymbol{u}_r^{\text{T}})\\&=(n-1)[\sigma_{k+1}^2\text{trace}(\underbrace{\boldsymbol{u}_{k+1}^{\text{T}}\boldsymbol{u}_{k+1}}_{1})+\cdots+\sigma_r^2\text{trace}(\underbrace{\boldsymbol{u}_r^{\text{T}}\boldsymbol{u}_r}_{1})]\\&=(n-1)\sum_{j=k+1}^{r}\lambda_j\end{aligned}$$

式中，$\widetilde{m}_{ij}$ 和 $\widetilde{m}_{ij}{}'$ 分别表示原始和重构后第 i 张中心化的人脸图像的第 j 个像素值。

5. 重构效果

图 5-7(a)展示的是去中心化后的某一张人脸原图；而图 5-7(b)是 k 取 100、200、300 和 399 这四种情况下重构后的人脸图像。随着 k 的增大，保留的主分量逐渐增多，所以重构后的图像越来越接近于左边的原像。当 $k=399$ 时是无损压缩，重构后跟原像完全一样。

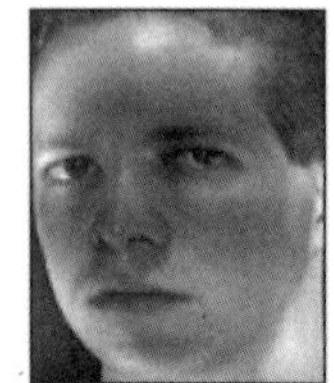

(a) 去中心化的某张人脸原图

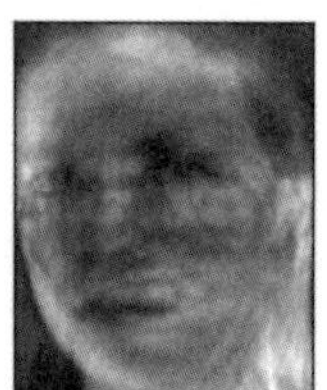
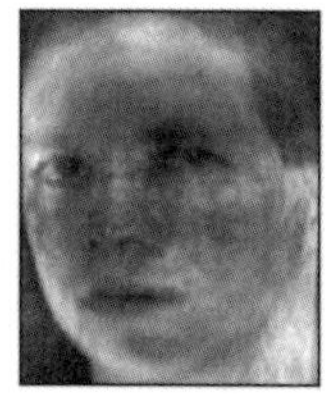
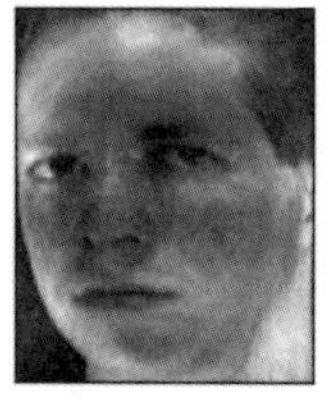

(b) k取100、200、300和399重构后的人脸图图

图 5-7 主分量分析

重构后的图像会大幅度减小计算机的存储空间，而能量损失却微乎其微。因为只需保留 k 个主分量 $\boldsymbol{U}_k(10304\times k)$ 以及系数矩阵 $\boldsymbol{\Sigma}_k\boldsymbol{V}_k^{\text{T}}(k\times400)$。以 $k=200$ 为例，重构后占用的存储空间明显小于 $\boldsymbol{M}$，两者比值为 $\dfrac{10304\times200+200\times400}{10304\times400}\approx51.94\%$。

6. 压缩后的存储空间

通过计算，前 200 个奇异值平方和(即保留的方差)占总方差的 $\sum_{j=1}^{200}\lambda_j\Big/\sum_{j=1}^{400}\lambda_j\approx95.46\%$。而舍弃的方差 $\sum_{j=201}^{400}\lambda_j$ 是 200 个最小的奇异值平方和，它只占 4.54%。此案例说明，有损压缩保留了原图绝大部分结构信息，但节省了近一半存储空间。

5.3 常见的概率分布及其内在联系

本节将介绍几种重要且常用的概率分布，即 0−1 分布、二项分布、泊松分布、指数分布和高斯分布。它们之间看似无关，理论上却存在联系。0−1 分布最简单，将 0−1 分布重复

多次就形成了二项分布。二项分布的极限是泊松分布，指数分布又是建立在泊松分布假设之上的分布。高斯分布（即正态分布）是自然界中最常见且最重要的分布，任何分布下观测样本均值都渐近服从高斯分布，由此推导出了统计学中非常重要的中心极限定理。本节先介绍这几种分布的概念和相互联系，第 6 章会详细介绍正态分布在统计学中的应用。

5.3.1 常见的概率分布简介

1. 0—1 分布

0—1 分布又称**伯努利分布**[61]，是最简单的离散型概率分布，因为随机变量 $X=\{0,1\}$，即样本空间 Ω 只有两种情况。假如 X 取 1（正面朝上）的概率为 p，即 $P\{X=1\}=p$，则 $P\{X=0\}=1-p$。掷硬币是典型的 0—1 分布。由于正反两面等概率朝上，所以 $p=0.5$。

0—1 分布的期望为

$$E(X)=0\times(1-p)+1\times p=p \tag{5-21}$$

由于 $E(X^2)=0^2\times(1-p)+1^2\times p=p$，所以方差为

$$D(X)=E(X^2)-[E(X)]^2=p-p^2=p(1-p) \tag{5-22}$$

0—1 分布的期望和方差很简单，其他分布的期望和方差及推导过程可通过扫描前言的二维码获取附录 B 的内容来了解。

2. 二项分布

随机变量 X 服从参数为(n,p)的二项分布，记作 $B(n,p)$，其中 n 是重复次数，p 是单次发生的概率，那么 X 的分布律为

$$P\{X=k\}=C_n^k p^k(1-p)^{n-k}(0<p<1;k=0,1,\cdots,n) \tag{5-23}$$

式中，k 是 n 次重复试验中，变量 X 出现的次数；$C_n^k=\dfrac{n!}{k!\,(n-k)!}$是排列组合系数。不管重复多少次，$X$ 出现 k 次的概率总和始终为 1，即 $\sum\limits_{k=0}^{n}P\{X=k\}=1(k=0,1,\cdots,n)$。

3. 泊松分布

设随机变量 X 服从参数为 λ 的泊松分布，记作 $\pi(\lambda)$，那么 X 的分布律为

$$P\{X=k\}=\frac{\lambda^k}{k!}e^{-\lambda}(\lambda>0,k=0,1,2,\cdots) \tag{5-24}$$

式中，k 是一个 0 到无穷大的整数。

4. 指数分布

指数分布的概率密度函数为

$$f(x)=\begin{cases}\lambda e^{-\lambda x}, & (x>0,\lambda>0)\\ 0, & 其他\end{cases} \tag{5-25}$$

图 5-8 展示了指数分布的概率密度函数曲线，参数 λ 越大，指数分布的概率衰减越快。

5. 高斯（正态）分布

高斯分布，也叫正态分布，它的概率密度函数为

$$f(x)=\frac{1}{\sqrt{2\pi}\sigma}e^{-\frac{(x-\mu)^2}{2\sigma^2}} \quad (-\infty<x<+\infty) \tag{5-26}$$

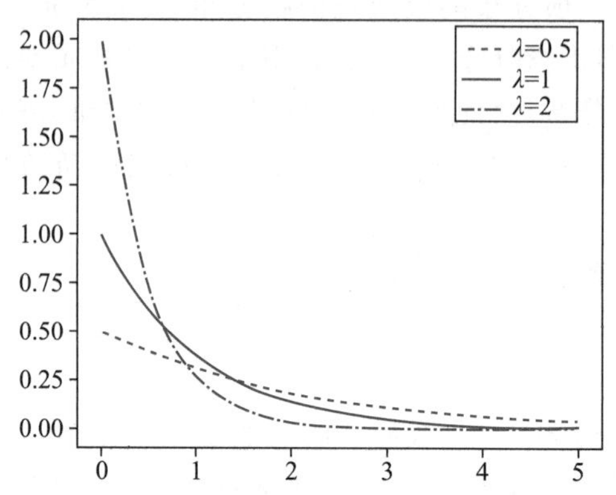

图 5-8 指数分布的概率密度函数曲线图($\lambda=0.5,1,2$)

如果变量 X 服从均值为 μ、方差为 σ^2 的高斯分布，则记作 $X\sim N(\mu,\sigma^2)$。如图 5-9 所示，高斯分布以 μ 为中心左右对称，越远离中心，出现的概率越低；标准差 σ 越大，样本分布越分散，密度函数曲线就越平坦。均值决定了高斯分布的中心位置，标准差衡量了样本分布的离散程度。

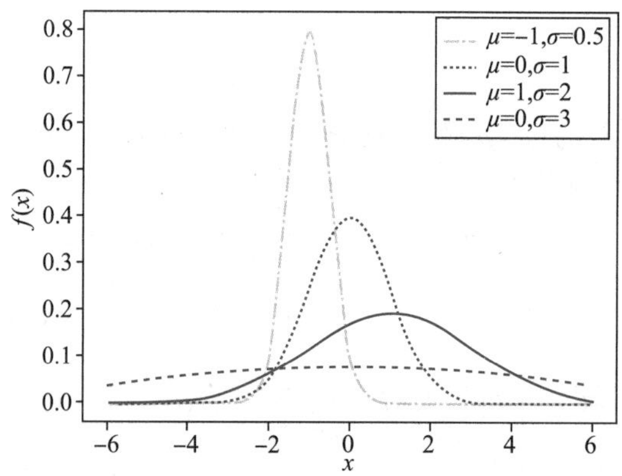

图 5-9 高斯分布的概率密度函数 $f(x)$

5.3.2 0—1 分布、二项分布和泊松分布的关系

1. 0—1 分布与二项分布

当 $n=1$ 时，二项分布退化成了 0—1 分布。随着 n 的增大，二项分布越来越复杂。掷硬币 3 次，正面朝上可以出现在第 1 次，也可以出现在第 2 次或者第 3 次；掷硬币 4 次，其中两次正面朝上，可能性就更多了，共 $C_4^2=6$ 六种情况。一般默认硬币正反两面等概率出现，即 $p=0.5$。

如果共掷两次，正面朝上的样本空间为 $\Omega=\{0$ 次，1 次，2 次$\}$。根据二项分布，0 次正面朝上的概率为 $P\{X=0\}=C_2^0 0.5^0(1-0.5)^2=0.25$；一次正面朝上的概率为 $P\{X=1\}=C_2^1 0.5^1(1-0.5)^1=0.5$；两次正面朝上的概率为 $P\{X=2\}=C_2^2 0.5^0(1-0.5)^2=0.25$，这三种情况的概率加起来是 1。读者不妨把 n 改为 3、4 或其他，也可以改变概率 p，验证样本空间的概率之和始终是1。

2. 二项分布与泊松分布[62]

二项分布中 n 是一个有限的数。如果 $n\to\infty$，二项分布就变成了泊松分布，因为二项分布的期望 $E(X)=np$ 是一个有限的数。而泊松分布的概率累加之和为

$$\sum_{k=0}^{\infty}P\{X=k\}=\sum_{k=0}^{\infty}\frac{\lambda^k}{k!}\mathrm{e}^{-\lambda}=1$$

泊松分布的期望 $E(X)=\lambda$，方差 $D(X)=\lambda$。所以 λ 肯定是一个有界的数。

假设二项分布的期望 $E(X)=np=\mu$，那么 $p=\frac{\mu}{n}$，当 $n\to\infty$ 时 $p\to0$。这类似于第1章的积分思想，将有限区间分割成 n 等分再累加。此时二项分布的概率密度变为

$$P\{X=k\}=C_n^k p^k(1-p)^{n-k}=\frac{n!}{(n-k)!\ k!}\left(\frac{\mu}{n}\right)^k\left(1-\frac{\mu}{n}\right)^{n-k}$$

对上式求极限，即

$$\begin{aligned}\lim_{n\to\infty}C_n^k p^k(1-p)^{n-k}&=\frac{n!}{(n-k)!\ k!n^k}\mu^k\underbrace{\left(1-\frac{\mu}{n}\right)^n}_{\mathrm{e}^{-\mu}}\frac{(n-\mu)^{-k}}{n^{-k}}\\&=\frac{\mu^k}{k!}\mathrm{e}^{-\mu}\cdot\underbrace{\lim_{n\to\infty}\frac{n(n-1)(n-2)\cdots(n-k+1)}{(n-\mu)^k}}_{1}\end{aligned}$$

从而推导出了泊松分布，其中参数 λ 就是二项分布的期望 $E(X)=np=\lambda$。当二项分布中 $n\to\infty$ 时，会变成泊松分布，尽管概率表达式有变化，但是期望仍然是 np。

5.3.3 案例：二项分布 $B(n,p)$ 的模拟

二项分布渐近趋于泊松分布

本案例模拟二项分布 $B(n,p)$ 中变量 X 出现 k 次的概率分布 $P\{X=k\}$ $(k=0,1,\cdots,n)$，并展现直方图曲线随着 n 和 p 的变化情况。先固定 $n=10$，取 $p=\{0.2,0.5,0.8\}$ 三种情况，再改变 n，取 $n=\{5,40\}$。

代码实现如下：

【代码 5-1】

```
import numpy as np
import matplotlib.pyplot as plt
import matplotlib as mpl
from scipy.special import factorial
np.set_printoptions(formatter = {'float':'{:0.4f}'.format})
if __name__ == '__main__':
    n = 10    # 可改
    print('重复试验次数为 n=%d'%n)
    P = [0.2,0.5,0.8]              # 可改
    plt.rcParams['font.sans-serif'] = [u'SimHei']
    plt.rcParams['axes.unicode_minus'] = False
    plt.figure(figsize=(10,3))
    for j in range(len(P)):
```

```
    Possibility = np.zeros(n+1,dtype=np.float)
    p = P[j]
    print('单次试验的概率 p=%.1f'%p)
    for k in range(n+1):
        C = factorial(n,exact=True)/(factorial(k,exact=True)*factorial(n-k,exact=
        True))                          #排列组合系数
        Possibility[k]= C*(p**k)*((1-p)**(n-k))
    print('概率分布为:',Possibility)
    print('概率总和为:',np.sum(Possibility))
    print('\n')
    plt.subplot(1,len(P),j+1)
    plt.bar(range(len(Possibility)),Possibility)
    plt.title('n=%d,p=%.1f'%(n,p),fontsize=10)
plt.show()
```

运行代码 5-1 后,结果如下:

```
重复试验次数为 n=10
  单次试验的概率 p=0.2
  概率分布为:[ 0.1074  0.2684  0.3020  0.2013  0.0881  0.0264  0.0055  0.0008  0.0001
0.0000  0.0000]
  概率总和为: 1.0000000000000007
  单次试验的概率 p=0.5
  概率分布为:[ 0.0010  0.0098  0.0439  0.1172  0.2051  0.2461  0.2051  0.1172  0.0439
0.0098  0.0010]
  概率总和为: 1.0
  单次试验的概率 p=0.8
  概率分布为:[ 0.0000  0.0000  0.0001  0.0008  0.0055  0.0264  0.0881  0.2013  0.3020
0.2684  0.1074]
  概率总和为: 1.0
```

运行生成的概率分布直方图,如图 5-10 所示。

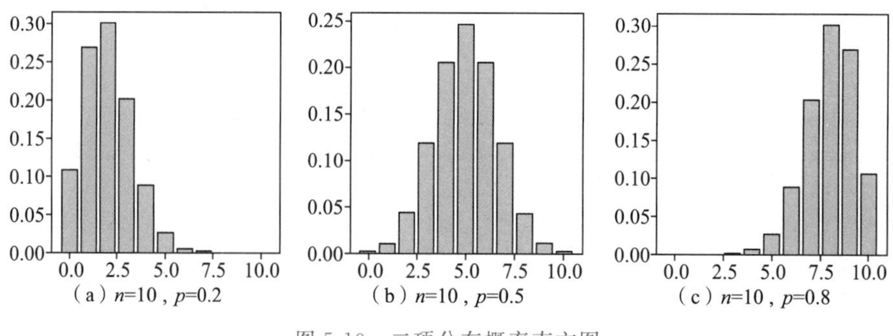

图 5-10 二项分布概率直方图

不管 p 取什么值,概率分布 $P\{X=k\}$ 之和始终是 1。固定 $n=10$,图 5-10 从左到右依次为 $p=\{0.2,0.5,0.8\}$。换成 $n=5$,相应的直方图如图 5-11 所示(运行结果略)。

换成 $n=40$,相应的直方图如图 5-12 所示(运行结果略)。对于 $n=\{5,40\}$ 两种情况,读者可以自行尝试修改上述代码。总之,不同的 n 和 p,虽然分布形状不同,但是概率之和始终是 1。观察图 5-10～图 5-12 会发现，概率分布呈现中间大两头小的趋势。当 $p=0.5$ 时，左右对称；$p<0.5$ 时总体形状左偏；而 $p>0.5$ 时则右偏。当 k 接近二项分布的期望 $E(X)=np$ 时，概率 $P\{X=k\}$ 达到了峰值。随着 n 的增大，如果 k 远离期望 np，那么 $P\{X=k\}$ 无限接近于 0。

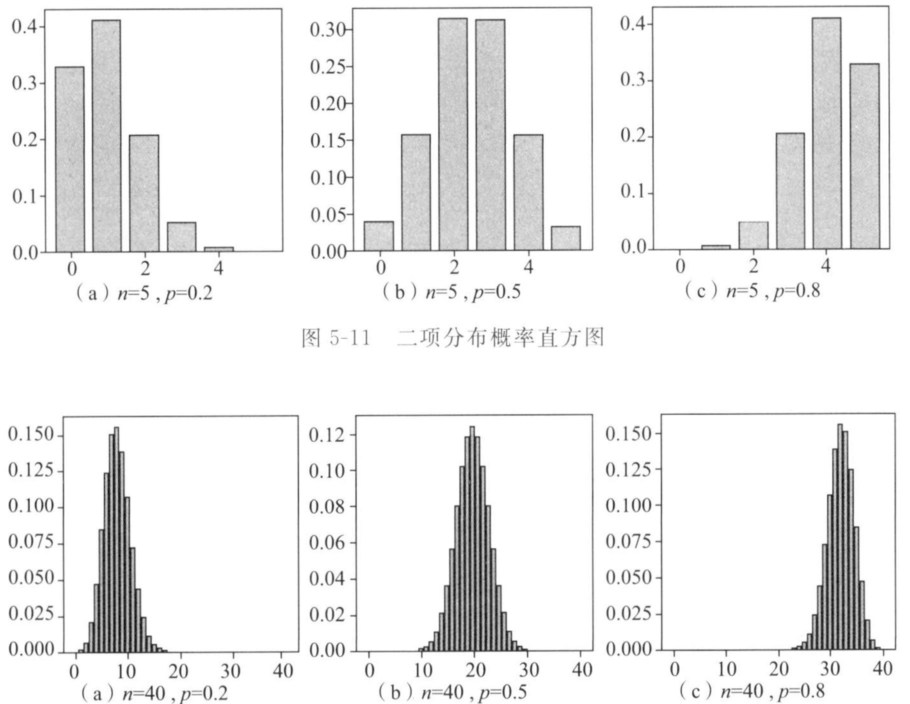

图 5-11 二项分布概率直方图

图 5-12 二项分布概率直方图

拓展本案例中的二项分布，取 $n=\{50,60,70,80,90,100\}$，就会发现概率密度几乎逼近泊松分布，读者不妨亲自动手一试。

小贴士

自己调节参数，只要二项分布的期望 np 与泊松分布的参数 λ 一致即可。

5.3.4 泊松分布与指数分布的关系

1. 泊松分布——自然界中事物出现概率的分布

泊松分布符合自然界中事物出现的规律。例如，每年都会有人感冒发烧；城市里有不计其数的汽车在路上行驶，每年发生车祸都在所难免等。每个人都可能感冒发烧，每辆车都可能出车祸，放在全世界范围内，样本数量 n 足够大。

若气候温和，居住环境好，在固定一段时间内发烧总人数会少，即泊松分布的期望 $E(X)=np=\lambda$ 小，每人发烧的概率 p 也小；反过来，若环境污染，病毒肆虐，那么每人发烧的概率 p 增大，从而相同时间段内发烧人数变多，这意味着参数 λ 变大。

综上，泊松分布中 λ 是一个幅度参数，如果将泊松分布与事件发生的等待时间联系起

来，可以构建为关于时间 t 的概率分布，即

$$P\{X=k\}=\frac{(\lambda t)^k}{k!}\mathrm{e}^{-\lambda t}\quad(\lambda>0,t>0,k=0,1,2,\cdots)\tag{5-27}$$

λ 越大，意味着将来发生的可能性越大，即总体等待时间越短。等待意味着一个也没有发生，概率为 $P\{X=0\}=\frac{(\lambda t)^0}{0!}\mathrm{e}^{-\lambda t}=\mathrm{e}^{-\lambda t}$，即指数分布密度函数。如图 5-13 所示，随着时间 t 的推移，不发生的概率越来越小，发生的概率 $1-P\{X=0\}=1-\mathrm{e}^{-\lambda t}$ 会越来越大。λ 越大，$P\{X=0\}$随时间衰减得越快，说明将来发生的可能性越大；反之，λ 取值越小，意味着相同等待时间下，发生的可能性越小。

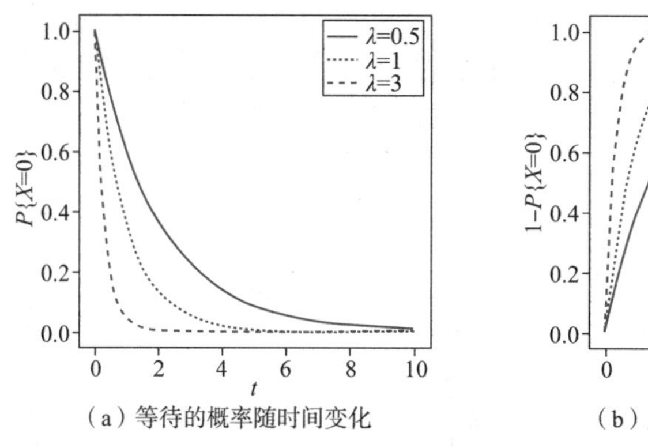

(a) 等待的概率随时间变化　　(b) 发生的概率随时间变化

图 5-13　事件等待和发生的概率随时间 t 的变化曲线($\lambda=0.5,1,3$)

例如，坐公交车的人次符合泊松分布。在人口密度大的地区，平均每天上车人次肯定要多于人口稀疏的地区，所以前者的参数 λ 更大，即期望 $E(X)=np$ 更大。它意味着相同时间段内平均上车人数更多，所以平均等待时间会更短。λ 除了会影响等待时间外，也会影响事件发生 k 次($k>0$)的频率。同样发生了 k 次事件，当 λ 较大时，平均等待时间会较短。

2. 指数分布——等待概率随时间变化的分布

泊松分布给出了 k 个事件发生概率随时间推移的衰减程度。$k=0$ 表示一个事件都没发生，所以需等待，它将要发生的概率为 $1-P\{X=0\}=1-\mathrm{e}^{-\lambda t}$。

如果事件一直不发生，则等待概率为 $P\{X=0\}=\mathrm{e}^{-\lambda t}$，即 $P\{X=0\}$随时间 t 的推移呈指数衰减。它的物理意义是，从开始等待的时刻 $t=0$ 起往后推移，等待概率 P 与时间 t 的函数关系呈指数分布，即 $P(t)=\mathrm{e}^{-\lambda t}(t>0)$。

指数分布具有**无记忆性**[61,63]的特征。还是以公交车等待乘客为例，驾驶员从站点出发时刻为 T_0，等了 ΔT 后第一个乘客上车，又等了 $0.5\Delta T$ 后第二个乘客上车。等待时间是一个条件概率，从 T_0 时刻开始等待第一个乘客上车，其概率为

$$P\{t>T_0+\Delta T\mid t>T_0\}=\frac{\mathrm{e}^{-\lambda(T_0+\Delta T)}}{\mathrm{e}^{-\lambda T_0}}=\mathrm{e}^{-\lambda\Delta T}$$

等待第二个乘客上车是从 $T_0+\Delta T$ 开始，而非 T_0，所以概率为

$$P\{t>T_0+1.5\Delta T\mid t>T_0+\Delta T\}=\frac{\mathrm{e}^{-\lambda(T_0+1.5\Delta T)}}{\mathrm{e}^{-\lambda(T_0+\Delta T)}}=\mathrm{e}^{-0.5\lambda\Delta T}$$

综上所述，指数分布是在泊松分布中 $k=0$ 特殊情况下而产生的[63]，它刻画了相邻两次事件发生间隔中，等待概率随间隔时间（即等待时间）的变化趋势。

5.4 概率变换

5.4.1 概率变换的微分解释

若变量 x 的定义域为 $x\in[a,b]$，累积函数为 $F_X(x_0)=\int_a^{x_0}f_X(x)\mathrm{d}x\ (a\leqslant x_0\leqslant b)$。概率密度 $f_X(x_0)$ 是在变量 x 的分布下，x 在 $x_0(a\leqslant x_0\leqslant b)$ 处累积函数的导数，即

$$f_X(x_0)=\left.\frac{\mathrm{d}F_X(x)}{\mathrm{d}x}\right|_{x=x_0}=\lim_{\Delta x\to 0}\frac{F_X(x_0+\Delta x)-F_X(x_0)}{\Delta x} \tag{5-28}$$

如果变量 y 随着 x 的变化而变化，则 y 是关于 x 的函数，记作 $h(x)$。y 的定义域为 $y\in[h(a),h(b)]$，累积函数为 $F_Y(h(x_0))=\int_{h(a)}^{h(x_0)}f_Y(y)\mathrm{d}y$，其中 $f_Y(y)$ 是变量 y 的密度函数。如图 5-14 所示，变量 x 和 y 分别从 a 和 $h(a)$ 开始累积，左右两边的封闭区域面积都是 1，满足 $F_X(b)=F_Y(h(b))=1$。若 X 取值为 x_0，Y 就是 $h(x_0)$，两者的累积函数满足

$$F_X(x_0)=\int_a^{x_0}f_X(x)\mathrm{d}x=F_Y(h(x_0))=\int_{h(a)}^{h(x_0)}f_Y(y)\mathrm{d}y \tag{5-29}$$

结合式(5-28)，对式(5-29)求导，可得

$$\begin{aligned}f_Y(h(x_0))&=\left.\frac{\mathrm{d}F_Y(h(x))}{\mathrm{d}y}\right|_{x=x_0}=\left.\frac{\mathrm{d}F_X(x)}{\mathrm{d}x}\cdot\frac{\mathrm{d}x}{\mathrm{d}y}\right|_{x=x_0}\\&=f_X(x_0)\cdot[h'(x_0)]^{-1}\end{aligned} \tag{5-30}$$

式中，$\mathrm{d}x$ 和 $\mathrm{d}y$ 分别是图 5-14(a)和(b)阴影区域的宽度。

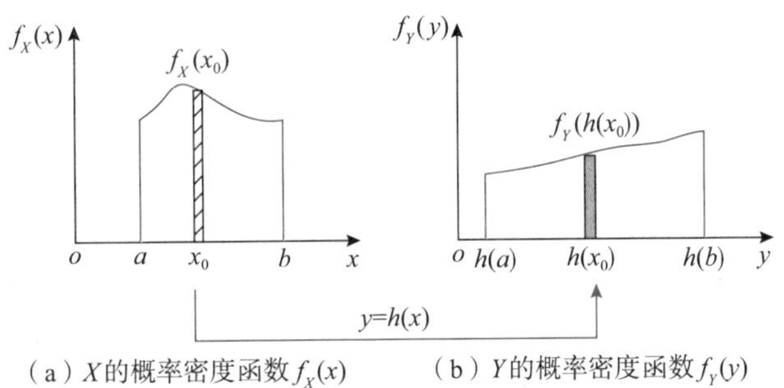

(a) X的概率密度函数 $f_X(x)$　　(b) Y的概率密度函数 $f_Y(y)$

图 5-14　从变量 X 到变量 Y 的概率密度变换示意图

已知 $h'(x)=\frac{\mathrm{d}y}{\mathrm{d}x}$，式(5-30)中 $\frac{\mathrm{d}x}{\mathrm{d}y}$ 是 $h(x)$ 的反函数的导数。令反函数 $g(\cdot)=h^{-1}(\cdot)$，则 $[h'(x)]^{-1}=\frac{\mathrm{d}x}{\mathrm{d}y}=g'(y)$。已知 y_0，由于 $x=g(y_0)$，式(5-30)中 $f_Y(y_0)=f_X[g(y_0)]\cdot[g(y_0)]'$。

【例 5-8】 假设 X 是服从[0,1]之间均匀分布的变量，记作 $X\sim U(0,1)$，另一个变量 Y 满足 $y=2x$，如何从 X 的分布得到 Y 的分布呢？

解：$f_X(x)=1$，Y 的定义域为 $y\in(0,2)$，且 $x=\frac{1}{2}y$。

根据式(5-30)，$f_Y(y)=f_X(x)\frac{\mathrm{d}x}{\mathrm{d}y}=\frac{1}{2}$，即变量 Y 也服从均匀分布，即 $Y\sim U(0,2)$。

例 5-8 符合人们的认知，例如，城市面积扩大为原来的 2 倍，人口依旧均匀分布，密度必然是原先的一半。

5.4.2 逆变换法

例 5-8 中，均匀分布之间的变换非常简单，对于复杂的分布变换该怎么做呢？实际上，只要两个变量 X 和 Y 之间的函数关系 $y=h(x)$ 存在解析表达式，都可以用均匀分布的变量 $X\sim U(0,1)$ 拟合另一个变量 Y 的概率分布。将均匀分布变量 X 转换成其他分布变量 Y 的概率变换，称为**逆变换法**[51,64]。

例如，用均匀分布的随机变量 $X\sim U(0,1)$，通过逆变换法，拟合指数分布变量 Y。具体地，将 X 与 Y 的函数关系 $x=g(y)$ 构建成指数分布的累积函数，即 $X=g(Y)=F_Y(Y)=1-\mathrm{e}^{-\lambda Y}(Y>0)$，反函数为

$$y=h(x)=-\frac{1}{\lambda}\ln(1-x) \tag{5-31}$$

通过式(5-31)的 $h(\cdot)$ 变换，可以将均匀分布的 X 映射成指数分布的 Y。

从计算机中很容易获得[0,1]之间均匀分布的 N 个随机数，作为变量 X 的 N 个样本。本书编著者认为，变量 $X\sim U(0,1)$ 的概率密度 $f_X(x)$ 是 1，同时 X 的累积函数是它本身，所以从 $f_X(x)$ 转换到其他任何概率密度 $f_Y(y)$ 都非常方便。

根据 $f_X(x)=f_Y(y)\frac{\mathrm{d}y}{\mathrm{d}x}=1$，再结合式(5-29)得

$$X=F_X(X)=F_Y(h(X))=\int_0^X f_X(x)\mathrm{d}x=\int_0^{h(X)} f_Y(y)\frac{\mathrm{d}y}{\mathrm{d}x}\mathrm{d}x \tag{5-32}$$

式中，$\frac{\mathrm{d}y}{\mathrm{d}x}=h'(x)=\frac{1}{f_Y(y)}$，即 $X\sim U(0,1)$ 确保了 $h(\cdot)$ 与 $F_Y(\cdot)$ 互为反函数。

【例 5-9】 变量 Y 与 X 满足 $y=h(x)=\frac{1}{2}x^2$，如何用逆变换从 $X\sim U(0,1)$ 得到 Y 的分布 $F_Y(Y)$？

解：根据式(5-32)，$f_Y(y)=\frac{\mathrm{d}x}{\mathrm{d}y}=\frac{1}{h'(x)}=\frac{1}{\sqrt{2y}}$，可知定义域 $y\in\left(0,\frac{1}{2}\right)$，所以，

$$F_Y(Y)=\int_0^Y f_Y(y)\mathrm{d}y=\frac{1}{\sqrt{2}}\int_0^Y y^{-\frac{1}{2}}\mathrm{d}y=\sqrt{2y}\,\Big|_0^Y=\sqrt{2Y}\quad\left(0<Y<\frac{1}{2}\right)$$

例 5-9 中，若已知 $F_Y(Y)$，类似于式(5-31)从均匀分布到指数分布的变换方法，通过 $X=F_Y(Y)=\sqrt{2Y}$ 可以得到 X 和 Y 之间的函数关系 $y=\frac{1}{2}x^2$，它是 $F_Y(Y)$ 的反函数。将

$X \sim U(0,1)$映射成 Y,可得到 Y 的分布。

用逆变换法实现概率分布变换

5.4.3 案例:用逆变换法实现概率分布变换

本案例用 Python 生成(0,1)之间均匀分布的 $N=1000$ 个随机数,作为变量 $X \sim U(0,1)$的 N 个样本,再根据 5.4.2 小节的逆变换法,实现例 5-9 的概率分布变换。

代码实现如下:

【代码 5-2】

```
import numpy as np
import matplotlib.pyplot as plt
X = np.random.uniform(0,1,size = 1000)
Y = 0.5 * (X * * 2)
fig = plt.figure(figsize = (10,3))
plt.subplot(131)
plt.hist(X,50)
plt.title('X',fontsize = 10)
plt.subplot(132)
plt.hist(Y,50)
plt.title('Y',fontsize = 10)
plt.subplot(133)
y = np.linspace(0.01,0.5,100,dtype = float)
f_y = 1/np.sqrt(2 * y)
plt.plot(y,f_y,'b - ')
plt.legend([r'$ f(y) = \frac{1}{\sqrt{2y}} $ '],fontsize = 10)
plt.show()
```

运行代码 5-2 后,变量 $X \sim U(0,1)$的 1000 个样本直方图如图 5-15(a)所示;通过 $y=h(x)=\frac{1}{2}x^2$ 映射后得到变量 Y 的 1000 个样本直方图如图 5-15(b)所示,它们分别反映了 X 和 Y 的分布情况。图 5-15(c)是通过逆变换后变量 Y 的概率分布密度函数 $f_Y(y)=\frac{1}{\sqrt{2y}}$。比较图 5-15(b)和(c),会发现两者的形状很像。

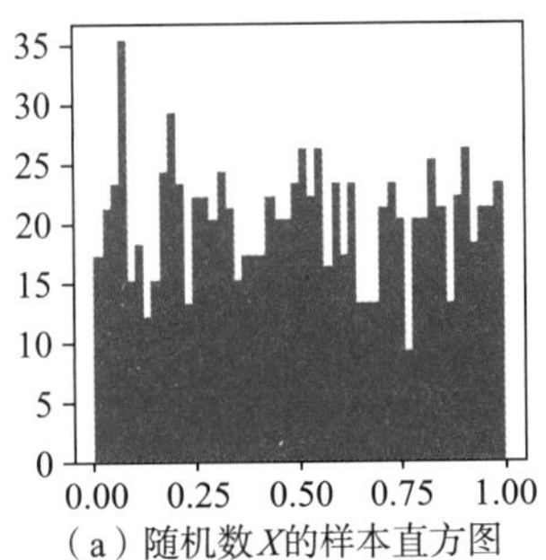

(a) 随机数X的样本直方图

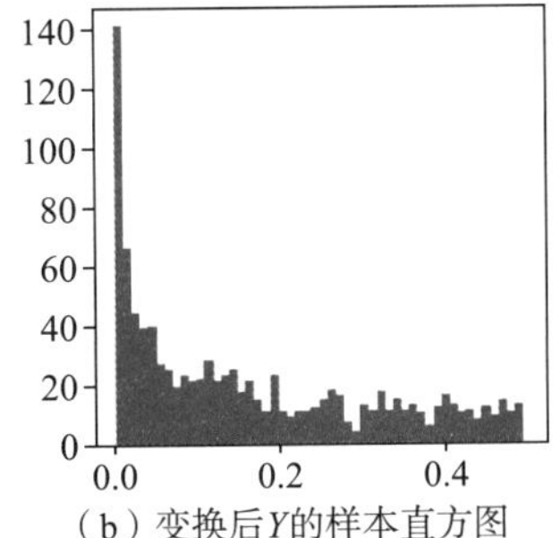

(b) 变换后Y的样本直方图

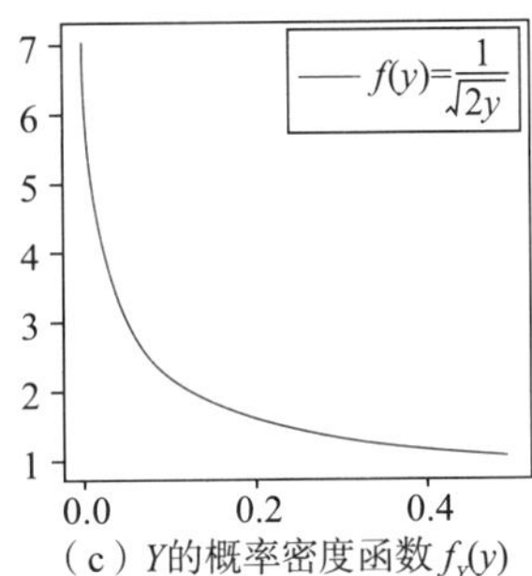

(c) Y的概率密度函数$f_Y(y)$

图 5-15 逆变换法实现变量 X 到 Y 的概率分布变换

5.4.4 标准正态分布导出的三大分布

本节将介绍由标准正态分布导出的三大重要分布——χ^2 分布、t 分布和 F 分布。χ^2 分布用于检验观测值与期望值的偏离程度；t 分布用于检验两组样本的均值是否来自同一个样本总体；F 分布用于方差分析，判断样本的波动是否受到外界的影响。本节侧重于介绍这三大分布的概率密度表达式，至于它们如何应用在统计学中，详见 6.4.2 小节内容。

从标准正态分布推导出 χ^2 分布、t 分布和 F 分布的基本思路，遵循 5.4.1 小节的概率变换法则。本节将详细介绍如何从标准正态分布导出 χ^2 分布。由于 t 分布和 F 分布的推导过程比较复杂，这里不展开讨论，感兴趣的读者详见文献[65]。

1. χ^2 分布

χ^2 分布(chi-squared distribution)是统计学中非常重要的一种分布，它也是 t 分布和 F 分布的基础。将标准正态分布的变量 X 做平方后，得到变量 Y，即 $Y=X^2$，则 Y 服从自由度为 1 的 χ^2 分布，记作 $\chi^2(1)$。在 n 个相互独立的标准正态总体下，分别产生了变量 $X_1,\cdots,X_n$，它们的平方和构成了新的变量 Y，即 $Y=X_1^2+X_2^2+\cdots+X_n^2$，那么 Y 服从自由度为 n 的 χ^2 分布，记作 $\chi^2(n)$。

$\chi^2(n)$分布的概率密度函数为

$$f_n(x)=\frac{1}{2^{n/2}\Gamma(n/2)}x^{n/2-1}\mathrm{e}^{-x/2} \tag{5-33}$$

图 5-16 展示了 n 取值不同情况下的 $f_n(x)$。式(5-33)分母上 $\Gamma(\cdot)$是伽马分布，关于它的介绍可通过扫描前言二维码获取本章的补充说明来了解。

鉴于 $y=x^2$，无论 x 取值是正还是负，都要映射到 $y(y>0)$，满足对称性。先考虑 $x>0(n=1)$的情况，即$\frac{\mathrm{d}x}{\mathrm{d}y}=\frac{1}{2}y^{-1/2}$，正负两种情况加起来是$\frac{\mathrm{d}x}{\mathrm{d}y}=y^{-1/2}$，从而

$$f(y)=f(x)\frac{\mathrm{d}x}{\mathrm{d}y}=\frac{1}{\sqrt{2\pi}}\mathrm{e}^{-x^2/2}y^{-1/2}$$

由于 $\Gamma\left(\frac{1}{2}\right)=(-\frac{1}{2})!=\sqrt{\pi}$，整理得 $f(y)=\frac{1}{2^{1/2}\Gamma(1/2)}y^{-1/2}\mathrm{e}^{-y/2}$，与式(5-33)中 $n=1$ 的情况完全吻合。而式(5-33)本身是 $\Gamma\left(\frac{n}{2},\frac{1}{2}\right)$的概率密度函数，因为 $\Gamma(n,\lambda)=\int_0^{+\infty}\lambda^{-n}x^{n-1}\mathrm{e}^{-x}=\Gamma(n)=(n-1)!$。

2. t 分布

t 分布又称学生分布(student distribution)。变量 X 服从标准正态分布，即 $X\sim N(0,1)$，同时 Y 服从自由度为 n 的 χ^2 分布，即 $Y\sim\chi^2(n)$。若 X 和 Y 相互独立，则变量 $Z=\frac{X}{\sqrt{Y/n}}$服从自由度为 n 的 t 分布，记作 $Z\sim t(n)$。

$t(n)$分布的概率密度函数为

$$f_n(x)=\frac{\Gamma[(n+1)/2]}{\sqrt{n\pi}\Gamma(n/2)}\left(1+\frac{x^2}{n}\right)^{-(n+1)/2} \tag{5-34}$$

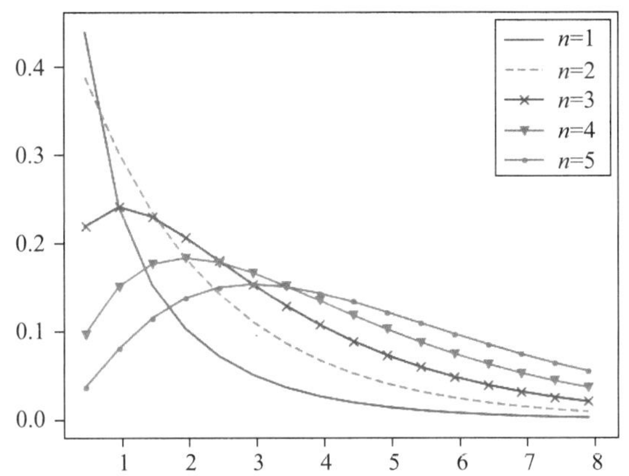

图 5-16 χ^2 分布概率密度函数 $f_n(x)$ 曲线图($n=1,2,3,4,5$)

图 5-17 是 n 取值不同情况下 $f_n(x)$ 的曲线图。当 $n=1$ 时,$t(n)$ 退化成柯西分布[61];当 $n\to\infty$ 时,t 分布逐渐趋向于正态分布[66]。

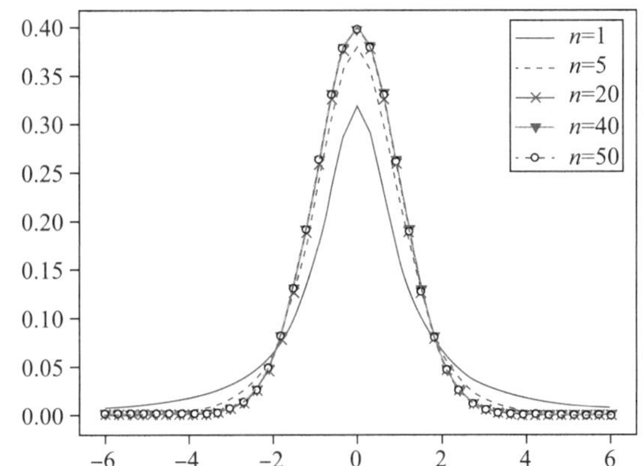

图 5-17 t 分布概率密度函数 $f_n(x)$ 曲线图($n=1,5,20,40,50$)

3. F 分布

如果两组数据分别有 n_1 和 n_2 个样本,通常默认数据本身服从正态分布,那么两组方差都服从 χ^2 分布,即 $Y_1\sim\chi^2(n_1)$ 和 $Y_2\sim\chi^2(n_2)$,从而变量 Z 服从 F 分布,即 $Z=\dfrac{Y_1/n_1}{Y_2/n_2}\sim F(n_1,n_2)$。

结合式(5-33),经过一系列复杂的公式推导,可得 F 分布 $F(n_1,n_2)$ 的概率密度函数为

$$f_{n_1,n_2}(x)=\begin{cases}\dfrac{\Gamma[(n_1+n_2)/2]}{\Gamma(n_1/2)\Gamma(n_2/2)}\left(\dfrac{n_1}{n_2}\right)^{n_1/2}x^{n_1/2-1}\left(1+\dfrac{n_1}{n_2}x\right)^{-(n_1+n_2)/2}, & x>0\\ 0 & x\leqslant 0\end{cases} \tag{5-35}$$

图 5-18 展示了 n_1 和 n_2 在不同取值下,概率密度函数 $f_{n_1,n_2}(x)$ 曲线图。

另外,参考文献[67]详细分析了 F 分布概率密度函数的性质,指出该分布概率密度函数 $f_{n_1,n_2}(x)$ 与参数 n_1、n_2 之间的关系,并研究了第二个参数 n_2 的变化对 $f_{n_1,n_2}(x)$ 的影响。

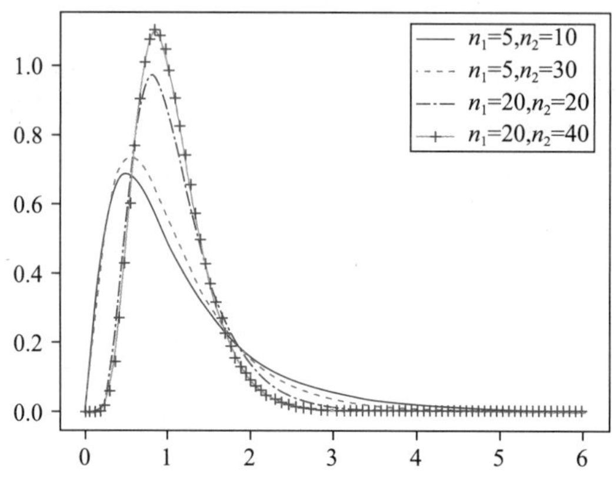

图 5-18　F 分布的概率密度函数 $f_{n_1,n_2}(x)$ 曲线图(不同的 n_1,n_2)

本章小结

本章讲述了概率论中最基本的内容——样本空间和概率的三个公理,由此以图文并茂的方式介绍了条件概率和事件的独立性,从而引出全概率和贝叶斯公式,它们在数据挖掘中都起到重要作用。在人工智能领域,大量样本通常服从某个分布,这些样本由该分布下的随机变量生成。通过计算给定样本的均值和方差,大致能得到这个分布的期望和方差。对于高维样本,通过主分量分析可以对其协方差矩阵做特征分解,从而得到样本主要集中的方向和大小。另外,本章还详细介绍了现实中常见概率分布之间存在的联系,它们之间不是相互孤立的。最后,从数学理论角度展开了概率变换的微分解释,通过概率变换,将标准正态分布转换成统计学中的三大分布。

数理统计基础

概率论是在概率分布已知的前提下，对数据进行分析；而数理统计是在概率分布未知的情况下，从给定的数据中找寻它们的分布规律和差异。例如，计算一组观测样本的均值方差，作为该分布期望和方差的估计；根据计算得到的置信区间，判断不同样本是否来自同一个分布。根据中心极限定理，自然界中的数据无论服从怎样的分布，它们在重复采样多次后，样本的均值都渐近服从正态分布，即表现出渐近正态性。因此，正态分布是统计学中最常见的分布。本章介绍了正态分布的 3σ 原则，以及数据分布的正态性度量，还介绍了置信区间和 p 值检验，并通过一个编程案例的运行结果，直观展示服从标准正态分布的随机数映射到统计学中三大分布的直方图，以及其显著性检验情况。

6.1 参数估计

若变量 X 的概率分布及其参数都已知，不仅能计算出期望 $E(X)$ 和方差 $D(X)$，而且能生成无穷多个服从这个概率分布的随机数（样本）。可现实中，我们仅能观测到服从同一个概率分布的 N 个有限的样本 $X_1, X_2, \cdots, X_N$，且只知大致的概率分布，比如高斯分布、指数分布等，却不知道分布的具体参数取值。根据 $X_1, X_2, \cdots, X_N$，该如何估计参数呢？本节将介绍两种方法——矩估计和最大似然估计。

6.1.1 矩估计

矩估计是一种最古老、最简单直接的参数估计方法，它是英国统计学家皮尔逊（Person）于 1894 年提出的[68]。概率统计中，若变量 X 服从某个概率分布，那么它的 k **阶矩**为

$$\mu_k = E(X^k) \tag{6-1}$$

根据式(6-1)，期望 $\mu_1 = E(X)$ 是 X 的一阶矩，而方差 $D(X) = E(X^2) - E^2(X)$ 是 X 的二阶矩 μ_2 减一阶矩平方 μ_1^2 的结果。当 $\mu_1 = 0$ 时，$D(X) = E(X^2)$，所以方差也称作**二阶中心矩**。

假设 N 个观测样本 $\widetilde{X} = [x_1, x_2, \cdots, x_N]$ 相互独立，且都服从变量 X 的概率分布。根据

定义，$\widetilde{X}$ 的 k 阶**样本矩**[61]为

$$\hat{\mu}_k = \frac{1}{N}\sum_{i=1}^{N} x_i^k \tag{6-2}$$

在变量 X 的真实分布未知的情况下，式(6-2)中 $\hat{\mu}_k$ 即为 μ_k 的 k 阶**矩估计量**。

在许多实际的数据分析中，一般都是先计算低阶矩估计量，再据此计算高阶矩的估计量[61]。例如，$\widetilde{X}$ 的一阶样本矩为

$$\hat{\mu}_1 = \frac{1}{N}\sum_{i=1}^{N} x_i = \bar{x}_N \tag{6-3}$$

式中，观测样本 $\widetilde{X}=[x_1,x_2,\cdots,x_N]$的均值 $\bar{x}_N$ 是变量 X 期望 μ_1 的矩估计。

同理，$\widetilde{X}$ 的二阶样本矩为

$$\hat{\mu}_2 = \frac{1}{N}\sum_{i=1}^{N} x_i^2 \tag{6-4}$$

结合式(6-3)和式(6-4)，观测样本的方差估计量为 $D(\widetilde{X})=\hat{\mu}_2-\hat{\mu}_1^2$。

以此类推，如果已知变量 X 服从某种分布，但不知道该分布下 k 个参数的取值，通过计算观测样本的前 k 阶样本矩 $\hat{\mu}_1,\hat{\mu}_2,\cdots,\hat{\mu}_k$，构成 k 个线性方程组，再从低阶到高阶依次求出 k 个参数的估计量。

【例 6-1】 已知变量 X 的概率密度函数为 $f(x)=\frac{2}{\beta}x$，其中 $x\in[0,\sqrt{\beta}](\beta>0)$，服从该分布的 N 个观测样本为 $\widetilde{X}=[x_1,x_2,\cdots,x_N]$，求参数$\sqrt{\beta}$的矩估计。

解：理论上

$$E(X)=\int_0^{\sqrt{\beta}} xf(x)\mathrm{d}x=\frac{2}{\beta}\int_0^{\sqrt{\beta}} x^2\mathrm{d}x=\frac{2}{\beta}\times\frac{1}{3}x^3\Big|_0^{\sqrt{\beta}}=\frac{2}{3}\sqrt{\beta}$$

根据观测样本 $\widetilde{X}$，$\sqrt{\beta}$的矩估计为$\sqrt{\tilde{\beta}}=\frac{3}{2}\times\frac{1}{N}\sum_{i=1}^{N}x_i=\frac{3}{2}\bar{x}_N$，即 $\widetilde{X}$ 均值的 1.5 倍。

通常，一阶样本矩和二阶样本矩足以刻画变量 X 的分布情况。例如，N 个观测样本服从某个正态分布，通过计算一阶和二阶样本矩，得到该正态分布的期望 μ 和方差 σ^2 的矩估计量，从而大致描绘出该分布的实际情况。再如，指数分布的期望是 $E(X)=\frac{1}{\lambda}$，根据 N 个观测样本 $\widetilde{X}=[x_1,x_2,\cdots,x_N]$在不同取值下出现的概率，估算出 $\tilde{\lambda}=\frac{1}{\bar{x}_N}$，作为 λ 的矩估计量。均值 $\bar{x}_N$ 越小，表明在 0 附近集中的样本越多，估计值 $\tilde{\lambda}$ 越大。反过来，$\bar{x}_N$ 越大，说明 N 个观测样本的分布越松散，估计值 $\tilde{\lambda}$ 越小。这跟指数分布密度函数 $f(x)=\lambda\mathrm{e}^{-\lambda x}(x>0)$ 的变化趋势吻合。

当然，三阶及以上的高阶样本矩也有一定用处，例如 6.2.3 小节正态性度量中，三阶样本矩可以判定 N 个观测样本是否关于均值对称，四阶样本矩可以判定样本的分布密度情况。

6.1.2 最大似然估计

统计学中，最大似然估计是一个常用的参数估计方法。对于同一个概率分布下的 N 个

观测样本,最大似然估计假设样本独立同分布,通过建立联合概率分布模型,估算概率参数,使之与这些观测样本的分布情况达到最佳匹配。

1. 正态分布的最大似然估计

图6-1给出了两组正态分布的观测样本,分别以大圈和小圈标出。假设左边一组样本 $\widetilde{X}=[x_1,x_2,\cdots,x_N]$ 服从期望为 μ_1、方差为 σ_1^2 的正态分布,即 $x_i\sim N(\mu_1,\sigma_1^2),i=1,2\cdots,N$;而右边样本 $\widetilde{Y}=[y_1,y_2,\cdots,y_N]$ 服从期望为 μ_2、方差为 σ_2^2 的正态分布,即 $y_j\sim N(\mu_2,\sigma_2^2),j=1,2,\cdots,N$。直观上看,方差 $\sigma_1^2>\sigma_2^2$,但是期望 $\mu_1<\mu_2$。事实上,这两组样本数量均有限,我们无法从中准确获知这两组正态分布的真实均值和方差,只能根据图6-1中有限的样本估计它们。

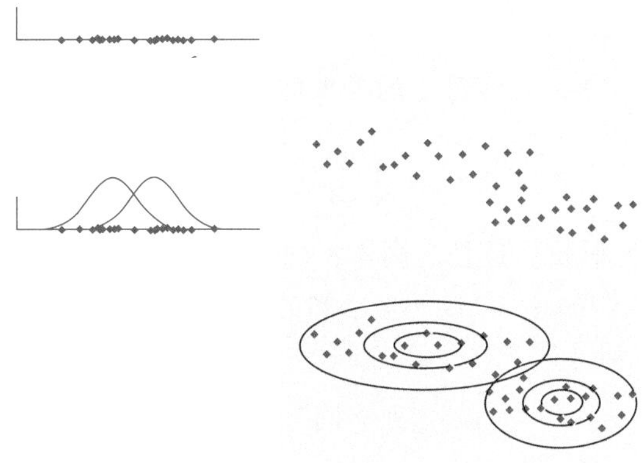

图6-1 均值和方差都不相等的两组正态分布数据

因为两组正态分布都有 N 个观测样本,所以要分别建立各自的概率模型,估算各自的期望和方差。以左边正态分布下的 $\widetilde{X}=[x_1,x_2,\cdots,x_N]$ 为例,似然函数为

$$L(\mu_1,\sigma_1^2)=\prod_{i=1}^{N}f(x_i\mid\mu_1,\sigma_1^2)=\prod_{i=1}^{N}\frac{1}{\sqrt{2\pi}\sigma_1}e^{-\frac{(x_i-\mu_1)^2}{2\sigma_1^2}}$$

样本 $\widetilde{X}=[x_1,x_2,\cdots,x_N]$ 独立同分布,所以

$$f(x_1,x_2,\cdots,x_N|\mu_1,\sigma_1^2)=f(x_1|\mu_1,\sigma_1^2),f(x_2|\mu_2,\sigma_2^2),\cdots,f(x_N|\mu_1,\sigma_1^2)$$

最大似然估计将 μ_1 和 ${\sigma_1}^2$ 当作变量,求出能使 $f(x_1,x_2,\cdots,x_N|\mu_1,{\sigma_1}^2)$ 达到最大的参数估计值。

似然函数 $L(\mu_1,\sigma^2)$ 取对数后,得

$$\ln L(\mu_1,\sigma_1^2)=-\frac{N}{2}\ln 2\pi-\frac{N}{2}\ln\sigma_1^2-\frac{1}{2}\sum_{i=1}^{N}(x_i-\mu_1)^{\mathrm{T}}\sigma_1^2(x_i-\mu_1)$$

令 $\frac{\partial\ln L}{\partial\mu_1}=0$ 和 $\frac{\partial\ln L}{\partial{\sigma_1}^2}=0$,可分别得到期望和方差的最大似然估计,即

$$\mu_1^*=\frac{1}{N}\sum_{i=1}^{N}x_i=\bar{x}_N,\quad \sigma_1^*=\frac{1}{N}\sum_{i=1}^{N}(x_i-\mu_1^*)^2$$

2. 泊松分布的最大似然估计

观测样本 $\widetilde{X}=[x_1,x_2,\cdots,x_N]$ 服从参数为 $\lambda(\lambda>0)$ 的泊松分布,求 λ 的最大似然估计。

首先，X 的分布概率为

$$P\{X=k\}=\frac{\lambda^k}{k!}\mathrm{e}^{-\lambda} \quad (\lambda>0,k=0,1,2,\cdots)$$

似然函数为

$$L(\lambda)=\prod_{i=1}^{N}\left(\frac{\lambda^{x_i}}{x_i!}\mathrm{e}^{-\lambda}\right)=\mathrm{e}^{-n\lambda}\ \frac{\lambda^{\sum_{i=1}^{N}x_i}}{\prod_{i=1}^{N}(x_i!)}$$

取对数得

$$\ln L(\lambda)=-n\lambda+\ln\lambda\sum_{i=1}^{N}x_i-\sum_{i=1}^{N}\ln(x_i!)$$

令 $\dfrac{\mathrm{d}\ln L(\lambda)}{\mathrm{d}\lambda}=-n+\dfrac{\sum_{i=1}^{N}x_i}{\lambda}=0$，解得 λ 的最大似然估计为

$$\lambda^*=\frac{1}{N}\sum_{i=1}^{N}x_i=\bar{x}_N$$

即泊松分布参数 λ 的最大似然估计是观测样本的均值。

在概率密度函数 $f(X|\theta)$ 中，参数 θ 是已知的；而似然函数 $L(\theta|X)$ 是在观测样本给定的前提下，对参数 θ 进行估计。

假定观测样本 $\widetilde{X}=[x_1,x_2,\cdots,x_N]$ 独立同分布，离散型分布的联合概率密度为

$$L(\theta)=\prod_{i=1}^{N}p(x_i;\theta) \tag{6-5}$$

连续性分布的联合概率密度为

$$L(\theta)=\prod_{i=1}^{N}f(x_i;\theta) \tag{6-6}$$

最大似然估计为

$$L(x_1,x_2,\cdots,x_N;\theta^*)=\max_{\theta}L(x_1,x_2\cdots x_N;\theta) \tag{6-7}$$

式中，θ^* 是 $\widetilde{X}=[x_1,x_2,\cdots,x_N]$ 的最大似然估计。

【例 6-2】 帕累托(Pareto)分布[69]是一种幂律分布[70-71]，常用在经济学模型中，其概率密度函数为

$$f(x|x_0,\alpha)=\frac{1}{\alpha}x_0^{\frac{1}{\alpha}}x^{-\frac{1}{\alpha}-1} \quad \left(x\geqslant x_0,0<\alpha<\frac{1}{2}\right)$$

假设 $x_0>0$，且 $x_1,x_2,\cdots,x_N$ 是独立同分布的 N 个观测样本，计算 α 的最大似然估计。

解：建立似然函数模型，即

$$L(x_1,x_2,\cdots,x_N \mid x_0;\alpha)=\prod_{i=1}^{N}f(x_i \mid x_0,\alpha)=\left(\frac{1}{\alpha}\right)^N\left(x_0^{\frac{1}{\alpha}}\right)^N x_1^{-\frac{1}{\alpha}-1}\cdots x_n^{-\frac{1}{\alpha}-1}$$

取对数得

$$\ln L=-N\ln\alpha+\frac{N}{\alpha}\ln x_0+\left(-\frac{1}{\alpha}-1\right)\sum_{i=1}^{N}\ln x_i$$

对其一阶导数置 0 得

$$\frac{\partial L}{\partial \alpha}=-\frac{N}{\alpha}-\frac{N\ln x_0}{\alpha^2}+\frac{\sum_{i=1}^{N}\ln x_i}{\alpha^2}=0$$

最后求出 α 的最大似然估计为

$$\hat{\alpha}=\frac{1}{N}\sum_{i=1}^{N}\ln\frac{x_i}{x_0}$$

小结

最大似然估计的基本思想是，假设 N 个观测样本 $\widetilde{X}=[x_1,x_2,\cdots,x_N]$ 相互独立且服从某个概率分布，构建它们联合概率分布的似然函数，通过计算确定参数值的大小，使之能够最恰当地描述这 N 个样本的分布。换言之，待确定的参数值要使这 N 个样本落在这个概率分布的可能性最大。

6.1.3 方差的渐近无偏估计

已知 N 个独立同分布样本 $\widetilde{X}=[x_1,x_2,\cdots,x_N]$，均值为 $\bar{x}_N$，方差为 $D(\widetilde{X})=\frac{1}{N}\sum_{i=1}^{N}(x_i-\bar{x}_N)^2$。无论变量 X 服从哪种分布，$D(\widetilde{X})$ 都是有偏的，而

$$S(\widetilde{X})=\frac{1}{N-1}\sum_{i=1}^{N}(x_i-\bar{x}_N)^2 \tag{6-8}$$

才是方差的无偏估计。

根本原因在于均值 $\bar{x}_N=\frac{1}{N}\sum_{i=1}^{N}x_i$ 围绕期望 $E(\bar{x}_N)=\mu$ 波动，而非恒定。与此同时，$\bar{x}_N$ 中包含了每个观测样本的 $\frac{1}{N}$，所以 $\bar{x}_N$ 与任一样本 x_i 都存在相关性，即

$$\operatorname{cov}(x_i,\bar{x}_N)=\operatorname{cov}\left(x_i,\frac{1}{N}x_i\right)+\sum_{j\neq i}\operatorname{cov}\left(x_i,\frac{1}{N}x_j\right) \tag{6-9}$$

式(6-9)等号右边第一项为 $\frac{1}{N}D(x_i)$，因为相关性，均值 $\bar{x}_N$ 的波动会引起 x_i 的波动；第二项为0，因为样本之间相互独立。

假设某个概率分布的期望 $E(X)=\mu$，方差 $D(X)=\sigma^2$。$\widetilde{X}=[x_1,x_2,\cdots,x_N]$ 是该分布下的 N 个观测样本，其均值 $\bar{x}_N$ 的期望 $E(\bar{x}_N)=\mu$，方差 $D(\bar{x}_N)=\frac{\sigma^2}{N}$。同时，式(6-8)中 $S(\widetilde{X})$ 期望为

$$E[S(\widetilde{X})]=\frac{1}{N-1}\sum_{i=1}^{N}E[(x_i-\bar{x}_N)^2] \tag{6-10}$$

其中，$E[(x_i-\bar{x}_N)^2]=E(x_i^2)-2E(x_i\bar{x}_N)+E(\bar{x}_N^2)$。

$$E(x_i\bar{x}_N)=E\left(x_i\,\frac{1}{N}x_i\right)+\sum_{j\neq i}E\left(x_i\,\frac{1}{N}x_j\right)$$

$$=\frac{1}{N}E(x_i^2)+\frac{1}{N}\sum_{j\neq i}E(x_i)E(x_j)$$

$$=\frac{1}{N}(\mu^2+\sigma^2)+\frac{1}{N}\mu^2 \tag{6-11}$$

整理得 $E[(x_i-\bar{x}_N)^2]=\frac{N-1}{N}\sigma^2$。所以 $E[S(\widetilde{X})]=\sigma^2$，即 $S(\widetilde{X})$是方差 σ^2 的无偏估计。

随着观测样本个数 N 的增大，$D(\widetilde{X})$会越来越接近 $S(\widetilde{X})$，表现出渐进无偏性。$D(\widetilde{X})$包含两部分，即样本围绕 $\bar{x}_N$ 的波动和 $\bar{x}_N$ 围绕 $E(\bar{x}_N)=\mu$ 的波动。当 N 无限增大后，根据 $D(\bar{x}_N)=\frac{\sigma^2}{N}$，后者 $\bar{x}_N$ 的波动会趋向于 0。

6.2 正态分布的重要性质

6.2.1 标准正态分布

若变量 X 服从均值 $\mu=0$、方差 $\sigma^2=1$ 的正态分布，则 X 服从标准正态分布，即 $X\sim N(0,1)$。标准正态分布的密度函数 $\varphi(x)$为

$$\varphi(x)=\frac{1}{\sqrt{2\pi}}\mathrm{e}^{-\frac{x^2}{2}} \quad (-\infty<x<+\infty) \tag{6-12}$$

标准正态分布的累积函数 $\Phi(x)$为

$$\Phi(x)=P\{X\leqslant x\}=\int_{-\infty}^{x}\frac{1}{\sqrt{2\pi}}\mathrm{e}^{-\frac{t^2}{2}}\mathrm{d}t \tag{6-13}$$

$\varphi(x)$关于 $x=0$ 中心对称，在整个定义域上积分结果为 1，即 $\Phi(x)=\int_{-\infty}^{+\infty}\frac{1}{\sqrt{2\pi}}\mathrm{e}^{-\frac{t^2}{2}}\mathrm{d}t=1$。

图 6-2 展示了 $\varphi(x)$在 $x\in(-\infty,0]$范围内的积分结果(阴影部分)，鉴于被积函数 $\varphi(x)$的左右对称性，可知 $\Phi(0)=0.5$。

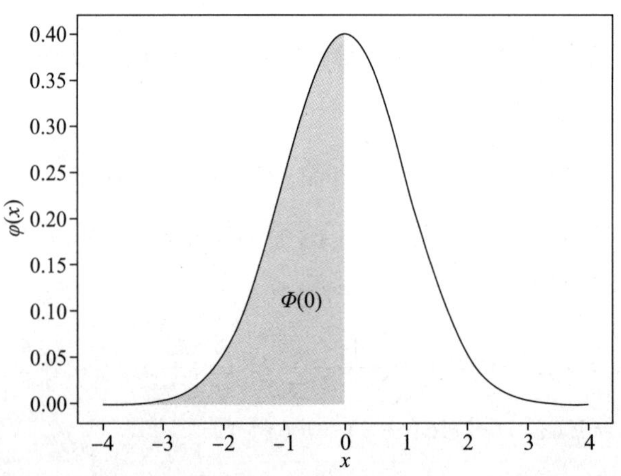

图 6-2 $\varphi(x)$在 $x\in(-\infty,0]$的积分结果 $\Phi(0)=0.5$(阴影部分)

根据图 6-2 可得出如下四个结论：

(1) $\Phi(0)=0.5$；

(2) $\Phi(-x)=1-\Phi(x)$；

(3) $P\{X\leqslant a\}=\Phi(a)$；

(4) $P\{a<X\leqslant b\}=\Phi(b)-\Phi(a)$。

自然界中服从正态分布的现象非常多，比如，大多数人的智商都相差不大，特别聪明或者特别愚笨的人很少；大多数人的身高都集中在 1.6～1.7 米，特别高或特别矮的人也很少。但是现实中绝大多数的正态分布都不是标准正态分布，即不满足 $\mu=0,\sigma=1$。

为了便于计算，可以将均值为 μ、方差为 σ^2 的正态分布变量 X 转换为变量 Y，即 $Y=\frac{X-\mu}{\sigma}$，则 Y 肯定服从标准正态分布，这种转换称作 **U 变换**。

定理 6-1 任何正态分布 $X\sim N(\mu,\sigma^2)$ 通过 U 变换都能转化成标准正态分布。

证明：通过 U 变换，得 $Y=\frac{X-\mu}{\sigma}$，因此 $P\{Y\leqslant x\}=P\left\{\frac{X-\mu}{\sigma}\leqslant x\right\}=P\{X\leqslant\mu+\sigma x\}$

正态分布满足

$$P\{X\leqslant\mu+\sigma x\}=\frac{1}{\sqrt{2\pi}\sigma}\int_{-\infty}^{\mu+\sigma x}\mathrm{e}^{-\frac{(t-\mu)^2}{2\sigma^2}}\mathrm{d}t$$

根据 5.4.1 小节的概率密度变换，令 $y=\frac{t-\mu}{\sigma}$，则 $\mathrm{d}t=\sigma\mathrm{d}y$，$t\in(-\infty,\mu+\sigma x]$，所以 $y\in(-\infty,x]$，上式变成

$$P\{Y\leqslant x\}=\frac{1}{\sqrt{2\pi}}\int_{-\infty}^{x}\mathrm{e}^{-\frac{y^2}{2}}\mathrm{d}y$$

即变量 $Y=\frac{X-\mu}{\sigma}\sim N(0,1)$ 服从标准正态分布，证毕。

根据定理 6-1，当 $X\sim N(\mu,\sigma^2)$ 时，可采用式(6-14)转换为标准正态分布

$$P\{X\leqslant a\}=P\left\{\frac{X-\mu}{\sigma}\leqslant\frac{a-\mu}{\sigma}\right\}=\Phi\left(\frac{a-\mu}{\sigma}\right)\tag{6-14}$$

同理

$$\begin{aligned}P\{a<X\leqslant b\}&=P\left\{\frac{a-\mu}{\sigma}<\frac{X-\mu}{\sigma}\leqslant\frac{b-\mu}{\sigma}\right\}\\&=\Phi\left(\frac{b-\mu}{\sigma}\right)-\Phi\left(\frac{a-\mu}{\sigma}\right)\end{aligned}\tag{6-15}$$

式(6-14)和式(6-15)解决了一般正态分布的概率计算问题。

小贴士

很多概率统计书里，都将 x 在不同取值下的累积函数 $\Phi(x)$ 做成了一张表。比如在文献[61]的附录 B 中，表 2 展示了 $x\in[0,3.5]$ 区间内每间隔 0.01 情况下 $\Phi(x)$ 的值。将一般的正态分布转换成标准化正态分布后，通过查表可便于计算。

定理 6-2 若 $X\sim N(\mu,\sigma^2)$，证明 $P\{|X-\mu|<k\sigma\}=2\Phi(k)-1$。

证明：根据式(6-15)

$$\begin{aligned} P\{|X-\mu|<k\sigma\} &= P\{-k\sigma<X-\mu<k\sigma\} \\ &= P\left\{-k<\frac{X-\mu}{\sigma}<k\right\} \\ &= \Phi(k)-\Phi(k) \\ &= 2\Phi(k)-1 \end{aligned}$$

特别地，当 $k=1$ 时，$P\{|X-\mu|<\sigma\}=2\Phi(1)-1=2\times 0.8413-1=0.6826$；

当 $k=2$ 时，$P\{|X-\mu|<2\sigma\}=2\Phi(2)-1=0.9545$；

当 $k=3$ 时，$P\{|X-\mu|<3\sigma\}=2\Phi(3)-1=0.9973$。

$P\{|X-\mu|<3\sigma\}$就是著名的“3σ 原则”，其含义是：只要服从正态分布，无论均值 μ 和方差 σ^2 是多少，变量 X 落在以 μ 为中心的 3 倍标准差 σ 区间内的概率总和始终是 0.9973，即

$$\int_{\mu-3\sigma}^{\mu+3\sigma} \frac{1}{\sqrt{2\pi}\,\sigma} \mathrm{e}^{-\frac{(x-\mu)^2}{2\sigma^2}} \mathrm{d}x \approx 0.9973 \tag{6-16}$$

3σ 原则揭示了一个极为重要的统计规律，即虽然正态分布的变量 X 定义域是$(-\infty,+\infty)$，但落在$(\mu-3\sigma,\mu+3\sigma)$之间的概率几乎是 100%，可以看成必然事件，而此区间之外可以不考虑。这一原则常在实际问题的抽样中用来筛选合理的数据。

6.2.2 案例：数值积分模拟 3σ 原则

数值积分模拟 3σ 原则

本案例对正态分布的密度函数 $f(x)$做积分，旨在验证 3σ 原则。类似于 1.1.1 小节，本案例也是运用“以直代曲”的思想，验证式(6-16)的积分结果。

具体地，将 $x\in(\mu-3\sigma,\mu+3\sigma)$等分成 N 个区间，每个区间宽度为 $\Delta x=0.001$，则区间个数为 $N=\frac{6\sigma}{\Delta x}$。每个区间面积 $S_i\approx f(x_i)\cdot\Delta x(i=1,2,\cdots,N)$，累加后 $S=\sum_{i=1}^{N} S_i$ 就是$(\mu-3\sigma,\mu+3\sigma)$内 $f(x)$的积分面积。将均值 μ 和标准差 σ 取四种不同的情况：①$\mu=-1,\sigma=0.5$；②$\mu=0,\sigma=1$；③$\mu=1,\sigma=2$；④$\mu=0,\sigma=5$。

代码实现如下：

【代码 6-1】

```
import numpy as np
import matplotlib.pyplot as plt
if __name__ == '__main__':
    mu = [-1,0,1,0]
    sigma = [0.5,1,2,5]
    xmin = -16
    xmax = 16
    for i in range(len(sigma)):
        start = mu[i]-3 * sigma[i]          # 输入需要绘制的起始值(从左到右)
        stop = mu[i] + 3 * sigma[i]         # 输入需要绘制的终点值
        step = 0.001                        # 输入步长
        num = (stop-start)/ step            # 计算点的个数
        x = np.linspace(start, stop, int(num) + 1)
```

```
        y = np.zeros(len(x))
        for j in range(len(x)):
            y[j] = (1/(np.sqrt(2*np.pi) * sigma[i]))*np.exp(-(x[j]-mu[i])**2/(2*sigma[i]**
        2))
        print('mean = % d,std = % .1f,Area = %.4f' % (mu[i],sigma[i],np.sum(y) * step))
        ymin = y.min()
        ymax = y.max()
        label = [r'$\mu $ = %d, $\sigma $ = %.1f' % (mu[i],sigma[i])]
        fig = plt.figure()
        plt.plot(x,y)                                    # 在当前的对象上进行操作
        plt.fill_between(x,0,y,facecolor = 'red',alpha = 0.5)
        plt.xlim([xmin,xmax])
        plt.ylim([ymin,ymax + 0.01])
        plt.legend(label,loc = 1)
    plt.show()
```

运行代码 6-1 后,结果如下:

```
mean =  -1,std = 0.5,Area = 0.9973
mean = 0,std = 1.0,Area = 0.9973
mean = 1,std = 2.0,Area = 0.9973
mean = 0,std = 5.0,Area = 0.9973
```

上述四个运行结果分别对应了四种不同的正态分布下阴影区域的面积,如图 6-3 所示。虽然它们的均值和标准差都不同,但是变量落在$(\mu-3\sigma,\mu+3\sigma)$区间内的概率之和都约为 0.9973。因此,本案例验证了定理 6-2 中的"3σ 原则"。

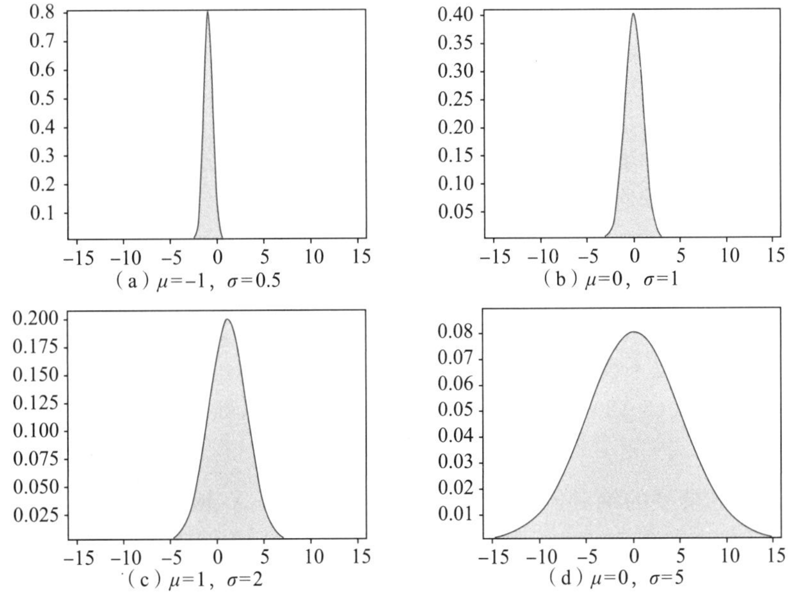

图 6-3 四种正态分布的变量落在$(\mu-3\sigma,\mu+3\sigma)$区间内的概率总和约为 0.9973(阴影区域面积)

6.2.3 正态性度量

自然界中的样本到底服从什么分布，我们其实并不知道，但是它们通常会表现出渐近正态性，详见6.3节。要判断一组数据，即一个簇(cluster)是否服从正态分布，通常用两个指标来衡量，即**倾斜度**(skewness)和**峰度**(kurtosis)[61,72]。由6.1.1小节可知，正态分布的两个参数——期望μ和方差σ^2分别用到了一阶矩和二阶矩，而倾斜度和峰度分别用到了三阶矩和四阶矩。前者衡量了样本的对称性，而后者衡量了样本的密度变化是否符合正态分布。

1. 倾斜度和峰度

假设N个观测样本$\widetilde{X}=[x_1,x_2,\cdots,x_N]$，均值为$\bar{x}_N=\frac{1}{N}\sum_{i=1}^{N}x_i$，标准差为$S=\sqrt{\frac{1}{N}\sum_{i=1}^{N}(x_i-\bar{x}_N)^2}$。

注意：这里$\bar{x}_N$和S是根据观测样本计算得到的，并不是正态分布的真实均值和标准差。

倾斜度为

$$r_3=\frac{\frac{1}{N}\sum_{i=1}^{N}(x_i-\bar{x}_N)^3}{s^3} \tag{6-17}$$

当$\widetilde{X}$完全左右对称时，$r_3=0$。样本越集中在均值$\bar{x}$的左侧或右侧，$|r_3|$越大。

峰度为

$$r_4=\frac{\frac{1}{N}\sum_{i=1}^{N}(x_i-\bar{x}_N)^4}{s^4} \tag{6-18}$$

r_4衡量了样本分布的密度大小。如果完全符合正态分布，则$\frac{1}{N}\sum_{i=1}^{N}(x_i-\bar{x}_N)^4=3s^4$，即$r_4=3$。

回顾第5章的图5-9正态分布密度函数$f(x)$，虽然大部分样本集中在均值附近(密度大)，但是密度与标准差σ存在一定关系。根据式(5-26)，$f(x)$在点$x=\mu$处有最大值(峰值)，即$f_{\max}(x)=f(\mu)=\frac{1}{\sqrt{2\pi}\sigma}$。标准差$\sigma$越大，则$f_{\max}(x)$越小，即两者成反比关系。倘若这$N$个观测样本的标准差非常大，密度峰值也很大，则不符合正态分布；反过来，标准差和密度峰值都很小，同样也不符合正态分布。

结合式(6-17)和式(6-18)，若将正态性度量指标记作R，即

$$R=|r_3|+|r_4-3| \tag{6-19}$$

式中，R是倾斜度和峰度的绝对值之和。R越大，说明样本$\widetilde{X}$越不符合正态分布；当$R=0$时，$\widetilde{X}$完全服从正态分布。

2. 多维数据的正态性度量

式(6-19)是一维数据的正态性度量，如果N个p维观测样本是$\widetilde{\boldsymbol{X}}=[x_1,x_2,\cdots,x_N]\in$

$\mathbb{R}^{p\times N}$,对每个维度都要计算倾斜度和峰度,从而总体的正态性度量指标为

$$R=\frac{1}{p}\sum_{k=1}^{p}|r_{3,k}|+|r_{4,k}-3| \tag{6-20}$$

式中,$r_{3,k}$ 和 $r_{4,k}$ 分别是第 k 个维度的倾斜度和峰度。

6.2.4 案例:最佳聚类个数的判定

最佳聚类个数的判定

本案例读取 data.csv 文件[73]中的 500 个二维数据 X,调用 Python 的 K 均值聚类工具包,将 X 聚成 K 个类($K=3,4,5,6,7$),计算 K 在不同取值下的正态性度量指标,并判断哪个取值能使这 K 个类样本总体上最符合正态分布,即度量指标最小。

代码实现如下:

【代码 6-2】

```
import numpy as np
import matplotlib.pyplot as plt
from sklearn.cluster import KMeans
a = np.loadtxt('data.csv',dtype = np.float32)   # 读入 data.csv 文件
print(a.shape)                                   # 输出数据 X 的规模
plt.figure()
plt.scatter(a[:,0],a[:,1],color = 'blue',marker = 's')
plt.show()                                       # 展示数据 X 的二维散点图
K = 3                                            # 聚类个数,可改
print('聚类个数:',K)
kmeans = KMeans(n_clusters = K)                  # K 均值聚类
kmeans.fit(a)
step_size = 0.1
x_min,x_max = min(a[:,0]) - 1,max(a[:,0]) + 1
y_min,y_max = min(a[:,1]) - 1,max(a[:,1]) + 1
x_values,y_values = np.meshgrid(np.arange(x_min,x_max,step_size),np.arange(y_min,y_max,
step_size))
predict_label = kmeans.predict(np.c_[a[:,0],a[:,1]])
centroids = kmeans.cluster_centers_
print('聚类中心:\n',centroids)                   # 输出聚类中心
clustered_data = [[]for _ in range(K)]
markers = ['o','s','v','x','d','*','+']
cs = ['red','green','cyan','magenta','brown','yellow','blue']
label = ['Cluster1','Cluster2','Cluster3','Cluster4','Cluster5','Cluster6','Cluster7']
plt.figure()
for i in range(K):
    index = np.where(predict_label == i)
    plt.scatter(a[index,0],a[index,1],marker = markers[i],color = cs[i])
plt.scatter(centroids[:,0],centroids[:,1],marker = 'o',s = 100,color = 'k',facecolors = 'black')
label = label[0:K]
label.append('Centroids')
plt.legend(label,loc = 1)
```

```
#plt.title('K = %d' % K)
plt.show()                                  #画出每个类的样本,用不同颜色形状
Skew = np.zeros((2,K))                      #三阶倾斜度
Kurt = np.zeros((2,K))                      #四阶峰度
for k in range(K):
    index = np.where(predict_label == k)    #每个数据点,两个维度都要计算
    for i in range(2):
        Mean = np.mean(a[index,i])
        Std = np.std(a[index,i],ddof = 1)
        temp = a[index,i] - Mean * np.full((len(a[index,i]),1),1)
        b = np.power(temp,3)                #三阶信息
        c = np.mean(b)
        skew = np.abs(c/np.power(Std,3))
        Skew[i][k] = skew
        d = np.power(temp,4)                #四阶信息
        e = np.mean(d)
        kurt = np.abs(e/np.power(Std,4) - 3)
        Kurt[i][k] = kurt
Gaussian = np.mean(np.mean(Skew,axis = 0)) + np.mean(np.mean(Kurt,axis = 0))
                                            #高斯度量总指标
print('三阶倾斜度:\n',Skew)
print('四阶峰度:\n',Kurt)
print('高斯度量总指标:\n',Gaussian)
```

运行代码 6-2 后,结果如下:

```
数据大小:(500,2)
聚类个数: 3
聚类中心:
[[ 1.3192374 -1.2767434]
 [-1.242837   1.5797086]
 [-2.9575858 -2.866081 ]]
三阶倾斜度:
[[0.32781439  0.11905738  0.2499034 ]
 [0.1303362   0.26788746  0.08207107]]
四阶峰度:
[[0.25290777  0.21548672  0.17538159]
 [0.54266846  0.08409565  0.20575463]]
高斯度量总指标:
0.4422274510147521
```

运行后效果如图 6-4 所示。

当 $K=3$ 时,对每个类的每个维度都计算三阶倾斜度和四阶峰度,形成 2×3 的矩阵。正态性度量总指标是对这 6 项取平均,详见代码 6-2。

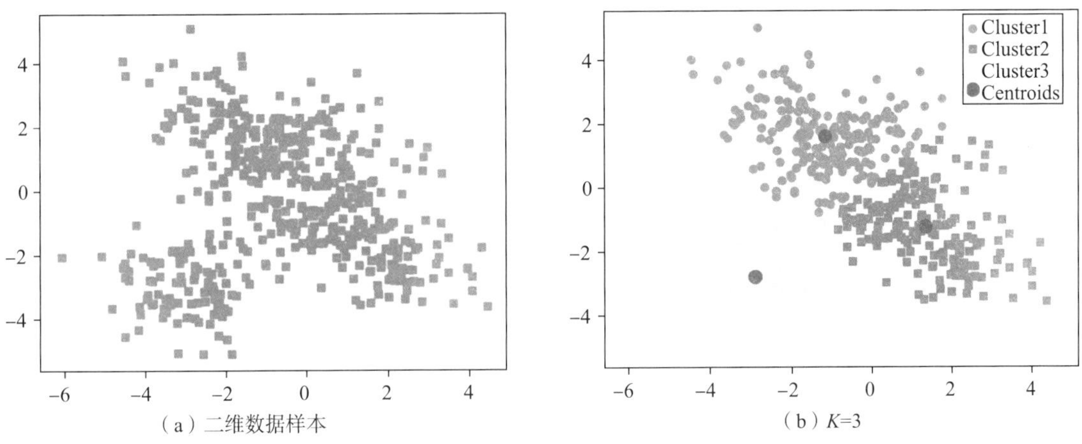

（a）二维数据样本　　（b）K=3

图 6-4　data.csv 文件中的 500 个二维数据样本及其聚类情况

如果将 K 的值换成 4、5、6 和 7，那么高斯度量总指标分别约为 0.585、0.626、0.772 和 0.851，聚类情况分别如图 6-5 所示。

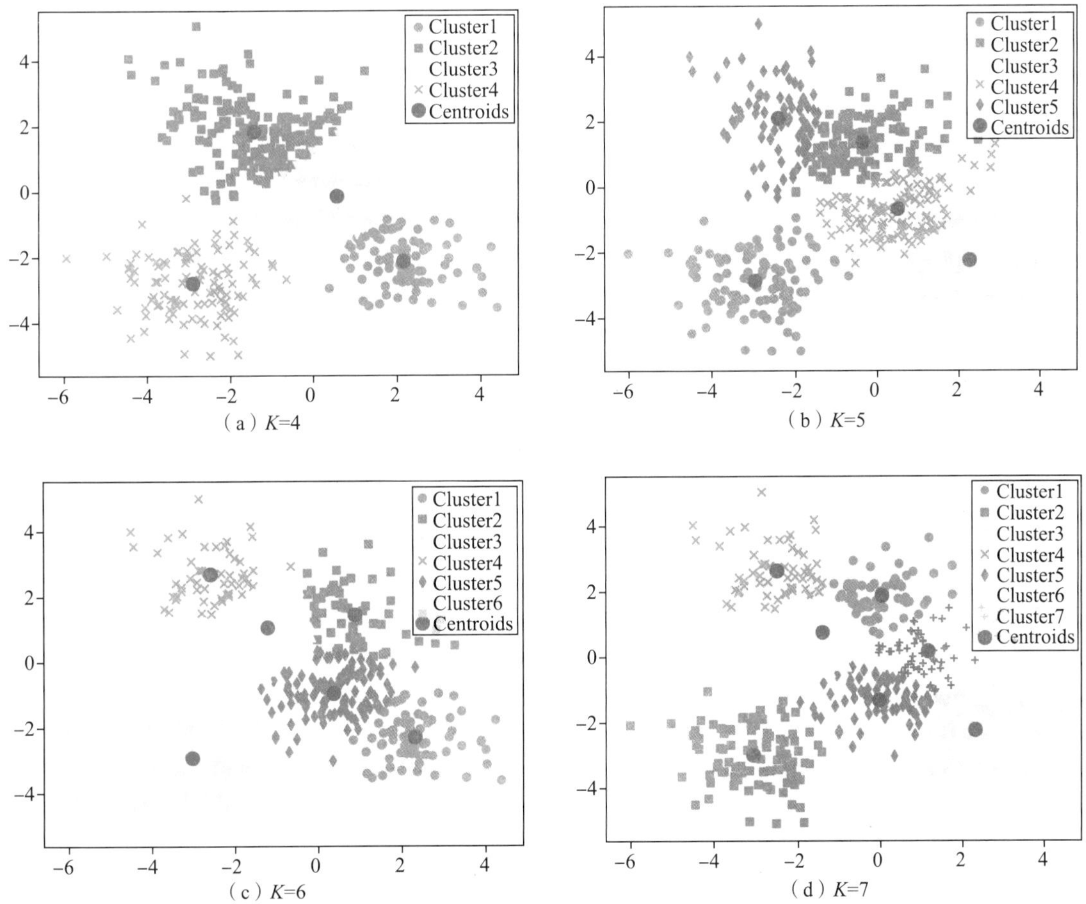

（a）K=4　　（b）K=5

（c）K=6　　（d）K=7

图 6-5　data.csv 数据的聚类情况

这些数据不是严格的高斯分布。通过计算发现，当 $K=3$ 时，度量指标最小，即最接近正态分布。结合图 6-4 和图 6-5，直观上看，$K=3$ 时，所聚的类更符合正态分布的对称性，以及远离聚类中心的渐近稀疏性。

小贴士

正态性度量是统计学中的一种**拟合方法**。拟合的意思是，在不知道真实模型的情况下，从已知数据中寻找最贴近的模型。机器学习中，较为常见的拟合是线性回归，它是一种拟合直线的方法，详见第 7 章；而深度学习可以拟合很多不规则分布的数据，详见第 11 章。

6.3 渐近正态性

本节将介绍统计学中非常重要的性质——渐近正态性。无论样本服从什么分布，都可以随机生成同一分布下的 N 个观测样本，并算出均值。由于每次生成的 N 个样本都不相同，重复 T 次后，必然会得到 T 个不同的均值。根据中心极限定理，当 T 足够大时，这些均值会逐渐趋向于正态分布，即表现出渐近正态性。

在学习中心极限定理之前，有必要了解一下切比雪夫不等式和大数定律。因为切比雪夫不等式是大数定律成立的先决条件，而大数定律又是中心极限定理的理论基础。追根溯源，切比雪夫不等式的理论基础来源于马尔可夫不等式[71]。关于后者的介绍，可通过扫描前言二维码获取。

6.3.1 切比雪夫不等式和大数定理

1. 切比雪夫不等式

切比雪夫不等式揭示了概率的下界，即不管变量 X 服从什么分布，若它的期望为 μ、方差为 σ^2，则落在区间 $[\mu-\varepsilon,\mu+\varepsilon]$ 的概率至少是 $1-\frac{\sigma^2}{\varepsilon^2}$，即

$$P\{|X-\mu|\leqslant\varepsilon\}\geqslant 1-\frac{\sigma^2}{\varepsilon^2} \tag{6-21}$$

如图 6-6 所示，式(6-21)说明变量 X 落在阴影部分（即区间 $[\mu-\varepsilon,\mu+\varepsilon]$ 之外）的概率不会超过 $\frac{\sigma^2}{\varepsilon^2}$。

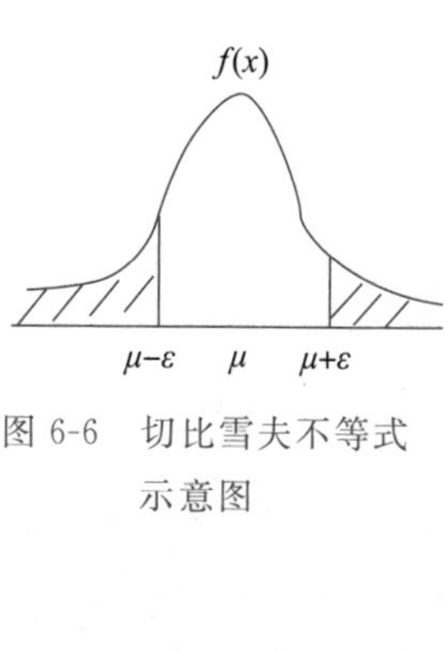

图 6-6　切比雪夫不等式示意图

定理 6-3（**切比雪夫不等式**）　不管变量 X 服从什么分布，$P\{|X-\mu|\leqslant\varepsilon\}\geqslant 1-\frac{\sigma^2}{\varepsilon^2}$ 恒成立。

证明：将 $|X-\mu|$ 代入马尔可夫不等式 $P(X\geqslant a)\leqslant\frac{E(X)}{a}$，得

$$P\{|X-\mu|\geqslant a\}\leqslant\frac{E(|X-\mu|)}{a}$$

从而

$$P\{(X-\mu)^2 \geqslant a^2\} \leqslant \frac{E[(X-\mu)^2]}{a^2} = \frac{\sigma^2}{a^2}$$

所以

$$P\{|X-\mu| \geqslant \varepsilon\} \leqslant \frac{\sigma^2}{\varepsilon^2}, 即\ P\{|X-\mu| \leqslant \varepsilon\} \geqslant 1-\frac{\sigma^2}{\varepsilon^2}$$

2. 大数定律

直观上，重复抛掷硬币的次数 N 越大，正反两面朝上的次数就越接近于 $N/2$，即概率都渐近趋于 1/2。此外，众所周知，骰子共 6 个面，每个面出现的概率都是 1/6，掷的次数越多，各个面越趋于等概率出现。为什么呢？大数定律给出了答案。

定理 6-4(大数定律) 若 $X=[x_1, x_2, ..., x_N]$是 N 个独立同分布的观测样本，期望为 $E(X)=\mu$，{方差为 $D(X)=\sigma^2$。令 $\bar{x}_N = \frac{1}{N}\sum_{i=1}^{N} x_i$ ，对于任意 $\varepsilon>0$，当 $N\to\infty$时，$P\{|\bar{x}_N-\mu|>\varepsilon\}\to 0$。

证明：计算 $\bar{x}_N$ 的期望 $E(\bar{x}_N) = \frac{1}{N}\sum_{i=1}^{N} E(x_i) = \mu$ 。

因为 x_i 相互独立，所以方差 $D(\bar{x}_N) = \frac{1}{N^2}\sum_{i=1}^{N} D(x_i) = \frac{\sigma^2}{N}$ 。运用切比雪夫不等式，当 $N\to\infty$时，$\lim P\{|\bar{x}_N-\mu|>\varepsilon\} \leqslant \frac{D(\bar{x}_N)}{\varepsilon^2} = \frac{\sigma^2}{N\varepsilon^2} \to 0$

大数定律揭示了一个非常重要且直观的现象：同样的试验重复多次后，只要样本容量 N 足够大，均值 $\bar{x}_N$ 就会无限接近样本的期望 μ。正如定理 6-4，随着 N 的增大，$\bar{x}_N$ 落在区间$[\mu-\varepsilon, \mu+\varepsilon]$之外的概率接近于 0，这说明 $N\to\infty$，会使 $\bar{x}_N$ 接近于 μ 的概率趋近于 1，即为一个必然事件，也称作**依概率收敛**。

6.3.2 中心极限定理

中心极限定理是概率论中最著名的定理之一，它反映了大量独立随机变量之和近似服从正态分布，不管这些随机变量本身服从什么分布。

定理 6-5(中心极限定理) 设 $x_1, x_2, \cdots, x_N$ 是 N 个独立同分布的观测样本，期望为 μ，方差为 σ^2，则随机变量 $Z = \frac{x_1+x_2+\cdots+x_N-N\mu}{\sigma\sqrt{N}}$的分布渐近趋向于标准正态分布。换言之，当 $N\to\infty$时，对任何$-\infty<a<+\infty$，都有

$$\lim_{N\to\infty} P\{Z \leqslant a\} \to \frac{1}{\sqrt{2\pi}}\int_{-\infty}^{a} \mathrm{e}^{-\frac{z^2}{2}}\mathrm{d}z$$

定理 6-5 中，变量 Z 是这 N 个观测样本之和，期望是 $E(Z)=N\mu$，方差是 $D(Z)=N\sigma^2$。它是观测样本均值 $\bar{x} = \frac{1}{N}\sum_{i=1}^{N} x_i$ 的 N 倍。鉴于 Z 和 $\bar{x}$ 呈线性关系，且 $E(\bar{x})=\mu$，$D(\bar{x})=\frac{\sigma^2}{N}$，所以无论变量 X 服从什么分布，随机变量 $Y=\frac{\bar{x}-\mu}{\sigma/\sqrt{N}}$都渐近趋向于标准正态分布。

【例 6-3】 一个天文学家希望测量遥远的恒星到地球之间的距离（单位：光年）。由于测量技术有限，且大气条件存在变化和正常误差，每次测量得到的都不是距离的准确值，而只

是一个估计值。因此，天文学家计划进行一组测量，用这些测量值的平均值作为距离真实值的估计。若各次测量值是独立同分布的多个随机变量的观测值，随机变量的公共分布的期望值为 d（距离的真值），公共方差为 $\sigma^2=4$，那么要重复测量多少次才能保证有 95% 的把握使得测量精度达到 ±0.5 光年？[51]

解：假设天文学家总共进行了 n 次观测，测量值为 $X_1,X_2,\cdots,X_n$。

由中心极限定理，$Z_n=\dfrac{\sum_{i=1}^{n}X_i-nd}{2\sqrt{n}}\sim N(0,1)$ 服从标准正态分布，令这 n 次测量的均值为 $\overline{X}=\dfrac{1}{n}\sum_{i=1}^{N}X_i$，则 $Y=\dfrac{\overline{X}-d}{2/\sqrt{n}}\sim N(0,1)$ 也服从标准正态分布。

根据式(6-15)

$$
\begin{aligned}
P\{-0.5\leqslant\overline{X}-d\leqslant 0.5\}&=P\left\{-0.5\frac{\sqrt{n}}{2}\leqslant Y\leqslant 0.5\frac{\sqrt{n}}{2}\right\}\\
&\approx\Phi\left(\frac{\sqrt{n}}{4}\right)-\Phi\left(-\frac{\sqrt{n}}{4}\right)\\
&=2\Phi\left(\frac{\sqrt{n}}{4}\right)-1
\end{aligned}
$$

当 $\Phi\left(\dfrac{\sqrt{n}}{4}\right)=0.975$ 时，$2\Phi\left(\dfrac{\sqrt{n}}{4}\right)-1=0.95$。

查表得，$n=(7.84)^2\approx 61.47$，即至少要通过 62 次观测。

通常 Z_n 服从正态分布的假设是成立的。但是整体上，Z_n 与正态分布的逼近程度还有赖于 X_i 的分布。例 6-3 中，若天文学家对正态逼近没有把握，则可以运用切比雪夫不等式(6-21)，结合 $E(\overline{X})=d$，$D(\overline{X})=\dfrac{4}{n}$，得

$$
P\{|\overline{X}-d|\leqslant 0.05\}\geqslant 1-\frac{4}{n(0.5)^2}=0.95
$$

即至少观测 $n=320$ 次，可以有 95%的把握保证精度在 ±0.5 光年内。

例 6-3 表明，切比雪夫不等式虽然正确，但是不够精确。通过这个不等式的估算，只能得到一个粗略的结果。

6.3.3 案例：指数分布样本均值的渐近正态分布

本案例生成 N 个指数分布随机数，重复生成 $T=1000$ 次，分别算出均值 $\overline{X}_1,\overline{X}_2,\cdots,\overline{X}_T$。将这些均值看作 T 个样本，则它们渐近服从正态分布。N 越大，$\overline{X}_1,\overline{X}_2,\cdots,\overline{X}_T$ 的方差会越小，从而验证中心极限定理。

指数分布样本均值的渐近正态分布

本案例取 $\lambda=10$，指数分布的概率密度函数为

$$
f(x)=\begin{cases}\lambda e^{-\lambda x}, & x>0\\ 0, & 其他\end{cases}\quad(\lambda>0)
$$

理论上，该分布的期望是 $E(X)=\dfrac{1}{\lambda}=0.1$，方差是 $D(X)=\dfrac{1}{\lambda^2}=0.01$。

代码实现如下：

【代码 6-3】

```
import numpy as np
import matplotlib.pyplot as plt
N = 10000  # 可更改,N = 100,1000
data = np.random.exponential(0.1,[N,1])
plt.figure()
plt.hist(data,100)
plt.title('N = %d'% N)
T = 1000
X_bar = np.array(np.zeros(T,dtype = float))
for j in range(0,T):
    number = np.zeros(N)
    X = np.random.exponential(0.1,[N,1])
    X_bar[j-1] = np.mean(X)
plt.figure()
plt.hist(X_bar,100)
plt.title('N = %d'% N)
plt.show()
```

运行代码 6-3 后，某次随机生成的 N 个指数分布样本的直方图如图 6-7(a)(c)(e)所示。随着 N 的增大，直方图形状越来越接近指数密度函数。图 6-7(b)(d)(f)展示了重复 T 次后均值 $\overline{X}_1,\overline{X}_2,\cdots,\overline{X}_T$ 的直方图。观察发现，T 个均值的分布非常接近正态分布。它们在 $E(X)=0.1$ 附近出现的频次较高；离 0.1 越远，出现的频次越低。根据大数定律，$\overline{X}_1,\overline{X}_2,\cdots,\overline{X}_T$ 的期望 $E(\overline{X})=E(X)$，方差 $D(\overline{X})=\dfrac{D(X)}{N}$。随着 N 的增大，期望 $E(\overline{X})$ 不变，标准差会逐渐减小，这说明分布越来越集中。总之，N 增大会导致 T 个均值之间扰动变小，不断向 $E(X)=0.1$ 靠拢。当 $N\to\infty$ 时，这种扰动几乎不存在，即依概率收敛到指数分布的均值。

此外，图 6-7(b)(d)(f)中，$\overline{X}_1,\overline{X}_2,\cdots,\overline{X}_T$ 都近似服从正态分布。读者可以分别计算 $N=100$、$N=1000$ 和 $N=10000$ 的标准差 $\sqrt{D(\overline{X})}$，验证 $\overline{X}_1,\overline{X}_2,\cdots,\overline{X}_T$ 是否大致都落在了 $(\mu-3\sigma,\mu+3\sigma)$ 区间内。

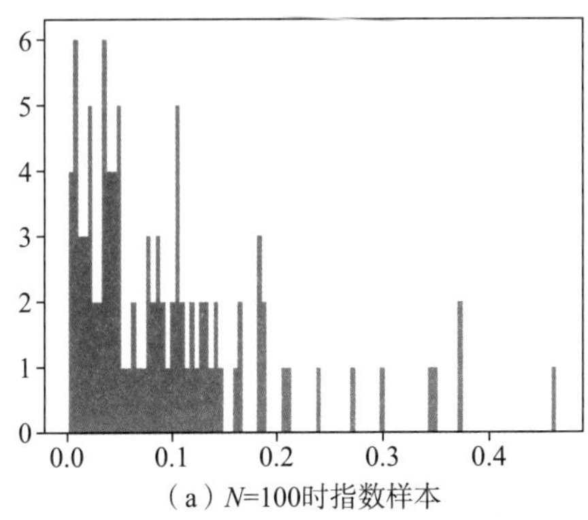

(a) N=100时指数样本

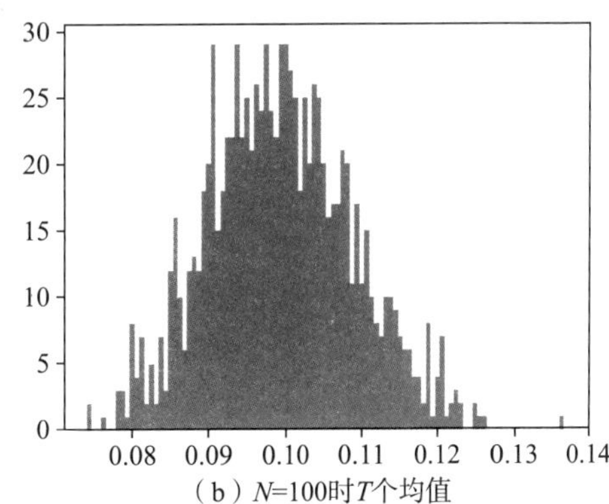

(b) N=100时T个均值

图 6-7 随机生成的 N 个指数分布样本和 T 个均值 $\overline{X}_1,\overline{X}_2,\cdots,\overline{X}_T$ 分布直方图

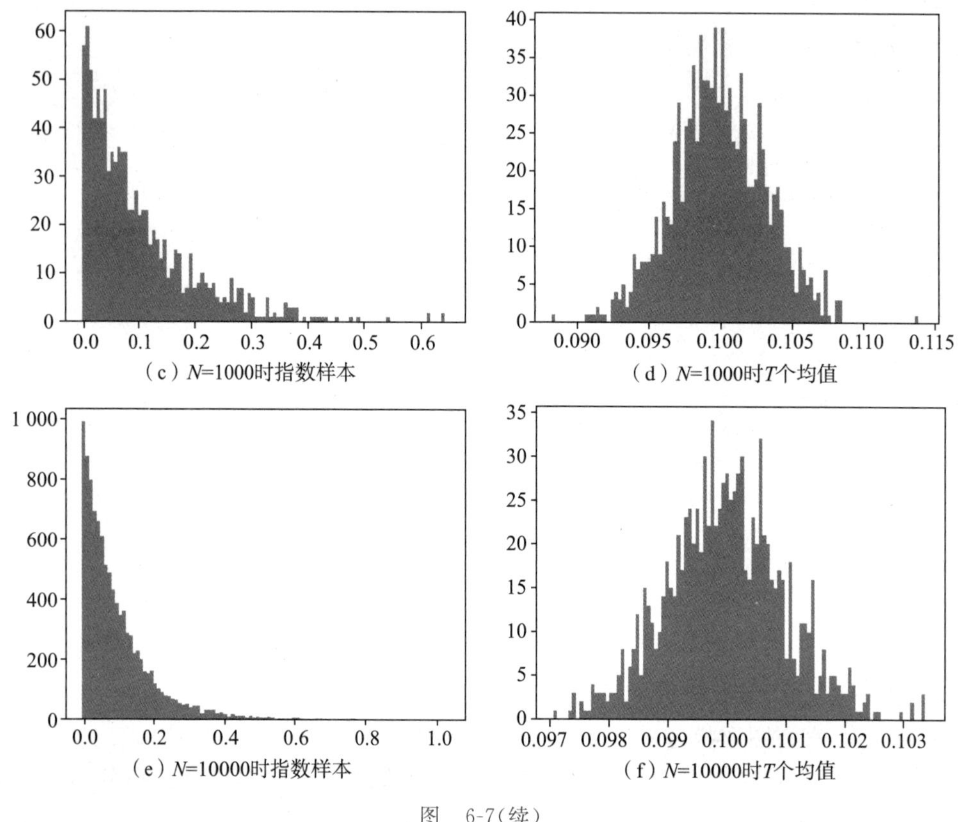

图 6-7(续)

6.4 数据的显著性差异

6.4.1 置信区间和 p 值

本小节将从统计学角度介绍数据的显著性差异，判断它们是否来自同一个分布总体。由于各个分布总体下的数据通常都会表现出自身的规律和特性，因此在同一分布中数据间差异不大，而来自不同分布的数据会有明显差异。例如，男性身高和女性身高服从两个不同的正态分布(均值、方差都不同)；再如，第 5 章 5.3.4 小节提到的感冒发烧人次服从泊松分布，不同环境下的人次数据来自两个不同的泊松总体(参数不同)，因为患病的概率不同。

1. 置信区间

置信，顾名思义就是让人相信，或者令人信服。以 6.2.1 小节提到的 3σ 原则为例，在某一正态分布总体 $X \sim N(\mu, \sigma^2)$ 中，变量 X 的值落在 $(\mu-3\sigma, \mu+3\sigma)$ 中的概率总和是 0.9973。换言之，已知期望 μ 和标准差 σ，如果生成该分布下 10000 个随机数，会有超过 9970 个落在 $(\mu-3\sigma, \mu+3\sigma)$ 内，而落在该区间外的通常不会超过 30 个。区间外的少量数据与绝大多数区间内数据会形成非常明显的差异，因为前者离期望 μ 相对较远。

将 $(\mu-3\sigma, \mu+3\sigma)$ 当作置信区间，则该区间外的数据来自这个正态总体的概率是 1−

0.9973=0.0027。比如,当参数$\mu=1$、$\sigma=2$时,$(\mu-3\sigma,\mu+3\sigma)$区间是(-5,7),该区间的置信度是0.9973。随机数的取值若大于7或小于-5,它与该区间内数据服从同一分布的概率只有0.0027,我们可以认为前者来自另一个分布总体,从而拒绝它。

正态分布中,落在$(\mu-2\sigma,\mu+2\sigma)$区间内的概率也很高,达到了0.9545。如果两组数据分别落在$(\mu-2\sigma,\mu+2\sigma)$区间内外,则它们服从同一分布的概率是1-0.9545=0.0455,可以认为它们大概率来自不同的分布。而落在$(\mu-\sigma,\mu+\sigma)$区间内外的概率分别是0.6836和1-0.6836=0.3164,这表明落在$(\mu-\sigma,\mu+\sigma)$区间内外的可能性都不小,所以将它作为置信区间,置信度并不高。

在统计学中,置信区间外的区域称作**拒绝域**,用α表示(α可以是0.1、0.05或者0.005等),从而置信区间的置信度就是$1-\alpha$。拒绝域可以是单侧,也可以是双侧。例如,图6-8(a)中正态分布的$(\mu-3\sigma,\mu+3\sigma)$和$(\mu-2\sigma,\mu+2\sigma)$区间的拒绝域是双侧的,两侧各占一半,对应的$\alpha/2$分别是0.00135和0.02275,表明落在置信区间(中间部分)以外的概率分别是0.0027和0.0455。如图6-8(b)所示,指数分布的拒绝域是单侧的,因为左右不对称。

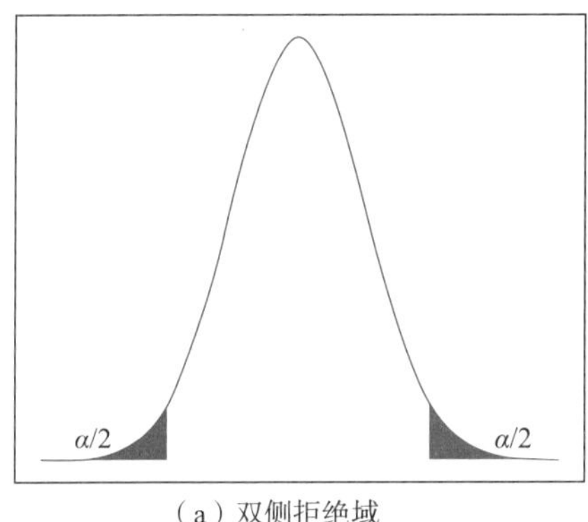

(a)双侧拒绝域

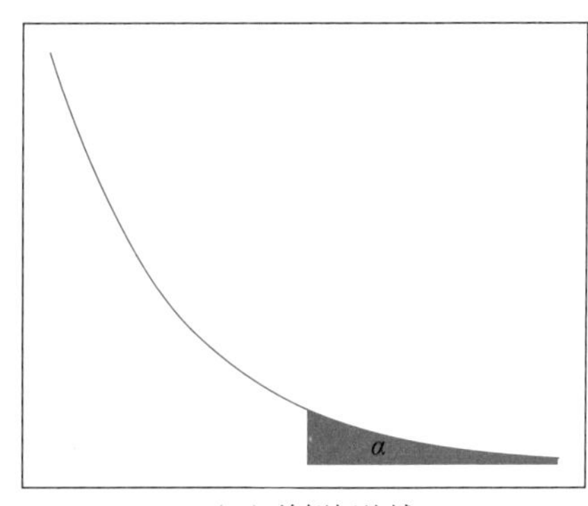

(b)单侧拒绝域

图6-8 拒绝域(阴影部分)为α的示意图

【例6-4】 在抛掷硬币过程中,如果正面和反面朝上的概率都是0.5,连续独立地抛掷6次,计算至少有一次正面且有一次反面朝上的置信度。

解:这是一个二项分布问题,1正5反,$C_6^1\left(\frac{1}{2}\right)^1\left(\frac{1}{2}\right)^5=0.09375$;2正4反,$C_6^2\left(\frac{1}{2}\right)^2\left(\frac{1}{2}\right)^4=0.234375$;3正3反,$C_6^3\left(\frac{1}{2}\right)^3\left(\frac{1}{2}\right)^3=0.3125$;4正2反,$C_6^4\left(\frac{1}{2}\right)^4\left(\frac{1}{2}\right)^2=0.234375$;5正1反,$C_6^5\left(\frac{1}{2}\right)^5\left(\frac{1}{2}\right)^1=0.09375$。

上述5种情况的总概率是0.96875,即至少一次正面且一次反面朝上的置信度约为0.968。

2. p值的概念

统计学中,p值是判定数据差异的重要指标,它建立在同一分布总体的假设之上。如果将置信度设为0.95,那么拒绝域α就是0.05。继续上述正态分布的例子,已知$(\mu-3\sigma,\mu+3\sigma)$区间是(-5,7),同理$(\mu-2\sigma,\mu+2\sigma)$区间是(-3,5)。若某一随机数$X$取值为-3或5,

则 X 的 p 值是 0.0455。因为在这个正态分布下，X 两侧(大于 5 以及小于 −3)的数出现的概率不会超过 0.0455。如果 $p<\alpha$，则拒绝，我们认为 X 并非来自这个正态总体。如果 $\alpha=0.025$，X 落在置信区间内，则接受。

倘若 X 落在了$(\mu-3\sigma,\mu+3\sigma)$区间的边界上($X=-5$ 或 7)，p 值即是 0.0027，它与该分布总体下的绝大多数数据的差异性更大。p 值越小，说明数据来自某一个分布总体的可能性也越小，因为它和该分布下大多数的数据差异大，从而更坚定地认为该数据来自另一个分布总体。

例 6-4 中，6 次抛掷后全部正面朝上和朝下的概率不会超过 0.03125。根据 5.3.3 小节的案例，当单次概率为 $q=0.5$ 时，二项分布概率密度是对称的，因此 6 次全部朝上和全部朝下的概率都是 0.015625，它落在了 $\alpha=0.05$ 的双侧拒绝域中，因为 $0.015625<\alpha/2$。倘若单次正面朝上概率 $q\neq 0.5$，反面朝上概率即为 $1-q$，二项分布不再对称。通过增大 q，可以使 6 次全部朝上的概率超过 $\alpha=0.5$，从而落在置信度为 0.95 的区间内，读者可以自行计算。

正态分布和单次发生概率为 0.5 的二项分布都属于概率分布左右对称的情况，所以置信区间 $1-\alpha$ 是双侧的。例如，正态分布中$(\mu-3\sigma,\mu+3\sigma)$区间外的双侧拒绝域都是 $\alpha/2=0.00135$。如果只考虑单侧置信区间，则 $P\{X>\mu+3\sigma\}=1-\Phi(3)=\alpha/2=0.00135$，而 $P\{X<\mu-3\sigma\}$的置信度是 $\Phi(-3)=\alpha/2=0.00135$。另外，有些分布只有单侧情况，如指数分布，因此只需考虑单侧置信区间。

6.4.2 案例：与标准正态相关的三大分布显著性检验

6.3.2 小节提到的中心极限定理揭示了统计学中非常重要的渐近正态性，即无论数据本身服从哪种分布，大量样本总和及均值都会近似服从正态分布。5.4.4 小节从概率密度变换的理论角度，给出了标准正态分布映射到 χ^2 分布、t 分布和 F 分布的密度表达式。很多数理统计书里都介绍过它们的实际应用——显著性检验。

本小节将通过 Python 编程，直观地展示这三大分布在数据显著性检验中的理论基础，逐个介绍它们的应用领域，以帮助读者深入理解其物理意义。具体地，首先生成标准正态分布的 $N=1000$ 个随机数，然后根据 5.4.4 小节中相应的函数关系，将它们分别映射成 χ^2 分布、t 分布和 F 分布下的 N 个数，最后展示它们的分布直方图，并讨论三大分布各自的置信区间。

1. χ^2 分布检验

本案例生成 $N=1000$ 个标准正态随机数，重复生成 n 次，作为 n 个相互独立的正态总体。服从 $\chi^2(n)$分布的变量 Y 是 n 个独立同分布的标准正态变量之和，即 $Y=X_1^2+X_2^2+\cdots+X_n^2$，其自由度为 n。如果用 X_{ij} 表示第 i 个正态总体的第 j 个样本，则服从 $\chi^2(n)$分布的第 j 个样本是 $Y_j=X_{1j}^2+X_{2j}^2+\cdots+X_{nj}^2$，从而得到了 N 个 $\chi^2(n)$分布的随机数，作为变量 Y 的 N 个观测样本。

代码实现如下：

标准正态分布导出统计学三大分布

【代码 6-4】

```
import numpy as np
import matplotlib.pyplot as plt
n = 5                    #自由度,可改
```

```
N = 1000
X = np.random.normal(loc = 0.0,scale = 1.0,size = [N,n])          #随机生成标准正态分布样本
Y = np.sum(X * * 2,axis = 1)
plt.figure()
plt.hist(Y,100)
plt.show()
```

运行代码 6-4，取 $n=1$ 和 5，得到服从 $\chi^2(n)$ 分布的 N 个随机数直方图，如图 6-9 所示。再对比第 5 章的图 5-16 中相应自由度的概率密度函数，会发现它们的形状基本一致。统计学中，通常用 df 表示自由度，即 degree of freedom，就是这里的 n。

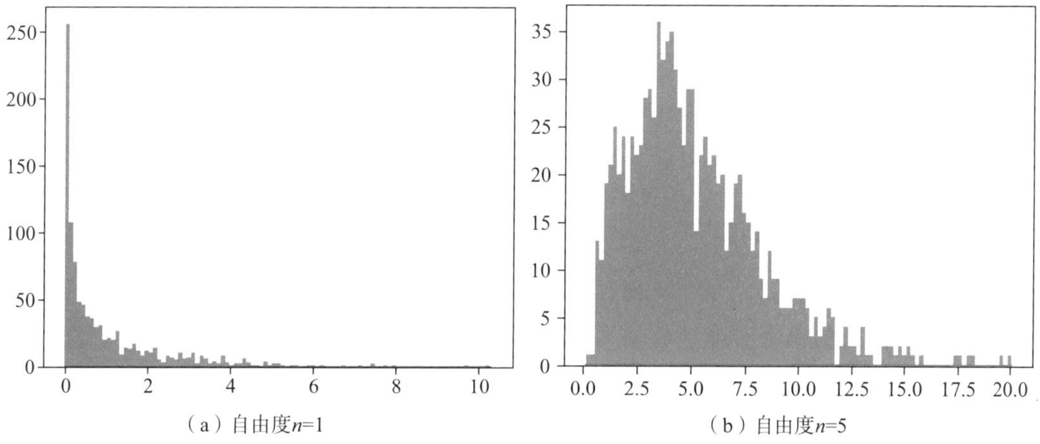

(a) 自由度n=1

(b) 自由度n=5

图 6-9　服从 $\chi^2(n)$ 分布的 N 个随机数直方图

由于 $\chi^2(n)$ 分布左右不对称，该分布下变量 Y 恒大于 0，所以置信区间是单侧的。若 df=1，查表得知，当 $Y<3.84$ 时，置信度为 0.95，记作 $\chi^2_{0.95}(1)=3.84$。它的物理意义是，在 df=1 的 χ^2 分布总体下，样本的值小于 3.84 的概率是 95%。观察图 6－9(a)可知，确实绝大多数随机数都落在了 3.84 的左侧；图 6-9(b)中，$\chi^2_{0.99}(5)=15.09$，即在 df=5 的 χ^2 分布总体下，有 99%的样本取值小于 15.09，相应的拒绝域 $\alpha=0.01$。若某个样本取值大于 15.09，则它的 p 值小于 α，此时我们有 99%的把握确信，该样本不服从 $\chi^2(5)$ 分布，毕竟它跟该分布下 99%的样本都有显著差异。

χ^2 分布一般用于样本的独立性检验，根据 6.1.3 小节，n 个样本的方差自由度是 $n-1$，而这些样本通常服从正态分布。如果不是标准正态，可以利用定理 6-1 的 U 变换，将它们转换成标准正态分布。例如，检验产品的合格率是否受到外界因素的影响(机器损坏、气候变化等)。χ^2 分布检验建立在不受影响(独立)的前提下，对不同外界因素下的样本总共抽样 n 个，其大小、净重等指标的波动(方差)应该没有显著性差异。如果有，则计算得到的结果，其 p 值会非常小，从而落在了 $\chi^2(n-1)$ 分布的拒绝域 α 中。

2. t 分布检验

服从 $t(n)$ 分布的变量 $Z=\dfrac{X}{\sqrt{Y/n}}$，其中变量 $X\sim N(0,1)$，变量 $Y\sim\chi^2(n)$，两者相互独立。本案例生成 $N=1000$ 个标准正态随机数，重复生成 n 次，得到 N 个 $\chi^2(n)$ 分布的随机

数，作为变量 Y 的 N 个观测样本。另外再独立生成 N 个标准正态随机数，作为变量 X 的样本，从而得到 $t(n)$ 分布下的 N 个观测样本 $Z_j=\dfrac{X_j}{\sqrt{Y_j/n}}(j=1,2,\cdots,N)$。

代码实现如下：

【代码 6-5】

```
import numpy as np
import matplotlib.pyplot as plt
n = 5
N = 1000
X = np.random.normal(loc = 0.0,scale = 1.0,size = [1,N])
Y = np.random.normal(loc = 0.0,scale = 1.0,size = [n,N])
Kafang = np.sum(Y * * 2,axis = 0)
Denomi = (1/n) * Kafang
Z = X[0]/np.sqrt(Denomi)
print(Z.shape)
plt.figure()
plt.hist(Z,100)
plt.show()
```

运行代码 6-5，取 $n=5$ 和 20，得到 $t(n)$ 分布的直方图如图 6-10 所示，它们的形状与图 5-17 中相应自由度的概率密度函数基本一致。因为该分布关于 $Z=0$ 左右对称，所以置信区间是双侧的，这跟正态分布非常相似。查表得，当 $\mathrm{d}f=5$ 时，$t_{0.975}(5)=2.751$，从而 $t_{0.025}(5)=-2.751$，即 $P\{-2.751<Z<2.751\}=0.95$；同理，若 $\mathrm{d}f=20$，则 $t_{0.975}(20)=2.086$，所以在 $t(n)$ 分布中，自由度 n 越大，宽度越窄，随着 n 增大，它渐近趋于正态分布。

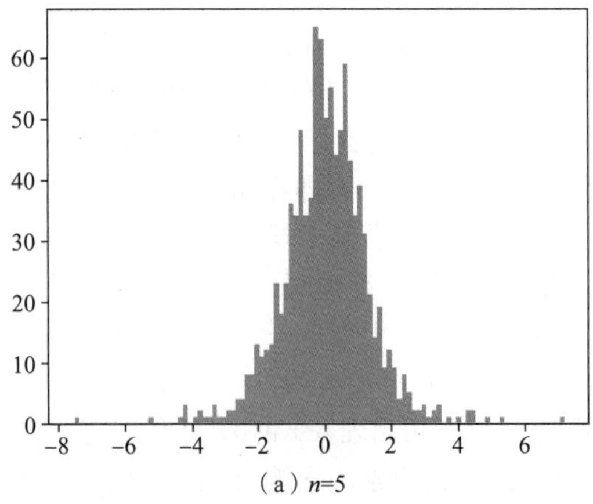

(a) n=5

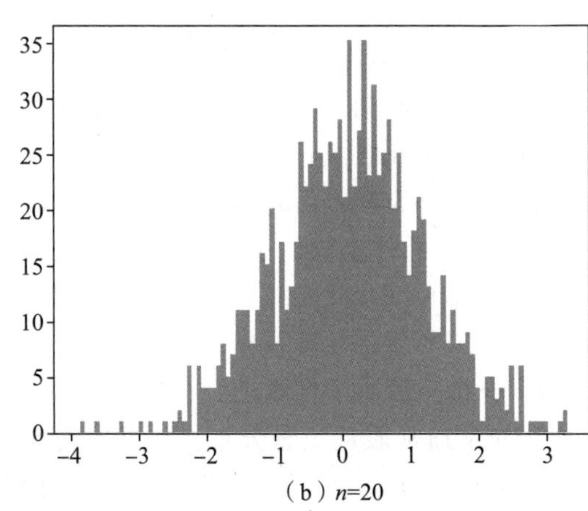

(b) n=20

图 6-10 $t(n)$分布直方图

通常，在方差 σ_0^2 未知的情况下，t 分布可用于均值的两种检验：①一组数据的均值是否为给定的 μ_0；②两组不同数据的均值是否存在显著性差异。

对于第①种情况，假设 n 个数据 $X_1,X_2,\cdots,X_n$ 服从正态分布 $N(\mu_0,\sigma_0)$，若均值为 $\overline{X}$，则 $\dfrac{\overline{X}-\mu_0}{\sigma_0/\sqrt{n}}\sim N(0,1)$。6.1.3 小节分析过，$S=\dfrac{1}{n-1}\sum\limits_{i=1}^{n}(X_i-\overline{X})^2$ 是方差 σ_0^2 的无偏估计，即

$E(S)=\sigma_0^2$，所以$\frac{(n-1)S}{\sigma_0^2}\sim\chi^2(n-1)$。根据定义，$Z=\frac{\overline{X}-\mu_0}{\sigma_0/\sqrt{n}}\Big/\sqrt{\frac{S}{\sigma_0^2}}=\frac{\overline{X}-\mu_0}{\sqrt{S/n}}$服从 $t(n-1)$ 分布。

对于第②种情况，假设第一组 n_1 个数据 $X_1,X_2,\cdots,X_{n_1}$，第二组 n_2 个数据 $Y_1,Y_2,\cdots,Y_{n_2}$，两组数据都服从 $N(\mu_0,\sigma_0)$的正态分布，原假设是两组均值相等，即 $\overline{X}=\overline{Y}=\mu_0$，从而$\frac{\overline{X}-\mu_0}{\sigma_0}\sim N\left(0,\frac{1}{n_1}\right)$，$\frac{\overline{Y}-\mu_0}{\sigma_0}\sim N\left(0,\frac{1}{n_2}\right)$。由于两组数据相互独立，均值相减后为$\frac{\overline{X}-\overline{Y}}{\sigma_0}\sim N\left(0,\frac{n_1n_2}{n_1+n_2}\right)$，即$\frac{\overline{X}-\overline{Y}}{\sigma_0\Big/\sqrt{\frac{n_1n_2}{n_1+n_2}}}\sim N(0,1)$。两组方差分别满足$\frac{(n_1-1)S_1}{\sigma_0^2}\sim\chi^2(n_1-1)$和$\frac{(n_2-1)S_2}{\sigma_0^2}\sim\chi^2(n_2-1)$。令$\frac{(n_1+n_2-2)S_w}{\sigma_0^2}\sim\chi^2(n_1+n_2-2)$，则变量 $Z=\frac{\overline{X}-\overline{Y}}{\sqrt{S_w\left(\frac{1}{n_1}+\frac{1}{n_2}\right)}}$服从 $t(n_1+n_2-2)$分布，其中 $S_w=\frac{n_1-1}{n_1+n_2-2}S_1+\frac{n_2-1}{n_1+n_2-2}S_2$。

3. *F* 分布检验

根据 F 分布的定义，如果两个变量 $Y_1\sim\chi^2(n_1)$和 $Y_2\sim\chi^2(n_2)$，则变量 $Z=\frac{Y_1/n_1}{Y_2/n_2}\sim F(n_1,n_2)$。本案例生成 $N=1000$ 个标准正态随机数，分别重复 n_1 和 n_2 次，得到服从$\chi^2(n_1)$和$\chi^2(n_2)$分布的随机数，作为变量Y_1 和Y_2 的 N 个观测样本，并由此得到 $F(n_1,n_2)$分布下的 N 个观测样本 $Z_j=\frac{Y_{1j}/n_1}{Y_{2j}/n_2}(j=1,2,\cdots,N)$。

代码实现如下：

【代码 6-6】

```
import numpy as np
import matplotlib.pyplot as plt
n1 = 20   # 自由度,可改
n2 = 20   # 自由度,可改
N = 1000
X = np.random.normal(loc = 0.0,scale = 1.0,size = [n1,N])
Nomi = (1/n1) * np.sum(X * * 2,axis = 0)
Y = np.random.normal(loc = 0.0,scale = 1.0,size = [n2,N])
Denomi = (1/n2) * np.sum(Y * * 2,axis = 0)
Z = Nomi/Denomi
plt.figure()
plt.hist(Z,100)
plt.show()
```

运行代码 6-6，取 $n_1=5,n_2=30$ 和 $n_1=20,n_2=20$，分别得到如图 6-11(a)和(b)的 F 分布直方图。对比图 6-11 与图 5-18，前者的直方图与后者的概率密度函数曲线形状基本一致。第 5 章介绍过，$F(n_1,n_2)$是$\chi^2(n_1)$和$\chi^2(n_2)$比值的分布，旨在比较两组数据的方差是否存在显著性差异。跟 χ^2 分布一样，F 分布非对称，拒绝域也是单侧的，因为方差的比值大于 0。通过查表，可得 $F(n_1,n_2)$ 不同置信区间的取值范围，从而确定是否接受某个比值。

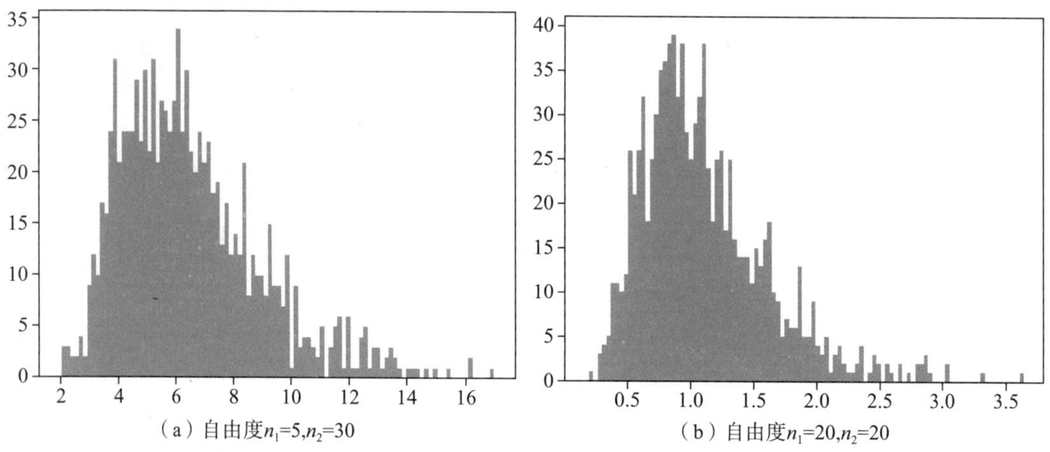

(a) 自由度n_1=5,n_2=30　　(b) 自由度n_1=20,n_2=20

图 6-11　F 分布直方图

与 t 分布相比，虽然 F 分布的概率密度表达式非常复杂，但是在理解和应用方面却要简单很多。t 分布检验两组数据的均值，而 F 分布用于分析两组数据的方差。比如，在第 4 章 4.2.3 小节案例中提到过“簇”的概念，即不同类别的样本会呈现出同类相似而异类不同的特征。同类聚在一起，方差小；而不同类的中心点（均值）之间，方差会明显大（见图 4-10）。可以构建两组数据：第 1 组数据由 3 个类的均值组成，即 $n_1=3$；第 2 组数据由图 4-10 中圆点（全部是第一类样本）中的任意 21 个组成，即 $n_2=21$，从而两组方差的比值服从 $F(n_1-1,n_2-1)$ 分布。

通过查表，$F_{0.90}(2,20)=2.59$，$F_{0.95}(2,20)=3.49$，$F_{0.975}(2,20)=4.46$，$F_{0.99}(2,20)=5.85$。F 分布基于两组方差变量是独立同分布的前提假设，如果没有外界影响（干扰），这 3 个均值与 21 个同类样本的方差比值不会太大，该比值小于 2.59 的概率为 90%。比值越大，说明两组方差的差异越显著，可以认为它们不是独立同分布。另外有一种特殊情况，即变量 $Z\sim t(n)$，根据 5.4.4 小节，Z 的平方 $Z^2\sim F(1,n)$，它用于检验 2 个变量与 $n+1$ 个变量的方差比值。

本章小结

本章围绕统计学展开了几个方面的介绍。统计学建立在数据分布未知的前提下，第一部分参数估计介绍了两种估计方法——矩估计和最大似然估计，旨在根据给定的观测样本估算概率分布参数，如期望和方差。鉴于正态分布的广泛性和通用性，本章介绍了正态分布的 3σ 原则和数据的正态性度量，以及与之相关的中心极限定理。最后，以三个编程案例分别直观展示了标准正态分布到统计学中三大分布的映射情况，并分别介绍了这三大分布的不同置信区间和相应的 p 值。

线性模型

线性模型的理论基础在很大程度上依赖于向量和矩阵。相比于非线性模型，线性模型比较简单，并且从数学理论的角度容易评估，从而成为人工智能领域中十分常见的模型。例如，自然界中很多事物都存在因果关系，通过建立线性方程组并求解，可以找到事物间的内在联系；通过建立样本与类别标签的线性模型并求解，可得到两者间最佳的线性关系，以此作为提取的线性特征，实现分类。另外，线性模型还与自然界中最常见的高斯分布存在等价关系。

7.1 线性方程组

现实中线性方程组的应用非常广泛，它一般用来描述数据间的因果关系。比如，造成气候变化的影响因素有很多，包括温度、湿度、海拔等；影响身高的因素也有很多，包括性别、遗传、营养、运动等；还有其他类似的例子数不胜数。已知矩阵 $\boldsymbol{A}\in\mathbb{R}^{m\times n}$ 和向量 $\boldsymbol{b}\in\mathbb{R}^{m}$，$\boldsymbol{A}$ 的 m 行表示 m 个观测样本，每个样本都有 n 个维度（因素）。在这 n 个因素的加权线性组合下，每个观测样本都会产生一个结果，从而这些观测样本的结果构成了 m 维列向量 $\boldsymbol{b}$。方程组 $\boldsymbol{A}\boldsymbol{x}=\boldsymbol{b}$ 旨在根据已有的 $\boldsymbol{A}$ 和 $\boldsymbol{b}$，求解未知的 $\boldsymbol{x}\in\mathbb{R}^{n}$。$\boldsymbol{x}$ 中 n 个元素分别对应了各因素的权重，权重的绝对值越大，表明这个因素越重要，它对结果的影响越大；反过来，权重绝对值接近于 0，表明该因素可以忽略不计。

7.1.1 案例：线性方程组的应用

联合循环发电厂[74]每小时的产能效率（B）分别与四个输入因素有关：温度（T）、排气真空度（V）、环境压力（P）和相对湿度（H）。该发电厂数据集里有超过 9500 组测量值，为了简化问题，只取其中 10 组数据[5]，见表 7-1。

表 7-1 联合循环发电厂里的 10 组数据

T	V	P	H	B
8.34	40.77	1010.84	90.01	480.48
23.64	58.49	1011.40	74.20	445.75
29.74	56.90	1007.15	41.91	438.76
19.07	49.69	1007.22	76.79	453.09
11.80	40.66	1017.13	97.20	464.43
13.97	39.16	1016.05	84.60	470.96
22.10	71.29	1008.20	75.38	442.35
14.47	41.76	1021.98	78.41	464.00
31.25	69.51	1010.25	36.83	428.77
6.77	38.18	1017.80	81.13	484.31

表 7-1 中一共有 10 组测量值（观测样本）。第 i 组测量值对应的输出结果为 $b_i(i=1,2,\cdots,10)$，建立输入（测量值）与输出结果之间的线性关系为

$$x_0+x_T T_i+x_V V_i+x_H H_i+x_P P_i=b_i \tag{7-1}$$

式(7-1)中，x_0 是一个公共偏移量。虽然每组的四个输入因素 T、V、H、P 各不相同，但是对各个组而言，待求的权重 $\boldsymbol{x}=[x_0,x_T,x_V,x_H,x_P]^{\mathrm{T}}$ 却是相同的。

结合表 7-1 和式(7-1)，可以构建线性方程组 $\boldsymbol{Ax}=\boldsymbol{b}$，其中 $\boldsymbol{A}\in\mathbb{R}^{10\times5}$，$\boldsymbol{b}\in\mathbb{R}^{10}$，即

$$\boldsymbol{A}=\begin{bmatrix}1 & 8.34 & 40.77 & 1010.84 & 90.01\\ 1 & 23.64 & 58.49 & 1011.40 & 74.20\\ 1 & 29.74 & 56.90 & 1007.15 & 41.91\\ 1 & 19.07 & 49.69 & 1007.22 & 76.79\\ 1 & 11.80 & 40.66 & 1017.13 & 97.20\\ 1 & 13.97 & 39.16 & 1016.05 & 84.60\\ 1 & 22.10 & 71.29 & 1008.20 & 75.38\\ 1 & 14.47 & 41.76 & 1021.98 & 78.41\\ 1 & 31.25 & 69.51 & 1010.25 & 36.83\\ 1 & 6.77 & 38.18 & 1017.80 & 81.13\end{bmatrix}$$

$$\boldsymbol{b}=[480.48,445.75,438.76,453.09,464.43,470.96,442.35,464.00,428.77,484.31]^{\mathrm{T}}$$

已知输入 $\boldsymbol{A}$ 和输出 $\boldsymbol{b}$，需求解 $\boldsymbol{x}=[x_0,x_T,x_V,x_H,x_P]^{\mathrm{T}}$。本案例直接调用 Python 工具包 scipy 中 linalg 函数，即

```
x = linalg.lstsq(A,b)
```

求解的结果是

```
x = [830.5444,   -2.2292,   -0.3638,   -0.2936,   -0.2320]T
```

求解结果表明，偏移量 x_0 是 830.5444，权重 x_T、x_V、x_H 和 x_P 分别是 −2.2292、−0.3638、−0.2936 和 −0.2320，即温度对输出产能的影响远大于其他三个因素。这四个

输入因素 T、V、H、P 与输出的产能都成反比关系。

方程组解的个数与行列关系

7.1.2 方程组的解与线性空间的关系

在线性方程组 $\boldsymbol{Ax}=\boldsymbol{b}$ 中，根据系数矩阵 $\boldsymbol{A}$ 的行列个数关系，共分为超定、恰定和欠定三种情况。当观测样本个数大于因素个数时，即 $\boldsymbol{A}$ 的行数 m 大于 $\boldsymbol{x}$ 中待求权重的个数 n，这种情况属于超定方程。例如，7.1.1 小节的案例中 $m=10$，$n=5$，根据矩阵的性质，$\boldsymbol{A}$ 的秩最多是 5。如果分别取前 1、2、3 和 4 组测量值，那么 $m<n$，属于欠定方程；如果取 $m=5$，则 $m=n$，属于恰定方程。

由线性代数内容可知，恰定方程有唯一的精确解，欠定方程有无数个精确解，即分别存在一个或无数个 $\boldsymbol{x}$，使得 $\boldsymbol{Ax}=\boldsymbol{b}$；超定方程不存在精确解，即不存在 $\boldsymbol{Ax}=\boldsymbol{b}$ 的情况，只能找到近似解 $\boldsymbol{x}$，使得 $\boldsymbol{Ax}\approx\boldsymbol{b}$。对于这三种情况下方程的解，编著者将从线性空间角度给出直观解释。

1. 恰定方程

回顾 4.3.1 小节零空间的概念。对于 n 阶满秩矩阵 $\boldsymbol{A}$，它的特征空间 $\mathbb{H}_1$ 的秩是 n，不存在零空间 $\mathbb{H}_2$。此时 $\boldsymbol{A}$ 可逆，方程组 $\boldsymbol{Ax}=\boldsymbol{b}$ 的解 $\boldsymbol{x}=\boldsymbol{A}^{-1}\boldsymbol{b}$ 是唯一的。

另一种解释是，由于 $\boldsymbol{A}$ 的 n 个列 $\{\boldsymbol{a}_1,\boldsymbol{a}_2,\cdots,\boldsymbol{a}_n\}$ 是满秩的，它是 $\mathbb{R}^n$ 的一个基。同时 $\boldsymbol{b}\in\mathbb{R}^n$，所以 $\boldsymbol{b}$ 可以完全被 $\{\boldsymbol{a}_1,\boldsymbol{a}_2,\cdots,\boldsymbol{a}_n\}$ 线性表示，表示系数就是 $\boldsymbol{x}$，即

$$\boldsymbol{Ax}=[\boldsymbol{a}_1,\boldsymbol{a}_2,\cdots,\boldsymbol{a}_n]\begin{bmatrix}x_1\\x_2\\\vdots\\x_n\end{bmatrix}=x_1\boldsymbol{a}_1+x_2\boldsymbol{a}_2+\cdots+x_n\boldsymbol{a}_n=\boldsymbol{b} \tag{7-2}$$

倘若 n 阶矩阵 $\boldsymbol{A}$ 不满秩，即 $\mathrm{rank}(\boldsymbol{A})=r<n$，那么 $\boldsymbol{Ax}=\boldsymbol{b}$ 不是真正的恰定方程，而是欠定方程。通过行列式化简，可以将 $\boldsymbol{A}$ 中 $n-r$ 行化为 0，这说明 $\boldsymbol{A}$ 中实际只有 r 个观测样本，但是 $\boldsymbol{x}$ 中待求的权重个数还是 n。

2. 欠定方程

对于 $\boldsymbol{A}\in\mathbb{R}^{m\times n}(m<n)$，满足 $\mathrm{rank}(A)=r\leqslant m$。$\boldsymbol{A}$ 有 m 个行向量，即 $\boldsymbol{A}=\begin{bmatrix}\boldsymbol{a}^1\\\boldsymbol{a}^2\\\vdots\\\boldsymbol{a}^m\end{bmatrix}$，每行都是 n 维向量，它们张开了秩为 r 的子空间，记作 $\mathbb{H}_1$。同时存在与 $\mathbb{H}_1$ 相互正交的子空间 $\mathbb{H}_2$，它的秩是 $n-r$，而 $\mathbb{H}_1$ 和 $\mathbb{H}_2$ 的并集是 $\mathbb{R}^n$ 空间。

方程组的解 $\boldsymbol{x}\in\mathbb{R}^n$ 可以被分解成 $\boldsymbol{x}=\boldsymbol{x}_1+\boldsymbol{x}_2$，其中 $\boldsymbol{x}_1\in\mathbb{H}_1$ 且 $\boldsymbol{x}_2\in\mathbb{H}_2$。$\boldsymbol{A}$ 的每行都在 $\mathbb{H}_1$ 中，它们都垂直于 $\mathbb{H}_2$。$\mathbb{H}_2$ 空间中存在无数个自由度为 $n-r$ 的向量 $\boldsymbol{x}_2$，都满足

$$\boldsymbol{Ax}_2=\begin{bmatrix}\boldsymbol{a}^1\boldsymbol{x}_2\\\boldsymbol{a}^2\boldsymbol{x}_2\\\vdots\\\boldsymbol{a}^m\boldsymbol{x}_2\end{bmatrix}=\boldsymbol{0} \tag{7-3}$$

由此可推导出 $\boldsymbol{Ax}=\boldsymbol{A}(\boldsymbol{x}_1+\boldsymbol{x}_2)=\boldsymbol{b}$，因此 $\boldsymbol{x}$ 的解有无数个。

3. 超定方程

对于 $\boldsymbol{A}\in\mathbb{R}^{m\times n}(m>n)$，满足 $\operatorname{rank}(\boldsymbol{A})=r\leqslant n$。$\boldsymbol{A}$ 有 n 个列向量$[\boldsymbol{a}_1,\boldsymbol{a}_2,\cdots,\boldsymbol{a}_n]$，每列都是 m 维，它们张成了$\mathbb{R}^m$的 n 维子空间，记作 $\mathbb{H}_1$。同时存在与 $\mathbb{H}_1$ 相互垂直的子空间 $\mathbb{H}_2$，其自由度(秩)是 $m-r$，因此 $\mathbb{H}_1$ 和 $\mathbb{H}_2$ 的并集是$\mathbb{R}^m$空间。

由于 $\boldsymbol{b}\in\mathbb{R}^m$，若 $\boldsymbol{b}$ 完全在 $\mathbb{H}_1$ 中，它能完全被$\{\boldsymbol{a}_1,\boldsymbol{a}_2,\cdots,\boldsymbol{a}_n\}$线性表示，此时 $\boldsymbol{Ax}=\boldsymbol{b}$ 有精确解，但这种情况是极少数的，实属巧合。绝大多数情况下，$\boldsymbol{b}$ 的一部分在 $\mathbb{H}_1$ 中，另一部分在 $\mathbb{H}_2$ 中。将 $\boldsymbol{b}$ 拆分成$\boldsymbol{b}=\boldsymbol{b}_1+\boldsymbol{b}_2$，令 $\boldsymbol{b}_1$ 是 $\boldsymbol{b}$ 在子空间 $\mathbb{H}_1=\operatorname{span}\{\boldsymbol{a}_1,\boldsymbol{a}_2,\cdots,\boldsymbol{a}_n\}$上的正交投影，而 $\boldsymbol{b}_2$ 是正交投影后的剩余部分(即残差)。此时 $\boldsymbol{b}_1$ 能完全被$\{\boldsymbol{a}_1,\boldsymbol{a}_2,\cdots,\boldsymbol{a}_n\}$线性表示，即

$$\boldsymbol{Ax}^*=[\boldsymbol{a}_1,\boldsymbol{a}_2,\cdots,\boldsymbol{a}_n]\begin{bmatrix}x_1\\x_2\\\vdots\\x_n\end{bmatrix}=x_1\boldsymbol{a}_1+x_2\boldsymbol{a}_2+\cdots+x_n\boldsymbol{a}_n=\boldsymbol{b}_1 \tag{7-4}$$

式(7-4)中，$\boldsymbol{x}^*$ 是超定方程组 $\boldsymbol{Ax}=\boldsymbol{b}$ 的**最佳近似解**，即 $\boldsymbol{Ax}^*\approx\boldsymbol{b}$，残差 $\boldsymbol{b}_2\perp\mathbb{H}_1$。直观来看，鉴于垂线到平面(或超平面)距离最短，最佳近似解能使残差 $\boldsymbol{b}_2=\boldsymbol{b}-\boldsymbol{Ax}^*$ 达到最小模长。

7.1.3 最小二乘解

超定方程只有近似解，即残差 $\boldsymbol{\varepsilon}=\boldsymbol{b}-\boldsymbol{Ax}\neq\boldsymbol{0}$。由 7.1.2 小节可知，将 $\boldsymbol{b}$ 正交投影到$\boldsymbol{A}$ 的列向量张开的空间 $\mathbb{H}_1=\operatorname{span}\{\boldsymbol{a}_1,\boldsymbol{a}_2,\cdots,\boldsymbol{a}_n\}$，向量 $\boldsymbol{b}$ 能最大限度地被$\{\boldsymbol{a}_1,\boldsymbol{a}_2,\cdots,\boldsymbol{a}_n\}$线性表示。本小节将从优化建模求解的角度，给出最小二乘解与最佳近似解的等价关系，并证明在最小二乘解的情况下，残差 $\boldsymbol{\varepsilon}\perp\mathbb{H}_1$。

把 $\boldsymbol{x}$ 看作变量，建立一个关于 $\boldsymbol{x}$ 的二次函数 $f(\boldsymbol{x})$，并将其最小化，即

$$f(\boldsymbol{x})=\min_x\|\boldsymbol{b}-\boldsymbol{Ax}\|_2^2 \tag{7-5}$$

展开式(7-5)后，得 $\|\boldsymbol{b}-\boldsymbol{Ax}\|_2^2=(\boldsymbol{Ax}-\boldsymbol{b})^{\mathrm{T}}(\boldsymbol{Ax}-\boldsymbol{b})=\boldsymbol{x}^{\mathrm{T}}\boldsymbol{A}^{\mathrm{T}}\boldsymbol{Ax}-\boldsymbol{x}^{\mathrm{T}}\boldsymbol{A}^{\mathrm{T}}\boldsymbol{b}-\boldsymbol{b}^{\mathrm{T}}\boldsymbol{Ax}+\boldsymbol{b}^{\mathrm{T}}\boldsymbol{b}$。

根据矩阵函数的求导法则[39]，对式(7-5)求出关于 $\boldsymbol{x}$ 的一阶导数，得

$$\frac{\partial\|\boldsymbol{b}-\boldsymbol{Ax}\|_2^2}{\partial\boldsymbol{x}}=2\boldsymbol{A}^{\mathrm{T}}\boldsymbol{Ax}-2\boldsymbol{A}^{\mathrm{T}}\boldsymbol{b} \tag{7-6}$$

将一阶导数置 $\boldsymbol{0}$，得

$$\boldsymbol{x}^*=(\boldsymbol{A}^{\mathrm{T}}\boldsymbol{A})^{-1}\boldsymbol{A}^{\mathrm{T}}\boldsymbol{b} \tag{7-7}$$

式(7-7)中，$\boldsymbol{x}^*$ 是 $f(\boldsymbol{x})$的**最小二乘解**，它也是方程组 $\boldsymbol{Ax}=\boldsymbol{b}$ 的最佳近似解。因为 $\boldsymbol{x}^*$ 能使函数值 $f(\boldsymbol{x}^*)$达到最小，即残差平方和 $\|\boldsymbol{\varepsilon}\|_2^2$ 最小，它等价于 $\|\boldsymbol{\varepsilon}\|_2$ 最小。

定理 7-1 把 $\boldsymbol{x}^*=(\boldsymbol{A}^{\mathrm{T}}\boldsymbol{A})^{-1}\boldsymbol{A}^{\mathrm{T}}\boldsymbol{b}$ 代入超定方程组 $\boldsymbol{Ax}=\boldsymbol{b}$ 后，残差 $\boldsymbol{\varepsilon}=\boldsymbol{b}-\boldsymbol{Ax}^*$ 与 $\boldsymbol{Ax}^*$ 相互垂直。

注意：超定方程组中，一般默认矩阵 $\boldsymbol{A}$ 的 n 个列之间线性无关，从而保证 $\boldsymbol{A}^{\mathrm{T}}\boldsymbol{A}$ 的逆存在。

7.2 线性回归

由7.1节可知,超定方程组 $\boldsymbol{Ax}=\boldsymbol{b}$ 中,$\boldsymbol{A}$ 中观测样本个数 m 大于 $\boldsymbol{x}$ 中因素权重个数 n,而最佳近似解 $\boldsymbol{x}^*$ 能够使残差 $\boldsymbol{\varepsilon}=\boldsymbol{b}-\boldsymbol{Ax}^*$ 的模长 $\|\boldsymbol{\varepsilon}\|_2$ 达到最小。用 $\boldsymbol{Ax}=\boldsymbol{b}$ 来表达因果关系模型,则残差 $\boldsymbol{\varepsilon}\in\mathbb{R}^m$ 就是这些观测样本的噪声。在此基础上,本节将介绍线性回归的概念和应用,以及噪声 $\boldsymbol{\varepsilon}$ 如何影响因果关系的线性相关程度。

7.2.1 案例:线性回归建模

本案例根据以下构造的降雨量与空气湿度的10组数据,建立它们之间的线性关系,旨在做到最佳线性拟合,即线性回归。

$$\begin{matrix}\text{空气湿度}\\ \text{降雨量}\end{matrix}\begin{bmatrix}1 & 2 & 3 & 4 & 5 & 6 & 7 & 8 & 9 & 10\\ 9.6 & 11.3 & 11.7 & 12.7 & 14.4 & 15.5 & 16.5 & 17.4 & 17.6 & 18.5\end{bmatrix}$$

降雨量和空气湿度呈线性正比关系,但同时也会受到温度的影响,比方说,部分潮湿的空气变成了水蒸气,会减少降雨量。如何求出 $\boldsymbol{x}$,来"密切"拟合降雨量和空气湿度的关系?我们根据上述10组观测样本,将降雨量 $\boldsymbol{b}$ 和空气湿度 $\boldsymbol{A}$ 的线性关系,构建方程组 $\boldsymbol{Ax}=\boldsymbol{b}$,求出最佳近似解 $\boldsymbol{x}^*$。

假设第 i 组观测样本为 (a_i,b_i),其中 a_i 表示空气湿度,b_i 是降雨量,据此拟合出的直线表达式为 $\hat{b}_i=ka_i+w$,残差为 $\varepsilon_i=b_i-\hat{b}_i$。将这10组观测样本排列成矩阵,即

$$\boldsymbol{\varepsilon}=\boldsymbol{b}-\hat{\boldsymbol{b}}\Rightarrow\begin{bmatrix}\varepsilon_1\\ \varepsilon_2\\ \vdots\\ \varepsilon_{10}\end{bmatrix}=\begin{bmatrix}b_1-\hat{b}_1\\ b_2-\hat{b}_2\\ \vdots\\ b_{10}-\hat{b}_{10}\end{bmatrix}$$

其中

$$\begin{bmatrix}\hat{b}_1=a_1k+w\\ \hat{b}_1=a_1k+w\\ \vdots\\ \hat{b}_{10}=a_{10}k+w\end{bmatrix}\Rightarrow\hat{\boldsymbol{b}}=\boldsymbol{Ax}\Rightarrow\begin{bmatrix}\hat{b}_1\\ \hat{b}_2\\ \vdots\\ \hat{b}_{10}\end{bmatrix}=\underbrace{\begin{bmatrix}a_1 & 1\\ a_2 & 1\\ \vdots & \vdots\\ a_{10} & 1\end{bmatrix}}_{\boldsymbol{A}}\underbrace{\begin{bmatrix}k\\ w\end{bmatrix}}_{\boldsymbol{x}}$$

其中 $\hat{\boldsymbol{b}}=[\hat{b}_1,\hat{b}_2,\cdots,\hat{b}_{10}]^{\mathrm{T}}$ 是这10个观测样本降水量的拟合结果,它和真实值 $\boldsymbol{b}$ 之间存在误差,而 $\boldsymbol{\varepsilon}=[\varepsilon_1,\varepsilon_2,\cdots,\varepsilon_{10}]^{\mathrm{T}}$ 分别是这10个观测样本的误差。

线性回归模型旨在求解最小的观测样本的误差平方和,其表达式为

$$\begin{aligned}f(x)&=\min_x\|\boldsymbol{b}-\boldsymbol{Ax}\|_2^2=\min_x\sum_{i=1}^{10}[b_i-(ka_i+w)]^2\\ &=\min_x\boldsymbol{\varepsilon}^{\mathrm{T}}\boldsymbol{\varepsilon}=\min_x\sum_{i=1}^{10}\varepsilon_i^2\end{aligned}\tag{7-8}$$

其中，待求变量为 $\boldsymbol{x}=[k,w]^{\mathrm{T}}$ 。

由第 2 章可知，式(7-8)中$[b_i-(ka_i+w)]^2(i=1,2,\cdots,10)$是关于 k 的凸函数，也是关于 w 的凸函数，所以 $f(\boldsymbol{x})$是关于 $\boldsymbol{x}$ 的凸函数。求解式(7-8)后，能得到 $\sum_{i=1}^{10}\varepsilon_i^2$ 的最小值，此时最优解 $\boldsymbol{x}^*$ 是唯一的，它就是 7.1.3 小节的最小二乘解。

代码实现如下：

【代码 7-1】

```
import numpy as np
import matplotlib.pyplot as plt
data = np.mat('1,9.6; 2,11.3; 3,11.7; 4,12.7; 5,14.4; 6,15.5; 7,16.5; 8,17.4; 9,17.6; 10,
18.5')
e = np.ones((10,1))
A = np.column_stack((data[:,0],e))
y = data[:,1]
temp = np.linalg.inv(np.dot(A.T,A))
x = np.dot(temp,np.dot(A.T,y))
y_hat = np.dot(A,x)
print(r'k = %.3f,w = %.3f' % (x[0,0],x[1,0]))
x_dot = np.array(data[:,0])
y_dot = np.array(y)
y_hat_dot = np.array(y_hat)
Diff = y - y_hat
err = np.dot(Diff.T,Diff)
print("Sum of square error is %.3f \n" % err)
res_text = [r'$\epsilon_{1}$',r'$\epsilon_{2}$',r'$\epsilon_{3}$',r'$\epsilon_{4}$',
r'$\epsilon_{5}$',r'$\epsilon_{6}$',r'$\epsilon_{7}$',r'$\epsilon_{8}$',r'$\epsilon_
{9}$',r'$\epsilon_{10}$']
fig = plt.figure()
plt.scatter(x_dot,y_dot,c='r',marker='o',s=10)
plt.scatter(x_dot,y_hat_dot,c='b',marker='x',s=15)
plt.plot(x_dot,y_hat_dot,"-",c='m')
for i in range(10):
  o_x = np.column_stack((x_dot[i],x_dot[i]))
  o_y = np.column_stack((y_dot[i],y_hat_dot[i]))
  plt.plot(o_x[0],o_y[0],c='k',linestyle='-.',marker='')
  text_pt = plt.text(x_dot[i] + 0.2,y_dot[i] - 0.5,'',fontsize=10)
  text_pt.set_text(res_text[i])
plt.xlim(x_dot.min() - 1,x_dot.max() + 1)
plt.ylim(y_dot.min() - 1,y_dot.max() + 1)
plt.tick_params(labelsize=8)
plt.show()
```

运行代码 7-1 后，得到拟合直线的斜率 k 和偏移量 w，以及残差平方和 $\sum_{i=1}^{10}\varepsilon_i^2$ ，即

```
k = 1.001,w = 9.013
Sum of square error is 1.656
```

降雨量和空气湿度的拟合直线和残差如图 7-1 所示，其中圆点是真实的观测样本(a_i，b_i)，直线上的叉点是拟合后的(a_i,$\hat{b}_i$)，而残差是 $\varepsilon_i=b_i-\hat{b}_i$。残差平方和 $\sum_{i=1}^{10}\varepsilon_i^2$ 越小，说明直线的拟合效果越好，也说明降雨量和空气湿度的线性相关程度越高。

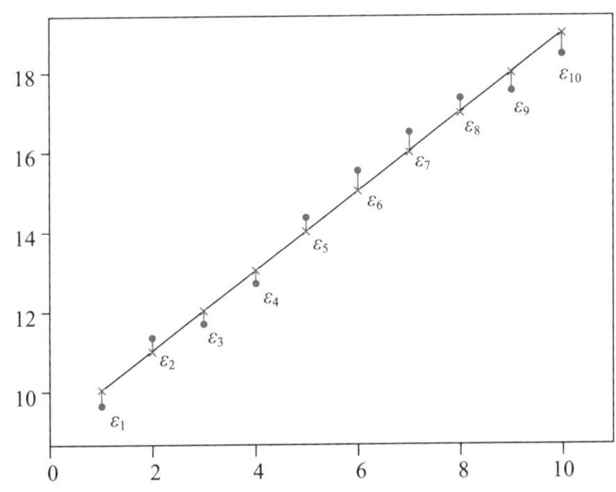

图 7-1 空气湿度(横坐标)与降雨量(纵坐标)的拟合直线和残差图

7.2.2 回归噪声与相关系数

在 7.2.1 小节的案例中，降雨量随着空气湿度的变化而变化。如果将空气湿度记作变量 X，降雨量记作变量 Y，则两者的线性关系模型为

$$Y=cX+d+\varepsilon \tag{7-9}$$

式(7-9)中，c 是斜率；d 是偏移量；ε 是随机噪声，它与变量 X 相互独立，即噪声的分布不受 X 的影响。

第 6 章曾提到，自然界中的数据通常会表现出渐近正态性。因此，一般默认噪声 ε 服从正态分布，即 $\varepsilon\sim N(\mu,\sigma^2)$。根据式(7-9)可知，噪声 ε 的期望为

$$\mu=E(\varepsilon)=E(Y)-cE(X)-d$$

ε 的方差为

$$\sigma^2=D(\varepsilon)=D(Y)-c^2D(X)$$

【例 7-1】 假如变量 X 的期望 $E(X)=\mu$，方差 $D(X)=\sigma_1^2$，变量 Y 是关于 X 的线性函数，同时受到外界噪声的干扰，表达式为 $Y=cX+d+\varepsilon(c>0)$，其中随机噪声 ε 与 X 相互独立。已知噪声的期望和方差分别是 $E(\varepsilon)=0$ 和 $D(\varepsilon)=\sigma_2^2$。

(1) 求出 $E(Y)$和 $D(Y)$，以及协方差 $\mathrm{cov}(X,Y)$。

(2) 分析 ε 的方差 $D(\varepsilon)$和 c 的大小如何共同影响相关系数 ρ_{XY}，并给出表达式。

解：(1) 由于 $E(\varepsilon)=0$，且 ε 与 X 相互独立，所以

$$E(Y)=E(cX+d+\varepsilon)=cE(X)+d+E(\varepsilon)=c\mu+d$$
$$D(Y)=D(cX+d+\varepsilon)=D(cX+\varepsilon)=c^2\sigma_1^2+\sigma_2^2$$

协方差为

$$\begin{aligned}\operatorname{cov}(X,Y)&=E\{[X-E(X)][Y-E(Y)]\}\\&=E\{[X-E(X)][cX-cE(X)+\varepsilon]\}\\&=cD(X)+E[(X-\mu)\varepsilon]\end{aligned}$$

因为 ε 与 X 相互独立，所以 $E(X\varepsilon-\mu\varepsilon)=E(X)E(\varepsilon)-\mu E(\varepsilon)=0$

整理得：协方差 $\operatorname{cov}(X,Y)=c\sigma_1^2$

(2) $D(\varepsilon)$和 c 对相关系数 ρ_{XY} 的影响表达式为

$$\begin{aligned}\rho_{XY}&=\frac{\operatorname{cov}(X,Y)}{\sqrt{D(X)}\sqrt{D(Y)}}=\frac{c\sigma_1^2}{\sqrt{\sigma_1^2(c^2\sigma_1^2+\sigma_2^2)}}=\frac{cD(X)}{\sqrt{c^2D^2(X)+D(X)D(\varepsilon)}}\\&=\frac{1}{\sqrt{1+\dfrac{D(\varepsilon)}{c^2D(X)}}}\end{aligned}$$

例 7-1 中，噪声的期望 $E(\varepsilon)$对相关系数 ρ_{XY} 没有影响，而方差 $D(\varepsilon)$会直接影响 ρ_{XY}。变量 Y 的波动（方差）包含了变量 X 和噪声 ε 两个部分的波动，因此

$$D(Y)=c^2D(X)+D(\varepsilon)=c^2\sigma_1^2+\sigma_2^2 \tag{7-10}$$

另外，$c>0$，则 $\rho_{XY}>0$。如果改成 $c<0$，则 $\rho_{XY}<0$，这意味着 X 与 Y 之间呈现负相关，即 X 朝着正方向发展，会使 Y 往负方向走，反之亦然。

从统计学角度看，在 7.2.1 小节的案例中，如果向量 $\boldsymbol{b}$ 中有 m 个元素($m=10$)，表明它是 m 个观测样本的结果，相应的残差为 $\boldsymbol{\varepsilon}=[\varepsilon_1,\varepsilon_2,\cdots,\varepsilon_m]^{\mathrm{T}}$。所以降雨量的方差即为残差方差加上空气湿度方差的斜率平方倍。

定理 7-2 若 $U=a+bX,V=c+dY$，则相关系数 $|\rho_{UV}|=|\rho_{XY}|$。能影响 $|\rho_{UV}|$ 大小的，只有 ε 的方差 $D(\varepsilon)=\sigma^2$，与期望 $E(\varepsilon)$无关。

如果 ε 与 X、Y 都相互不独立，那么 $|\rho_{UV}|$ 的计算过程会更复杂。遇到此类问题，可以先算出 ε 与 X、Y 相关的部分，再将 ε 与 X、Y 都独立的部分单独列出来，求取方差即可。

小结

当线性模型为 $Y=cX+d+\varepsilon$ 时，相关系数 ρ_{XY} 刻画了变量 Y 与 X 之间线性相关的程度，即 X 的波动能在多大程度上影响 Y 的波动。$|\rho_{XY}|$ 的大小跟偏移量 d 无关，它只与独立随机噪声 ε 的方差 $D(\varepsilon)$与 $c^2D(X)$的比值有关。

由此得出四个结论：①$D(\varepsilon)$与 $c^2D(X)$的比值越接近 0，则 ρ_{XY} 越趋于 1，说明 X 与 Y 的线性相关程度越高；②若 $D(\varepsilon)$远远大于 $c^2D(X)$，则 ρ_{XY} 趋于 0，说明 X 与 Y 的线性相关程度非常弱；③若没有噪声，则 $\rho_{XY}=1$，说明 Y 是关于 X 的线性函数；④$\rho_{XY}=0$，说明 X 与 Y 完全不存在线性关系，但可能存在其他关系，比如非线性关系。

7.2.3 线性回归分类器

本小节将介绍模式识别领域中一种非常经典的分类方法——线性回归分类器(linear regression classifier,LRC)[75],它在人脸识别中有着非常成功的应用。线性回归是将向量 $\boldsymbol{b}$ 投影到矩阵 $\boldsymbol{A}=[\boldsymbol{a}_1,\boldsymbol{a}_2,\cdots,\boldsymbol{a}_n]$所张开的线性子空间 $\mathbb{H}$ 中,得到线性模型 $\boldsymbol{b}=\boldsymbol{A}\boldsymbol{x}^*+\boldsymbol{\varepsilon}$,其中 $\boldsymbol{x}^*$ 是最小二乘解,它能使残差平方和 $\|\boldsymbol{\varepsilon}\|_2^2$ 达到最小。此时 $\hat{\boldsymbol{b}}=\boldsymbol{A}\boldsymbol{x}^*$ 是 $\boldsymbol{b}$ 在最大限度上被向量集$\{\boldsymbol{a}_1,\boldsymbol{a}_2,\cdots,\boldsymbol{a}_n\}$线性表示的结果,即 $\hat{\boldsymbol{b}}$ 是 $\boldsymbol{b}$ 在子空间 $\mathbb{H}$ 中正交投影的结果。根据7.1.3小节,最小二乘解的残差 $\boldsymbol{\varepsilon}$ 垂直于 $\mathbb{H}$,是 $\boldsymbol{b}$ 中无法被 $\mathbb{H}$ 线性表示的部分。再结合7.2.2小节,残差 $\boldsymbol{\varepsilon}$ 的波动(方差)越小,说明 $\boldsymbol{b}$ 与子空间 $\mathbb{H}$ 的线性相关程度越大。若方差 $D(\boldsymbol{\varepsilon})=0$,则表明 $\boldsymbol{b}$ 完全处在子空间 $\mathbb{H}$ 中,即完全能被$\{\boldsymbol{a}_1,\boldsymbol{a}_2,\cdots,\boldsymbol{a}_n\}$线性表示。

线性回归分类器(LRC)将同类样本组成的向量集看成一个子空间。如果样本矩阵 $\boldsymbol{M}$ 是由 C 个不同类别的训练样本构成,则会形成 C 个不同的子空间 $\mathbb{H}_1,\mathbb{H}_2,\cdots,\mathbb{H}_C$。对于一个类别未知的测试样本 $\boldsymbol{y}$,LRC 的任务是将 $\boldsymbol{y}$ 分别投影到 $\mathbb{H}_1,\mathbb{H}_2\cdots,\mathbb{H}_C$ 中,得到 C 个不同的正交投影$\hat{\boldsymbol{y}}_i(i=1,2,\cdots,C)$,推导如下

$$\boldsymbol{\beta}_i^*=\underset{\boldsymbol{\beta}_i}{\operatorname{argmin}}\|\boldsymbol{y}-\mathbb{H}_i\boldsymbol{\beta}_i\|_2^2 \tag{7-11}$$

结合式(7-7),$\boldsymbol{\beta}_i^*=(\mathbb{H}_i^{\mathrm{T}}\mathbb{H}_i)^{-1}\mathbb{H}_i^{\mathrm{T}}\boldsymbol{y}$ 是式(7-11)的最小二乘解。

$\boldsymbol{y}$ 在第 i 类训练样本张开的线性空间 $\mathbb{H}_i$ 中的正交投影为

$$\hat{\boldsymbol{y}}_i=\mathbb{H}_i\boldsymbol{\beta}_i^*=\mathbb{H}_i(\mathbb{H}_i^{\mathrm{T}}\mathbb{H}_i)^{-1}\mathbb{H}_i^{\mathrm{T}}\boldsymbol{y} \tag{7-12}$$

根据 $\hat{\boldsymbol{y}}_i$ 计算投影到 $\mathbb{H}_i$ 后的最小二乘残差 $\boldsymbol{\varepsilon}_i$,即 $\boldsymbol{\varepsilon}_i=\boldsymbol{y}-\hat{\boldsymbol{y}}_i$,由此可以得到 C 个不同的残差模长,即 $\|\boldsymbol{\varepsilon}_1\|_2,\|\boldsymbol{\varepsilon}_2\|_2,\cdots,\|\boldsymbol{\varepsilon}_C\|_2$。最后将测试样本 $\boldsymbol{y}$ 归到残差模长最小的那个类。

LRC 的核心思想很简单,假设同类别的样本处在同一个线性空间里,且样本之间可以相互线性表示。所以对于测试样本 $\boldsymbol{y}$,LRC 旨在从 C 个类的子空间 $\mathbb{H}_1,\mathbb{H}_2,\cdots,\mathbb{H}_C$ 中寻找与 $\boldsymbol{y}$ 线性相关程度最大的子空间,并将 $\boldsymbol{y}$ 归到这个类。

目前,LRC 已经成功应用在一些模式分类任务中,并取得了较好的分类效果。尽管如此,LRC 也有很大的局限性。原因在于现实中很多同类别的数据会呈现出非线性特征,这与 LRC 本身的线性假设不吻合。

以人脸识别为例,国际上通用的标准人脸库有很多,比如 AR 库[76]、Extended YaleB 库[77-78]、UMIST 库[79]等。第3章介绍的 ORL 库中都是正脸照片,同一个人的面部表情有所不同。AR 库中同一个人存在面部遮挡(墨镜、围巾),如图7-2(a)所示;Extended YaleB 库中同一个人脸图像表现出不同的光照变化,如图7-2(b)所示;而图7-2(c)的 UMIST 库中同一个人展示了正脸和不同角度的侧脸。

光照和表情的变化属于线性特征,因为不同光照的人脸图像在很大程度上能相互线性表示,不同表情也是如此。遮挡和侧脸的变化属于非线性特征,比如图7-2(a)中,戴围巾或墨镜的人脸无法线性表示非遮挡的人脸。至于侧脸,图7-2(c)中最左边侧脸90°的图像也无法线性表示正脸图像。

除了人脸识别,在很多其他的分类任务中,比如字符识别、自然场景识别、指纹识别等,也要考虑数据集本身所呈现的特征,选择合适的分类器。

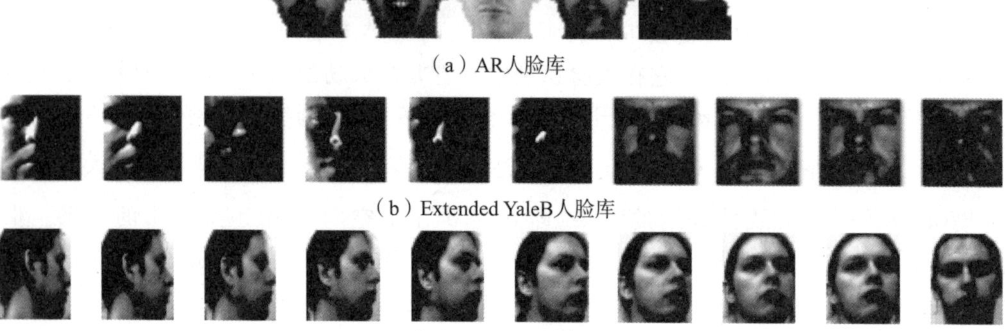

图 7-2 三个国际上通用的标准人脸库

7.2.4 离群点对线性回归模型的影响

离群点偏离程度与噪声大小

在 7.2.1 小节中,10 个空气湿度分别对应了 10 个降雨量,它们构成了图 7-1 的二维直角坐标系中的 10 个点,这些点围绕拟合后的直线稍有一点波动,说明降雨量与空气湿度呈近似的线性关系。本案例将更改图 7-1 中第二个坐标点(2,11.3)的纵坐标,使它成为一个偏离该线性关系的离群点,其他 9 个点不变。通过改变离群点的偏离程度,观察它对式(7-8)线性回归模型的影响,即拟合后的直线及残差平方和 $\sum_{i=1}^{10}\varepsilon_i^2$ 所发生的变化。

具体地,本案例将原先的坐标点(2,11.3)分别改成了(2,15)和(2,20),如图 7-3(a)和(b)所示。很明显,图 7-3(b)中离群点(2,20)的偏离程度比图 7-3(a)更大,所以对线性回归模型的影响也更大,使得拟合出的直线更加严重地偏离了其他 9 个点的线性分布情况。拟合后,该离群点噪声 $\boldsymbol{\varepsilon}_2$ 远远大于其他 9 个点。

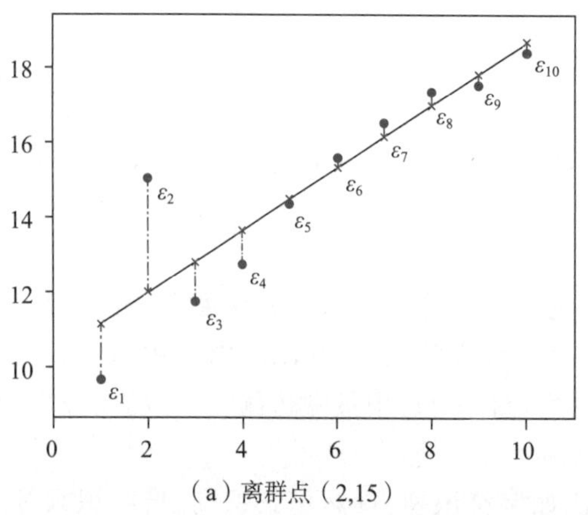

(a) 离群点(2,15)

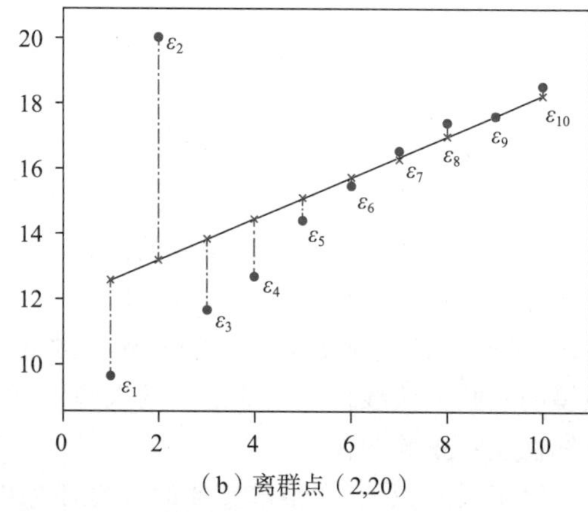

(b) 离群点(2,20)

图 7-3 离群点对拟合直线的影响

表 7-2 展示了第二个坐标点(2,11.3)偏离前后，线性回归模型所求得的斜率 k、偏移量 w 以及残差平方和 $\sum_{i=1}^{10}\varepsilon_i^2$ 的变化。随着偏离程度增大，残差平方和会急剧变大，斜率的变化也非常明显，这与图 7-3 是一致的。

表 7-2　坐标点偏离前后对线性回归模型的影响

坐标点	斜率 k	偏移量 w	残差平方和 $\sum_{i=1}^{10}\varepsilon_i^2$
(2,11.3)	1.001	9.013	1.656
(2,15)	0.844	10.247	14.048
(2,20)	0.632	11.913	63.484

小贴士

为什么离群点会对线性回归模型产生如此巨大的影响呢？根源在于式(7-8)的目标函数，它旨在将所有样本的残差平方和最小化。在图 7-3 的两种情况中，若离群点的残差 ε_2 是其他某个点残差的 c 倍，那么残差平方 ε_2^2 将放大成 c_2^2 倍。拟合直线只有向离群点的方向倾斜，才能缩短 ε_2 与其他各点残差的差距，从而做到残差平方和的最小化。

7.3　线性特征提取

7.3.1　线性鉴别分析

3.2.4 小节介绍过，高维图像存在于低维的线性空间中。以 ORL 人脸库为例，每张图像有 10304 维，总共 400 张图像，那么样本矩阵 $\boldsymbol{M}$ 的大小是 10304×400，即 $\boldsymbol{M}$ 的秩不会超过 400。与此相似，4.2.3 小节中鸢尾花的案例也曾提到，样本的特征越相似，则距离越近，反之越远。不同类别的样本会表现出同类相似而异类差异较大的现象，所以每个类会形成一个簇。在高维图像的分类任务中，我们不仅要降低 $\boldsymbol{M}$ 的维度，也希望降维后样本的类间距离大而类内距离小，从而提高分类的正确率。

针对分类问题，本小节将介绍模式识别中非常经典的线性鉴别分析(linear discriminant analysis，LDA)，它最初于 1936 年由 Fisher 提出[80]。在此基础上，后人提出了许多改进方法。LDA 本身是一种监督学习方法，因为它根据类别已知的样本构造每个类的样本方差，合在一起形成类内方差，记作 $\boldsymbol{S}_w$；再根据每个类的样本中心点(均值)构造类间方差，记作 $\boldsymbol{S}_b$。LDA 旨在寻找低维线性空间 $\boldsymbol{W}$，使得线性变换后，样本在低维空间 $\boldsymbol{W}$ 中的比值 $\boldsymbol{S}_b/\boldsymbol{S}_w$ 达到最小。

1. LDA 的具体步骤

(1) 假定数据集中 n 个样本共有 C 个类，先构建第 i 类的方差($i=1,2,\cdots,C$)。若样本共有 p 维，跟 5.2.3 小节的主分量分析一样，对每个类的样本都要计算方差，即

$$D_i = \frac{1}{n_i}\sum_{k=1}^{n_i}\sum_{s=1}^{p}(x_{ks} - m_{is})^2, \forall \boldsymbol{x}_k \in C_i \tag{7-13}$$

式中，C_i 表示第 i 类；n_i 是第 i 类的样本个数；$\boldsymbol{m}_i$ 是第 i 类样本中心点(均值)；x_{ks} 是样本 $\boldsymbol{x}_k$ 的第 s 个维度；m_{is} 是 $\boldsymbol{m}_i$ 的第 s 个维度。

如果将第 i 类方差写成矩阵的形式，即为

$$\boldsymbol{S}_i^2 = \frac{1}{n_i}\sum_{k=1}^{n_i}(\boldsymbol{x}_k - \boldsymbol{m}_i)(\boldsymbol{x}_k - \boldsymbol{m}_i)^{\mathrm{T}}, \forall \boldsymbol{x}_k \in C_i \tag{7-14}$$

式(7-14)中，$\boldsymbol{S}_i^2 \in \mathbb{R}^{p\times p}$ 是一个对称矩阵，且 $\mathrm{trace}(\boldsymbol{S}_i) = D_i$。

(2) 构造类内方差矩阵 $\boldsymbol{S}_w$，即 $\boldsymbol{S}_w = \sum_{i=1}^{C}\frac{n_i}{n}\boldsymbol{S}_i^2$。其中$\frac{n_i}{n}$表示第 i 类样本个数占样本总个数的比例。结合式(7-13)，可推导出

$$\boldsymbol{S}_w = \frac{1}{n}\sum_{i=1}^{C}\sum_{k=1}^{n_i}(\boldsymbol{x}_k - \boldsymbol{m}_i)(\boldsymbol{x}_k - \boldsymbol{m}_i)^{\mathrm{T}} \tag{7-15}$$

(3) 构造类间方差矩阵 $\boldsymbol{S}_b$，即

$$\boldsymbol{S}_b = \sum_{j>i}\sum_{i=1}^{C}\frac{n_j}{n}\frac{n_i}{n}(\boldsymbol{m}_j - \boldsymbol{m}_i)(\boldsymbol{m}_j - \boldsymbol{m}_i)^{\mathrm{T}} \tag{7-16}$$

通过一系列推导，最终可得

$$\boldsymbol{S}_b = \sum_{i=1}^{C}\frac{n_i}{n}(\boldsymbol{m}_i - \boldsymbol{m})(\boldsymbol{m}_i - \boldsymbol{m})^{\mathrm{T}} \tag{7-17}$$

式(7-17)中，$\boldsymbol{m}$ 是 n 个样本的总体均值。

如果将这 n 个样本的总体方差矩阵记作 $\boldsymbol{S}_t$，则

$$\boldsymbol{S}_t = \frac{1}{n}\sum_{k=1}^{n}(\boldsymbol{x}_k - \boldsymbol{m})(\boldsymbol{x}_k - \boldsymbol{m})^{\mathrm{T}} \tag{7-18}$$

满足 $\boldsymbol{S}_t = \boldsymbol{S}_w + \boldsymbol{S}_b$。

(4) 寻找 d 维线性空间 $\boldsymbol{W} \in \mathbb{R}^{p\times d}(d<p)$，使得样本投影后压缩成 d 维特征，即 $\boldsymbol{Y} = \boldsymbol{W}^{\mathrm{T}}\boldsymbol{M}$，投影后的样本矩阵 $\boldsymbol{Y} = [\boldsymbol{y}_1, \boldsymbol{y}_2, \cdots, \boldsymbol{y}_n] \in \mathbb{R}^{d\times n}$。

令 $\boldsymbol{e} \in \mathbb{R}^n$ 是所有元素都为 1 的 n 维列向量，则中心化后的样本矩阵为 $\widetilde{\boldsymbol{M}} = \boldsymbol{M} - \boldsymbol{m}\boldsymbol{e}^{\mathrm{T}}$，式(7-18)中 $\boldsymbol{S}_t = \frac{1}{n}\widetilde{\boldsymbol{M}}\widetilde{\boldsymbol{M}}^{\mathrm{T}}$。若 $\boldsymbol{y}$ 表示投影后的样本总体均值，那么投影后总体方差 $\boldsymbol{S}_t'$ 为

$$\boldsymbol{S}_t' = \frac{1}{n}(\boldsymbol{Y} - \boldsymbol{y}\boldsymbol{e}^{\mathrm{T}})(\boldsymbol{Y} - \boldsymbol{y}\boldsymbol{e}^{\mathrm{T}})^{\mathrm{T}} = \frac{1}{n}\boldsymbol{W}^{\mathrm{T}}\widetilde{\boldsymbol{M}}\widetilde{\boldsymbol{M}}^{\mathrm{T}}\boldsymbol{W} = \boldsymbol{W}^{\mathrm{T}}\boldsymbol{S}_t\boldsymbol{W}$$

同理，投影后的类间和类内方差矩阵分别为 $\boldsymbol{W}^{\mathrm{T}}\boldsymbol{S}_b\boldsymbol{W}$ 和 $\boldsymbol{W}^{\mathrm{T}}\boldsymbol{S}_w\boldsymbol{W}$。

2. LDA 的目标

LDA 旨在寻找 d 维线性空间 $\boldsymbol{W}$，使得投影后样本类间与类内的方差比值达到最大，即

$$\boldsymbol{W} = \underset{\boldsymbol{W}}{\mathrm{argmax}}\frac{\boldsymbol{W}^{\mathrm{T}}\boldsymbol{S}_b\boldsymbol{W}}{\boldsymbol{W}^{\mathrm{T}}\boldsymbol{S}_w\boldsymbol{W}} \tag{7-19}$$

式(7-19)中，$\boldsymbol{W} = [\boldsymbol{w}_1, \boldsymbol{w}_2, \cdots, \boldsymbol{w}_d]$是矩阵$(\boldsymbol{S}_w)^{-1}\boldsymbol{S}_b$ 最大的 d 个广义特征值 $\lambda_1 \geqslant \cdots \geqslant \lambda_d$ 所对应的广义特征向量，满足 $\boldsymbol{w}_i^{\mathrm{T}}\boldsymbol{S}_b\boldsymbol{w}_i = \lambda_i\boldsymbol{w}_i^{\mathrm{T}}\boldsymbol{S}_w\boldsymbol{w}_i\ (i=1,2,\cdots,d)$。它的物理意义是将样本投影

到向量 $\boldsymbol{w}_i$ 后，类间与类内方差的比值是对应的广义特征值 λ_i。

另外，广义特征向量满足统计不相关性，即 $\boldsymbol{w}_i^{\mathrm{T}}\boldsymbol{S}_b\boldsymbol{w}_j=0(i\neq j)$ 且 $\boldsymbol{w}_i^{\mathrm{T}}\boldsymbol{S}_w\boldsymbol{w}_j=0$，从而式(7-19)的分子和分母都是对角矩阵。如果 $\boldsymbol{W}^{\mathrm{T}}\boldsymbol{S}_b\boldsymbol{W}=\boldsymbol{A}$ 且 $\boldsymbol{W}^{\mathrm{T}}\boldsymbol{S}_w\boldsymbol{W}=\boldsymbol{B}$，那么广义特征值为

$$\boldsymbol{\Lambda}=\boldsymbol{A}\boldsymbol{B}^{-1}=\begin{bmatrix}\lambda_1 & & & \\ & \lambda_2 & & \\ & & \ddots & \\ & & & \lambda_d\end{bmatrix} \tag{7-20}$$

根据式(7-20)，$\boldsymbol{W}$ 所构成的 d 维线性空间能够保留的方差比值为

$$\operatorname{trace}\left(\frac{\boldsymbol{W}^{\mathrm{T}}\boldsymbol{S}_b\boldsymbol{W}}{\boldsymbol{W}^{\mathrm{T}}\boldsymbol{S}_w\boldsymbol{W}}\right)=\operatorname{trace}(\boldsymbol{\Lambda})=\sum_{i=1}^{d}\lambda_i \tag{7-21}$$

结合 $\boldsymbol{S}_t=\boldsymbol{S}_w+\boldsymbol{S}_b$，式(7-21)也可以表示为

$$\operatorname{trace}\left(\frac{\boldsymbol{W}^{\mathrm{T}}\boldsymbol{S}_b\boldsymbol{W}}{\boldsymbol{W}^{\mathrm{T}}\boldsymbol{S}_t\boldsymbol{W}}\right)=\sum_{i=1}^{d}\frac{\lambda_i}{\lambda_i+1} \tag{7-22}$$

式(7-22)中，$\boldsymbol{W}^{\mathrm{T}}\boldsymbol{S}_t\boldsymbol{W}=\boldsymbol{W}^{\mathrm{T}}(\boldsymbol{S}_b+\boldsymbol{S}_w)\boldsymbol{W}=\boldsymbol{A}+\boldsymbol{B}$。根据式(7-20)，$\boldsymbol{A}(\boldsymbol{A}+\boldsymbol{B})^{-1}$ 依旧是对角矩阵，它的第 i 行第 i 列元素是$\frac{\lambda_i}{\lambda_i+1}$。

由于 λ_i 是样本投影到 $\boldsymbol{w}_i$ 后类间与类内方差的比值，所以 $\lambda_i>0$。λ_i 越大，$\frac{\lambda_i}{\lambda_i+1}$也越大。因此，矩阵$(\boldsymbol{S}_t)^{-1}\boldsymbol{S}_b$ 最大的 d 个广义特征值$\frac{\lambda_1}{\lambda_1+1}\geqslant\frac{\lambda_2}{\lambda_2+1}\geqslant\cdots\geqslant\frac{\lambda_d}{\lambda_d+1}$所对应的广义特征向量依旧是 $\boldsymbol{W}=[\boldsymbol{w}_1,\boldsymbol{w}_2,\cdots,\boldsymbol{w}_d]$。

3. 两类样本的线性鉴别分析

图 7-4 是两类样本的线性鉴别分析示意图，其中叉点表示第一类样本(共 7 个)，圆圈表示第二类样本(共 6 个)，样本有两个维度(分别用 x_1 和 x_2 表示)。如果用 $\boldsymbol{Z}$ 表示样本矩阵，则 $\boldsymbol{Z}=[\boldsymbol{z}_1,\boldsymbol{z}_2,\cdots,\boldsymbol{z}_{13}]\in\mathbb{R}^{2\times 13}$。假设每类样本都分别服从单一的高斯分布，并且所有的类均值不同，但是方差相同。第一类均值(中心点)是 $\boldsymbol{m}_1$，方差是 $\boldsymbol{S}_1^2$；第二类均值(中心点)是 $\boldsymbol{m}_2$，方差是 $\boldsymbol{S}_2^2$。

根据 LDA 的步骤(2)和(3)，类内方差矩阵是 $\boldsymbol{S}_w=\frac{7}{13}\boldsymbol{S}_1^2+\frac{6}{13}\boldsymbol{S}_2^2$，它的大小 $\operatorname{trace}(\boldsymbol{S}_w)$衡量了类内样本到该类中心点的离散程度；类间方差大小为 $\operatorname{trace}(\boldsymbol{S}_b)=\|\boldsymbol{m}_1-\boldsymbol{m}_2\|_2^2$，它是两类中心点距离的平方。线性鉴别分析旨在寻找投影方向 $\boldsymbol{w}$，使得样本投影到该方向后，类间离散度和类内离散度的比值尽可能大。图 7-4 中，将样本投影到 $\boldsymbol{w}$ 上之后，类间与类内方差比值 $\boldsymbol{S}_b/\boldsymbol{S}_w$ 能达到最大，这个比值就是广义特征向量 $\boldsymbol{w}$ 所对应的广义特征值。所以，$\boldsymbol{w}$ 是最优投影方向。

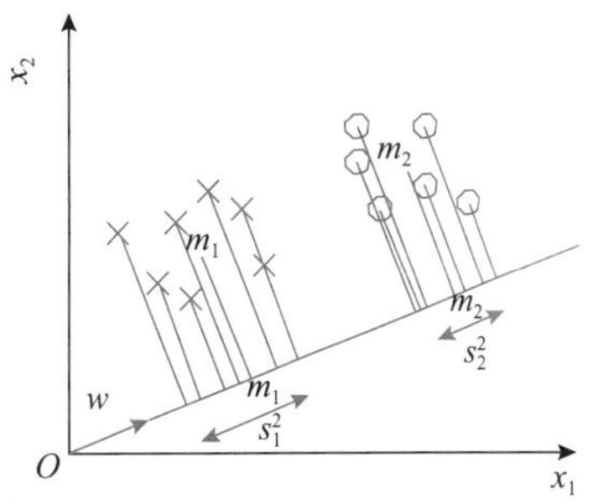

图 7-4 两类样本的线性鉴别分析示意图

7.3.2 案例:鸢尾花数据的二维鉴别空间

本案例旨在对先前章节介绍的鸢尾花数据做线性鉴别分析(LDA),并画出 150 个样本(共三类,每类 50 个样本)投影到二维鉴别空间后的散点图($d=2$)。

不同于先前章节,本案例把总共四维的特征都用上了,构造成 4×140 的样本矩阵 Iris。根据式(7-15)和式(7-17),本案例分别构造类内方差矩阵 $\boldsymbol{S}_w$ 和类间方差矩阵 $\boldsymbol{S}_b$,通过调用 Python 自带的工具包 scipy. linalg. eig,求解式(7-19)的广义特征值和特征向量。前两个最大的广义特征值所对应的特征向量即为 LDA 所求得的二维鉴别空间。

鉴于 $\boldsymbol{S}_w$ 和 $\boldsymbol{S}_b$ 都是 4×4 的对称矩阵,所以求得的广义特征向量是 $\boldsymbol{W}=[\boldsymbol{w}_1,\boldsymbol{w}_2,\boldsymbol{w}_3,\boldsymbol{w}_4]\in\mathbb{R}^{4\times4}$。本案例将展示投影到 LDA 二维鉴别空间中的样本散点图,即 $\boldsymbol{Y}=[\boldsymbol{w}_1,\boldsymbol{w}_2]^{\mathrm{T}}\mathrm{Iris}$,并验证以下两个结论:

(1) 广义特征向量不满足两两正交,即 $\boldsymbol{W}^{\mathrm{T}}\boldsymbol{W}\neq\boldsymbol{I}$;

(2) 式(7-20)中,$\boldsymbol{W}^{\mathrm{T}}\boldsymbol{S}_b\boldsymbol{W}=\boldsymbol{A}$ 和 $\boldsymbol{W}^{\mathrm{T}}\boldsymbol{S}_w\boldsymbol{W}=\boldsymbol{B}$ 都是对角矩阵,且对角矩阵 $\boldsymbol{\Lambda}=\boldsymbol{A}\boldsymbol{B}^{-1}$ 的第 i 行第 i 列元素是广义特征值 λ_i。

代码实现如下:

【代码 7-2】

```
import matplotlib.pyplot as plt
import numpy as np
from sklearn import datasets
import scipy
np.set_printoptions(formatter = {'float':'{:0.3f}'.format})
iris = datasets.load_iris()
data = iris.data
Label = iris.target
Iris = data.T
print(r'size of Iris:',Iris.shape)
C1 = Iris[:,np.where(Label == 0)[0]]
C2 = Iris[:,np.where(Label == 1)[0]]
C3 = Iris[:,np.where(Label == 2)[0]]
m1 = np.mean(C1,axis = 1)
m2 = np.mean(C2,axis = 1)
m3 = np.mean(C3,axis = 1)
m1 = m1.reshape( - 1,1)
m2 = m2.reshape( - 1,1)
m3 = m3.reshape( - 1,1)
e = np.ones((50,1),dtype = float)
C1_bar = C1 - m1@e.T
S1 = (1/50) * C1_bar@C1_bar.T
C2_bar = C2 - m2@e.T
S2 = (1/50) * C2_bar@C2_bar.T
C3_bar = C3 - m3@e.T
S3 = (1/50) * C3_bar@C3_bar.T
```

```
Sw = (1/3) * (S1 + S2 + S3)
m = np.mean(Iris,axis = 1)
m = m.reshape( - 1,1)
Sb = (1/3) * ((m1 - m)@(m1 - m).T + (m2 - m)@(m2 - m).T + (m3 - m)@(m3 - m).T)
eigval,eigvec = scipy.linalg.eig(Sb,Sw)
idx = np.argsort( - np.abs(eigval))
D = eigval[idx]
W = eigvec[:,idx]
print(r'eigval = " \n',D.real)
print(r'W.T * W = " \n',W.T@W)
print(r'inv(W.T * Sw * W) * (W.T * Sw * W) = " \n',np.linalg.inv(W.T@Sw@W)@W.T@Sb@W)
Proj_Iris = W.T@Iris
fig1 = plt.figure()
ax = fig1.gca(projection = '3d')
ax.scatter(Iris[0,0:50],Iris[1,0:50],Iris[2,0:50],c = 'r',marker = 'x',s = 20)
ax.scatter(Iris[0,50:100],Iris[1,50:100],Iris[2,50:100],c = 'g',marker = 'o',s = 20)
ax.scatter(Iris[0,100:150],Iris[1,100:150],Iris[2,100:150],  c = 'b',marker = 'd',s = 20)
ax.set_title(" Original Iris" )
ax.legend([r'Class 1',r'Class 2',r'Class 3'])
fig2 = plt.figure()
plt.scatter(Proj_Iris[0,0:50],Proj_Iris[1,0:50],c = 'r',marker = 'x',s = 20)
plt.scatter(Proj_Iris[0,50:100],Proj_Iris[1,50:100],c = 'g',marker = 'o',s = 20)
plt.scatter(Proj_Iris[0,100:150],Proj_Iris[1,100:150],c = 'b',marker = 'd',s = 20)
plt.title(" LDA Projection" )
plt.legend([r'Class 1',r'Class 2',r'Class 3'])
plt.show()
```

运行代码 7-2,结果如下:

```
size of Iris:(4,150)
eigval =
[ 32.192   0.285   0.000   0.000]
W.T * W =
[[ 1.000  - 0.176   0.178  - 0.567]
[ - 0.176   1.000  - 0.285   0.491]
[ 0.178  - 0.285   1.000   0.200]
[ - 0.567   0.491   0.200   1.000]]
inv(W.T * Sw * W) * (W.T * Sw * W) =
[[ 32.192   0.000   0.000   0.000]
[0.000   0.285   0.000   0.000]
[0.000   0.000   0.000   0.000]
[0.000   0.000   0.000   0.000]]
```

图 7-5(a)是原始样本矩阵 Iris 的前三维特征构成的散点图,不同形状分别是三个类;图 7-5(b)展示的是 Iris 投影到 LDA 的二维鉴别空间中的散点图。很明显,样本在横坐标上的类间区分度要远远大于纵坐标,所以前者的坐标轴是 $\boldsymbol{w}_1$,后者是 $\boldsymbol{w}_2$。从运行结果看,前两个最大的广义特征值是 32.192 和 0.285,说明样本投影到这两个坐标轴上后,类间方差与类内方差的比值分别是 32.192 和 0.285。至于后两个广义特征值为什么都是 0,会在 7.3.3 小

节给出解释。

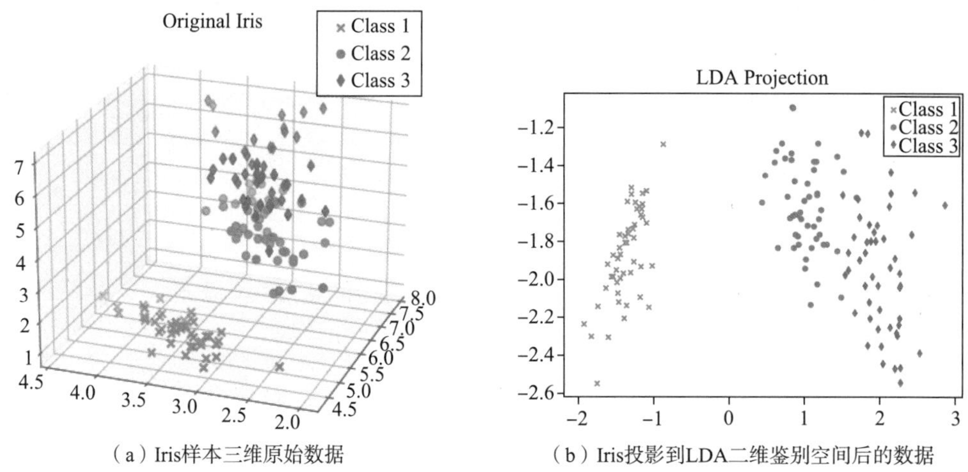

（a）Iris样本三维原始数据　　（b）Iris投影到LDA二维鉴别空间后的数据

图 7-5　样本矩阵 Iris 的原始数据及其降维后的数据

7.3.3　高维小样本的不稳定性及正则化

1. 高维小样本的不稳定性

对于低维样本，比如鸢尾花数据，可以直接用样本矩阵 $\boldsymbol{M}$ 构造类间和类内方差矩阵，并求解 $(\boldsymbol{S}_w)^{-1}\boldsymbol{S}_b$ 的广义特征向量。而对于高维小样本的情况，如 ORL 人脸图像，直接求解会出问题，原因在于 $\boldsymbol{S}_w \in \mathbb{R}^{10304\times 10304}$，而它的秩却远远小于 10304，其逆 $(\boldsymbol{S}_w)^{-1}$ 不存在。这会使得 $(\boldsymbol{S}_w)^{-1}\boldsymbol{S}_b$ 的广义特征分解过程中，不仅计算量巨大，而且不稳定，即式(7-19)的分母产生奇异现象，它也是 3.2.4 小节提到的“维数灾难”。

为了消除维数灾难，通常在 LDA 之前先进行预处理，即对 $\boldsymbol{M}$ 做无损压缩的奇异值分解，转换成低维矩阵 $\boldsymbol{M}'$。若 $\boldsymbol{M}=\boldsymbol{U\Sigma V}^{\mathrm{T}}$，则 $\boldsymbol{M}'=\boldsymbol{U}^{\mathrm{T}}\boldsymbol{M}=\boldsymbol{\Sigma V}^{\mathrm{T}}$，此时 $\boldsymbol{M}'$ 的大小是 400×400。实际上，也可以用主分量分析做降维。尽管用 $\boldsymbol{M}'$ 做 LDA 能大大减少计算量，但实际上用 $\boldsymbol{M}'$ 构造出的 $\boldsymbol{S}_w$ 依旧不满秩。

此外，根据式(7-15)，C 个类的均值都去掉了，所以 $\mathrm{rank}(\boldsymbol{S}_w)=n-C$，$\mathrm{rank}(\boldsymbol{S}_b)=C-1$，而 $\mathrm{rank}(\boldsymbol{S}_t)=n-1$。通常 $n-C>C-1$，所以理论上式(7-19)中 $(\boldsymbol{S}_w)^{-1}\boldsymbol{S}_b$ 的秩是 $C-1$，这意味着最多能找到秩为 $C-1$ 的投影空间。这就解释了 7.3.2 小节案例中只有前两个广义特征值大于 0 的原因。

2. 分母正则化

正则化可以避免 LDA 因 $\boldsymbol{S}_w$ 不满秩造成的不稳定现象。做法很简单，只要对式(7-19)的分母 $\boldsymbol{S}_w$ 加上一个单位矩阵 $\boldsymbol{I}$ 即可，即

$$\boldsymbol{S}_w'=\boldsymbol{S}_w+\beta\boldsymbol{I} \tag{7-23}$$

式中，β 是一个很小的且大于 0 的数，比如 0.01 或 0.001 等。

正则化后，$\boldsymbol{S}_w$ 的特征向量 $\boldsymbol{v}_i$ 不变，特征值 λ_i 增加了 β，即 $\boldsymbol{S}_w\boldsymbol{v}_i=\lambda_i\boldsymbol{v}_i \Rightarrow \boldsymbol{S}_w'\boldsymbol{v}_i=(\lambda_i+\beta)\boldsymbol{v}_i$。在 $\boldsymbol{S}_w$ 的零空间 $\boldsymbol{V}_\perp$ 中，任一向量都变成了 $\boldsymbol{S}_w'$ 中特征值 β 所对应的特征向量。正则化后 $\boldsymbol{S}_w'$

满秩，不再有零空间，从而消除了不稳定。

实际上，LDA 的目标函数，即式(7-19)称为商准则(quotient)，因为它衡量了投影后样本的类间方差与类内方差的比值。与此同时，模式识别领域中也有一部分学者在研究差准则(difference)，即

$$\boldsymbol{W}=\underset{\boldsymbol{W}}{\operatorname{argmax}}\boldsymbol{W}^{\mathrm{T}}(\boldsymbol{S}_b-\Delta\cdot\boldsymbol{S}_w)\boldsymbol{W} \tag{7-24}$$

式(7-24)中，参数 $\Delta>0$ 用来调节 $\boldsymbol{S}_b$ 和 $\boldsymbol{S}_w$ 之间的大小关系。差准则的物理意义是，投影到矩阵 $\boldsymbol{S}_b-\Delta\cdot\boldsymbol{S}_w$ 的特征向量 $\boldsymbol{W}$ 后，使样本的类间方差减去类内方差的结果达到最大化。

编著者曾在 2010 年发表的一篇 SCI 论文中，讨论了分母正则化对高维小样本识别率的影响，详见文献[81]。该文中，编著者结合商准则和差准则设计出了一个统一准则，即

$$\boldsymbol{W}=\underset{W}{\operatorname{argmax}}\frac{\boldsymbol{W}^{\mathrm{T}}(\boldsymbol{S}_b-\Delta\cdot\boldsymbol{S}_w)\boldsymbol{W}}{\boldsymbol{W}^{\mathrm{T}}[\theta\cdot\boldsymbol{S}_w+(1-\theta)\cdot\operatorname{tr}(\boldsymbol{S}_w)\cdot\boldsymbol{I}]\boldsymbol{W}} \tag{7-25}$$

式(7-25)中，$\operatorname{tr}(\boldsymbol{S}_w)$是 $\boldsymbol{S}_w$ 的迹，即 $\boldsymbol{S}_w$ 对角线元素之和。当 $\Delta=0$、$\theta=1$ 时，统一准则就变成了商准则 LDA，即式(7-19)；当 $\Delta>0$、$\theta=0$ 时，统一准则等价于式(7-24)的差准则；当 $\Delta=0$ 且 $\theta\in(0,1)$时，统一准则是正则化的商准则。

为了比较统一准则的识别效果，文献[81]中分别采用四个字符数据库和两个人脸库，它们分别代表了低维大样本和高维小样本两种不同的情况。试验结果表明，参数 θ 的大小对字符库的识别效果几乎没影响，而 $\Delta\in[0,0.5]$达到了最佳识别效果。随着 Δ 增大，字符库的识别率均变得越来越低。相反，Δ 的不同取值几乎都不会影响人脸库的识别效果，而 θ 的影响却非常大。当 $\theta\in(0,1)$时，两个人脸库的识别率均表现稳定，分别维持在 97%～97.5%和 82%～83%之间；当 $\theta=1$ 时，识别率大幅度下降，分别降至 94.5%和 66.5%。这种现象说明高维小样本的分母 $\boldsymbol{S}_w$ 不满秩，对商准则 LDA 的识别效果会造成极大的负面影响。

7.3.4 岭回归

1. 岭回归表达式

最小二乘解 $\boldsymbol{x}^*=(\boldsymbol{A}^{\mathrm{T}}\boldsymbol{A})^{-1}\boldsymbol{A}^{\mathrm{T}}\boldsymbol{b}$ 是二次目标函数 $f(\boldsymbol{x})=\|\boldsymbol{b}-\boldsymbol{A}\boldsymbol{x}\|_2^2$ 的最优解。在式(7-5)基础上加上一个 L_2 范数正则项 $\|\boldsymbol{x}\|_2^2$，原函数 $f(\boldsymbol{x})$的优化模型就变成了岭回归(Ridge Regression)[82]，即

$$f(\boldsymbol{x})=\min_x\|\boldsymbol{b}-\boldsymbol{A}\boldsymbol{x}\|_2^2+\beta\|\boldsymbol{x}\|_2^2(\beta>0) \tag{7-26}$$

式(7-26)中，$\|\boldsymbol{x}\|_2^2$ 也称作 Tikhonov 正则项[30]；β 是正则化系数。

一般来说，正则化系数 β 是一个非常小的正数，比如 $0.01\times\operatorname{trace}(\boldsymbol{A}^{\mathrm{T}}\boldsymbol{A})$或 $0.001\times\operatorname{trace}(\boldsymbol{A}^{\mathrm{T}}\boldsymbol{A})$，即矩阵 $\boldsymbol{A}^{\mathrm{T}}\boldsymbol{A}$ 特征值之和的 0.01 倍或 0.001 倍。β 不宜过大，否则会造成 $\boldsymbol{A}^{\mathrm{T}}\boldsymbol{A}+\beta\boldsymbol{I}\approx\beta\boldsymbol{I}$，使得$(\boldsymbol{A}^{\mathrm{T}}\boldsymbol{A}+\beta\boldsymbol{I})^{-1}$ 接近于$\frac{1}{\beta}\boldsymbol{I}$。因为 $\boldsymbol{A}^{\mathrm{T}}\boldsymbol{A}$ 的特征值分布情况能反映出观测样本的结构信息。比如，前几个较大特征值对应的特征向量是这些观测样本主要集中的几个方向。一旦 β 取值过大，就很难彰显出这些信息，因为单位矩阵 $\boldsymbol{I}$ 在各个方向上的长度都一样。

对式(7-26)求一阶导数$\frac{\partial f(\boldsymbol{x})}{\partial\boldsymbol{x}}=2\boldsymbol{A}^{\mathrm{T}}\boldsymbol{A}x-2\boldsymbol{A}^{\mathrm{T}}\boldsymbol{b}+2\beta\boldsymbol{x}$，置 $\boldsymbol{0}$ 后得最优解，即

$$x^* = (A^{\mathrm{T}}A + \beta I)^{-1}A^{\mathrm{T}}b \tag{7-27}$$

2. 岭回归消除不稳定性

当 $\boldsymbol{A}$ 的行数 m（即观测样本个数）小于 $\boldsymbol{x}$ 中变量个数 n 时，若没有正则项 $\beta\|\boldsymbol{x}\|_2^2$，式(7-26)的最优解等价于欠定方程组 $\boldsymbol{Ax}=\boldsymbol{b}$ 的精确解。理论上，这会造成最优解的不稳定现象，因为欠定方程组有无穷多个精确解。而岭回归能够增强最小二乘解的稳定性，因为式(7-27)中的 $\boldsymbol{A}^{\mathrm{T}}\boldsymbol{A}+\beta\boldsymbol{I}$ 是满秩矩阵，它的逆 $(\boldsymbol{A}^{\mathrm{T}}\boldsymbol{A}+\beta\boldsymbol{I})^{-1}$ 存在且唯一，从而能确保最优解 $\boldsymbol{x}^*$ 是唯一的。从最优化理论的角度看，$\boldsymbol{A}^{\mathrm{T}}\boldsymbol{A}+\beta\boldsymbol{I}$ 是式(7-26)中目标函数 $f(\boldsymbol{x})$ 的二阶导数，它是对称正定的满秩矩阵。正则化的引入，能保证 $f(\boldsymbol{x})$ 是严格凸函数，故而存在唯一的最优解 $\boldsymbol{x}^*$。

在机器学习领域，样本个数小于待求参数个数的情况会产生**过拟合**(overfitting)现象。这种情况下，求得的精确解 $\boldsymbol{x}$ 虽然能够准确描述观测样本(即训练样本)，但是对于有待预测的样本却达不到好的效果，因为训练样本与预测样本不完全相同。而正则项的引入，会消除线性模型的不稳定现象。

此外，正则化也能防止出现非线性模型的过拟合现象。在 11.5.2 小节案例中，编著者比较了深度神经网络在非正则化和正则化两种情况下的区别。该案例的运行结果表明，将隐层个数从一层增加到三层，前者的过拟合现象会越来越严重。对于后者，无论网络层数是多少，均能有效抑制过拟合。

7.4 线性模型的马氏距离与高斯假设

在线性模型中，通常采用欧氏距离(euclidean distance)作为度量准则，如残差平方和 $\|\boldsymbol{\varepsilon}\|_2^2=\|\boldsymbol{Ax}-\boldsymbol{b}\|_2^2=\sum_{i=1}^{n}\varepsilon_i^2$。残差 $\boldsymbol{\varepsilon}$ 的欧氏距离是 $\boldsymbol{\varepsilon}$ 的模长，即 $\|\boldsymbol{\varepsilon}\|_2=\sqrt{\varepsilon_1^2+\varepsilon_2^2+\cdots+\varepsilon_n^2}$。然而，仅用欧氏距离度量现实中不同类别的事物是远远不够的。举个例子，两个不同的城市之间相距 10km，我们认为很近；但是两个同性别、同年龄的人身高相差 20cm，我们却认为相差很大。说到这里，不得不提及高斯分布，因为同类事物通常都服从同一个高斯分布，而不同类别的事物来自不同的高斯分布(均值、方差都不同)。

5.3.1 小节介绍的高斯分布是关于一维变量 X 的情况，而现实中绝大多数数据所服从的高斯分布却是多维的。5.2.3 小节提到了大小为 $p\times p$ 的协方差矩阵 $\boldsymbol{S}$，它的对角线元素是 p 个变量的方差；而非对角线元素是不同变量间的协方差，反映了变量之间的相关程度。

1. 马氏距离概述

在考虑数据分布和变量间相关性的情况下，印度统计学家马哈拉诺比斯(P. C. Mahalanobis)提出马氏距离(mahalanobis distance)，它是欧氏距离的变形。举个例子，如果样本 $\boldsymbol{M}=[\boldsymbol{x}_1,\boldsymbol{x}_2,\cdots,\boldsymbol{x}_n]\in\mathbb{R}^{p\times n}$ 服从均值为 $\boldsymbol{\mu}$、方差为 $\boldsymbol{\sigma}^2$ 的高斯分布，根据 6.1.2 小节，均值向量 $\boldsymbol{m}=\frac{1}{n}\sum_{i=1}^{n}\boldsymbol{x}_i$ 是 $\boldsymbol{\mu}$ 的最大似然估计($\boldsymbol{m}\in\mathbb{R}^p$)，而协方差矩阵 $\boldsymbol{S}=\frac{1}{n}\sum_{i=1}^{n}(\boldsymbol{x}_i-\boldsymbol{m})(\boldsymbol{x}_i-\boldsymbol{m})^{\mathrm{T}}$ 是 $\boldsymbol{\sigma}^2$ 的最大似然估计。所以 p 维样本 $\boldsymbol{x}$ 服从的高斯密度函数为[83]

$$f(\boldsymbol{x})=\frac{1}{(2\pi)^{p/2}|\boldsymbol{S}|^{1/2}}\mathrm{e}^{-\frac{1}{2}(\boldsymbol{x}-\boldsymbol{m})^{\mathrm{T}}\boldsymbol{S}^{-1}(\boldsymbol{x}-\boldsymbol{m})} \tag{7-28}$$

式(7-28)中，$|\boldsymbol{S}|$ 是 $\det(\boldsymbol{S})$，即协方差矩阵 $\boldsymbol{S}$ 所有特征值 $\lambda_1,\lambda_2,\cdots,\lambda_p$ 的乘积。

在 $\boldsymbol{S}$ 的前提下，p 维空间里 $\boldsymbol{x}$ 到 $\boldsymbol{m}$ 的马氏距离为

$$\|\boldsymbol{x}-\boldsymbol{m}\|_S=\sqrt{(\boldsymbol{x}-\boldsymbol{m})^{\mathrm{T}}\boldsymbol{S}^{-1}(\boldsymbol{x}-\boldsymbol{m})} \tag{7-29}$$

如果 $\boldsymbol{S}$ 是单位矩阵 $\boldsymbol{I}$，则马氏距离就退化成了欧氏距离。

注意：通常默认 $\boldsymbol{S}$ 是满秩的。换言之，样本个数要大于样本维度，即 $n>p$。

2. 马氏距离的正交分解

5.2.3 小节的主分量分析对协方差矩阵 $\boldsymbol{S}$ 做特征分解 $\boldsymbol{S}=\boldsymbol{U\Lambda U}^{\mathrm{T}}$，寻找 $\boldsymbol{S}$ 中 k 个最大特征值所对应的特征向量 $\boldsymbol{u}_1,\boldsymbol{u}_2,\cdots,\boldsymbol{u}_k(k\leqslant p)$，即 k 个主分量。因为主分量都是规范正交基，所以两两相互垂直。

式(7-28)中，$\boldsymbol{S}^{-1}=\boldsymbol{U\Lambda}^{-1}\boldsymbol{U}^{\mathrm{T}}=\dfrac{1}{\lambda_1}\boldsymbol{u}_1\boldsymbol{u}_1^{\mathrm{T}}+\dfrac{1}{\lambda_2}\boldsymbol{u}_2\boldsymbol{u}_2^{\mathrm{T}}+\cdots+\dfrac{1}{\lambda_p}\boldsymbol{u}_p\boldsymbol{u}_p^{\mathrm{T}}$，对其做变形，可以分解成 p 个两两垂直的方向上高斯分布的连乘，即

$$f(\boldsymbol{x})=\prod_{i=1}^{p}\frac{1}{\sqrt{2\pi\lambda_i}}\mathrm{e}^{-\frac{1}{2\lambda_i}(\boldsymbol{x}-\boldsymbol{m})^{\mathrm{T}}\boldsymbol{u}_i\boldsymbol{u}_i^{\mathrm{T}}(\boldsymbol{x}-\boldsymbol{m})} \tag{7-30}$$

式(7-30)中每个方向都是一个一维高斯分布，第 i 个维度$(i=1,2,\cdots,p)$的方向是 $\boldsymbol{u}_i$。在该方向上，n 个投影后的样本 $\boldsymbol{M}^{\mathrm{T}}\boldsymbol{u}_i$ 服从均值为 $\boldsymbol{m}^{\mathrm{T}}\boldsymbol{u}_i$、方差为 λ_i 的高斯分布。第 i 个维度的高斯密度函数为

$$f(\boldsymbol{x};\boldsymbol{u}_i)=\frac{1}{\sqrt{2\pi\lambda_i}}\mathrm{e}^{-\frac{1}{2\lambda_i}(\boldsymbol{x}-\boldsymbol{m})^{\mathrm{T}}\boldsymbol{u}_i\boldsymbol{u}_i^{\mathrm{T}}(\boldsymbol{x}-\boldsymbol{m})} \tag{7-31}$$

分解并投影后，式(7-28)变成了 $f(\boldsymbol{x})=\dfrac{1}{(2\pi)^{p/2}|\boldsymbol{\Lambda}|^{1/2}}\mathrm{e}^{-\frac{1}{2}(\boldsymbol{x}-\boldsymbol{m})^{\mathrm{T}}\boldsymbol{U\Lambda}^{-1}\boldsymbol{U}^{\mathrm{T}}(\boldsymbol{x}-\boldsymbol{m})}$。由于 $\boldsymbol{\Lambda}$ 是对角矩阵，它的非对角线元素都是 0，表明在 p 个正交方向上，变量之间不相关。相应地，式(7-29)中马氏距离可分解为

$$\|\boldsymbol{x}-\boldsymbol{m}\|_S=\sqrt{\sum_{i=1}^{p}\frac{1}{\lambda_i}(\boldsymbol{x}-\boldsymbol{m})^{\mathrm{T}}\boldsymbol{u}_i\boldsymbol{u}_i^{\mathrm{T}}(\boldsymbol{x}-\boldsymbol{m})} \tag{7-32}$$

式(7-32)表明，马氏距离考虑数据在各个方向上分布的方差。回到本小节开头，城市之间的距离有远有近，相距 100～1000km 属于正常情况；同性别、同年龄的人身高差距大多数不会超过 10cm。显而易见，前者方差比后者大得多。所以我们认为 10km 很近，20cm 差距大，实质上就是站在了马氏距离的角度。相比之下，欧氏距离对所有事物都使用同一个量纲，却没考虑事物间的差别。

另外，通常情况下不相关推导不出相互独立，但是高斯分布却是特殊情况，它的不相关性与独立性互为充要条件，分析过程详见文献[58]。综上所述，这 p 个方向的一维高斯分布相互独立，从而式(7-28)中 $f(\boldsymbol{x})$ 可表示为

$$f(\boldsymbol{x})=f(\boldsymbol{x};\boldsymbol{u}_1)f(\boldsymbol{x};\boldsymbol{u}_2)\cdots f(\boldsymbol{x};\boldsymbol{u}_p) \tag{7-33}$$

式(7-33)中，因为 $0<f(\boldsymbol{x};\boldsymbol{u}_i)<1(i=1,2,\cdots,p)$，所以连乘后 $0<f(\boldsymbol{x})<1$。多维高斯分布的概率密度函数 $f(\boldsymbol{x})$ 的大小取决于各个正交方向 $\boldsymbol{u}_1,\boldsymbol{u}_2,\cdots,\boldsymbol{u}_p$ 上，样本 $\boldsymbol{x}$ 离均值 $\boldsymbol{m}$(高斯分布中心点)的马氏距离。

图 7-6(a)展示了二维样本(散点)的高斯分布情况，$\boldsymbol{u}_1$ 和 $\boldsymbol{u}_2$ 分别是样本协方差矩阵的特征向量，两者相互正交，它们对应的特征值分别是 λ_1 和 λ_2，满足 $\lambda_1>\lambda_2$。根据式(7-31)，样

本在 $\boldsymbol{u}_1$ 方向上服从均值为$\boldsymbol{m}^{\mathrm{T}}\boldsymbol{u}_1$、方差为 λ_1 的高斯分布，图 7-6(b)展示了该方向上高斯分布的 $\mu \pm 3\sigma$ 区间；同理，图 7-6(c)展示了样本在 $\boldsymbol{u}_2$ 方向上的 $\mu \pm 3\sigma$ 区间。

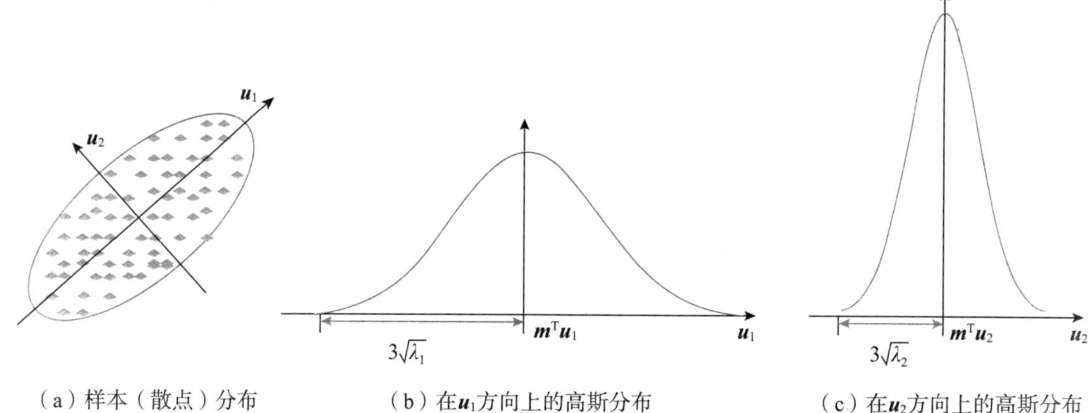

（a）样本（散点）分布　（b）在$\boldsymbol{u}_1$方向上的高斯分布　（c）在$\boldsymbol{u}_2$方向上的高斯分布

图 7-6　二维样本的高斯分布及其协方差矩阵的正交分解

关于马氏距离的实际应用详见 13.3.3 小节关于模型区分度的编程案例。

本 章 小 结

本章分别从四个不同角度介绍了线性模型。7.1 节先由一个简单的应用开始，介绍了线性方程组对因果关系的建模过程，并分析了方程组 $\boldsymbol{Ax}=\boldsymbol{b}$ 的解个数与矩阵 $\boldsymbol{A}$ 的行列向量空间的关系，从而引出最小二乘解目标函数的优化建模过程。7.2 节从统计学角度，探讨了线性回归噪声与相关系数之间的关系，并介绍了模式识别中十分经典的线性回归分类器。7.3 节介绍了模式识别中非常著名的特征提取方法——线性鉴别分析(LDA)，并讨论了高维小样本对特征稳定性的影响。7.4 节介绍了多维马氏距离与高斯分布的内在联系，以及 LDA 的高斯假设。

第8章 熵与不确定性

熵(Entropy)从统计学角度衡量事务的不确定性。1865 年,德国物理学家克劳修斯首次提出了熵的概念,旨在描述热力学系统中输入热量相对于温度的变化情况。如果一个封闭的环境与外界没有热量交换,其内部的热量总是自发地从高温物体传向低温物体。最初不同物体的温度相差最大,即熵最小。在热量传播过程中,能量守恒,熵却在不断增大,最终会达到温度均匀的稳定状态,此时熵最大。根据热力学第二定律,熵增是一个不可逆的过程[84]。后来,熵的概念被延伸到统计学和模式识别领域,用来描述和量化样本分布的均衡程度。若某些特征在不同类别的样本之间呈现均匀分布,则该特征的熵最大;反过来,分布越不均匀,说明该特征在不同类别间的差异越大,熵就越小,从而信息增益也就越大。因此,通常会提取信息增益较大的特征,用来判定不同的类别。

8.1 熵的概念

8.1.1 惊奇程度的加权平均

试想一下,投掷硬币正面朝上的概率是 0.5,反面也是,我们不足为奇。但是如果 10 次投币,有 9 次出现了正面,只有 1 次反面,我们肯定感到十分惊讶,因为这种情况鲜少发生。

通常,我们用概率 p 的负对数 $-\log p$ 来量化惊奇程度[51]。函数 $-\log p$ 与 p 成反比关系,它是 p 的非线性映射。如图 8-1 所示,概率 p 越大,惊奇程度函数 $-\log p$ 越小。当概率到达 1 时,惊奇程度为 0,即为必然事件。太阳每天从东方升起,概率为 1,它是百分之百确定的事件,所以惊奇程度为 0。相反,越不确定的事,概率 p 越小,那么惊奇程度就越大。

注意:对数 $\log p$ 的底可以是 2,也可以是自然常数 e。若没写明,一般默然是以 e 为底,即 $\log p=\ln p$。从信息论角度看,$\log_2 p$ 的单位是比特,即 bit;而 $\log p$ 的单位是奈特,即 nat。

从信息论角度看,概率越小,惊奇程度越大,信息量就随之越大。必然事件在意料之中,

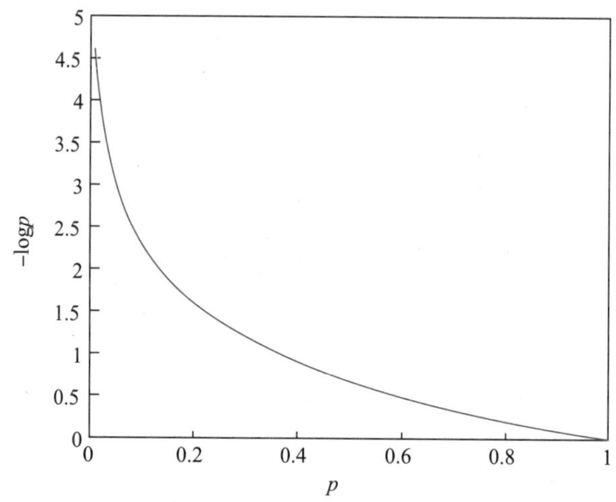

图 8-1 惊奇程度函数——log$p$ 曲线图

没有多少价值高的信息。相反,概率低的事件,价值肯定高。倘若太阳真的从西边升起,惊奇程度必然是无穷大,因为亘古未有,概率极低,即要么地球自转方向发生了变化,要么太阳偏离了正常的运行轨道。

如果变量 X 的样本空间为 $\Omega=\{x_1,x_2,\cdots,x_n\}$,将事件 x_i 的概率 $p(x_i)$看成权重,则期望 $E(X)$是 X 的所有取值 $x_i(i=1,2,\cdots,n)$的加权平均,即

$$E(X)=\sum_{i=1}^{n}p(x_i)x_i \tag{8-1}$$

方差 $D(X)$是 X 的所有取值与期望 $E(X)$的偏离程度平方$[x_i-E(X)]^2$ 的加权平均,即

$$D(X)=E\{[X-E(X)]^2\}=\sum_{i=1}^{n}p(x_i)[x_i-E(X)]^2 \tag{8-2}$$

同理,X 所有取值的惊奇程度$-\log p(x_i)$的加权平均就是熵,记作 $H(X)$,表达式为

$$H(X)=E[-\log p(X)]=-\sum_{i=1}^{n}p(x_i)\log p(x_i) \tag{8-3}$$

式中,$0\leqslant p(x_i)\leqslant 1$ 且 $\sum_{i=1}^{n}p(x_i)=1$。

与期望 $E(X)$和方差 $D(X)$一样,熵 $H(X)$也具有统计意义,因为它是变量 X 在样本空间 $\Omega=\{x_1,x_2,\cdots,x_n\}$ 中所有取值情况下的平均惊奇程度。

8.1.2 熵函数与不确定性

如果将熵函数定义成 $f(p)=-p\log p$,它是关于概率 p 的非线性函数($0\leqslant p\leqslant 1$)。如图 8-2 所示,$f(p)=-p\log p$ 是关于 p 的凹函数,因为二阶导数 $f''(p)=-\dfrac{1}{p}<0$。

式(8-3)中,熵 $H(X)$是变量 X 的样本空间 $\Omega=\{x_1,x_2,\cdots,x_n\}$中所有取值概率 $p(x_i)(i=1,2,\cdots,n)$的熵函数之和,即

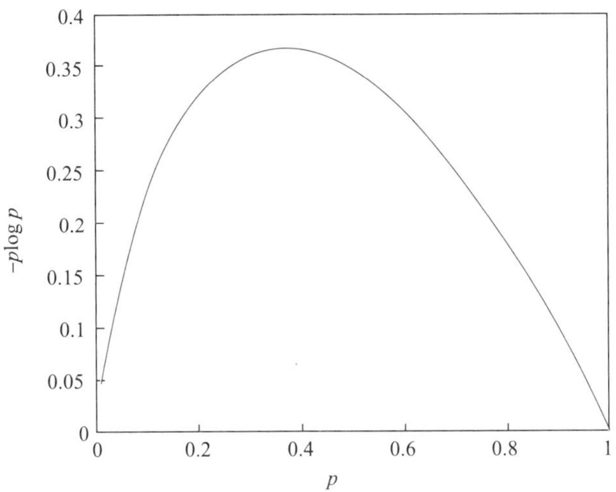

图 8-2 熵函数 $f(p)=-p\log p$ 曲线图

$$H(X)=f[p(x_1)]+f[p(x_2)]+\cdots+f[p(x_n)]$$

因为 $H(X)$是 $f[p(x_i)]$的非负线性组合,所以 $H(X)$是关于概率 $p(x_i)(i=1,2,\cdots,n)$的凹函数,反过来,$-H(X)$是凸函数。

回到 8.1.1 小节投掷硬币的例子,正反两面出现的概率都是 0.5,熵为

$$H(X)=-(0.5\times\log 0.5+0.5\times\log 0.5)=0.6932$$

如果正面出现的概率为 0.9,反面的概率为 0.1,则熵为

$$H(X)=-(0.9\times\log 0.9+0.1\times\log 0.1)=0.3251$$

熵较小,表明变量在不同取值下出现的概率不同,即分布不均匀。如果某些取值出现的概率较大,而另一部分取值出现的概率小,总体上看该变量的确定性就会大。所以,当硬币正反两面等概率出现时,不确定性肯定大于正面概率 0.9、反面概率 0.1 的情况,所以熵更大;反过来,正反两面出现的概率相差越大,熵就会越小。

定理 8-1 当样本呈现均匀分布时,熵最大。

证明:令 $g(p)=-f(p)=p\log p$,因为 $g'(p)=\log p+1$,所以 $g''(p)=\dfrac{1}{p}>0$,可知 $g(p)$是关于 p 的凸函数。

根据 Jensen 不等式

$$\frac{1}{n}\sum_{i=1}^{n}p(x_i)\log p(x_i)\geqslant g\left[\frac{1}{n}\sum_{i=1}^{n}p(x_i)\right]$$
$$=\frac{p(x_1)+p(x_2)+\cdots+p(x_n)}{n}\log\left[\frac{p(x_1)+p(x_2)+\cdots+p(x_n)}{n}\right]$$

即 $\dfrac{1}{n}\sum_{i=1}^{n}p(x_i)\log p(x_i)\geqslant\dfrac{1}{n}\log\dfrac{1}{n}$(鉴于 $p(x_1)+p(x_2)+\cdots+p(x_n)=1$)。

所以,当 $p(x_1)=p(x_2)=\cdots=p(x_n)=\dfrac{1}{n}$时,上述等号成立。

此时 $\sum_{i=1}^{n}p(x_i)\log p(x_i)$ 达到了最小值,即熵 $H(X)$最大。

8.2 熵的拓展

8.1 节介绍的熵，是从统计学角度衡量了变量本身分布的均匀程度。本节将把熵的概念拓展到变量的联合分布和条件分布中，从而形成了联合熵和条件熵。变量本身的熵减去条件熵，就是互信息（信息增益），它衡量了变量之间的相互影响程度。如果两个变量相互独立，则互信息为0；反过来，互信息越大，说明一个变量对另一个变量的影响就越大。另外，标准化互信息（normalized mutual information，NMI）目前广泛应用在模式识别中，用来评估聚类或分类效果的优劣程度。

8.2.1 联合熵和条件熵

联合熵就是联合分布中变量在所有取值情况下的熵。同理，条件熵是条件分布中变量在所有取值情况下的熵。

已知两个随机变量 X 和 Y，各自的样本分别是 $x_1,x_2,\cdots,x_m$ 和 $y_1,y_2,\cdots,y_n$，联合分布概率为

$$p(x_i,y_j)=P\{X=x_i,Y=y_j\} \tag{8-4}$$

联合分布的不确定性（联合熵）为

$$H(X,Y)=-\sum_{i=1}^{m}\sum_{j=1}^{n}p(x_i,y_j)\log p(x_i,y_j) \tag{8-5}$$

若已知 $Y=y_j$，那么 X 在此条件下的不确定性为

$$H_{Y=y_j}(X)=-\sum_{i=1}^{m}p(x_i\mid y_j)\log p(x_i\mid y_j) \tag{8-6}$$

变量 Y 的取值为 $y_1,y_2,\cdots,y_n$，在这 n 个不同条件下，变量 X 的平均不确定性（条件熵）为

$$H_Y(X)=\sum_{j}H_{Y=y_j}p_Y(y_j)$$

其中

$$p_Y(y_j)=P\{Y=y_j\}, \tag{8-7}$$

换言之

$$\begin{aligned}H_Y(X)&=-\sum_{i=1}^{m}p_Y(y_j)p(x_i\mid y_j)\log p(x_i\mid y_j)\\&=-\sum_{i=1}^{m}p(x_i,y_j)\log p(x_i\mid y_j)\end{aligned} \tag{8-8}$$

【例 8-1】 某人连续掷两枚均匀的骰子，若

$$X=\begin{cases}1, & 点数之和等于 6\\0, & 其他情况\end{cases}$$

令 Y 为第一次掷到的点数，求 $H(Y)$、$H_Y(X)$以及 $H(X,Y)$。

解：
$$H(Y)=-\sum_{i=1}^{6}\frac{1}{6}\log\left(\frac{1}{6}\right)=1.7918$$

当 $P\{Y=1\}$时，$P\{X=1|Y=1\}=1/6$(即第二次掷到 5)，则 $P\{X=0|Y=1\}=5/6$；

当 $P\{Y=2\}$时，$P\{X=1|Y=2\}=1/6$(即第二次掷到 4)，则 $P\{X=0|Y=2\}=5/6$；

当 $P\{Y=3\}$时，$P\{X=1|Y=3\}=1/6$(即第二次掷到 3)，则 $P\{X=0|Y=3\}=5/6$；

当 $P\{Y=4\}$时，$P\{X=1|Y=4\}=1/6$(即第二次掷到 2)，则 $P\{X=0|Y=4\}=5/6$；

当 $P\{Y=5\}$时，$P\{X=1|Y=5\}=1/6$(即第二次掷到 1)，则 $P\{X=0|Y=5\}=5/6$；

当 $P\{Y=6\}$时，$P\{X=1|Y=6\}=0$，那么 $P\{X=0|Y=6\}=1$。

综上，

$$\begin{aligned}H_Y(X)&=-\sum_{j=1}^{6}p_Y(y_j)\sum_{i=1}^{2}p(x_i\mid y_j)\log p(x_i\mid y_j)\\&=-\sum_{j=1}^{5}\frac{1}{6}\times\left(\frac{1}{6}\log\frac{1}{6}+\frac{5}{6}\log\frac{5}{6}\right)-\frac{1}{6}\times(1\log 1+0\log 0)\\&=0.3755\end{aligned}$$

在计算联合熵 $H(X,Y)$的过程中，需要把两次投掷的共 36 种情况全部列举出来，即

$$\begin{aligned}&P\{X=0,Y=1\}=5/36,\quad P\{X=1,Y=1\}=1/36\\&P\{X=0,Y=2\}=5/36,\quad P\{X=1,Y=2\}=1/36\\&P\{X=0,Y=3\}=5/36,\quad P\{X=1,Y=3\}=1/36\\&P\{X=0,Y=4\}=5/36,\quad P\{X=1,Y=4\}=1/36\\&P\{X=0,Y=5\}=5/36,\quad P\{X=1,Y=5\}=1/36\\&P\{X=0,Y=6\}=6/36,\quad P\{X=1,Y=6\}=0\end{aligned}$$

所以

$$\begin{aligned}H(X,Y)&=-\sum_{j=1}^{6}\sum_{i=1}^{2}p(x_i,y_j)\log p(x_i,y_j)\\&=-5\times\left[\frac{5}{36}\log\frac{5}{36}+\frac{1}{36}\log\frac{1}{36}\right]-\left[\frac{6}{36}\log\frac{6}{36}+0\log 0\right]\\&=2.1672\end{aligned}$$

正好是先前 $H(Y)$与 $H_Y(X)$相加之和。

定理 8-2 变量 X 和 Y 的联合熵是它们联合起来的不确定性，也是 Y 的不确定性，加上在 Y 已知条件下 X 的不确定性，即

$$H(X,Y)=H(Y)+H_Y(X)$$

证明：根据 $p(x_i,y_j)=p_Y(y_j)p(x_i|y_j)$，可得

$$\begin{aligned}H(X,Y)&=-\sum_{i}\sum_{j}p(x_i,y_j)\log p(x_i,y_j)\\&=-\sum_{i}\sum_{j}p_Y(y_j)p(x_i\mid y_j)[\log p_Y(x_i)+\log p(x_i\mid y_j)]\end{aligned}$$

$$= -\sum_j p_Y(y_j)\log p_Y(y_j)\sum_i p(x_i \mid y_j) - \sum_j p_Y(y_j)\sum_i p(x_i \mid y_j)\log p(x_i \mid y_j)$$

$$= H(Y) + H_Y(X)$$

同理，$H(X,Y)=H(X)+H_X(Y)$，即它们的联合熵也等同于变量 X 本身的不确定性，加上在 X 已知的情况下 Y 的不确定性。

8.2.2 互信息

第 8.2.1 小节介绍了联合熵与条件熵的概念，它们分别描述了两个变量合在一起的不确定性，以及在一个变量已知条件下另一个变量的不确定性。不知读者是否深入思考过，熵 $H(X)$ 量化了变量 X 本身的不确定性，而条件熵 $H(X|Y)$ 量化了另一个变量 Y 已知情况下 X 的不确定性，若两者相差非常大，是不是表明 Y 对 X 的影响很大？

对此，本小节将引入一个新的概念——互信息（mutual information，MI），用来量化变量 X 和 Y 的重叠（相互影响）程度，如图 8-3 中阴影区域 $I(X,Y)$ 所示。

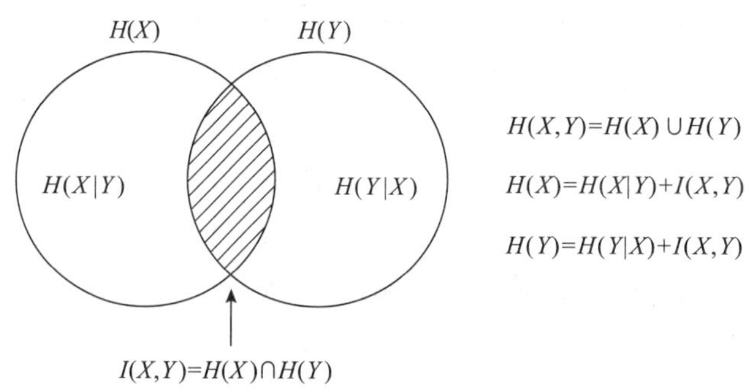

图 8-3 条件熵、联合熵以及互信息之间的关系

图 8-3 中，变量 X 和 Y 各自的熵 $H(X)$ 和 $H(Y)$ 分别用圆表示，联合熵 $H(X,Y)$ 是它们的并集，而互信息 $I(X,Y)$ 是它们的交集，条件熵是各自的熵去除 $I(X,Y)$ 的剩余部分。从而可得以下四个结论：① $H(X)=I(X,Y)+H(X|Y)$；② $H(Y)=I(X,Y)+H(Y|X)$；③ $H(X,Y)=H(X)\cup H(Y)$；④ $I(X,Y)=H(X)\cap H(Y)$。

注意： $H(X|Y)$ 是 $H_Y(X)$，同理 $H(Y|X)$ 是 $H_X(Y)$。

定理 8-3 变量的条件熵一定不大于该变量本身的熵，即 $H_Y(X)\leqslant H(X)$。两者相等的充要条件是 X 和 Y 相互独立[51]。

证明：

$$H_Y(X)-H(X) = -\sum_i\sum_j p(x_i|y_j)\log[p(x_i|y_j)]p_Y(y_j)+\sum_i p(x_i)\log p(x_i)$$

$$= -\sum_i\sum_j p(x_i,y_j)\log[p(x_i|y_j)]+\sum_i\sum_j p(x_i,y_j)\log p(x_i)$$

$$
\begin{aligned}
&= \sum_i \sum_j p(x_i, y_j) \log \left[\frac{p(x_i)}{p(x_i \mid y_j)}\right] \\
&\leqslant \sum_i \sum_j p(x_i, y_j) \left[\frac{p(x_i)}{p(x_i \mid y_j)} - 1\right] \quad (\text{因为} \ln x \leqslant x - 1 (x > 0)) \\
&= \sum_i \sum_j p(x_i) p(y_j) - \sum_i \sum_j p(x_i, y_j) \\
&= 1 - 1 = 0
\end{aligned}
$$

结合图 8-3 和定理 8-3，互信息 $I(X,Y)$是变量 X 本身的熵 $H(X)$减去条件熵 $H_Y(X)$后剩余的部分，即

$$
I(X,Y) = H(X) - H_Y(X) = \sum_i \sum_j p(x_i, y_j) \log \frac{p(x_i, y_j)}{p(x_i) p(y_j)} \tag{8-9}
$$

互信息表示变量 X 中能被变量 Y 所决定或者所干扰的部分。由式(8-9)可知，若变量 X 和 Y 相互独立，即 $p(x_i,y_j)=p(x_i)p(y_j)$时，两者的互信息 $I(X,Y)=0$。相互独立意味着 X 的存在与 Y 无关。反过来，如果 X 与 Y 的概率分布完全相同，那么互信息能达到最大。

结合图 8-3 和定理 8-3，由于条件熵非负，所以互信息满足

$$
I(X,Y) \leqslant \min\{H(X), H(Y)\} \tag{8-10}
$$

注意：跟第 5 章介绍的相关性类似，互信息表达了两个随机变量 X 和 Y 的相关程度。但不同的是，前者从统计学角度量化了变量间的线性相关程度，详见第 7 章；而后者却包含了变量间的线性和非线性相关程度[85]，因为式(8-9)中对数 log 本身就对概率做了非线性映射。

【例 8-2】 已知变量 X 为 $\{1,1,2,2,2,3,3,3\}$ 共 8 次取 3 个不同的值；变量 Y 为 $\{1,1,2,2,2,3,3,4\}$ 共 8 次取 4 个不同的值。求出变量的熵 $H(X)$和 $H(Y)$以及互信息 $I(X,Y)$。

解：令 $p(x_1)$表示 X 取值为 1 的概率，其他取值情况以此类推。则

$$
p(x_1) = \frac{2}{8}, \quad p(x_2) = \frac{3}{8}, \quad p(x_3) = \frac{3}{8}
$$

而

$$
p(y_1) = \frac{2}{8}, \quad p(y_2) = \frac{3}{8}, \quad p(y_3) = \frac{2}{8}, \quad p(y_4) = \frac{1}{8}
$$

通过计算，

$$
H(X) = -\left[\frac{2}{8}\log\frac{2}{8} + \frac{3}{8}\log\frac{3}{8} + \frac{3}{8}\log\frac{3}{8}\right] = 1.0822
$$

$$
H(Y) = -\left[\frac{2}{8}\log\frac{2}{8} + \frac{3}{8}\log\frac{3}{8} + \frac{2}{8}\log\frac{2}{8} + \frac{1}{8}\log\frac{1}{8}\right] = 1.3209
$$

联合概率为 $p(x_1,y_1)=\frac{2}{8}$，$p(x_2,y_2)=\frac{3}{8}$，$p(x_3,y_3)=\frac{2}{8}$，$p(x_3,y_4)=\frac{1}{8}$，其余情况的概率都为 0。所以互信息是

$$
I(X,Y) = \frac{2}{8}\log\frac{\frac{2}{8}}{\frac{2}{8}\times\frac{2}{8}} + \frac{3}{8}\log\frac{\frac{3}{8}}{\frac{3}{8}\times\frac{3}{8}} + \frac{2}{8}\log\frac{\frac{2}{8}}{\frac{2}{8}\times\frac{3}{8}} + \frac{1}{8}\log\frac{\frac{1}{8}}{\frac{1}{8}\times\frac{3}{8}} = 1.0822
$$

例 8-2 中，虽然 X 和 Y 的分布情况不完全相同，但是 $I(X,Y)=H(X)<H(Y)$。因为在这 8 次观察中，一旦知道了 Y，就可以完全确定 X 的取值，即 $Y=1$ 时，$X=1$；$Y=2$ 时，$X=2$；$Y=3$ 时，$X=3$；$Y=4$ 时，$X=3$，所以条件熵 $H_Y(X)=0$。

反过来，已知 $X=3$，却无法 100% 确定 Y 的值是 3 还是 4，所以 $H_X(Y)>0$。读者不妨自己计算这两个条件熵，验证由图 8-3 得出的结论①和结论②。

【例 8-3】 已知两个变量 X 和 Y 都能取 $\{1,2,3,4\}$ 共 4 个值。两个变量并非完全独立，它们的联合分布见表 8-1，边缘分布概率如图 8-4 所示，求解联合熵 $H(X,Y)$、变量 X 的熵 $H(X)$、条件熵 $H_Y(X)$ 以及互信息 $I(X,Y)$。

表 8-1 变量 X 和 Y 的联合分布

Y	X				边缘分布 $p(y)$
	1	2	3	4	
1	0.02	0.03	0.03	0.02	0.1
2	0.08	0.15	0.15	0.02	0.4
3	0.06	0.08	0.08	0.08	0.3
4	0.04	0.04	0.04	0.08	0.2
边缘分布 $p(x)$	0.2	0.3	0.3	0.2	1

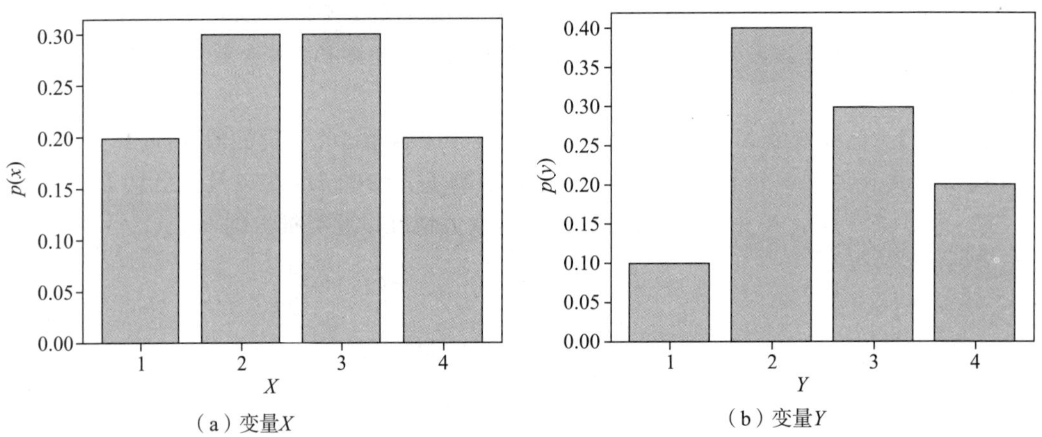

(a) 变量X (b) 变量Y

图 8-4 X 和 Y 的边缘分布

解：联合熵的计算很简单，只需根据式(8-5)，将表 8-1 中的 16 种概率的不确定性加权取平均，即

$$H(X,Y)=-\sum_{i=1}^{4}\sum_{j=1}^{4}p(x_i,y_j)\log p(x_i,y_j)$$

计算过程略，请读者自行计算。

变量 X 的熵是

$$H(X)=-[0.2\log 0.2+0.3\log 0.3+0.3\log 0.3+0.2\log 0.2]=1.3662$$

计算条件熵 $H_Y(X)$ 要从条件熵的物理意义入手，并据此引出互信息 $I(X,Y)$。

根据条件概率公式 $p(x|y)=\dfrac{p(x,y)}{p(y)}$，需将 Y 取值为 1、2、3、4 的情况下 X 的条件概率

分别列举出来，即

当 $P\{Y=1\}$ 时，变量 X 取 1,2,3,4 的条件概率是 0.2,0.3,0.3,0.2；

当 $P\{Y=2\}$ 时，变量 X 取 1,2,3,4 的条件概率是 0.2,0.375,0.375,0.05；

当 $P\{Y=3\}$ 时，变量 X 取 1,2,3,4 的条件概率是 0.2,0.2667,0.2667,0.2667；

当 $P\{Y=4\}$ 时，变量 X 取 1,2,3,4 的条件概率是 0.2,0.2,0.2,0.4。

结合式(8-6)～式(8-8)，条件熵 $H_Y(X)$ 就是将上述四种情况的条件概率的不确定性加权取平均，权值是变量 Y 的边缘分布概率，即

$$H_Y(X)=\sum_{j=1}^{4}p(y_j)H_{Y=y_j}(X)$$

通过计算，上述四种条件概率的熵分别为

$$H_{Y=1}(X)=-[2\times 0.2\log 0.2+2\times 0.3\log 0.3]=1.3662$$

$$H_{Y=2}(X)=-[0.2\log 0.2+2\times 0.375\log 0.375+0.05\log 0.05]=1.2073$$

$$H_{Y=3}(X)=-[0.2\log 0.2+3\times 0.2667\log 0.2667]=1.3793$$

$$H_{Y=4}(X)=-[3\times 0.2\log 0.2+0.3\log 0.3+0.4\log 0.4]=1.3322$$

观察图 8-5(a)和图 8-4(a)，当 $Y=1$ 时，变量 X 的条件概率分布与边缘分布完全一样，说明 Y 在取值为 1 的条件下，对 X 没有任何影响，即 $H(X)=H_{Y=1}(X)$。

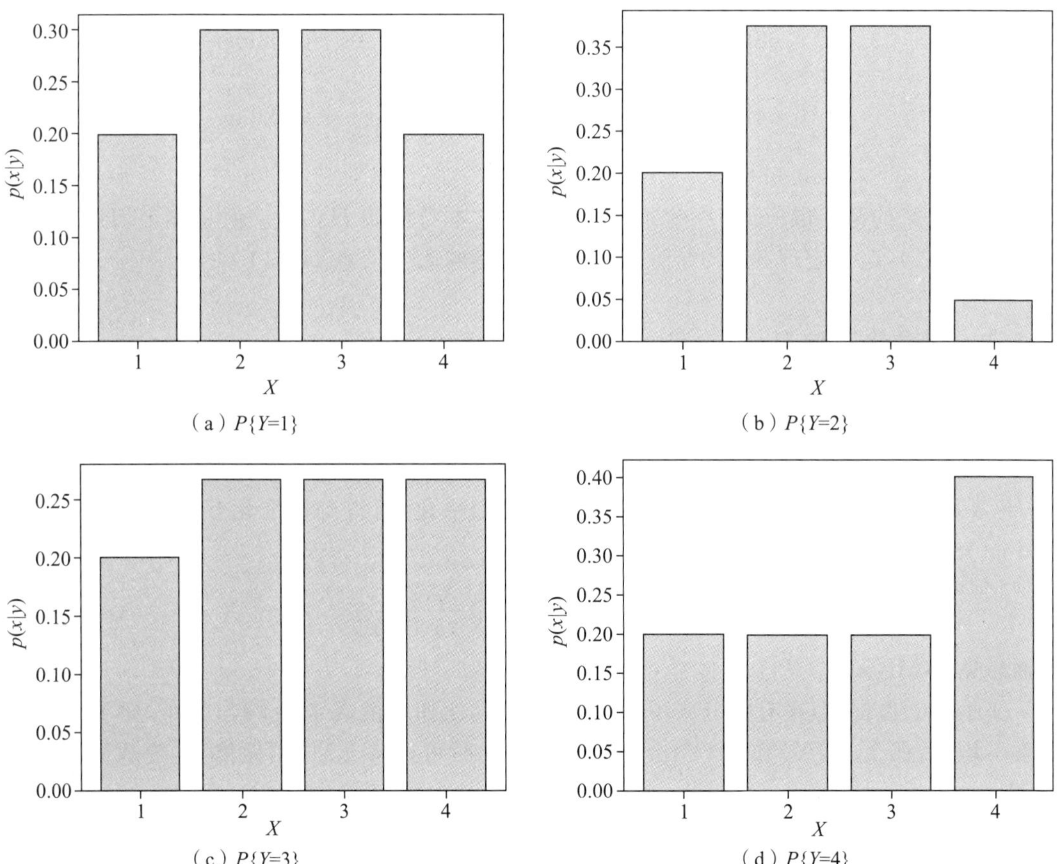

(a) $P\{Y=1\}$　(b) $P\{Y=2\}$　(c) $P\{Y=3\}$　(d) $P\{Y=4\}$

图 8-5　变量 Y 取值为 $\{1,2,3,4\}$ 下 X 的条件概率分布 $p(x|y)$

对比图 8-5(b)和图 8-4(a)，$P\{X=4|Y=2\}=0.05$，说明 $Y=2$ 对 X 取值为 4 的影响非常大，使之从原先的 0.2 变为 0.05。$P\{X|Y=2\}$的条件分布确实比 X 的边缘分布更加不均匀，所以 $H_{Y=2}(X)<H(X)$；当 $Y=3$ 或 4 时，X 的条件分布总体上更均匀，因此 $H_Y=3(X)>H(X)$且 $H_{Y=4}(X)>H(X)$。

将 Y 取值为 1,2,3,4 四种情况下 X 的熵加权平均后，能得到 X 的条件熵，即

$$H_Y(X)=0.1\times1.3662+0.4\times1.2073+0.3\times1.3793+0.2\times1.3322=1.2998$$

互信息量化了两个变量相互影响程度。一个变量对另一个变量的影响越大，互信息就越大，反之越小。由式(8-9)可知，X 与 Y 相互独立时，$\log\dfrac{p(x,y)}{p(x)p(y)}=\log1=0$，即互信息为 0。

观察表 8-1，同样也能发现，当 X 取值为 1 时，Y 的条件概率 $p(y|x)=p(y)$，即相互独立。可是，当 X 取值为$\{2,3,4\}$时，就不是相互独立了。所以在计算互信息时，可以将表 8-1 中 $P\{X=1\}$和 $P\{Y=1\}$去掉，只需考虑取值为$\{2,3,4\}$的九种联合概率分布情况。

根据式(8-9)，计算得

$$\begin{aligned}I(X,Y)&=\sum_{i=2}^{4}\sum_{j=2}^{4}p(x_i,y_j)\log\frac{p(x_i,y_j)}{p(x_i)p(y_j)}\\&=0.15\log\frac{0.15}{0.3\times0.4}+0.15\log\frac{0.15}{0.3\times0.4}+0.02\log\frac{0.02}{0.2\times0.4}+\\&\quad 0.08\log\frac{0.08}{0.3\times0.3}+0.08\log\frac{0.08}{0.3\times0.3}+0.08\log\frac{0.08}{0.3\times0.2}+\\&\quad 0.04\log\frac{0.04}{0.3\times0.2}+0.04\log\frac{0.04}{0.3\times0.2}+0.08\log\frac{0.08}{0.2\times0.2}\\&=0.0664\end{aligned}$$

在变量 Y 的某些取值下，X 的条件熵会大于它本身的熵 $H(X)$。但总体上，$H_Y(X)$肯定小于 $H(X)$，这与定理 8-3 的结论是一致的，它意味着互信息 $I(X,Y)\geqslant0$。

8.2.3 标准化互信息

文献[86]提到，虽然互信息 $I(X,Y)$的大小能够量化两个变量 X 和 Y 相互影响的大小，但是 $I(X,Y)$的值没有一个固定的上界。为了更直观地表达这种相互影响与各自的熵 $H(X)$和 $H(Y)$之间的比例关系，将互信息做归一化，可得到标准化互信息(normalized mutual information，NMI)，即

$$\mathrm{NMI}(X,Y)=2\frac{I(X,Y)}{H(X)+H(Y)}\tag{8-11}$$

显而易见，$\mathrm{NMI}(X,Y)\in[0,1]$。

文献[86]也提到，在有些分布不平衡的情况下，比如变量 X 接近均匀分布，而 Y 的分布非常不均匀，那么 $H(X)$和 $H(Y)$会相差很大。此时可以将 NMI 稍做修正，变成另一种形式，即

$$\mathrm{NMI}_2(X,Y)=\frac{I(X,Y)}{\sqrt{H(X)H(Y)}}\tag{8-12}$$

根据三角不等式，$H(X)+H(Y)\geqslant2\sqrt{H(X)H(Y)}$。当且仅当 $H(X)=H(Y)$时，等

号成立，所以 $\mathrm{NMI}_2(X,Y) \geqslant \mathrm{NMI}(X,Y)$。

一般情况下，$\mathrm{NMI}_2(X,Y)$ 和 $\mathrm{NMI}(X,Y)$ 相差不会很大，除非其中一个变量的分布极度不均匀。举个简单的例子，变量 X 和 Y 的取值皆为 1 和 2，分别取 100 次。在 X 中，前 50 次出现 1，后 50 次出现 2；在 Y 中，前 20 次出现 1，后 80 次出现 2，各自的概率分布为

$$p(x_1)=p(x_2)=0.5, \quad p(y_1)=0.2, \quad p(y_2)=0.8$$

通过计算

$$H(X)=0.6931, \quad H(Y)=0.5004$$

联合概率为

$$p(x_1,y_1)=0.2, \quad p(x_1,y_2)=0.3, \quad p(x_2,y_2)=0.5$$

互信息为

$$I(X,Y)=0.2\log\frac{0.2}{0.2\times0.5}+0.3\log\frac{0.3}{0.5\times0.8}+0.5\log\frac{0.5}{0.5\times0.8}=0.1639$$

从而 $\mathrm{NMI}(X,Y)=0.2747$，$\mathrm{NMI}_2(X,Y)=0.2783$，相差不大。

如果 X 不变，修改 Y，即第 1 次出现 1，后面 99 次都出现 2，那么 $H(Y)=0.056$。互信息为

$$I(X,Y)=0.01\log\frac{0.01}{0.01\times0.5}+0.49\log\frac{0.49}{0.5\times0.99}+0.5\log\frac{0.5}{0.5\times0.99}=0.007$$

此时 $\mathrm{NMI}(X,Y)=0.0187$，$\mathrm{NMI}_2(X,Y)=0.0355$，相差甚远。

在模式识别领域，标准化互信息可以用来衡量分类或者聚类的优劣程度。假设数据集总共有 c 个类，样本总数为 n，用 A 表示 n 个样本的真实类别标签，而 B 则表示分类或者聚类后所判定的类别。一般情况下，A 和 B 不会完全相同，而 NMI 就是 A 和 B 重叠程度的一个量化指标。由于 $\mathrm{NMI}\in[0,1]$，A 和 B 的重叠度越高，NMI 越接近于 1，说明分类或聚类效果越好。

由式(8-12)可推导出

$$\mathrm{NMI}_2(A,B)=\frac{\sum_{i=1}^{c}\sum_{j=1}^{c}n_{i,j}\log n\frac{n_{i,j}}{n_i\hat{n}_j}}{\sqrt{\left(\sum_{i=1}^{c}n_i\log\frac{n_i}{n}\right)\left(\sum_{j=1}^{c}\hat{n}_j\log\frac{\hat{n}_j}{n}\right)}} \tag{8-13}$$

式中，n_i 表示第 i 个类 ω_i 中样本的真实个数($1\leqslant i\leqslant c$)；$\hat{n}_j$ 表示分类(聚类)后被归到第 j 个类 g_j 中的样本个数($1\leqslant j\leqslant c$)；$n_{i,j}$ 是同时在 ω_i 和 g_j 中的样本个数。

标准化互信息 NMI 是评估分类或聚类模型的一种指标，它是在互信息的基础上拓展而得到的。第 13 章将详细介绍几种常见的模型评估指标，最后通过编程案例，分别计算它们与 NMI 的评估结果。

8.2.4 案例：鸢尾花数据的聚类指标 NMI

鸢尾花数据的聚类指标 NMI

4.2.3 小节选取了鸢尾花数据的前两维特征，构建样本矩阵 **Iris**，展现了正交矩阵对样本的旋转以及整体结构的保持。本案例用 **Iris** 调用 Python 的 K 均值聚类工具包，根据式(8-13)计算不同类别样本之间聚类的 NMI 指标，并展现聚类的

可视化效果。另外，本案例的 NMI 计算过程中会涉及混淆矩阵，详见 13.1.1 小节。

注意：由于 Iris 数据的三个类样本个数完全一样，所以 NMI 和 NMI_2 两个指标的差距非常小。

从图 4-10 可以看出两种情况：①第 1 类与第 2、3 类样本几乎完全分开；②第 2 类和第 3 类样本之间高度重叠。对于情况①，本案例将第 1 类和第 2 类样本看作两个不同的类；对于情况②，将第 2 类和第 3 类样本看作两个不同的类。这两种情况都属于两类的聚类问题，类别标签分别是 0 和 1。直观上，情况①的聚类效果应该比情况②好。

代码实现如下：

【代码 8-1】

```
import numpy as np
import matplotlib.pyplot as plt
from sklearn import datasets,metrics
from sklearn.cluster import KMeans
from sklearn.metrics import confusion_matrix
np.set_printoptions(formatter = {'float': '{: 0.3f}'.format})
# 计算 NMI 指标的函数
def my_NMI(Class,Group):
    total_sample = len(Class)
    class_num = len(np.unique(Class))
    CM = confusion_matrix(Class,Group)          # 混淆矩阵
    C = np.sum(CM,axis = 1) / total_sample      # 真实类别的概率
    G = np.sum(CM,axis = 0) / total_sample      # 所归类别的概率
    MI = 0; H_C = 0; H_G = 0
    JP = CM / total_sample                      # C 与 G 的联合概率
    for i in range(class_num):
        for j in range(class_num):
            if JP[i,j] ! = 0:
                MI = MI + JP[i,j] * np.log(JP[i,j] / (C[i] * G[j]))
    for i in range(class_num):
        H_C = H_C + ( - C[i] * np.log(C[i]))
        H_G = H_G + ( - G[i] * np.log(G[i]))
    NMI = MI / np.sqrt(H_C * H_G)
    return H_C,H_G,NMI
if __name__ = = "__main__":
    iris = datasets.load_iris()
    data = iris.data
    Iris = data[0:100,0:2].T
    print(r'size of Iris:',Iris.shape)
    Label = np.zeros((100,),dtype = int)
    Label[50:100] = 1
    cluster_num = len(np.unique(Label))
    clf = KMeans(n_clusters = cluster_num)
    s = clf.fit(Iris.T)
    clusters = s.labels_
    H_C,H_G,NMI = my_NMI(Label,clusters)
```

```
print(r'NMI: %.3f' % NMI)
idx1 = np.where(clusters = = 0)
idx2 = np.where(clusters = = 1)
fig1 = plt.figure()
plt.scatter(Iris[0,0:50],Iris[1,0:50],c = 'b',marker = 'o',s = 20)
plt.scatter(Iris[0,50:100],Iris[1,50:100],c = 'r',marker = 'x',s = 20)
plt.title('Original data')
plt.legend([r'Class 1',r'Class 2'])
fig2 = plt.figure()
plt.scatter(Iris[0,idx1[0]],Iris[1,idx1[0]],c = 'm',marker = 'd',s = 20)
plt.scatter(Iris[0,idx2[0]],Iris[1,idx2[0]],c = 'g',marker = 'v',s = 20)
plt.title('cluster results')
plt.show()
```

运行代码 8-1 后，结果如下：

```
size of Iris:(2,100)
nmi = 0.761
```

代码 8-1 是对情况①做聚类，聚类个数 $K=2$。假定其中一类 50 个样本类别标签为 0，而另一类 50 个样本类别标签为 1，所以样本矩阵 **Iris** 大小为 2×100。聚类效果指标 NMI 为 0.761，两类样本的真实分布及它们所聚成的两个类如图 8-6(a)和(b)所示。虽然聚类后存在类别的误判，但是误判占比不大，大多数样本的类别判定都是正确的。

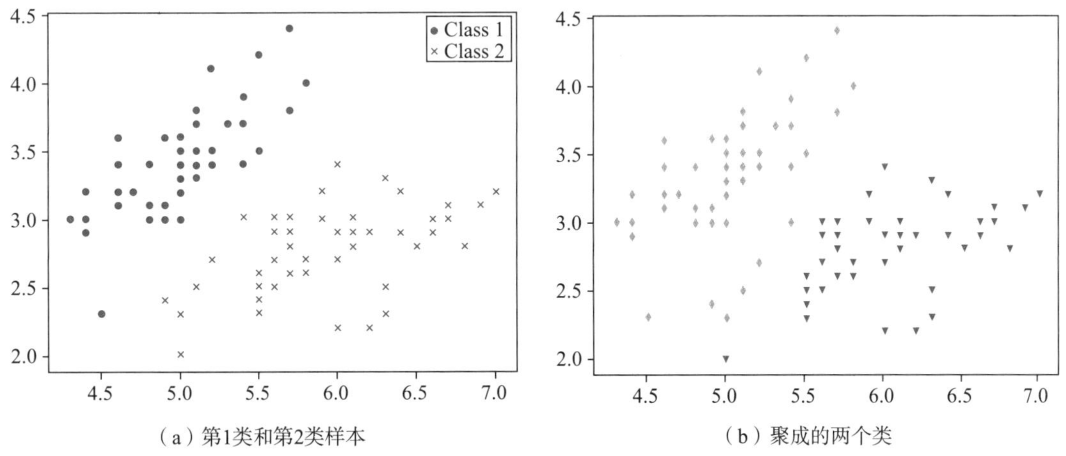

(a) 第1类和第2类样本　　(b) 聚成的两个类

图 8-6　情况①中两类样本和聚类结果

情况②的数据有所变动，所以需将上述代码稍作改动，运行后结果如下：

```
size of Iris:(2,100)
nmi = 0.159
```

跟情况①一样，情况②中第 2 类与第 3 类的类别标签分别是 0 和 1，样本总个数也是 100。比较图 8-7(a)和(b)，会发现它们的真实分布与聚类后所判定的类别存在较大差异。因为这两个类本身重叠度很高，所以聚类效果指标 NMI 只有 0.159。

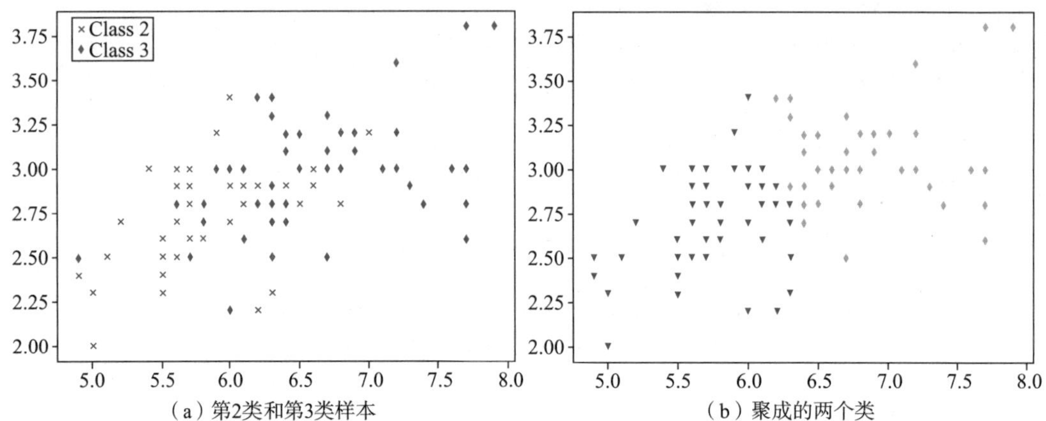

(a) 第2类和第3类样本　(b) 聚成的两个类

图 8-7　情况②中两类样本和聚类结果

8.3　基于熵的数据分析

本节将介绍与熵紧密相关的三个概念——信息增益、KL距离(即相对熵)和交叉熵。它们在数据分析中都发挥着各自的作用。其中,信息增益可以帮助人们从大量数据样本中挑选出具有鉴别性质的特征;相对熵能够衡量概率分布之间的差异;而交叉熵可用于模式分类。

8.3.1　信息增益

信息增益(information gain)是变量本身的熵减去条件熵的部分,跟8.2.2小节的互信息本质上是一样的。不同之处在于,互信息 $I(X,Y)$ 是两个变量 X 和 Y 之间的相互影响程度,而信息增益侧重强调对某一变量的单方面影响。例如,例8-2中 $I(X,Y)$ 跟 $H(X)$ 完全相同,即 $H_Y(X)=0$,说明变量 Y 能100%确定 X,因为在 Y 已知的条件下,X 不存在不确定性。可是反过来,虽然 X 对 Y 的影响也是 $I(X,Y)$,但是 $H_X(Y)=H(Y)-I(X,Y)>0$,说明 X 不能100%确定 Y。

X 和 Y 本身的熵(不确定性)不同,即 $H(X)\neq H(Y)$,虽然 $I(X,Y)$ 对两者相互的影响一样大,但是从 Y 能完全推断出 X,反过来却不行。所以,从信息增益的角度看,X 和 Y 的关系并不对称。

信息增益用来挑选对分类影响较大的特征。《机器学习》[87]一书中的4.2节有一个用西瓜的好坏判定的例子,介绍了信息增益的概念和计算过程。书中列举了西瓜的若干特征,如色泽、根蒂、敲声、纹理、脐部和触感。通过计算发现,根蒂、脐部和触感的信息增益最大,因为大多数好西瓜的根部蜷缩,脐部凹陷,触感硬滑;相反,大多数坏西瓜的根蒂硬挺或者稍蜷,脐部平坦,触感软黏。而颜色、纹理等,对于西瓜的好坏区别不大。买过西瓜的人都知道,这个例子基本符合常识。

类似于西瓜好坏的判定,在此编著者给出一个更为简单且直观的性别判定的例子,从中解释什么是信息增益。

【例 8-4】 已知有 5 男 4 女共 9 人，给定他们的 5 个特征，即身高、臂力、音色、肤色和血型，见表 8-2。

表 8-2 男女的特征分布

性别	身高＞1.7m	臂力＞30kg	音色	肤色	血型
男	是	是	低沉	深	A
男	是	是	低沉	深	O
男	是	是	低沉	深	O
男	是	是	低沉	浅	AB
男	否	是	高亢	浅	B
女	否	否	低沉	浅	O
女	否	否	高亢	深	O
女	是	是	高亢	深	A
女	否	否	高亢	浅	B

根据表 8-2 中的特征分布情况，计算每个特征的信息增益。首先，男女不同性别，他们本身的熵为

$$H(\text{gender}) = -\sum_{k=1}^{2} p_k \log_2 p_k = -\left(\frac{5}{9}\log_2\frac{5}{9} + \frac{4}{9}\log_2\frac{4}{9}\right) = 0.9911$$

身高共有两种情况：要么高于 1.7m；要么低于它。高于 1.7m 的共 5 人（4 男 1 女），而低于 1.7m 的共 4 人（1 男 3 女）。所以身高的信息熵为

$$H(\text{height}^1) = -\left(\frac{4}{5}\log_2\frac{4}{5} + \frac{1}{5}\log_2\frac{1}{5}\right) = 0.7219$$

$$H(\text{height}^2) = -\left(\frac{3}{4}\log_2\frac{3}{4} + \frac{1}{4}\log_2\frac{1}{4}\right) = 0.8113$$

信息增益是性别本身的熵减去特征信息熵的结果。

所以身高的信息增益为

$$\begin{aligned}\text{Gain}(\text{height}) &= H(\text{gender}) - [P(\text{height}^1)H(\text{height}^1) + P(\text{height}^2)H(\text{height}^2)] \\ &= 0.9911 - \left[\frac{5}{9}\times 0.7219 + \frac{4}{9}\times 0.8113\right] \\ &= 0.2295\end{aligned}$$

以此类推，其他特征的信息增益分别为

臂力：$Gain(\text{strength}) = 0.5578$　　音色：$Gain(\text{voice}) = 0.2295$

肤色：$Gain(\text{skin}) = 0.0072$　　血型：$Gain(\text{blood}) = 0.1022$

从表 8-2 可知，能体现男女之间差异的特征主要集中在身高、臂力和音色上，这与上述信息增益的计算结果是吻合的，即在不同类别之间分布差异越大，特征的信息熵就越小，从而信息增益也就越大。相反，特征越趋于均匀分布，信息熵就越大，正如定理 8-1。此例中，肤色和血型这两个特征，在男女群体之间分布差异并不大，所以它们的信息增益都非常小。

8.3.2 Kullback-Leibler 距离

1. Kullback-Leibler 距离的概念

Kullback-Leibler 距离，简称 KL 距离，最初在 1951 年由 Kullback. S 和 Leibler. R. A 两个人共同提出，用来衡量两个概率分布的差异[88]。如果两个概率密度函数分别是 $p(x)$和 $q(x)$，那么从概率 $p(x)$的角度看，两者的分布差异（连续情况）为

$$\begin{aligned}\mathrm{KL}\,(p\parallel q)&=-\int p(x)\ln q(x)\,\mathrm{d}x-\left[-\int p(x)\ln p(x)\,\mathrm{d}x\right]\\&=-\int p(x)\ln\frac{q(x)}{p(x)}\mathrm{d}x\end{aligned}\tag{8-14}$$

或者（离散情况）为

$$\mathrm{KL}\,(p\parallel q)=\sum_i p(x_i)\ln\frac{p(x_i)}{q(x_i)}\tag{8-15}$$

有时候，数据的真实分布 $p(x)$很难用一个简单固定的函数表达。对此，可以用另一个易于表达的函数 $q(x)$去逼近它，只要最小化两者的 KL 距离即可，这种方法称作**变分法**(variational method)[83]。近些年来，KL 距离广泛应用在机器学习领域，如在 LDA 不适用的情况中提到的流形学习中，t-SNE[89]是一种非常经典的流形降维并做可视化的方法。它旨在寻找低维空间，使数据在低维映射后，尽可能保持它们在原始高维流形（非线性空间）中的真实分布情况。概括起来，t-SNE 旨在运用 KL 距离，最小化两个空间中数据分布的差异。另外，KL 距离也已广泛应用在图像检索[90]、马尔可夫模型的最优化逼近[91]、模糊图像分割[92]以及卷积神经网络(CNN)的特征提取分析[93]等方面。

2. KL 距离的三个性质

(1) 两个概率分布 p 和 q 差异越大，$\mathrm{KL}(p\parallel q)$就越大；当 p 和 q 完全一样时，$\mathrm{KL}(p\parallel q)=0$。

(2) KL 距离不是严格的距离，它不满足对称性，即 $\mathrm{KL}(p\parallel q)\neq KL(q\parallel p)$。

(3) KL 距离大于或等于 0 恒成立。

定理 8-4 KL 距离永远是非负的，即

$$\mathrm{KL}(p\parallel q)=E_p\left(\ln\frac{p}{q}\right)=\sum_i p(x_i)\ln\frac{p(x_i)}{q(x_i)}\geqslant 0$$

证明：

$$\mathrm{KL}(p\parallel q)=-E_p\left(\ln\frac{q}{p}\right)=-\sum_i p(x_i)\ln\frac{q(x_i)}{p(x_i)}$$

将 $p(x_i)$看作常数，则$-\ln\frac{q(x_i)}{p(x_i)}$是关于 $q(x_i)$的凸函数。

根据第 2 章 Jensen 不等式，则

$$\begin{aligned}\mathrm{KL}\,(p\parallel q)&=-\sum_i p(x_i)\ln\frac{q(x_i)}{p(x_i)}\geqslant-\ln\left[\sum_i p(x_i)\frac{q(x_i)}{p(x_i)}\right]\\&=-\ln\left[\sum_i q(x_i)\right]\\&=-\ln 1=0\end{aligned}$$

8.3.3 案例：两个概率分布的 KL 距离度量

本案例将分别用解析法与数值法，计算图 8-8 中正态分布 $p(x)$ 与类似指数分布 $q(x)$ 之间的 $\mathrm{KL}(p \parallel q)$，并根据结果验证两者的一致性。图 8-8 的横坐标表示变量 x，纵坐标表示概率密度，实线和虚线分别是 $p(x)$ 和 $q(x)$ 的概率密度函数曲线。

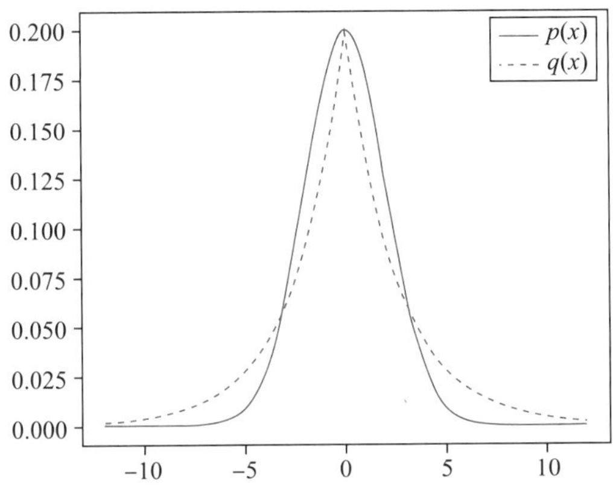

图 8-8 正态分布 $p(x)$ 与类似指数分布 $q(x)$

其中概率密度函数 $p(x)$ 和 $q(x)$ 的表达式分别为

$$p(x)=\frac{1}{\sqrt{2\pi}\sigma}\mathrm{e}^{-\frac{(x-\mu)^2}{2\sigma^2}}, \quad \mu=0, \sigma^2=4,$$

$$q(x)=\begin{cases}\frac{1}{2}\lambda\mathrm{e}^{-\lambda x}\ (x\geqslant 0)\\ \frac{1}{2}\lambda\mathrm{e}^{\lambda x}\ (x<0)\end{cases}, \quad \lambda=\frac{1}{\sqrt{2\pi}}$$

数值法类似于第 1 章正弦函数的分割累加求面积。观察图 8-8 发现，当 $x>12$ 或 $x<-12$ 时，概率密度函数 $p(x)$ 和 $q(x)$ 都趋近于 0，可以忽略不计，只需将 $x\in[-12,12]$ 平均分割成 N 个小区间，再累加即可。

代码实现如下：

【代码 8-2】

```
import numpy as np
mu = 0
sigma = 2
N = 10000          #区间个数,此值可改
Lambda = 1/np.sqrt(2 * np.pi)
x = np.linspace(-12,12,N+1)
p = np.zeros(len(x))
q = np.zeros(len(x))
ratio = np.zeros(len(x))
```

```
for i in range(0,len(x)):
    p[i] = (1/(np.sqrt(2 * np.pi) * sigma)) * np.exp( - (x[i] - mu) * * 2/(2 * sigma ** 2))
    if x[i]>0:
        q[i] = 0.5 * Lambda * np.exp( - Lambda * x[i])
    else:
        q[i] = 0.5 * Lambda * np.exp(Lambda * x[i])
    ratio[i] = p[i]/q[i]
KL_Dist = 24 * np.dot(p,np.log(ratio).T)/N
print(KL_Dist)
print('理论值:', 2/np.pi - 0.5)
fig = plt.figure(figsize = (5,4))
plt.plot(x, p, 'b')
plt.plot(x, q, 'r--')
plt.legend(['p(x)', 'q(x)'])
plt.show()
```

运行代码 8-2 后的结果如下：

```
当 N = 1000 时,KL_Dist = 0.13648700295156294
当 N = 5000 时,KL_Dist = 0.1365926287808865
当 N = 10000 时,KL_Dist = 0.13660617623853327
```

由结果可知，N 越大计算结果越精确，越逼近解析解（即理论值 0.13661977236758138）。

8.3.4 交叉熵和相对熵

交叉熵和相对熵的梯度对比

本小节将介绍模式识别领域中十分常用的**交叉熵**（cross entropy）。它常用于分类判定准则，其表达式为

$$z=f(x,y)=-[x\ln y+(1-x)\ln(1-y)] \tag{8-16}$$

式中，变量的取值范围 $y\in(0,1)$，而 x 通常是一个已知的数，它可以是 0 或 1（用于二分类问题），也可以介于(0,1)之间。如果 x 的取值超出了这个范围，可以事先做归一化处理。当 y 越接近 x 时，交叉熵函数值 z 就越小。

相对熵是在 KL 距离的基础上做了变形。根据式(8-14)，相对熵为

$$z=f(x,y)=-x\ln y-(-x\ln x) \tag{8-17}$$

与交叉熵一样，相对熵也是固定 x，将 y 看作变量。式(8-17)中函数值 $z=\mathrm{KL}(x\parallel y)$，$x,y\in(0,1)$。由定理 8-4 知，$z\geqslant 0$ 恒成立；当 $y=x$ 时，z 达到最小值 0；y 与 x 相差越大，则 z 越大。

相对熵的大小衡量了 y 与 x 的差距，交叉熵也是。两者的不同之处是什么？为什么实际的分类问题中普遍采用交叉熵？这个问题追根溯源，要从数学理论的角度比较两者的梯度差异。

交叉熵函数，即式(8-16)中固定 x，求解 z 关于 y 的偏导，可得 y 方向的梯度，即

$$\nabla y=\frac{\partial z}{\partial y}=-\frac{x}{y}+\frac{1-x}{1-y} \tag{8-18}$$

交叉熵和相对熵的曲面图如图 8-9 所示。观察图 8-9(a)，在 xy 平面上，从(0,0)到(1,1)的

对角线上，交叉熵曲面是平坦的，结合式(8-18)，当 $x=y$ 时，梯度 $\nabla y=0$；而在接近于(0,1)和(1,0)两端，曲面非常陡峭，说明梯度大。

至于相对熵，将式(8-17)中 x 固定，求解 z 关于 y 的偏导，得

$$\nabla y=\frac{\partial z}{\partial y}=-\frac{x}{y} \tag{8-19}$$

观察图 8-9(b)，相对熵的曲面形状不对称，当 $y\to 0$ 时，$\nabla y\to -\infty$；当 $y\to 1$ 时，$\nabla y\to -x$。

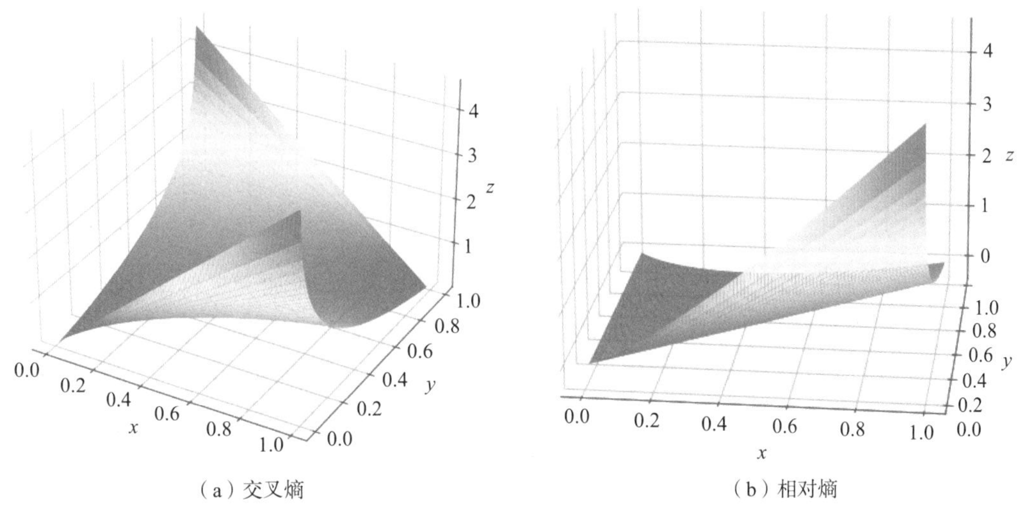

（a）交叉熵　　（b）相对熵

图 8-9　交叉熵和相对熵曲面图

可是，图 8-9(a)交叉熵函数的曲面却是对称的。当 $x\to 0$，$y\to 1$ 时，$\nabla y\to +\infty$；同理，当 $x\to 1$，$y\to 0$ 时，$\nabla y\to -\infty$。优化过程一般采用梯度下降法，即 $y=y-\eta\nabla y$。如果 $y\ll x$，则 $-\nabla y\gg 0$；反过来，若 $y\gg x$，则 $-\nabla y\ll 0$。总之，无论 x 取值如何，y 与 x 差异越大，梯度绝对值 $|\nabla y|$ 就越大。优化过程中，这种性质能够使 y 的值迅速地靠近 x。

本章小结

本章由热力学定律出发，介绍了熵的概念，给出了相关数学理论，以及熵在人工智能领域中的拓展和应用。首先从数学角度，解释了概率负对数与事件惊奇程度的关系，由此引出了熵的物理意义——变量分布均匀程度的量化指标。接着将熵拓展到了联合熵和条件熵，从而引出互信息的概念和物理意义，在此基础上又介绍了标准化互信息(NMI)——评估分类或聚类模型的一种重要的指标。在数据分析方面，熵起到了非常重要的作用，其中信息增益即是互信息，在判定不同类别的任务中，信息增益是特征选择的重要评判指标；相对熵(即KL 距离)用来度量概率分布的差异；交叉熵是传统模式识别和深度学习中常用的分类目标函数。

第9章 大规模矩阵分解

在现代科学研究和工程技术中，常常遇到大规模计算问题，比如大气科学、生命科学、高能物理、计算化学和材料科学等[94]。这些问题可直接或间接地归结为线性方程组的求解问题[95]，即 $\boldsymbol{Ax}=\boldsymbol{b}$。第7章曾提到，优化问题 $f(\boldsymbol{x})=\min\limits_{\boldsymbol{x}}\|\boldsymbol{Ax}-\boldsymbol{b}\|_2^2$ 的最小二乘解 $\boldsymbol{x}^*=(\boldsymbol{A}^{\mathrm{T}}\boldsymbol{A})^{-1}\boldsymbol{A}^{\mathrm{T}}\boldsymbol{b}$ 是(超定)线性方程组的最佳近似解，也是线性模型的最优解[82]。"大规模"意味着系数矩阵 $\boldsymbol{A}$ 的行和列都会很大，从而导致 $(\boldsymbol{A}^{\mathrm{T}}\boldsymbol{A})^{-1}$ 求解耗时。若 $\boldsymbol{A}^{\mathrm{T}}\boldsymbol{A}$ 不满秩，则 $(\boldsymbol{A}^{\mathrm{T}}\boldsymbol{A})^{-1}$ 不存在；$\boldsymbol{A}^{\mathrm{T}}\boldsymbol{A}$ 的最小特征值接近于0，会导致 $(\boldsymbol{A}^{\mathrm{T}}\boldsymbol{A})^{-1}$ 的计算结果出现数值不稳定现象。为了提高求解效率，消除不稳定，可以对 $\boldsymbol{A}$ 进行分解，得到高效稳定且等价的最优解。由于这种分解避开了 $\boldsymbol{A}^{\mathrm{T}}\boldsymbol{A}$ 的直接求逆过程，本质上它属于另辟蹊径的计算方法。在大规模的矩阵分解中，较为常见的是QR分解、LU分解和Cholesky分解。跟第4章奇异值分解(SVD)相比，这三种分解都能将逆矩阵的运算效率提高至少两倍以上[96]。

9.1 QR 分解

由第7章可知，线性方程组 $\boldsymbol{Ax}=\boldsymbol{b}$ 分为超定、恰定和欠定三种情况。9.1.1小节将介绍矩阵 $\boldsymbol{A}$ 在超定和欠定两种情况下的QR分解。由于恰定与欠定的QR分解类似，这里将不再赘述。9.1.2～9.1.4小节将详细介绍QR分解的三种方法[97,98]，分别为施密特正交化、Householder镜像变换和Given旋转变换。

9.1.1 QR分解在线性方程组中的作用

1. 超定方程组

对于线性方程组 $\boldsymbol{Ax}=\boldsymbol{b}(\boldsymbol{A}\in\mathbb{R}^{m\times n})$，若 $m>n$，则 $\boldsymbol{Ax}=\boldsymbol{b}$ 属于超定方程组。图9-1将 $\boldsymbol{A}$ 分解成 $\boldsymbol{A}=\boldsymbol{QR}$ 的形式，其中 $\boldsymbol{Q}=[\boldsymbol{q}_1,\boldsymbol{q}_2,\cdots,\boldsymbol{q}_n]$ 的每一列都是模长为1的 m 维向量，n 个列满足两两正交关系，即 $\boldsymbol{Q}$ 是一个 $m\times n$ 的规范正交基，$\boldsymbol{R}$ 是一个 n 阶上三角矩阵。

当 $\boldsymbol{A}$ 的规模较大时，QR分解能间接求出线性方程组 $\boldsymbol{Ax}=\boldsymbol{b}$ 的最小二乘解，它避免了

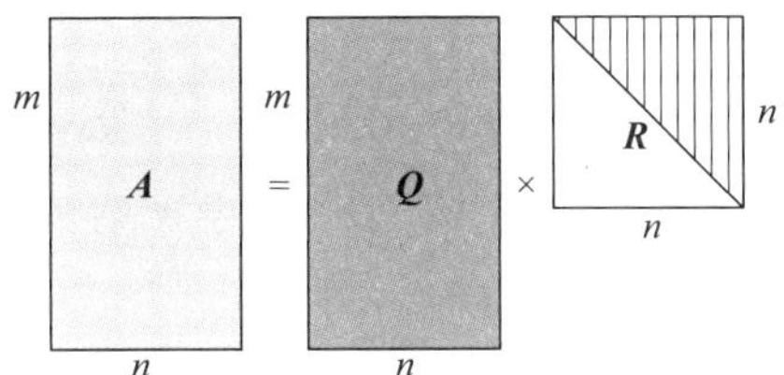

图 9-1 超定方程组中 $\boldsymbol{A}$ 的 QR 分解示意图

$(\boldsymbol{A}^{\mathrm{T}}\boldsymbol{A})^{-1}$ 的直接求解,从而计算量更小。如何通过 QR 分解确定方程组的残差?这涉及第 3、4 章向量空间和矩阵的内容。

考虑到 $\boldsymbol{Q}$ 的列向量空间是 m 维,但是秩只有 n,如果加上它的 $m-n$ 维正交补空间 $\boldsymbol{Q}_{\perp}$,就扩充成了 $m\times m$ 的正交矩阵 $\boldsymbol{\Phi}$,使得 $\boldsymbol{\Phi}=[\boldsymbol{Q},\boldsymbol{Q}_{\perp}]\in\mathbb{R}^{m\times m}$,满足 $\boldsymbol{Q}^{\mathrm{T}}\boldsymbol{Q}_{\perp}=\boldsymbol{0}$。此时,方程组的系数矩阵 $\boldsymbol{A}$ 可表示为

$$\boldsymbol{A}=\boldsymbol{QR}=\boldsymbol{\Phi}\begin{bmatrix}\boldsymbol{R}\\ \boldsymbol{0}\end{bmatrix} \tag{9-1}$$

根据正交矩阵的旋转不变性,可得

$$\|\boldsymbol{Ax}-\boldsymbol{b}\|_2^2=\|\boldsymbol{\Phi}^{\mathrm{T}}\boldsymbol{Ax}-\boldsymbol{\Phi}^{\mathrm{T}}\boldsymbol{b}\|_2^2=\left\|\begin{bmatrix}\boldsymbol{R}\\ \boldsymbol{0}\end{bmatrix}\boldsymbol{x}-\begin{bmatrix}\boldsymbol{Q}^{\mathrm{T}}\boldsymbol{b}\\ \boldsymbol{Q}_{\perp}^{\mathrm{T}}\boldsymbol{b}\end{bmatrix}\right\|_2^2=\|\boldsymbol{Rx}-\boldsymbol{Q}^{\mathrm{T}}\boldsymbol{b}\|_2^2+\|\boldsymbol{Q}_{\perp}^{\mathrm{T}}\boldsymbol{b}\|_2^2 \tag{9-2}$$

由于 $\boldsymbol{Rx}=\boldsymbol{Q}^{\mathrm{T}}\boldsymbol{b}$ 是关于 $\boldsymbol{x}$ 的恰定方程组,可得

$$\hat{\boldsymbol{x}}=\boldsymbol{R}^{-1}\boldsymbol{Q}^{\mathrm{T}}\boldsymbol{b} \tag{9-3}$$

式中,$\hat{\boldsymbol{x}}$ 是 $f(\boldsymbol{x})=\min\limits_{x}\|\boldsymbol{Rx}-\boldsymbol{Q}^{\mathrm{T}}\boldsymbol{b}\|_2^2$ 的精确解,残差为 0。

事实上,式(9-3)中 $\hat{\boldsymbol{x}}$ 是原超定方程组 $\boldsymbol{Ax}=\boldsymbol{b}$ 的最佳近似解 $\boldsymbol{x}^*=(\boldsymbol{A}^{\mathrm{T}}\boldsymbol{A})^{-1}\boldsymbol{A}^{\mathrm{T}}\boldsymbol{b}$,因为

$$\begin{aligned}\boldsymbol{x}^*&=(\boldsymbol{A}^{\mathrm{T}}\boldsymbol{A})^{-1}\boldsymbol{A}^{\mathrm{T}}\boldsymbol{b}\\&=(\boldsymbol{R}^{\mathrm{T}}\boldsymbol{Q}^{\mathrm{T}}\boldsymbol{QR})^{-1}\boldsymbol{R}^{\mathrm{T}}\boldsymbol{Q}^{\mathrm{T}}\boldsymbol{b}\\&=\boldsymbol{R}^{-1}(\boldsymbol{R}^{\mathrm{T}})^{-1}\boldsymbol{R}^{\mathrm{T}}\boldsymbol{Q}^{\mathrm{T}}\boldsymbol{b}\\&=\boldsymbol{R}^{-1}\boldsymbol{Q}^{\mathrm{T}}\boldsymbol{b}\end{aligned}$$

根据式(9-2),最小二乘解 $\boldsymbol{x}^*$ 的残差平方和 $\|\boldsymbol{\varepsilon}\|_2^2=\|\boldsymbol{Q}_{\perp}^{\mathrm{T}}\boldsymbol{b}\|_2^2$,因为

$$\|\boldsymbol{\varepsilon}\|_2^2=\|\boldsymbol{Ax}^*-\boldsymbol{b}\|_2^2=\underbrace{\|\boldsymbol{R}\hat{\boldsymbol{x}}-\boldsymbol{Q}^{\mathrm{T}}\boldsymbol{b}\|_2^2}_{0}+\|\boldsymbol{Q}_{\perp}^{\mathrm{T}}\boldsymbol{b}\|_2^2 \tag{9-4}$$

2. 欠定方程组

若 $m<n$,则 $\boldsymbol{Ax}=\boldsymbol{b}$ 是欠定方程组。将 $\boldsymbol{A}$ 分解成 $\boldsymbol{A}=\boldsymbol{QR}$,其中 $\boldsymbol{Q}$ 满秩,它是 $\mathbb{R}^m$ 空间的一个正交矩阵。此时可以将 $\boldsymbol{R}\in\mathbb{R}^{m\times n}$ 看成两部分,即 $\boldsymbol{R}=[\boldsymbol{R}_1,\boldsymbol{R}_2]$,其中 $\boldsymbol{R}_1\in\mathbb{R}^{m\times m}$ 是一个 m 阶上三角矩阵,$\boldsymbol{R}_2\in\mathbb{R}^{m\times(n-m)}$ 是 $\boldsymbol{QR}$ 分解后的剩余部分,如图 9-2 所示。

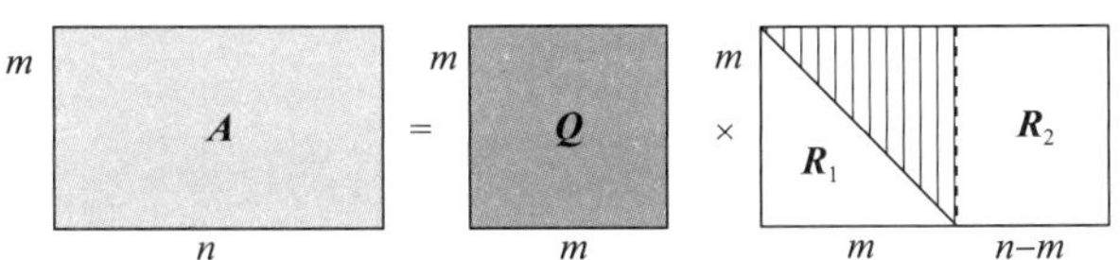

图 9-2 欠定方程组中 $\boldsymbol{A}$ 的 QR 分解示意图

根据正交矩阵的旋转不变性，可得

$$\|\boldsymbol{Ax}-\boldsymbol{b}\|_2^2=\|\boldsymbol{Q}^{\mathrm{T}}\boldsymbol{Ax}-\boldsymbol{Q}^{\mathrm{T}}\boldsymbol{b}\|_2^2=\|\boldsymbol{Rx}-\boldsymbol{Q}^{\mathrm{T}}\boldsymbol{b}\|_2^2 \tag{9-5}$$

因为 $\boldsymbol{Ax}=\boldsymbol{b}$ 是欠定方程组，所以在 $\|\boldsymbol{Ax}-\boldsymbol{b}\|_2^2$ 中 $\boldsymbol{x}$ 有无穷多个精确解。那么只需要找出其中一个精确解即可。根据 $\boldsymbol{R}=[\boldsymbol{R}_1,\boldsymbol{R}_2]$，可得

$$\boldsymbol{Rx}=[\boldsymbol{R}_1,\boldsymbol{R}_2]\begin{bmatrix}\boldsymbol{x}_1\\\boldsymbol{x}_2\end{bmatrix}=\boldsymbol{R}_1\boldsymbol{x}_1+\boldsymbol{R}_2\boldsymbol{x}_2=\boldsymbol{Q}^{\mathrm{T}}\boldsymbol{b} \tag{9-6}$$

如果 $\boldsymbol{x}_1=\boldsymbol{R}_1^{-1}\boldsymbol{Q}^{\mathrm{T}}\boldsymbol{b}$，则 $\boldsymbol{R}_2\boldsymbol{x}_2=\boldsymbol{0}$。因此无须知道 $\boldsymbol{R}_2$ 是什么，只要 $\boldsymbol{x}_2=\boldsymbol{0}$，就能保证 $\boldsymbol{R}_2\boldsymbol{x}_2=\boldsymbol{0}$。

综上所述，欠定方程组 $\boldsymbol{Ax}=\boldsymbol{b}$ 的一个精确解为

$$\boldsymbol{x}^*=\begin{bmatrix}\boldsymbol{x}_1\\\boldsymbol{0}\end{bmatrix} \tag{9-7}$$

QR 分解能将矩阵 $\boldsymbol{A}$ 分解成规范正交基 $\boldsymbol{Q}$ 和上三角矩阵 $\boldsymbol{R}$ 的乘积。从压缩感知理论的角度看，QR 分解能够增强观测矩阵的列独立性，在图像去噪和重建方面具有一定优势[99]。在遥感图像的安全传输方面，运用 QR 分解可以实现图像的可逆隐藏和无损恢复[100]。

9.1.2 施密特正交化 QR 分解

第 4 章介绍过施密特正交化的原理和步骤，这里不再赘述。根据 9.1.1 小节的 QR 分解的两种情况，例 9-1 和例 9-2 用施密特正交化，分别实现超定和欠定方程组的 QR 分解。

【例 9-1】 如果 $\boldsymbol{A}=\begin{bmatrix}1&2\\1&1\\1&3\end{bmatrix}$，$\boldsymbol{b}=\begin{bmatrix}1\\0\\1\end{bmatrix}$，用施密特正交化做 QR 分解，求出超定方程组 $\boldsymbol{Ax}=\boldsymbol{b}$ 的最小二乘解。

解：令 $\boldsymbol{A}$ 的两个列分别是 $\boldsymbol{A}=[\boldsymbol{a}_1,\boldsymbol{a}_2]$，其中 $\boldsymbol{q}_1=\dfrac{\boldsymbol{a}_1}{\|\boldsymbol{a}_1\|_2}=\begin{bmatrix}\frac{1}{\sqrt{3}}\\\frac{1}{\sqrt{3}}\\\frac{1}{\sqrt{3}}\end{bmatrix}$。$\boldsymbol{a}_2$ 在 $\boldsymbol{q}_1$ 上的投影系数为 $<\boldsymbol{a}_2,\boldsymbol{q}_1>=2\sqrt{3}$，$\boldsymbol{a}_2$ 在 $\boldsymbol{q}_1$ 方向投影之后的剩余分量为 $\boldsymbol{a}_2-<\boldsymbol{a}_2,\boldsymbol{q}_1>\cdot\boldsymbol{q}_1=\begin{bmatrix}0\\-1\\1\end{bmatrix}$，该分量垂直于 $\boldsymbol{q}_1$，即 $\boldsymbol{q}_2$ 方向。

$\boldsymbol{a}_2-<\boldsymbol{a}_2,\boldsymbol{q}_1>\cdot\boldsymbol{q}_1$ 的模长为$\sqrt{2}$，所以 $\boldsymbol{q}_2=\dfrac{1}{\sqrt{2}}\begin{bmatrix}0\\-1\\1\end{bmatrix}=\begin{bmatrix}0\\-\frac{1}{\sqrt{2}}\\\frac{1}{\sqrt{2}}\end{bmatrix}$，规范正交基 $\boldsymbol{Q}=[\boldsymbol{q}_1,\boldsymbol{q}_2]=$

$\begin{bmatrix} \frac{1}{\sqrt{3}} & 0 \\ \frac{1}{\sqrt{3}} & -\frac{1}{\sqrt{2}} \\ \frac{1}{\sqrt{3}} & \frac{1}{\sqrt{2}} \end{bmatrix}$，整理得 $\boldsymbol{a}_1=\sqrt{3}\boldsymbol{q}_1$，$\boldsymbol{a}_2=2\sqrt{3}\boldsymbol{q}_1+\sqrt{2}\boldsymbol{q}_2$，即 $\boldsymbol{A}$ 在 $\boldsymbol{Q}$ 线性表示下的系数矩阵为 $\boldsymbol{R}=$

$\begin{bmatrix} \sqrt{3} & 2\sqrt{3} \\ 0 & \sqrt{2} \end{bmatrix}$，从而，$\boldsymbol{A}=[\boldsymbol{a}_1,\boldsymbol{a}_2]=\boldsymbol{QR}=\begin{bmatrix} \frac{1}{\sqrt{3}} & 0 \\ \frac{1}{\sqrt{3}} & -\frac{1}{\sqrt{2}} \\ \frac{1}{\sqrt{3}} & \frac{1}{\sqrt{2}} \end{bmatrix}\begin{bmatrix} \sqrt{3} & 2\sqrt{3} \\ 0 & \sqrt{2} \end{bmatrix}$。由 $\boldsymbol{Q}^{\mathrm{T}}\boldsymbol{Ax}=\boldsymbol{Q}^{\mathrm{T}}\boldsymbol{QRx}=$

$\boldsymbol{Q}^{\mathrm{T}}\boldsymbol{b}$ 可推出 $\boldsymbol{Rx}=\boldsymbol{Q}^{\mathrm{T}}\boldsymbol{b}$，即 $\begin{bmatrix} \sqrt{3} & 2\sqrt{3} \\ 0 & \sqrt{2} \end{bmatrix}\begin{bmatrix} x_1 \\ x_2 \end{bmatrix}=\begin{bmatrix} \frac{2}{\sqrt{3}} \\ \frac{1}{\sqrt{2}} \end{bmatrix}$。根据 $\begin{bmatrix} a & c \\ b & d \end{bmatrix}^{-1}=\frac{1}{ad-bc}\begin{bmatrix} d & -c \\ -b & a \end{bmatrix}$，得

$\boldsymbol{R}^{-1}=\frac{1}{\sqrt{6}}\begin{bmatrix} \sqrt{2} & -2\sqrt{3} \\ 0 & \sqrt{3} \end{bmatrix}$，最小二乘解 $\boldsymbol{x}^*=\boldsymbol{R}^{-1}\boldsymbol{Q}^{\mathrm{T}}\boldsymbol{b}=\frac{1}{\sqrt{6}}\begin{bmatrix} \sqrt{2} & -2\sqrt{3} \\ 0 & \sqrt{3} \end{bmatrix}\begin{bmatrix} \frac{2}{\sqrt{3}} \\ \frac{1}{\sqrt{2}} \end{bmatrix}=\begin{bmatrix} -\frac{1}{3} \\ \frac{1}{2} \end{bmatrix}$。

【例 9-2】 如果 $\boldsymbol{A}=\begin{bmatrix} 1 & 2 & 1 \\ 1 & 1 & 2 \end{bmatrix}$，$\boldsymbol{b}=\begin{bmatrix} 3 \\ 4 \end{bmatrix}$，用 QR 分解求欠定方程组 $\boldsymbol{Ax}=\boldsymbol{b}$ 的一个精确解 $\boldsymbol{x}$。

解：令 $\boldsymbol{A}=[\boldsymbol{a}_1,\boldsymbol{a}_2,\boldsymbol{a}_3]$，对 $\boldsymbol{A}$ 的三个列做施密特正交化，即 $\boldsymbol{q}_1=\frac{\boldsymbol{a}_1}{\|\boldsymbol{a}_1\|_2}=\begin{bmatrix} \frac{1}{\sqrt{2}} \\ \frac{1}{\sqrt{2}} \end{bmatrix}$，则

$\boldsymbol{a}_1=\sqrt{2}\boldsymbol{q}_1$。第 2 列 $\boldsymbol{a}_2$ 在 $\boldsymbol{q}_1$ 方向上的投影系数为 $\langle \boldsymbol{a}_2,\boldsymbol{q}_1\rangle=\frac{3}{\sqrt{2}}$，$\boldsymbol{a}_2$ 在 $\boldsymbol{q}_1$ 方向上的投影之

后，剩余分量为 $\boldsymbol{a}_2-\langle \boldsymbol{a}_2,\boldsymbol{q}_1\rangle\cdot\boldsymbol{q}_1=\begin{bmatrix} 2 \\ 1 \end{bmatrix}-\frac{3}{\sqrt{2}}\begin{bmatrix} \frac{1}{\sqrt{2}} \\ \frac{1}{\sqrt{2}} \end{bmatrix}=\begin{bmatrix} \frac{1}{2} \\ -\frac{1}{2} \end{bmatrix}$，该分量垂直于 $\boldsymbol{q}_1$，即 $\boldsymbol{q}_2$ 方向，

它的模长为 $\frac{1}{\sqrt{2}}$，所以 $\boldsymbol{q}_2=\begin{bmatrix} \frac{1}{\sqrt{2}} \\ -\frac{1}{\sqrt{2}} \end{bmatrix}$。

$\boldsymbol{a}_2$ 在 $\boldsymbol{q}_2$ 方向上的投影系数为 $\langle \boldsymbol{a}_2,\boldsymbol{q}_2\rangle=\frac{1}{\sqrt{2}}$。

整理得 $\boldsymbol{a}_1=\sqrt{2}\boldsymbol{q}_1$，$\boldsymbol{a}_2=\frac{3}{\sqrt{2}}\boldsymbol{q}_1+\frac{1}{\sqrt{2}}\boldsymbol{q}_2$，所以 $\boldsymbol{Q}=[\boldsymbol{q}_1,\boldsymbol{q}_2]=\begin{bmatrix}\frac{1}{\sqrt{2}} & \frac{1}{\sqrt{2}}\\ \frac{1}{\sqrt{2}} & -\frac{1}{\sqrt{2}}\end{bmatrix}$，系数矩阵 $\boldsymbol{R}=[\boldsymbol{R}_1,\boldsymbol{R}_2]\in\mathbb{R}^{2\times 3}$，其中 $\boldsymbol{R}_1=\begin{bmatrix}\sqrt{2} & \frac{3}{\sqrt{2}}\\ 0 & \frac{1}{\sqrt{2}}\end{bmatrix}$。

根据 QR 分解，线性方程组是 $\boldsymbol{QRx}=\boldsymbol{b}$，推出 $\boldsymbol{Rx}=\boldsymbol{Q}^{\mathrm{T}}\boldsymbol{b}$，即 $\boldsymbol{R}_1\boldsymbol{x}_1=\boldsymbol{Q}^{\mathrm{T}}\boldsymbol{b}$。

只需解出 $\boldsymbol{x}_1$，就能得到欠定方程组的一个精确解，即

$$\begin{bmatrix}\sqrt{2} & \frac{3}{\sqrt{2}}\\ 0 & \frac{1}{\sqrt{2}}\end{bmatrix}\begin{bmatrix}x_{11}\\ x_{12}\end{bmatrix}=\begin{bmatrix}\frac{1}{\sqrt{2}} & \frac{1}{\sqrt{2}}\\ \frac{1}{\sqrt{2}} & -\frac{1}{\sqrt{2}}\end{bmatrix}\begin{bmatrix}3\\ 4\end{bmatrix}=\begin{bmatrix}\frac{7}{\sqrt{2}}\\ -\frac{1}{\sqrt{2}}\end{bmatrix}$$

所以

$$\begin{cases}\frac{1}{\sqrt{2}}x_{12}=-\frac{1}{\sqrt{2}} & (1)\\ \sqrt{2}x_{11}+\frac{3}{\sqrt{2}}x_{12}=\frac{7}{\sqrt{2}} & (2)\end{cases}$$

由(1)直接求出 $x_{12}=-1$，将其代入(2)得 $x_{11}=5$，即方程组的一个精确解是 $\boldsymbol{x}^*=\begin{bmatrix}\boldsymbol{x}_1\\ 0\end{bmatrix}=\begin{bmatrix}5\\ -1\\ 0\end{bmatrix}$。

例 9-1 中，$\boldsymbol{R}$ 的逆 $\boldsymbol{R}^{-1}$ 也是上三角矩阵。这种类型矩阵的求逆，计算复杂度远远小于同样大小的稠密矩阵。例 9-2 中，$\boldsymbol{x}\in\mathbb{R}^3$，如果拓展到 $\boldsymbol{x}\in\mathbb{R}^n$ 的情况，方程组自下而上先求出最后一个方程式中的 x_n，再将 x_n 代入倒数第二个方程式求出 x_{n-1}，再将 x_n 和 x_{n-1} 代入倒数第三个方程式求出 x_{n-2}，以此类推。这种递归求解的方法实质上就是**高斯消元法**。综上所述，例 9-1 和例 9-2 分别用了两种不同的处理方法，即直接求逆法和递归法。

小结

如果 $\boldsymbol{A}$ 是大规模稠密矩阵，QR 分解的效率就能提升很多。因为分解后原方程组转化成求解 $\boldsymbol{Rx}=\boldsymbol{Q}^{\mathrm{T}}\boldsymbol{b}$ 中的最优解 $\hat{\boldsymbol{x}}$。虽然上三角矩阵 $\boldsymbol{R}$ 的规模会随着 $\boldsymbol{A}$ 的增大而增大，但因为这种矩阵本身含有很多 0 元素，所以 $\boldsymbol{Rx}=\boldsymbol{Q}^{\mathrm{T}}\boldsymbol{b}$ 的求解计算量会比稠密矩阵小很多。

9.1.3 Householder 变换 QR 分解

很多矩阵方面的书籍和文献都介绍过 Householder 变换，但是过程太烦琐，理论性太

强，不便于直观理解。在本小节中，编著者将从几何图形的角度解释 Householder 变换的过程，帮助读者深入浅出地理解其物理意义。

如图 9-3 所示，$\boldsymbol{A}$ 是三维直角坐标系 xyz 中的一个点，其坐标是 $\boldsymbol{A}(x_A, y_A, z_A)$。Householder 变换旨在寻找一个变换算子 $\boldsymbol{H}$，在其作用下通过镜面向量 $\boldsymbol{u}$ 将点 $\boldsymbol{A}$ 反射到 x 轴上的某一点 $\boldsymbol{B}(x_B, 0, 0)$。向量 $\boldsymbol{u}$ 是该变换的镜面方向，点 $\boldsymbol{B}$ 是点 $\boldsymbol{A}$ 沿着镜面 $\boldsymbol{u}$ 反射后所成的像。因此，Householder 变换也称作**镜像变换**。

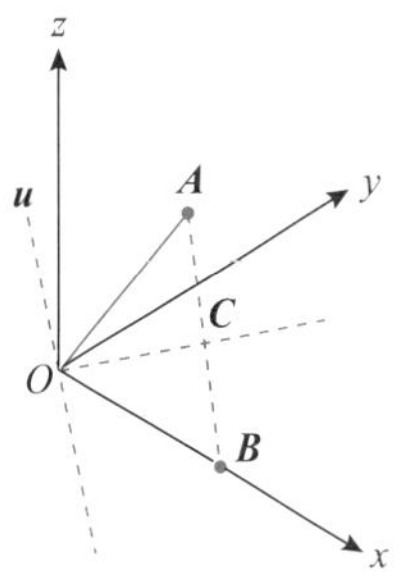

镜像变换只改变方向，不改变模长，即

$$|\boldsymbol{OB}| = |\boldsymbol{OA}| = \|\boldsymbol{A}\|_2 = \sqrt{x_A^2 + y_A^2 + z_A^2} \tag{9-8}$$

所以 $x_B = \pm\|\boldsymbol{A}\|_2$。如果 x_B 位于 x 轴正方向，则 $x_B = \|\boldsymbol{A}\|_2$；否则 $x_B = -\|\boldsymbol{A}\|_2$。

图 9-3 Householder 变换示意图

1. Householder 变换的几何解释

很多书籍里提到，如果把从 $\boldsymbol{A}$ 到 $\boldsymbol{B}$ 的镜像变换写成矩阵的形式，即 $\boldsymbol{B} = \boldsymbol{HA}$，则 $\boldsymbol{H}$ 的表达式为

$$\boldsymbol{H} = \boldsymbol{I} - 2\boldsymbol{u}\boldsymbol{u}^{\mathrm{T}} \quad \text{s.t.}\ \|\boldsymbol{u}\|_2 = 1 \tag{9-9}$$

向量 $\boldsymbol{u}$ 该如何求解？还是用图 9-3 来解释。编著者认为，$\boldsymbol{AOB}$ 构成了等腰三角形，如果 $\boldsymbol{C}$ 是线段 $\boldsymbol{AB}$ 的中点，那么 $\boldsymbol{OC} \perp \boldsymbol{AB}$，且 $|\boldsymbol{AC}| = |\boldsymbol{CB}|$。向量 $\boldsymbol{u}$ 与线段 $\boldsymbol{AB}$ 平行，而 $\boldsymbol{OC}$ 是镜面反射的法向量，所以 $\boldsymbol{OC} \perp \boldsymbol{u}$。向量 $\overrightarrow{\boldsymbol{OA}}$ 在 $\boldsymbol{u}$ 上投影为 $\overrightarrow{\boldsymbol{CA}}$，满足 $\overrightarrow{\boldsymbol{CA}} = \langle \boldsymbol{A}, \boldsymbol{u} \rangle \boldsymbol{u}$。而 $\overrightarrow{\boldsymbol{OB}} = \overrightarrow{\boldsymbol{OA}} + \overrightarrow{\boldsymbol{AB}} = \overrightarrow{\boldsymbol{OA}} - \overrightarrow{\boldsymbol{CA}} - \overrightarrow{\boldsymbol{BC}}$，因为向量 $\overrightarrow{\boldsymbol{CA}} = \overrightarrow{\boldsymbol{BC}}$，所以 $\overrightarrow{\boldsymbol{OB}} = \overrightarrow{\boldsymbol{OA}} - 2\overrightarrow{\boldsymbol{CA}}$。这正好与 Householder 变换的实质过程是一致的，即

$$\begin{aligned}\boldsymbol{HA} &= (\boldsymbol{I} - 2\boldsymbol{u}\boldsymbol{u}^{\mathrm{T}})\boldsymbol{A} = \boldsymbol{A} - 2\langle \boldsymbol{A}, \boldsymbol{u} \rangle \boldsymbol{u} \\ &= \overrightarrow{\boldsymbol{OA}} - 2\overrightarrow{\boldsymbol{CA}} = \overrightarrow{\boldsymbol{OB}}\end{aligned} \tag{9-10}$$

通过算子 $\boldsymbol{H}$，$\overrightarrow{\boldsymbol{OA}}$ 被变换成 $\overrightarrow{\boldsymbol{OB}}$。

点 $\boldsymbol{B}$ 中，若 $x_B > 0$，则向量 $\overrightarrow{\boldsymbol{AB}} = \overrightarrow{\boldsymbol{OA}} - \overrightarrow{\boldsymbol{OB}} = \begin{bmatrix} x_A - \|\boldsymbol{A}\|_2 \\ y_A \\ z_A \end{bmatrix}$；若 $x_B < 0$，则 $\overrightarrow{\boldsymbol{AB}} = \begin{bmatrix} x_A + \|\boldsymbol{A}\|_2 \\ y_A \\ z_A \end{bmatrix}$。

因为 $\overrightarrow{\boldsymbol{AB}}$ 与向量 $\boldsymbol{u}$ 平行，所以 $\overrightarrow{\boldsymbol{AB}}$ 的方向即是 $\boldsymbol{u}$ 的方向，记作向量 $\boldsymbol{w}$，那么镜面是 $\boldsymbol{u} = \dfrac{\boldsymbol{w}}{\|\boldsymbol{w}\|_2}$。

以此类推，在 n 维($n > 3$)的向量空间里，若某点 $\boldsymbol{x} = [x_1, x_2, \cdots, x_n]^{\mathrm{T}}$ 通过 Householder 变换映射到点 $\boldsymbol{y}$，则 $\boldsymbol{y} = [y_1, 0, 0, \cdots, 0]^{\mathrm{T}}$，且 $y_1 = \pm\|x\|_2$，此时镜面方向 w 为

$$\boldsymbol{w} = \begin{bmatrix} x_1 \mp \|\boldsymbol{x}\|_2 \\ \vdots \\ x_n \end{bmatrix} \tag{9-11}$$

由式(9-11)得 $\boldsymbol{w} = \boldsymbol{x} \mp \boldsymbol{y}$，所以 n 维空间中的变换算子是 $\boldsymbol{H} = \boldsymbol{I} - 2\boldsymbol{u}\boldsymbol{u}^{\mathrm{T}}$，其中 $\boldsymbol{u} = \dfrac{\boldsymbol{w}}{\|\boldsymbol{w}\|_2}$ 是归一化的镜面方向。

2. Householder 变换的四个性质

(1) 对称性 $\boldsymbol{H} = \boldsymbol{H}^{\mathrm{T}}$。

(2) $\boldsymbol{H}^2=\boldsymbol{I}$。

(3) 旋转算子(正交矩阵)经过 $\boldsymbol{Hx}\rightarrow\boldsymbol{y}$ 映射后，只改变 $\boldsymbol{x}$ 的方向，不改变模长。

(4) $\boldsymbol{u}$ 是镜面，$\boldsymbol{x}$ 与 $\boldsymbol{y}$ 关于 $\boldsymbol{u}$ 的法向量(即垂直于镜面方向且过原点 O)呈对称关系。

Householder 变换通过镜像反射，将一个稠密的 n 维向量变成稀疏向量(除了第一个元素，其余 $n-1$ 个元素全为0)。图 9-3 中，点 $\boldsymbol{A}$ 被映射到了位于 x 轴上的点 $\boldsymbol{B}$($\boldsymbol{B}$ 是 $\boldsymbol{A}$ 通过镜面 $\boldsymbol{u}$ 反射后所成的像)，点 $\boldsymbol{B}$ 在 y 轴和 z 轴的分量都是 0。

9.1.4 Given 变换 QR 分解

Given 变换实现了任意两个维度间的旋转，对其他维度没有影响，它适用于大规模稀疏矩阵的 QR 分解。4.2.2 小节提到了正交变换旋转算子 $\boldsymbol{P}=\begin{bmatrix}\cos\theta & \sin\theta \\ -\sin\theta & \cos\theta\end{bmatrix}$，其作用是逆时针旋转 θ 角度。将 Given 变换算子记作 $\boldsymbol{T}$，实际上 $\boldsymbol{T}$ 就是二维旋转算子 $\boldsymbol{P}$ 的拓展，因为它实现了多维空间中任意两个维度间的旋转。

以$\mathbb{R}^3$空间为例，在图 9-4 的三维直角坐标系 xyz 中，点 $\boldsymbol{A}$ 位于平面 xoz 上，坐标为$\boldsymbol{A}(x_A,0,z_A)$。现在将其通过 Given 变换，旋转到 x 轴上的点 $\boldsymbol{B}$ 处，坐标为 $\boldsymbol{B}(x_B,0,0)$。因此，图 9-4 中固定 y 轴的维度不动，实现了 x 轴和 z 轴两个维度之间的坐标变换。

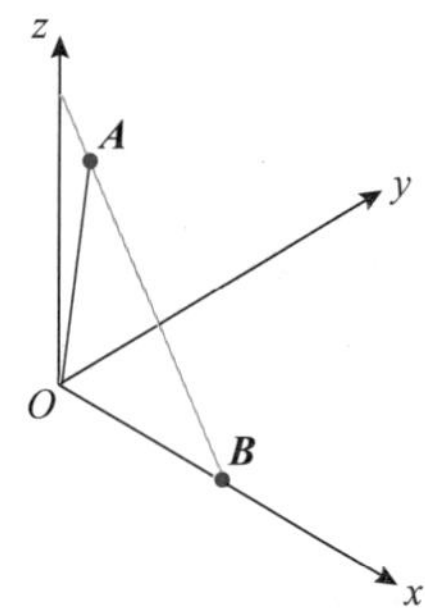

图 9-4 Given 变换示意图

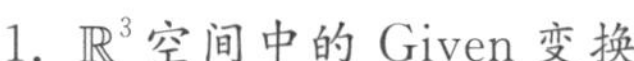

1. $\mathbb{R}^3$空间中的 Given 变换

图 9-4 中，从点 $\boldsymbol{A}$ 到 $\boldsymbol{B}$ 的变换过程是 $\boldsymbol{B}=\boldsymbol{TA}$，其中 $\boldsymbol{T}$ 是一个 3×3 的矩阵，表达式为

$$\boldsymbol{T}=\begin{bmatrix}c & 0 & s \\ 0 & 1 & 0 \\ -s & 0 & c\end{bmatrix}\begin{matrix}x\text{ 轴} \\ y\text{ 轴} \\ z\text{ 轴}\end{matrix} \tag{9-12}$$

式中，鉴于旋转角度 θ 未知，暂且将 $\cos\theta$ 记作 c，$\sin\theta$ 记作 s。

从点 $\boldsymbol{A}$ 到点 $\boldsymbol{B}$ 的变换过程满足如下方程[101,102]，即

$$\begin{cases}cx_A+sz_A=x_B \\ -sx_A+cz_A=0 \\ c^2+s^2=1\end{cases} \tag{9-13}$$

解出 $c=\dfrac{x_A}{\sqrt{x_A^2+z_A^2}}$，$s=\dfrac{z_A}{\sqrt{x_A^2+z_A^2}}$，再根据旋转后模长不变的性质，得 $x_B=\sqrt{x_A^2+z_A^2}$。

2. $\mathbb{R}^n$空间中的 Given 变换

现在将 Given 变换推广到$\mathbb{R}^n$空间。要实现第 i 维和第 j 维之间的变换($0<i,j\leqslant n$)，类似于式(9-12)，只需在 n 维单位矩阵 $\boldsymbol{I}$ 的基础上，对第 i 维和第 j 维做修改，便可得到$\mathbb{R}^n$空间的 Given 变换算子 $\boldsymbol{T}$，即

$$
\boldsymbol{T}=\begin{bmatrix}
1 & & & & & & \\
 & \ddots & & & & & \\
 & & c & \cdots & s & & \\
 & & \vdots & \ddots & \vdots & & \\
 & & -s & \cdots & c & & \\
 & & & & & \ddots & \\
 & & & & & & 1
\end{bmatrix}\begin{matrix}\\ \\ \text{第 } i \text{ 维} \\ \\ \text{第 } j \text{ 维} \\ \\ \\ \end{matrix} \tag{9-14}
$$

式中，算子 $\boldsymbol{T}$ 的作用与图 9-4 类似。Given 变换前，第 i 维和第 j 维都是非零元素；变换后只有第 i 维是非零元素，而第 j 维元素则变成了 0。除了这两个维度外，其他维度上的元素均不变。

9.1.5 案例：QR 分解的效率

针对不同规模的（超定）线性方程组 $\boldsymbol{Ax}=\boldsymbol{b}$，本案例旨在比较 QR 分解与传统最小二乘解(LS)的求解效率，并验证两者求出的解是完全一样的。具体地，随机产生一个 m 行 n 列的矩阵 $\boldsymbol{A}(m>n)$ 和列向量 $\boldsymbol{b}$，直接调用 Python 工具包对 $\boldsymbol{A}$ 做 QR 分解，分别得到一组规范正交基 $\boldsymbol{Q}$ 和上三角矩阵 $\boldsymbol{R}$。

在此基础上，本案例将完成以下三个任务。

(1) 根据式(9-2)中 $\boldsymbol{Rx}=\boldsymbol{Q}^{\mathrm{T}}\boldsymbol{b}$，用递归法求解 $\boldsymbol{x}$，记作 $\boldsymbol{x}_{\mathrm{QR}}$。

(2) 验证 $\boldsymbol{x}_{\mathrm{QR}}$ 与传统最小二乘解 $\boldsymbol{x}_{\mathrm{LS}}=(\boldsymbol{A}^{\mathrm{T}}\boldsymbol{A})^{-1}\boldsymbol{A}^{\mathrm{T}}\boldsymbol{b}$ 是一致的，即两者的残差接近于 0，也就是 $\|\boldsymbol{x}_{\mathrm{QR}}-\boldsymbol{x}_{\mathrm{LS}}\|_2^2\approx 0$。

(3) 增大矩阵 $\boldsymbol{A}$ 的规模(n 取 10、100、200、500、1000 和 2000 共六种情况，每种情况下 $m=n+10$，以确保 $m>n$)，比较 QR 分解法与传统最小二乘解耗费的时间。

代码实现如下：

【代码 9-1】

```
import numpy as np
import matplotlib.pyplot as plt
import time
np.set_printoptions(formatter = {'float':'{:0.3f}'.format})
T_LS = np.array([])
T_QR = np.array([])
Err = np.array([])
N = [10,100,200,500,1000,2000]
for i in range(len(N)):
    n = N[i]
    m = n + 10
    A = np.random.randint(0,10,(m,n))    #生成 0~10 的随机整数
    b = np.random.randint(0,10,(m,1))    #生成 0~10 的随机整数
    begin_LS = time.time()
    xls = np.dot(np.dot(np.linalg.inv(np.dot(A.T,A)),A.T),b)
    end_LS = time.time()
    run_LS = end_LS - begin_LS
    T_LS = np.append(T_LS,run_LS)
```

```
    begin_QR = time.time()
    Q,R = np.linalg.qr(A)
    xqr = np.zeros((n,1),dtype = float)
    f = Q.T@b
    for k in range(n):
        i = n-1-k
        if k == 0:
            xqr[i]= f[i]/R[i,i]
        else:
            xqr[i] = (f[i]- R[i,i:n]@xqr[i:n])/R[i,i]
    end_QR = time.time()
    run_QR = end_QR - begin_QR
    T_QR = np.append(T_QR,run_QR)
    err = (xqr - xls).T@(xqr - xls)
    Err = np.append(Err,err)
print(r'LS 时间(s):',T_LS)
print(r'QR 时间(s):',T_QR)
print(r'残差',Err)
fig = plt.figure()
plt.plot(N,T_LS,'r-o')
plt.plot(N,T_QR,'b-.d')
plt.xlabel(r'n')
plt.ylabel([r'time(s)')
plt.legend([r'LS',r'QR'])
plt.show()
```

运行代码 9-1 后，结果如下：

```
LS 时间(s):[ 0.000  0.000  0.016  0.125  1.000  79.278]
QR 时间(s):[ 0.000  0.000  0.000  0.016  0.154  0.921]
残差 [ 0.000  0.000  0.000  0.000  0.000  0.000]
```

代码 9-1 的运行结果中，0.000 表示小于 0.0001。随着 n 的增大（10、100、200、500、1000 和 2000），传统最小二乘解（LS）和 QR 分解的求解时间都会递增，但是两者的残差几乎为 0。这说明虽然求解方法不同，但是得到的结果却完全一样。图 9-5 表明，n 越大，前者与后者所花费的时间比值也越大，这意味着 QR 分解对大规模线性方程组求解非常有效。

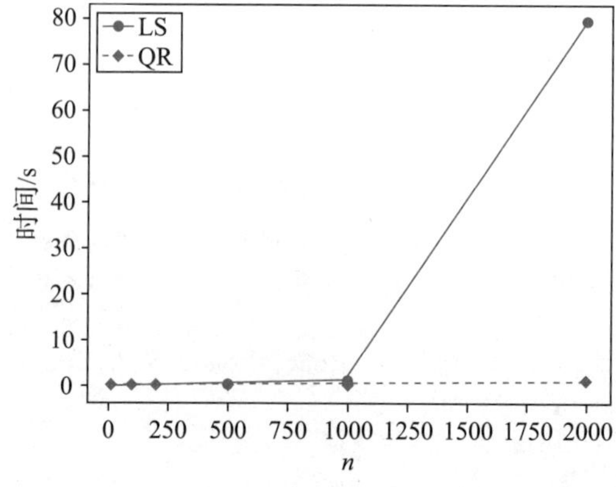

图 9-5　QR 分解与传统最小二乘解（LS）求解时间随 n 的变化

9.2 LU 分解

LU 分解的正则化与非正则化

除了 QR 分解外，对矩阵 $\boldsymbol{A}$ 也可以做 LU 分解，它适用于恰定方程组 $\boldsymbol{A}x=\boldsymbol{b}$ 的求解。目前，LU 分解的主要方法有高斯消元法、列主元高斯消元法、追赶法和雅可比迭代法等[103]。本节将讨论如何用高斯消元法做 LU 分解。

9.2.1 LU 分解的理论基础

LU 分解将 n 阶矩阵 $\boldsymbol{A}$ 分解成下三角矩阵 $\boldsymbol{L}$ 与上三角矩阵 $\boldsymbol{U}$ 的乘积，即

$$\boldsymbol{A}=\underbrace{\begin{bmatrix}\times & 0 & 0 & 0\\ \times & \times & 0 & 0\\ \times & \times & \times & 0\\ \times & \times & \times & \times\end{bmatrix}}_{\boldsymbol{L}}\underbrace{\begin{bmatrix}\times & \times & \times & \times\\ 0 & \times & \times & \times\\ 0 & 0 & \times & \times\\ 0 & 0 & 0 & \times\end{bmatrix}}_{\boldsymbol{U}} \tag{9-15}$$

式中，分解方法生成的 $\boldsymbol{L}$ 和 $\boldsymbol{U}$ 本质上是高斯消元产生的结果。

1. 上三角矩阵 $\boldsymbol{U}$ 的求解

高斯消元法是通过行变换，将矩阵 $\boldsymbol{A}=\begin{bmatrix}3 & -4 & -2\\ 3 & 3 & 3\\ -6 & 7 & 5\end{bmatrix}$ 中第 1 列的两个元素 $A_{2,1}$ 和 $A_{3,1}$ 化简为 0，即

$$|\boldsymbol{A}|=\begin{vmatrix}3 & -4 & -2\\ 3 & 3 & 3\\ -6 & 7 & 5\end{vmatrix}\xrightarrow[r_3+2r_1]{r_2-r_1}\begin{vmatrix}3 & -4 & -2\\ 0 & 7 & 5\\ 0 & -1 & 1\end{vmatrix}$$

这种变换就是将 $\boldsymbol{A}$ 的第 2 行减去第 1 行，再将第 3 行加上 2 倍的第 1 行。

3.3.3 小节介绍过，行变换等同于左乘一个算子(矩阵)。如果把这样的行变换写在一个算子里，并记作 $\boldsymbol{L}_1$，则上述变换为

$$\boldsymbol{L}_1\boldsymbol{A}=\begin{bmatrix}3 & -4 & -2\\ 0 & 7 & 5\\ 0 & -1 & 1\end{bmatrix}$$

式中，$\boldsymbol{L}_1=\begin{bmatrix}1 & 0 & 0\\ -1 & 1 & 0\\ 2 & 0 & 1\end{bmatrix}$。

继续行变换，将矩阵 $\boldsymbol{L}_1\boldsymbol{A}$ 第 3 行第 2 列也化简为 0，这等同于将 $\boldsymbol{L}_1\boldsymbol{A}$ 左乘了算子 $\boldsymbol{L}_2$，即

$$|\boldsymbol{L}_2\boldsymbol{L}_1\boldsymbol{A}|=\begin{vmatrix}3 & -4 & -2\\ 0 & 7 & 5\\ 0 & -1 & 1\end{vmatrix}\xrightarrow{r_3+\frac{1}{7}r_2}\begin{vmatrix}3 & -4 & -2\\ 0 & 7 & 5\\ 0 & 0 & \frac{12}{7}\end{vmatrix}$$

式中，$\boldsymbol{L}_2=\begin{bmatrix}1 & 0 & 0\\ 0 & 1 & 0\\ 0 & \dfrac{1}{7} & 1\end{bmatrix}$。

通过两次行变换，可以将 $\boldsymbol{A}$ 变换成上三角矩阵 $\boldsymbol{U}$，即

$$\boldsymbol{L}_2\boldsymbol{L}_1\boldsymbol{A}=\begin{bmatrix}3 & -4 & -2\\ 0 & 7 & 5\\ 0 & 0 & \dfrac{12}{7}\end{bmatrix}=\boldsymbol{U}$$

2. 下三角矩阵 $\boldsymbol{L}$ 的求解

一般来说，LU 分解主要针对 $\boldsymbol{A}$ 为矩阵的情况。如果 $\boldsymbol{A}$ 满秩，LU 分解的结果是唯一的，此时 $\boldsymbol{L}$ 和 $\boldsymbol{U}$ 均满秩，所以 $\boldsymbol{L}^{-1}\boldsymbol{A}=\boldsymbol{U}$。

将 n 阶矩阵 $\boldsymbol{A}$ 化简为上三角矩阵 $\boldsymbol{U}$，需要做 $n-1$ 次行变换，相当于左乘 $n-1$ 个行变换矩阵，即

$$\boldsymbol{L}_{n-1}\cdots\boldsymbol{L}_2\boldsymbol{L}_1\boldsymbol{A}=\boldsymbol{U} \tag{9-16}$$

行变换算子 $\boldsymbol{L}_j\,(j=1,2,\cdots,n-1)$ 的对角线元素都是 1，且只有下三角部分存在非零元素，所以 $\det(\boldsymbol{L}_j)=1$，即它们都满秩可逆[2]，则

$$\boldsymbol{L}=(\boldsymbol{L}_{n-1}\cdots\boldsymbol{L}_2\boldsymbol{L}_1)^{-1}=\boldsymbol{L}_1^{-1}\boldsymbol{L}_2^{-1}\cdots\boldsymbol{L}_{n-1}^{-1} \tag{9-17}$$

式中，逆 $\boldsymbol{L}_j^{-1}$ 非常容易计算，只需将 $\boldsymbol{L}_j$ 非对角线中的非零元素取反即可。

在本小节的例子中，$\boldsymbol{L}_1^{-1}=\begin{bmatrix}1 & 0 & 0\\ 1 & 1 & 0\\ -2 & 0 & 1\end{bmatrix}$，$\boldsymbol{L}_2^{-1}=\begin{bmatrix}1 & 0 & 0\\ 0 & 1 & 0\\ 0 & -\dfrac{1}{7} & 1\end{bmatrix}$，从而 $\boldsymbol{L}=\boldsymbol{L}_1^{-1}\boldsymbol{L}_2^{-1}=\begin{bmatrix}1 & 0 & 0\\ 1 & 1 & 0\\ -2 & -\dfrac{1}{7} & 1\end{bmatrix}$是下三角矩阵。

注意：$\boldsymbol{L}_1^{-1}\boldsymbol{L}_2^{-1}$ 不用做矩阵相乘运算，直接将下三角部分的非零元素放在相应位置，便可得到 $\boldsymbol{L}$。读者不妨自己验证一下正确性。

9.2.2 LU 分解在线性方程组中的应用

对于大规模线性方程组 $\boldsymbol{Ax}=\boldsymbol{b}$ 的求解，一般不直接计算 $\boldsymbol{A}^{-1}\boldsymbol{b}$。文献[42]中提到，LU 分解的实质是高斯消元法，它要将线性方程组的求解转换成对三角矩阵的求解，其计算复杂度是 $O(n^2)$。

根据 $\boldsymbol{Ax}=\boldsymbol{LUx}=\boldsymbol{b}$，令 $\boldsymbol{y}=\boldsymbol{Ux}$，从而 $\boldsymbol{Ly}=\boldsymbol{b}$。这里 $\boldsymbol{L}$ 的逆 $\boldsymbol{L}^{-1}$ 是行变换算子的逆连乘的结果，即式(9-17)中 $\boldsymbol{L}=\boldsymbol{L}_1^{-1}\boldsymbol{L}_2^{-1}\cdots\boldsymbol{L}_{n-1}^{-1}$。由于 $\boldsymbol{L}$ 是下三角矩阵，方程组 $\boldsymbol{Ly}=\boldsymbol{b}$ 可以递归求解出 $\boldsymbol{y}$，这与例 9-2 的递归求解过程是一样的。而后再求解方程组 $\boldsymbol{Ux}=\boldsymbol{y}$ 中的 $\boldsymbol{x}$，它正是 $\boldsymbol{Ax}=\boldsymbol{b}$ 的解。由于 $\boldsymbol{U}$ 是上三角矩阵，$\boldsymbol{x}$ 的求解也用到了同样的递归过程。

【例 9-3】 已知 $\boldsymbol{A}=\begin{bmatrix}3 & -4 & -2\\ 3 & 3 & 3\\ -6 & 7 & 5\end{bmatrix}$，$\boldsymbol{b}=\begin{bmatrix}1\\1\\1\end{bmatrix}$用 LU 分解法求方程组 $\boldsymbol{Ax}=\boldsymbol{b}$ 的解。

解：根据 9.2.1 小节对 $\boldsymbol{A}$ 做 LU 分解后得到的 $\boldsymbol{L}$ 和 $\boldsymbol{U}$，通过构建 $\boldsymbol{Ly}=\boldsymbol{b}$，即 $\begin{bmatrix}1 & 0 & 0\\ 1 & 1 & 0\\ -2 & -\frac{1}{7} & 1\end{bmatrix}\begin{bmatrix}y_1\\y_2\\y_3\end{bmatrix}=\begin{bmatrix}1\\1\\1\end{bmatrix}$，递归求出 $\boldsymbol{y}$ 中的三个元素，即

$$y_1=\frac{b_1}{L_{11}}=1,\ y_2=\frac{b_2-L_{21}y_1}{L_{22}}=0,\ y_3=\frac{b_3-L_{31}y_1-L_{32}y_2}{L_{33}}=3$$

通过计算，可得 $\boldsymbol{y}=\begin{bmatrix}1\\0\\3\end{bmatrix}$。

根据 $\boldsymbol{Ux}=\boldsymbol{y}$ 得 $\begin{bmatrix}3 & -4 & -2\\ 0 & 7 & 5\\ 0 & 0 & \frac{12}{7}\end{bmatrix}\begin{bmatrix}x_1\\x_2\\x_3\end{bmatrix}=\begin{bmatrix}1\\0\\3\end{bmatrix}$，同样的递归方法求出 $\boldsymbol{x}$ 中的三个元素，即

$$x_1=\frac{y_1-U_{12}x_2-U_{13}x_3}{U_{11}}=-\frac{1}{6},\quad x_2=\frac{y_2-U_{23}x_3}{U_{22}}=-\frac{5}{4},\quad x_3=\frac{y_3}{U_{33}}=\frac{7}{4}$$

最后得 $\boldsymbol{x}=\begin{bmatrix}-\frac{1}{6}\\ -\frac{5}{4}\\ \frac{7}{4}\end{bmatrix}$，这与方程组直接求解的结果一样，即 $\boldsymbol{x}=\boldsymbol{A}^{-1}\boldsymbol{b}$。

9.2.3 案例：LU 分解的效率

针对不同规模的恰定线性方程组 $\boldsymbol{Ax}=\boldsymbol{b}$，本案例旨在比较 LU 分解法与传统最小二乘解(LS)的求解效率，并验证这两种方法求出的解是完全一样的。具体地，随机产生一个 n 阶方阵 $\boldsymbol{A}$ 和列向量 $\boldsymbol{b}$，直接调用 Python 工具包对 $\boldsymbol{A}$ 做 LU 分解。

在此基础上，本案例将完成以下三个任务。

(1) 根据 9.2.2 小节，用递归法求解 $\boldsymbol{x}$，记作 $\boldsymbol{x}_{\mathrm{LU}}$。

(2) 验证 $\boldsymbol{x}_{\mathrm{LU}}$ 与传统最小二乘解 $\boldsymbol{x}_{\mathrm{LS}}=\boldsymbol{A}^{-1}\boldsymbol{b}$ 是一致的，即两者的残差接近于 0，也就是 $\|\boldsymbol{x}_{\mathrm{LU}}-\boldsymbol{x}_{\mathrm{LS}}\|_2^2\approx 0$。

(3) 增大矩阵 $\boldsymbol{A}$ 的规模(n 取 10、100、200、500、1000 和 2000 共六种情况)，比较 LU 分解法与传统最小二乘解耗费的时间。

本案例采用了 scipy 工具包中的 linalg.lu 做 LU 分解，它默认将 $\boldsymbol{A}$ 分解出三个矩阵，即 $\boldsymbol{A}=\boldsymbol{PLU}$，其中 $\boldsymbol{L}$ 和 $\boldsymbol{U}$ 分别是下三角矩阵和上三角矩阵，而 $\boldsymbol{P}$ 是置换矩阵。因为置换矩阵是

正交矩阵的一种，所以满足 $\boldsymbol{P}\boldsymbol{P}^{\mathrm{T}}=\boldsymbol{P}^{\mathrm{T}}\boldsymbol{P}=\boldsymbol{I}$，故而方程组 $\boldsymbol{A}\boldsymbol{x}=\boldsymbol{b}$ 等价于 $\boldsymbol{L}\boldsymbol{U}\boldsymbol{x}=\boldsymbol{P}^{\mathrm{T}}\boldsymbol{b}$。

代码实现如下：

【代码 9-2】

```
from scipy import linalg as la
import numpy as np
import matplotlib.pyplot as plt
import time
np.set_printoptions(formatter = {'float':'{:0.3f}'.format})
T_LS = np.array([])
T_LU = np.array([])
Err = np.array([])
N = [10,100,200,500,1000,2000]
for i in range(len(N)):
    n = N[i]
    A = np.random.randint(0,10,(n,n))   #生成 0～10 的随机整数
    b = np.random.randint(0,10,(n,1))   #生成 0～10 的随机整数
    #beta = 0.001
    #A = A + beta * np.identity(n)    #对矩阵 A 正则化
    begin_LS = time.time()
    xls = np.dot(np.dot(np.linalg.inv(np.dot(A.T,A)),A.T),b)
    end _LS = time.time()
    run_LS = end_LS - begin_LS
    T_LS = np.append(T_LS,run_LS)
    begin_LU = time.time()
    P,L,U = la.lu(A)
    xlu = np.zeros((n,1),dtype = float)
    y = np.zeros((n,1),dtype = float)
    f = P.T@b
    for k in range(n):
        if k == 0:
            y[k] = f[k]/ L[k,k]
        else:
            y[k] = (f[k]- L[k,0:k]@ y[0:k])/ L[k,k]
    for k in range(n):
        j = n - 1 - k
        if k == 0:
            xlu[j] = y[j]/ U[j,j]
        else:
            xlu[j] = (y[j]- U[j,j:n]@ xlu[j:n])/ U[j,j]
    end_LU = time.time()
    run_LU = end_LU - begin_LU
    T_LU = np.append(T_LU,run_LU)
    err = (xlu - xls).T @(xlu - xls)
    Err = np.append(Err,err)
print(r'LS 时间(s):',T_LS)
print(r'LU 时间(s):',T_LU)
```

```
print(r'残差',Err)
fig = plt.figure()
plt.plot(N,T_LS,'r - o')
plt.plot(N,T_LU,'b - .d')
plt.xlabel(r'n')
plt.ylabel([r'time(s)')
plt.legend([r'LS',r'LU'])
plt.show()
```

运行代码 9-2 后，结果如下：

```
LS 时间(s):[ 0.000   0.000   0.000   0.125   1.031   76.519]
LU 时间(s):[ 0.000   0.000   0.016   0.016   0.047   0.219]
残差 [ 0.000   0.000   0.000   0.000   0.000   0.000]
```

代码 9-2 的运行结果中，0.000 表示小于 0.0001。该结果表明，随着 n 的增大（10、100、200、500、1000 和 2000），最小二乘解（LS）和 LU 分解的求解时间都会递增，但是残差几乎为 0，说明两者得到的结果完全一样。图 9-6 表明，n 越大，前者与后者所花费的时间比值也越大。这意味着随着系数矩阵 $\boldsymbol{A}$ 的规模增大，LU 分解对于线性方程组的求解变得越来越高效。

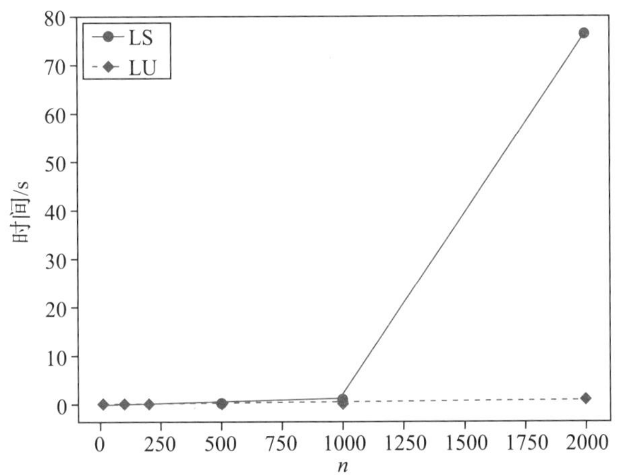

图 9-6　LU 分解与传统最小二乘解（LS）求解时间随 n 的变化

对于 n 阶矩阵，LU 分解时间复杂度是 $O(n^2)$，而 QR 分解时间复杂度则为 $2O(n^2)$[104]，因此大部分情况下 LU 分解更为高效。将本案例的运行结果与 9.1.5 小节相比较，会发现在相同的矩阵规模下，LU 分解所耗费的时间更少。随着 n 的增大，LU 分解高效的优势会越来越明显。

比较本案例与 9.1.5 小节的传统最小二乘解（LS），发现在相同的矩阵规模下，两者的运行时间几乎一样。把本案例拓展一下，如果采用类似于 7.3.4 小节的正则化方法，对系数矩阵 $\boldsymbol{A}$ 增加一个单位矩阵 $\boldsymbol{I}$ 作为正则项，使其变成 $\boldsymbol{A}=\boldsymbol{A}+\beta\boldsymbol{I}$（令 $\beta=0.001$），那么 LS 的求解时间将会大大缩短。因为未正则化的 $\boldsymbol{A}$ 虽然满秩，但是其最小特征值可能接近于 0；而一旦正则化后，理论上 $\boldsymbol{A}^{\mathrm{T}}\boldsymbol{A}$ 的最小特征值大于 β[105]，从而增强了其逆 $(\boldsymbol{A}^{\mathrm{T}}\boldsymbol{A})^{-1}$ 的数值稳定性，加快了 LS 的求解速度。读者不妨亲自编程尝试一下。

9.3 Cholesky 分解的两种方法

本节将介绍另一种常见的矩阵分解方法——Cholesky 分解，也称为**平方根分解**[19]。对于一个对称正定的矩阵 $\boldsymbol{A}\in\mathbb{R}^{n\times n}$，Cholesky 的任务是将其分解成下三角矩阵 $\boldsymbol{L}$ 与其转置相乘的结果，即

$$\boldsymbol{A}=\boldsymbol{L}\boldsymbol{L}^{\mathrm{T}} \tag{9-18}$$

式中，$\boldsymbol{L}\in\mathbb{R}^{n\times n}$ 是下三角矩阵；$\boldsymbol{L}^{\mathrm{T}}$ 是上三角矩阵。

从形式上看，Cholesky 分解是 LU 分解的一种特殊情况，因为 LU 分解也是将矩阵 $\boldsymbol{A}$ 分解成下三角矩阵 $\boldsymbol{L}$ 与上三角矩阵 $\boldsymbol{R}$ 的乘积。事实上，Cholesky 分解虽然源于 LU 分解[106]，但是两者的理论基础却不一样。LU 分解通过行列式变换得到 $\boldsymbol{U}$ 和 $\boldsymbol{L}$，实质上继承了高斯消元法的核心思想；而 Cholesky 分解是平方根分解法，即对矩阵 $\boldsymbol{A}$ 开根号后得到 $\boldsymbol{L}$，它要求 $\boldsymbol{L}$ 的对角线元素都是正数[107]。当矩阵 $\boldsymbol{A}$ 对称时，这种分解才可以实现，否则会造成 $\boldsymbol{L}$ 无解或出现复数[104]；当 $\boldsymbol{A}$ 对称且正定时，这种分解结果是唯一的。

根据分解的唯一性，在动漫行业中，将三维动画镜头数据矩阵做 Cholesky 分解后会得到下三角矩阵，嵌入水印信息后再重构镜头数据，方可获得嵌入水印后的三维动画，能有效防止复制、下载和篡改[108]。此外，在许多科学技术和工程问题中，大规模线性方程组的系数矩阵 $\boldsymbol{A}$ 往往都是稀疏且对称正定的，将矩阵 $\boldsymbol{A}$ 做 Cholesky 分解能得到两个三角矩阵的乘积，从而将复杂的线性方程组求解转化成简单的三角求解[109]。

Cholesky 分解有两种方法：顺序主子式递归法和按列分解法，接下来将学习顺序主子式递归法。按列分解法可通过扫描前言的二维码学习。

将对称正定的 n 阶矩阵 $\boldsymbol{A}$ 记作 $\boldsymbol{A}=\begin{bmatrix} a_{11} & a_{12} & \cdots & a_{1n} \\ a_{21} & a_{22} & \cdots & a_{2n} \\ \vdots & \vdots & & \vdots \\ a_{n1} & a_{n2} & \cdots & a_{nn} \end{bmatrix}$，通常可采取两种方法做 Cholesky 分解[19]，即顺序主子式递归法和按列分解法。

令 $\boldsymbol{A}_i=\begin{bmatrix} a_{11} & a_{12} & \cdots & a_{1i} \\ a_{21} & a_{22} & \cdots & a_{2i} \\ \vdots & \vdots & & \vdots \\ a_{i1} & a_{i2} & \cdots & a_{ii} \end{bmatrix}$ $(i=1,2,\cdots,n)$，则 $\boldsymbol{A}_1=[a_{11}]$，$\boldsymbol{A}_2=\begin{bmatrix} a_{11} & a_{12} \\ a_{21} & a_{22} \end{bmatrix}$，得出 $\boldsymbol{L}_1=[\sqrt{a_{11}}]$，满足 $\boldsymbol{A}_1=\boldsymbol{L}_1\boldsymbol{L}_1{}^{\mathrm{T}}$。那么如何求出 $\boldsymbol{L}_2$，使得 $\boldsymbol{A}_2=\boldsymbol{L}_2\boldsymbol{L}_2{}^{\mathrm{T}}$？又如何在 $\boldsymbol{L}_{i-1}$ 已知的情况下，递归求出 $\boldsymbol{L}_i$？

令 $\boldsymbol{L}_i=\begin{bmatrix} \boldsymbol{L}_{i-1} & \boldsymbol{0} \\ \boldsymbol{l}_i^{\mathrm{T}} & r_{ii} \end{bmatrix}$，再令 $\boldsymbol{A}_i=\begin{bmatrix} \boldsymbol{A}_{i-1} & \boldsymbol{\beta}_i \\ \boldsymbol{\beta}_i{}^{\mathrm{T}} & a_{ii} \end{bmatrix}$，则 $\boldsymbol{\beta}_i=\begin{bmatrix} a_{1i} \\ a_{2i} \\ \vdots \\ a_{i-1,i} \end{bmatrix}$。根据 $\boldsymbol{A}_i=\boldsymbol{L}_i\boldsymbol{L}_i^{\mathrm{T}}$，可以得出 $\boldsymbol{l}_i=\boldsymbol{L}_{i-1}^{-1}\boldsymbol{\beta}_i$，$r_{ii}=\sqrt{a_{ii}-\boldsymbol{\beta}_i^{\mathrm{T}}\boldsymbol{A}_{i-1}^{-1}\boldsymbol{\beta}_i}$，或者 $r_{ii}=\sqrt{a_{ii}-\boldsymbol{l}_i^{\mathrm{T}}\boldsymbol{l}_i}$。

定理 9-1 任一对称正定矩阵 $\boldsymbol{A}$ 都可以分解为 $\boldsymbol{A}=\boldsymbol{L}\boldsymbol{L}^{\mathrm{T}}$，且分解后得到的 $\boldsymbol{L}$ 是唯一的。

证明：由于 $\boldsymbol{A}$ 正定，所以它的任一顺序主子式为

$$\det(\boldsymbol{A}_i)=\begin{vmatrix}\boldsymbol{A}_{i-1} & \boldsymbol{\beta}_i\\ \boldsymbol{\beta}_i^{\mathrm{T}} & a_{ii}\end{vmatrix}>0$$

根据 Schur 分解，$\det(\boldsymbol{A}_i)=\det(\boldsymbol{A}_{i-1})\det(a_{ii}-\boldsymbol{\beta}_i^{\mathrm{T}}\boldsymbol{A}_{i-1}^{-1}\boldsymbol{\beta}_i)$，所以 $r_{ii}=\sqrt{a_{ii}-\boldsymbol{\beta}_i^{\mathrm{T}}\boldsymbol{A}_{i-1}^{-1}\boldsymbol{\beta}_i}>0$ 从 $i=1$ 开始，$\boldsymbol{L}_1$ 可以被唯一确定，从而 $\boldsymbol{l}_2$ 和 r_{22} 也可以被确定。

由于 $\det(\boldsymbol{L}_i)$ 是三角矩阵 $\boldsymbol{L}_i$ 对角线元素的乘积，$\det(\boldsymbol{L}_i)>0(i=1,2,\cdots,n)$，因此 $\boldsymbol{L}_i$ 可逆，从而 $\boldsymbol{l}_i=\boldsymbol{L}_{i-1}^{-1}\boldsymbol{\beta}_i$ 是唯一的，r_{ii} 也是唯一的。根据递归法，最终得到的 $\boldsymbol{L}$ 是唯一的，也是可逆的。

9.4 矩阵分解并行化软件库简介

现今，在高性能计算(high performance computing，HPC)领域中，大规模计算问题一直是科学与工程计算研究的热点。同时，机器学习、数据挖掘、图像处理等许多应用中存在大量小规模矩阵计算问题。通过区域分解，同步进行局部小规模矩阵处理，称作**批量矩阵计算**[114]。局部小规模矩阵的行和列只有几十到几百之间，但矩阵数量却多至上万。显然，单机环境或者单处理器肯定驾驭不了如此庞大的数据规模。

批量矩阵的处理有赖于并行计算，说到这里不得不提及 GPU 和 CUDA，前者是图形处理器(graphics processing unit)的简称，它是一种由大量运算单元组成的大规模并行计算架构，适合批量处理相同的计算任务[110]；而后者是由英伟达(NVIDIA)公司于 2007 年创建的支持并行计算的软硬件平台。在硬件层面，CUDA 支持 GPU；而在软件层面，CUDA 提供了基于 C/C++编程环境的软件工具包[5]。

早在 CUDA 问世前，基本线性代数库(basic linear algebra subroutines，BLAS)就已经存在，它最早在 CPU 中通过 Fortran 语言实现[111]，而另一个更高级别的是线性代数子程序包(linear algebra package，LAPACK)。后来，cuBLAS 库(英伟达公司对 BLAS 库的并行化加速实现)提供了三级 API，分别实现了 BLAS 的三个层级运算，即：①向量-向量乘积运算；②矩阵-向量乘积运算；③矩阵-矩阵乘积运算。在 cuBLAS 库中，GEMM 函数是实现稠密矩阵相乘的重要函数。

cuSOLVER 是对 LAPACK 库的 GPU 加速版本[5]，它包含三个独立的库：用于因式分解和稠密矩阵求解的 cuSolverDN 库；稀疏矩阵分解和最小二乘求解的 cuSolverSP 库；以及加速实现矩阵再分解方法的 cuSolverRF 库。

在适合于分布式存储的多指令多数据(multiple instruction multiple data，MIMD)并行计算机中，ScaLAPACK(scalable linear algebra PACKage)是广泛应用于基于线性代数运算的并行应用程序开发[103]。在 ScaLAPACK 中也涉及大规模稠密矩阵的线性方程组求解中所用到的 QR 分解、LU 分解和 Cholesky 分解[112]。

9.2.3 小节案例末尾提到，LU 分解通常比 QR 分解的效率更高。与此同时，不像 cholesky 分解要求矩阵对称正定，LU 分解没有这个局限性。这使得批量 LU 分解和基于批量 LU 分解的矩阵求逆成为许多科学计算和应用领域的关键计算问题[110]。除了 cuBLAS 库

外，GPU 数值代数库（matrix algebra for GPU and multicore architectures，MAGMA）[113]是另一个基于 GPU 架构且支持批量 LU 分解及其求逆算法的软件库。

在基于高斯消元法的 LU 分解中，主元（pivot）的选取和置换是一项非常耗时的工作。对此，CALU[114]采用了 tournament 选主元法，旨在构造高效的置换矩阵，以减少主元置换的时间[115]。除此以外，文献[115]还提到，现有的各种数值计算代数库（如 ScaLAPACK、MAGMA 等）为不同的并行计算任务提供加速，所以它们之间存在异构性。另外，这些库支持的数据精度也不同，有 8 位整型 int8，也有 32 位和 64 位浮点型 FP32 和 FP64。

对于 GPU 上实现 LU 分解及其求逆的并行计算，目前国内的研究较少[110]。随着我国自主可控处理器的发展，LU 分解的异构计算与混合精度融合，将是高性能数值线性代数库研发中的一个重要任务，它将为国产的自主可控处理器提供底层的技术支撑[115]。

本章小结

本章介绍了 QR 分解、LU 分解和 Cholesky 分解的理论基础，它们在许多实际的科学与工程问题中都有着非常广泛的应用，能为矩阵求逆和线性方程组提供高效稳定的最优解。其中，LU 分解比 QR 分解更高效，且不像 Cholesky 分解那样要求矩阵对称正定，从而受到了广泛关注和应用。在现如今的高性能计算领域中，单机环境已无法承载巨大规模的数据计算量，这使得矩阵分解逐渐转向分布式和并行化的批量计算方式。本章还介绍了与矩阵分解并行化相关的几个软件库，并指出了异构计算和混合精度融合是今后 LU 分解的发展趋势。

迭代优化方法

近一百多年来,迭代优化方法经历了巨大的发展变化。1847 年,Cauchy 提出了最速下降法[116]。它只用到了变量的一阶导数信息,所以简单易实现,但收敛慢且在最优解附近出现锯齿状的振荡[117]。相比之下,牛顿法用到了一阶导数(梯度)和二阶导数(Hessian 矩阵),虽然迭代次数少,但对于 n 维变量,每次都要更新 $n\times n$ 大小的 Hessian 矩阵的逆,计算时间复杂度是 $O(n^3)$,所以不适合求解大规模优化问题。1959 年,W. C. Davidon 提出了拟牛顿法[118],旨在迭代过程中根据变量相邻两次梯度的变化估算并更新 Hessian 矩阵。这不仅避免了直接求逆,而且迭代次数与牛顿法相当。迄今为止,拟牛顿法仍然是求解优化问题的主流方法,已集成在许多编程语言的软件库里。现今,随着深度学习在人工智能领域中的广泛应用,与之相关的优化方法也是层出不穷,其中最常用的是批量随机梯度法。本章将详细介绍最速下降法、牛顿法、拟牛顿法和批量随机梯度法,之后简要介绍深度学习中几种常见的优化方法。最后以批量随机梯度法为例,编程实现 PyTorch 工具包的自动求导过程,并与手动求导结果相比较,验证两者的一致性。

10.1 最速下降法

10.1.1 最速下降法的理论基础

最速下降法是一种经典的梯度下降法。为了简单起见,先从一维变量 x 的二次函数 $f(x)$ 开始分析,它的表达式为

$$f(x)=ax^2+bx+c \tag{10-1}$$

若 $a>0$,式(10-1)中函数 $f(x)$ 为开口向上的抛物线。

从初始值 x_0 出发,经过 k 次迭代后变量为 x_k,一阶导数为

$$f'(x_k)=2ax_k+b \tag{10-2}$$

二阶导数为

$$f''(x_k)=2a \tag{10-3}$$

注意：为了不让优化问题太复杂，通常建模成式(10-1)所示的二次函数 $f(x)$，它只有一阶导数和二阶导数，其中二阶导数是一个常数，如式(10-3)所示。若函数 $f(x)$ 本身是二阶以上的可导函数，比如三阶、四阶可导，则二阶导数不再是常数，而是关于 x 的函数。

最速下降法中，变量更新的方向是 x_k 的一阶导数负方向 $-f'(x_k)$，下一步变量为 $x_{k+1}=x_k-\eta_k f'(x_k)$(步长 $\eta_k>0$)。令 $\Delta x=x_{k+1}-x_k=-\eta_k f'(x_k)$，将 $f(x_{k+1})$ 泰勒展开，即

$$\begin{aligned}f(x_{k+1})&=f(x_k+\Delta x)\\&=f(x_k)+f'(x_k)\Delta x+\frac{1}{2}\Delta x f''(x_k)\Delta x\\&=f(x_k)-\eta_k f'(x_k)^2+\frac{1}{2}\eta_k^2 f'(x_k)f''(x_k)f'(x_k)\end{aligned} \tag{10-4}$$

式(10-4)展开后，可以看作关于 η_k 的函数，即 $\varphi(\eta_k)=f(x_{k+1})$。通过观察，$\varphi(\eta_k)$ 是一个凸函数，将其一阶导数置0，得

$$\frac{\partial\varphi(\eta_k)}{\partial\eta_k}=\eta_k f'(x_k)f''(x_k)f'(x_k)-f'(x_k)^2=0 \tag{10-5}$$

第 $k+1$ 次迭代的最佳步长为

$$\eta_k^*=\frac{f'(x_k)^2}{f'(x_k)f''(x_k)f'(x_k)} \tag{10-6}$$

根据式(10-6)，当 $\eta_k^*=\dfrac{1}{f''(x_k)}=\dfrac{1}{2a}$ 时，函数值下降得最快。回顾2.1.4小节的案例，它对函数 $f(x)=x^2-2x+1$ 做梯度下降。对照式(10-1)，该案例中 $a=1$，一阶导数为 $f'(x)=2x-2$，二阶导数为 $f''(x)=2$。在图2-3(d)中，步长 $\eta^*=0.5$ 是使函数下降最快的梯度，迭代一次就收敛到了最小值(谷底)。倘若每次迭代的步长取值都如式(10-6)所示，就能实现函数的最速下降。

对于 n 维变量 $\boldsymbol{x}\in\mathbb{R}^n$，则第 k 步变量是 $\boldsymbol{x}_k$，更新方向 $\Delta\boldsymbol{x}_k=\boldsymbol{x}_{k+1}-\boldsymbol{x}_k$ 就是 $\boldsymbol{x}_k$ 的一阶导数的反方向，即负梯度 $-\nabla f(\boldsymbol{x})$，下一步变量更新为 $\boldsymbol{x}_{k+1}=\boldsymbol{x}_k-\eta_k\nabla f(\boldsymbol{x}_k)$。迭代过程中，最速下降法将步长 η_k 看作变量，求解能使函数值 $f(\boldsymbol{x}_{k+1})$ 最小的 η_k^*，详见式(10-4)～式(10-6)的推导过程。

注意：n 维变量 $\boldsymbol{x}$ 的一阶导数是一个 n 维向量，即 $\nabla f(\boldsymbol{x})\in\mathbb{R}^n$；二阶导数是 $\nabla\nabla f(\boldsymbol{x})$，它是一个 $n\times n$ 的矩阵，也称作 Hessian 矩阵 。

定理10-1 对于 n 维变量 $\boldsymbol{x}\in\mathbb{R}^n$，函数 $f(\boldsymbol{x})=\boldsymbol{x}^{\mathrm{T}}\boldsymbol{a}\boldsymbol{x}+\boldsymbol{b}^{\mathrm{T}}\boldsymbol{x}+c$ 在最速下降法中，相邻两次迭代的梯度方向相互垂直。

证明：$\boldsymbol{x}_{k+1}$ 的梯度为

$$\nabla f(\boldsymbol{x}_{k+1})=2\boldsymbol{a}\boldsymbol{x}_{k+1}+\boldsymbol{b}=2\boldsymbol{a}[\boldsymbol{x}_k-\eta_k^*\nabla f(\boldsymbol{x}_k)]+\boldsymbol{b}$$

代入 $\eta_k^*=\dfrac{1}{\nabla\nabla f(\boldsymbol{x}_k)}=\dfrac{1}{2\boldsymbol{a}}$，再将相邻两次梯度做内积，即

$$\begin{aligned}\nabla f(\boldsymbol{x}_{k+1})^{\mathrm{T}}\nabla f(\boldsymbol{x}_k)&=\left[2\boldsymbol{a}\boldsymbol{x}_k-2\boldsymbol{a}\cdot\frac{\nabla f(\boldsymbol{x}_k)}{\nabla\nabla f(\boldsymbol{x}_k)}+\boldsymbol{b}\right]^{\mathrm{T}}\nabla f(\boldsymbol{x}_k)\\&=[2\boldsymbol{a}\boldsymbol{x}_k+\boldsymbol{b}-\nabla f(\boldsymbol{x}_k)]^{\mathrm{T}}\nabla f(\boldsymbol{x}_k)\\&=0\end{aligned}$$

在大多数情况下，最速下降法表现很差，尽管它的思想简单，存储量很小，每次迭代的计算成本也很低，但长期以来收敛速度一直被认为是非常糟糕的[119]。

10.1.2 案例：最速下降法求解二次函数

本案例用最速下降法，求解二次函数 $f(\boldsymbol{x})=\|\boldsymbol{A}\boldsymbol{x}-\boldsymbol{b}\|_2^2$ 的最优解 $\boldsymbol{x}^*$，以及函数最小值 $f(\boldsymbol{x}^*)$。其中 $\boldsymbol{A}=\begin{bmatrix}1 & 0\\0 & 2\end{bmatrix}$，$\boldsymbol{b}=\begin{bmatrix}0.5\\2\end{bmatrix}$，变量初始化为 $\boldsymbol{x}_0=[3,2]^{\mathrm{T}}$，一阶导数（梯度）为 $\nabla f(\boldsymbol{x})=\begin{bmatrix}\nabla x_1\\\nabla x_2\end{bmatrix}=2\boldsymbol{A}^{\mathrm{T}}(\boldsymbol{A}\boldsymbol{x}-\boldsymbol{b})$，二阶导数为 $\nabla\nabla f(\boldsymbol{x})=2\boldsymbol{A}^{\mathrm{T}}\boldsymbol{A}$。

变量更新 $\boldsymbol{x}_{k+1}=\boldsymbol{x}_k-\eta_k\nabla f(\boldsymbol{x}_k)$，根据式(10-6)，则 $\eta_k{}^*=\dfrac{\nabla f(\boldsymbol{x}_k)^{\mathrm{T}}\nabla f(\boldsymbol{x}_k)}{\nabla f(\boldsymbol{x}_k)^{\mathrm{T}}\nabla\nabla f(\boldsymbol{x}_k)\nabla f(\boldsymbol{x}_k)}$。

收敛条件是梯度模长 $\|\nabla f(\boldsymbol{x})\|_2=\sqrt{\nabla x_1^2+\nabla x_2^2}<\varepsilon$，其中 $\varepsilon=0.01$。

代码实现如下：

【代码 10-1】

```
import numpy as np
import matplotlib.pyplot as plt
def steepest_method(X0,A,B):
    f = sum((np.dot(A,X0) - B) ** 2)
    print('The initial function value is:',f)
    print('Initial point is:',X0)
    Step_size = list()
    Y = list()
    Func_Value = list()
    First_Order = list()
    Y.append(X0)
    Func_Value.append(f)
    X = X0
    count = 0
    iter_max = 1000
    jaccabi = grad(X,A,B)
    H = Hessian(A)
    Delta = np.sqrt(sum(jaccabi ** 2))
    First_Order.append(Delta)
    while count < iter_max and Delta > 10 ** (-2):
        count = count + 1
        #print('The current iteration is:',count,'\n')
        temp_A = np.dot(jaccabi,H)
        temp_B = np.dot(temp_A,jaccabi.transpose())
        alpha = np.dot(jaccabi,jaccabi.transpose())/temp_B
        Step_size.append (alpha)
        up_X = X - alpha * jaccabi
        Y.append(up_X)
```

```
            X = up_X
            jaccabi = grad(X,A,B)
            Delta = np.sqrt(sum(jaccabi * * 2))
            f = sum((np.dot(A,X) - B) * * 2)
            Func_Value.append(f)
            First_Order.append(Delta)
        print('It converges after',count,'iterations\n')
        return [Y,Func_Value,First_Order,Step_Size,count]
def grad(X,A,B):
        temp = np.dot(A,X) - B
        return 2 * np.dot(A.transpose(),temp)
def Hessian(A):
        return 2 * np.dot(A.transpose(),A)
if __name__ == "__main__":
        np.set_printoptions(formatter = {'float':'{:0.3f}'.format})
        X1 = np.arange( - 1,4 + 0.05,0.05)
        X2 = np.arange( - 1,3 + 0.05,0.05)
        [X1,X2] = np.meshgrid(X1,X2)
        A = np.array([[1,0],[0,2]])
        B = np.array([0.5,2])
        X0 = np.array([3.,2.])
        [Y,Func_Value,First_Order,Step_Size,count] = steepest_method(X0,A,B)
        Y = np.array(Y)
        fig1 = plt.figure()
        fun = (X1 + 0 * X2 - B[0]) ** 2 + (0 * X1 + 2 * X2 - B[1]) ** 2
        plt.contour(X1,X2,fun,20)
        plt.scatter(Y[:,0],Y[:,1],color = 'b',s = 20,marker = 'o')
        plt.plot(Y[:,0],Y[:,1],'r')
        plt.text(Y[0,0],Y[0,1] + 0.1,r'$x_{0}$',fontsize = 10)
        plt.text(Y[1,0],Y[1,1] - 0.1,r'$x_{1}$',fontsize = 10)
        plt.text(Y[2,0],Y[2,1] + 0.1,r'$x_{2}$',fontsize = 10)
        plt.text(Y[3,0],Y[3,1] - 0.1,r'$x_{3}$',fontsize = 10)
        plt.text(Y[4,0],Y[4,1] + 0.1,r'$x_{4}$',fontsize = 10)
        plt.text(Y[ - 1,0] - 0.1,Y[ - 1,1] - 0.2,r'$x^{\ast}$',fontsize = 10)
        iter_sum = np.linspace(0,count,count + 1,dtype = int)
        fig2 = plt.figure()
        plt.scatter(iter_sum,First_Order,color = 'b',s = 20,marker = 'o')
        plt.plot(iter_sum,First_Order,'r')
        plt.xlabel(r'$k$')
        fig3 = plt.figure()
        plt.scatter(iter_sum,Func_Value,color = 'b',s = 20,marker = 'o')
        plt.plot(iter_sum,Func_Value,'r')
        plt.xlabel(r'$k$')
        for k in range(len(iter_sum)):
            print(iter_sum[k],'',Y[k],'',"{:.3f}".format(First_Order[k]),'',"{:.3f}".format
(Func_Value[k]))
        plt.show()
```

运行代码 10-1 后，结果如下：

```
The initial function value is:10.25
Initial point is:[ 3.000   2.000]
It converges after 12 iterations
```

代码 10-1 末尾的 for 循环运行结果表明，随着迭代次数 k 的推进，变量 $\boldsymbol{x}_k$、梯度模长 $\|\nabla f(\boldsymbol{x}_k)\|_2$ 和函数值 $f(\boldsymbol{x}_k)$ 的变化见表 10-1。

表 10-1 最速下降法迭代变化过程

k	$\boldsymbol{x}_k$	$\|\nabla f(\boldsymbol{x}_k)\|_2$	$f(\boldsymbol{x}_k)$
0	[3.000 2.000]	9.434	10.250
1	[2.208 0.733]	4.029	3.203
2	[1.281 1.312]	2.948	1.001
3	[1.034 0.917]	1.259	0.313
4	[0.744 1.098]	0.921	0.098
5	[0.667 0.974]	0.393	0.030
6	[0.576 1.031]	0.288	0.101
7	[0.552 0.992]	0.123	0.003
8	[0.524 1.010]	0.090	0.001
9	[0.516 0.997]	0.038	0.000
10	[0.507 1.003]	0.028	0.000
11	[0.505 0.999]	0.012	0.000
12	[0.502 1.001]	0.009	0.000

代码 10-1 的运行结果表明，最速下降法迭代了 12 步后收敛。图 10-1 反映了 $\boldsymbol{x}_k$ 随着迭代次数 k 的推进，迭代收敛到最优解 $\boldsymbol{x}^*$ 的过程，并在 $\boldsymbol{x}^*$ 附近出现了小幅度振荡。图 10-2(a)和(b)分别反映了梯度模长 $\|\nabla f(\boldsymbol{x}_k)\|_2$ 和函数值 $f(\boldsymbol{x}_k)$随着迭代次数变化的过程。

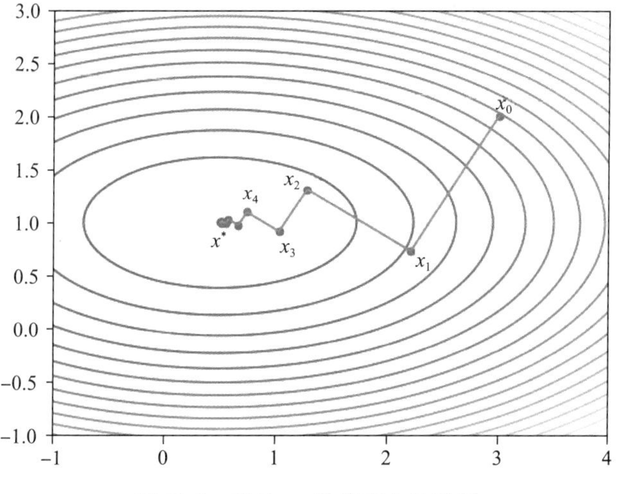

图 10-1 变量 $\boldsymbol{x}_k$ 迭代变化示意图

本案例设置收敛阈值 $\varepsilon=0.01$，感兴趣的读者可以改动 ε，观察最速下降法的迭代次数，以及变量在最优解 $\boldsymbol{x}^*$ 附近的振荡情况。

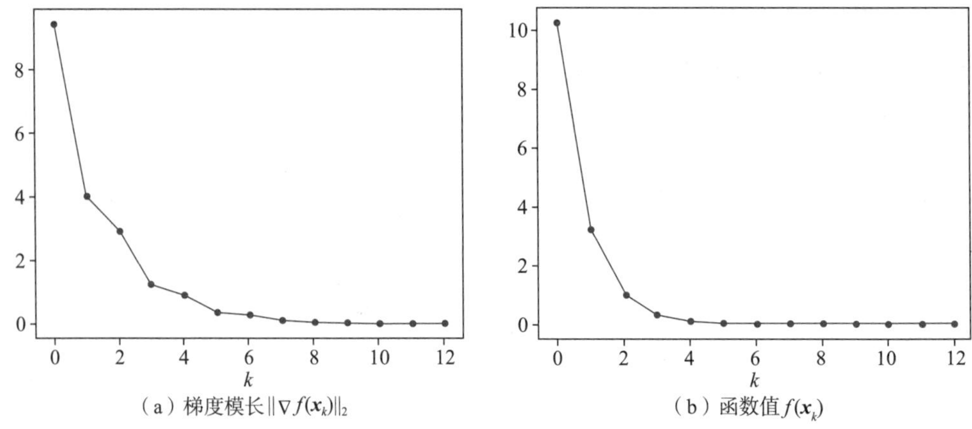

图 10-2 梯度模长和函数值随着迭代次数变化的过程

最速下降法是一种经典的迭代优化方法，它的优点是简单易实现，迭代过程中只运用了变量的一阶导数。其缺点在于，当变量 $\boldsymbol{x}$ 在趋于最优解 $\boldsymbol{x}^*$ 的过程中，迭代前进的幅度会越来越小，即 $\|\Delta\boldsymbol{x}_k\|_2$ 渐近变小（其中 $\Delta\boldsymbol{x}_k=\boldsymbol{x}_k-\boldsymbol{x}_{k-1}$），从而导致 $\boldsymbol{x}$ 在最优解附近呈现小碎步式振荡，迭代次数非常多。

10.2 牛顿法

最速下降法与牛顿法比较

10.2.1 牛顿法概述

1. 牛顿法的基本思想

若不再使用负梯度 $-\nabla f(\boldsymbol{x}_k)$，而是将更新的方向和步长看成一个整体，记作 $\phi(\boldsymbol{x}_k)$，则 $\boldsymbol{x}_{k+1}=\boldsymbol{x}_k+\phi(\boldsymbol{x}_k)$。令 $\Delta\boldsymbol{x}_k=\phi(\boldsymbol{x}_k)=\boldsymbol{x}_{k+1}-\boldsymbol{x}_k$，已知 $f(\boldsymbol{x}_k)$，根据泰勒展开式

$$f(\boldsymbol{x}_{k+1})=f(\boldsymbol{x}_k)+\nabla f(\boldsymbol{x}_k)^{\mathrm{T}}\Delta\boldsymbol{x}_k+\frac{1}{2}\Delta\boldsymbol{x}_k^{\mathrm{T}}\nabla\nabla f(\boldsymbol{x}_k)\Delta\boldsymbol{x}_k \tag{10-7}$$

令 $f(\boldsymbol{x}_{k+1})=g(\Delta\boldsymbol{x}_k)$，式(10-7)是关于变量 $\Delta\boldsymbol{x}_k$ 的函数。当二阶导数 $\nabla\nabla f(\boldsymbol{x}_k)$ 是正定矩阵时，$g(\Delta\boldsymbol{x}_k)$ 是关于 $\Delta\boldsymbol{x}_k$ 的凸函数。将一阶导数置 0，即

$$\frac{\partial g(\Delta\boldsymbol{x}_k)}{\partial\Delta\boldsymbol{x}_k}=\nabla f(\boldsymbol{x}_k)+\nabla\nabla f(\boldsymbol{x}_k)\Delta\boldsymbol{x}_k=0 \tag{10-8}$$

得 $\Delta\boldsymbol{x}_k$ 的最优解为

$$\Delta\boldsymbol{x}_k^*=-\nabla\nabla f(\boldsymbol{x}_k)^{-1}\nabla f(\boldsymbol{x}_k) \tag{10-9}$$

式(10-9)是牛顿法中从变量 $\boldsymbol{x}_k$ 到 $\boldsymbol{x}_{k+1}$ 的更新过程。

2. 相邻两次函数值的变化

在牛顿法中，已知第 k 步的变量 $\boldsymbol{x}_k$，可得梯度 $\nabla f(\boldsymbol{x}_k)$ 和 Hessian 矩阵 $\nabla\nabla f(\boldsymbol{x}_k)$。根据

式(10-9),$\boldsymbol{x}_{k+1}=\boldsymbol{x}_k-\nabla\nabla f(\boldsymbol{x}_k)^{-1}\nabla f(\boldsymbol{x}_k)$。将 $f(\boldsymbol{x}_{k+1})$用泰勒展开式表达,可得

$$f(\boldsymbol{x}_{k+1})=f(\boldsymbol{x}_k)+f'(\boldsymbol{x}_k)^{\mathrm{T}}\Delta\boldsymbol{x}_k+\frac{1}{2}\Delta\boldsymbol{x}_k^{\mathrm{T}}\nabla\nabla f(\boldsymbol{x}_k)\Delta\boldsymbol{x}_k$$

将 $\Delta\boldsymbol{x}_k=-\nabla\nabla f(\boldsymbol{x}_k)^{-1}\nabla f(\boldsymbol{x}_k)$代入上式,得

$$f(\boldsymbol{x}_{k+1})=f(\boldsymbol{x}_k)-\frac{1}{2}\nabla f(\boldsymbol{x}_k)^{\mathrm{T}}\nabla\nabla f(\boldsymbol{x}_k)^{-1}\nabla f(\boldsymbol{x}_k)$$

即从第 k 步到第 $k+1$ 步,函数值变化了$\frac{1}{2}\nabla f(\boldsymbol{x}_k)^{\mathrm{T}}\nabla\nabla f(\boldsymbol{x}_k)^{-1}\nabla f(\boldsymbol{x}_k)$。若 Hessian 矩阵 $\nabla\nabla f(\boldsymbol{x}_k)$是正定矩阵,则$\nabla f(\boldsymbol{x}_k)^{\mathrm{T}}\nabla\nabla f(\boldsymbol{x}_k)^{-1}\nabla f(\boldsymbol{x}_k)>0$ 恒成立,从而 $f(\boldsymbol{x}_{k+1})<f(\boldsymbol{x}_k)$。

对于 n 维变量 $\boldsymbol{x}$,函数 $f(\boldsymbol{x})$的 Hessian 矩阵$\nabla\nabla f(\boldsymbol{x})$大小为 $n\times n$。如果 n 非常大,Hessian 矩阵求逆的计算时间复杂度会是 $O(n^3)$。当函数 $f(\boldsymbol{x})$本身是三阶、四阶或更高阶可导的函数时,Hessian 矩阵不再是常数矩阵,而是关于 $\boldsymbol{x}$ 的变量。对于 $\boldsymbol{x}$ 的高阶函数 $f(\boldsymbol{x})$,在迭代优化过程中 $\boldsymbol{x}$ 每更新一次,Hessian 矩阵的逆就要重新计算一次。

3. 最速下降法和牛顿下降法

由第 2 章可知,迭代优化的两大核心要素是方向和步长。在第 k 步变量 $\boldsymbol{x}_k$ 已知的情况下,下一步则要更新为 $\boldsymbol{x}_{k+1}=\boldsymbol{x}_k+\alpha_k\boldsymbol{d}_k$,其中步长 α_k 和更新方向 $\boldsymbol{d}_k$ 都是有待确定的未知量。而且随着 k 的推进,步长和更新方向也会不断变化。

最速下降法固定更新方向 $\boldsymbol{d}_k$ 为负梯度$-\nabla f(\boldsymbol{x}_k)$,并将步长 η_k 的最优解 η_k^* 代入变量 $\boldsymbol{x}_k$ 的更新表达式中,即

$$\boldsymbol{x}_{k+1}=\boldsymbol{x}_k-\eta_k^*\nabla f(\boldsymbol{x}_k)$$

每次迭代中,更新方向只跟 $\boldsymbol{x}_k$ 的一阶导数相关。

而牛顿法的更新模型为

$$\boldsymbol{x}_{k+1}=\boldsymbol{x}_k+\phi(\boldsymbol{x}_k)$$

该方法将前进方向和步长合在一起,即将 $\alpha_k\boldsymbol{d}_k$ 看作变量 $\phi(\boldsymbol{x}_k)$。每次迭代中,$\phi(\boldsymbol{x}_k)$跟 $\boldsymbol{x}_k$ 的一阶导数和二阶导数都相关,即 $\phi(\boldsymbol{x}_k)=-\nabla\nabla f(\boldsymbol{x}_k)^{-1}\nabla f(\boldsymbol{x}_k)$。

10.2.2 案例:牛顿法求解二次函数

10.1.2 小节以二次函数 $f(\boldsymbol{x})$为例,编程实现了最速下降法对 $f(\boldsymbol{x})$的迭代求解过程。本案例用同样的函数 $f(\boldsymbol{x})$,旨在比较最速下降法和牛顿法的区别(代码略)。

如图 10-3 所示,从初始化 $\boldsymbol{x}_0=[3,2]^{\mathrm{T}}$ 出发,牛顿法迭代 1 步就能收敛,而 10.1.2 小节案例中的最速下降法却用了 12 步。图 10-4 比较了牛顿法和最速下降法的梯度模长 $\|\nabla f(\boldsymbol{x}_k)\|_2$ 和函数值 $f(\boldsymbol{x})$的变化过程。图 10-3 和图 10-4 中,菱形虚线表示牛顿法(Nenton),圆点实线表示最速下降法(Steepest)。为什么牛顿法一步就能收敛到最优解呢?下面从理论角度进行分析。

假设变量初始化为 $\boldsymbol{x}_0$,在牛顿法中

$$\begin{aligned}\boldsymbol{x}_1&=\boldsymbol{x}_0-\nabla\nabla f(\boldsymbol{x}_0)^{-1}\nabla f(\boldsymbol{x}_0)\\&=\boldsymbol{x}_0-\frac{1}{2}(\boldsymbol{A}^{\mathrm{T}}\boldsymbol{A})^{-1}2\boldsymbol{A}^{\mathrm{T}}(\boldsymbol{A}\boldsymbol{x}_0-\boldsymbol{b})\\&=(\boldsymbol{A}^{\mathrm{T}}\boldsymbol{A})^{-1}\boldsymbol{A}^{\mathrm{T}}\boldsymbol{b}\end{aligned}$$

因此，无论初始化 $\boldsymbol{x}_0$ 取值多少，牛顿法都能一步收敛到最优解 $\boldsymbol{x}^*$。

相比于最速下降法，牛顿法不会出现最优解附近小幅度振荡的现象，而且迭代次数少。如果迭代总次数是 t，理论上最速下降法的收敛效率为 $O(1/t)$，即线性收敛；而牛顿法属于二次（超线性）收敛，收敛效率为 $O(1/t^2)$。关于它们收敛效率的理论分析，分别详见文献[16]中的定理 1.2.4 和定理 1.2.5。

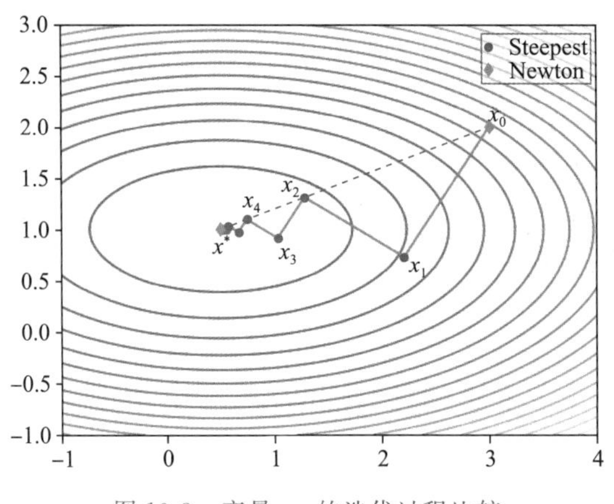

图 10-3　变量 $\boldsymbol{x}_k$ 的迭代过程比较

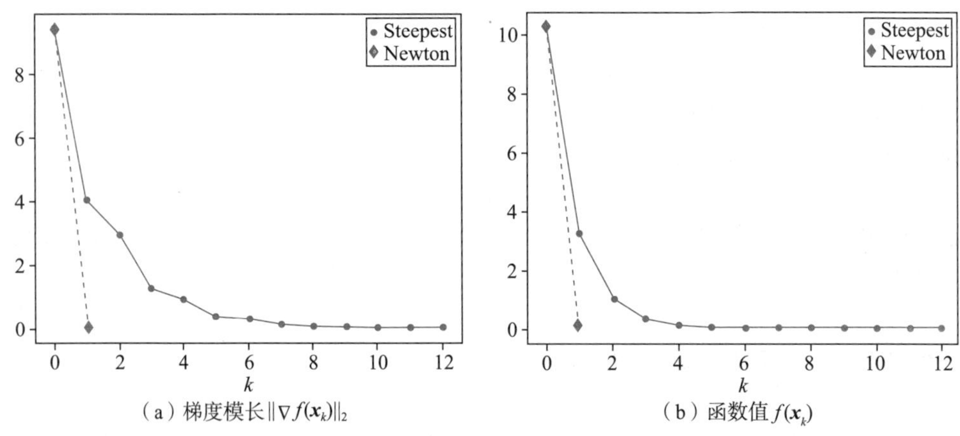

图 10-4　牛顿法和最速下降法的梯度模长与函数值的变化过程

10.3 拟牛顿法

虽然牛顿法的迭代收敛快于最速下降法，但是在大规模优化问题求解过程中，Hessian 矩阵 $\boldsymbol{H}$ 求逆不仅计算量非常大，而且 Hessian 本身可能会产生奇异现象，导致它的逆不存在。为了降低计算复杂度，提高数值稳定性，20 世纪 50 年代美国 Argonne 国家实验室的物理学家 W. C. Davidon 首次提出了拟牛顿法[118]，旨在解决上述问题。

注意：当时的计算机速度及容量远远不如现在，每次迭代都需要计算大规模 Hessian 矩阵的逆，无疑太耗费硬件成本了。

秉承着迭代逼近 Hessian 矩阵的思想，近几十年来很多专家、学者提出了各种不同的拟牛顿法。1963 年，Flecher 和 Powell 对 Davidon 的拟牛顿法进行了改进，并给出了秩 2 更新法，用矩阵 $\boldsymbol{D}$ 不断逼近 Hessian 的逆 $\boldsymbol{H}^{-1}$，称为 **DFP 拟牛顿法**[120]。1967 年，Broyden 提出了**秩 1 更新法**[121]，也是用不断更新的矩阵 $\boldsymbol{D}$ 逼近 $\boldsymbol{H}^{-1}$。秩 1 更新法的结构简单且容易实现，对于凸函数具有很好的收敛性。但是在迭代更新过程中，无法保证每次更新的 $\boldsymbol{D}$ 都满足正定性，且容易产生数值不稳定现象。1970 年，Broyden 研究后得出了另一种秩 2 更新法——**BFGS 拟牛顿法**[122]。学术界现已证明，在无约束优化问题中，BFGS 算法具有超线性的全局收敛性[123]。迄今为止，在许多优化问题的求解中，BFGS 仍然是最有效的拟牛顿法。

10.3.1 拟牛顿法的思想

若第 k 步变量是 $\boldsymbol{x}_k$，令二阶导数 $\boldsymbol{H}=\nabla\nabla f(\boldsymbol{x}_k)$，在牛顿法中，变量更新的方向为

$$\Delta\boldsymbol{x}_k=\boldsymbol{x}_{k+1}-\boldsymbol{x}_k=-\boldsymbol{H}^{-1}\nabla f(\boldsymbol{x}_k) \tag{10-10}$$

式中，$\boldsymbol{x}_{k+1}$ 由 $\boldsymbol{x}_k$、梯度 $\nabla f(\boldsymbol{x}_k)$ 和 $\boldsymbol{H}$ 共同决定。但拟牛顿法不直接计算 $\boldsymbol{H}$ 或者 $\boldsymbol{H}^{-1}$，而是在迭代过程中，随着变量 $\boldsymbol{x}_k$ 变化，不断更新一个与 $\boldsymbol{H}$ 大小相等的对称矩阵 $\boldsymbol{D}$，即 $\boldsymbol{D}_0$，$\boldsymbol{D}_1$，$\boldsymbol{D}_2$，…，使之逐渐逼近 $\boldsymbol{H}$。

以 n 维变量 $\boldsymbol{x}$ 的二次函数 $f(\boldsymbol{x})$ 为例，二阶导数 $\boldsymbol{H}$ 是一个 $n\times n$ 的常数矩阵，它是梯度 $\nabla f(\boldsymbol{x}_k)$ 的导数。无论 $\boldsymbol{x}$ 取值如何，都满足

$$\boldsymbol{H}=f''(\boldsymbol{x})=\lim_{\Delta x\to 0}\frac{\nabla f(\boldsymbol{x}+\Delta\boldsymbol{x})-\nabla f(\boldsymbol{x})}{\Delta\boldsymbol{x}} \tag{10-11}$$

式中，$\nabla f(\boldsymbol{x})$ 是关于 $\boldsymbol{x}$ 的一次（线性）函数，线上任意两点的斜率都是 $\boldsymbol{H}$，所以

$$\nabla f(\boldsymbol{x}_{k+1})-\nabla f(\boldsymbol{x}_k)=\boldsymbol{H}(\boldsymbol{x}_{k+1}-\boldsymbol{x}_k) \tag{10-12}$$

令相邻两次的梯度变化为 $\Delta g_k=\nabla f(\boldsymbol{x}_{k+1})-\nabla f(\boldsymbol{x}_k)$，从而

$$\Delta\boldsymbol{x}_k=\boldsymbol{H}^{-1}\Delta g_k \tag{10-13}$$

高阶函数 $h(\boldsymbol{x})$ 的二阶导数 $\nabla\nabla h(\boldsymbol{x})$ 不再是常数，可将式(10-12)推广到割线方程，即

$$\boldsymbol{K}=\frac{\nabla h(\boldsymbol{x}_{k+1})-\nabla h(\boldsymbol{x}_k)}{\boldsymbol{x}_{k+1}-\boldsymbol{x}_k} \tag{10-14}$$

由 $\Delta\boldsymbol{x}_k=\boldsymbol{x}_{k+1}-\boldsymbol{x}_k$，可得这两点间斜率就是 $\boldsymbol{K}$。在 $\|\Delta\boldsymbol{x}_k\|_2$ 不大的情况下，可以将 $\boldsymbol{K}$ 近似看成 $h(\boldsymbol{x})$ 的二阶导数。随着变量 $\boldsymbol{x}$ 的迭代变化，割线的斜率 $\boldsymbol{K}$ 也会不断变化。

10.3.2 秩 1 更新法

变量 $\boldsymbol{x}$ 在迭代过程中，秩 1 更新法根据相邻两次梯度的变化，每次都对矩阵 $\boldsymbol{D}$ 做秩为 1 的更新，逐步逼近 $\boldsymbol{H}^{-1}$，更新模型为

$$\boldsymbol{D}_{k+1}=\boldsymbol{D}_k+\alpha_k\boldsymbol{v}_k\boldsymbol{v}_k^{\mathrm{T}}\quad(k=1,2,\cdots) \tag{10-15}$$

式中，$\boldsymbol{v}_k$ 是待求向量；α_k 是待求步长。

假设变量初始值为 $\boldsymbol{x}_0$，并对 $\boldsymbol{D}$ 初始化 $\boldsymbol{D}_0=\boldsymbol{I}$。已知第 k 步中 $\boldsymbol{x}_k$ 和 $\boldsymbol{D}_k$，尝试从 $\boldsymbol{x}_k$ 更新到 $\boldsymbol{x}_{k+1}$。根据 $\Delta g_k=\nabla f(\boldsymbol{x}_{k+1})-\nabla f(\boldsymbol{x}_k)$ 和 $\Delta\boldsymbol{x}_k$，估计二阶导数的变化 $\Delta\boldsymbol{D}_k$，将 $\boldsymbol{D}_k$ 更新成 $\boldsymbol{D}_{k+1}$，即 $\boldsymbol{D}_{k+1}=\boldsymbol{D}_k+\Delta\boldsymbol{D}_k$（其中 $\Delta\boldsymbol{D}_k=\alpha_k\boldsymbol{v}_k\boldsymbol{v}_k^{\mathrm{T}}$ 是秩为 1 的矩阵）。

结合式(10-12)和式(10-13)，得 $\Delta\boldsymbol{x}_k=\boldsymbol{D}_{k+1}\Delta g_k$，即 $\Delta\boldsymbol{x}_k=(\boldsymbol{D}_k+\alpha_k\boldsymbol{v}_k\boldsymbol{v}_k^{\mathrm{T}})\Delta g_k$，所以

$$\Delta\boldsymbol{x}_k-\boldsymbol{D}_k\Delta g_k=\alpha_k\boldsymbol{v}_k(\boldsymbol{v}_k^{\mathrm{T}}\Delta g_k) \tag{10-16}$$

式中，α_k 和内积 $\boldsymbol{v}_k^{\mathrm{T}}\Delta g_k$ 都是标量，令 $\alpha_k=\dfrac{1}{\boldsymbol{v}_k^{\mathrm{T}}\Delta g_k}$，则 $\boldsymbol{v}_k=\Delta\boldsymbol{x}_k-\boldsymbol{D}_k\Delta g_k$。

综上，秩 1 更新公式为

$$\Delta\boldsymbol{D}_k=\alpha_k\boldsymbol{v}_k\boldsymbol{v}_k^{\mathrm{T}}=\frac{(\Delta\boldsymbol{x}_k-\boldsymbol{D}_k\Delta g_k)(\Delta\boldsymbol{x}_k-\boldsymbol{D}_k\Delta g_k)^{\mathrm{T}}}{\Delta g_k^{\mathrm{T}}(\Delta\boldsymbol{x}_k-\boldsymbol{D}_k\Delta g_k)} \tag{10-17}$$

用不断更新的 $\boldsymbol{D}_k$ 逼近 $\boldsymbol{H}^{-1}$，这就要求 $\boldsymbol{D}_k$ 是正定矩阵(即任一向量 $\boldsymbol{\varphi}$ 都满足 $\boldsymbol{\varphi}^{\mathrm{T}}\boldsymbol{D}_k\boldsymbol{\varphi}>0$)。在秩 1 更新中，就算 $\boldsymbol{D}_k$ 是正定矩阵，也无法保证 $\boldsymbol{D}_{k+1}$ 是正定矩阵，其根本原因在于，理论上不能确保式(10-17)分母上 $\Delta g_k^{\mathrm{T}}(\Delta\boldsymbol{x}_k-\boldsymbol{D}_k\Delta g_k)>0$ 恒成立。随着迭代推进，虽然凸函数 $f(\boldsymbol{x})$ 会单调递减，但变量 $\boldsymbol{x}_k$ 越接近最优解 $\boldsymbol{x}^*$，梯度 $\nabla f(\boldsymbol{x}_k)$ 就会越接近于 $\boldsymbol{0}$，梯度变化 Δg_k 也会随之趋于 $\boldsymbol{0}$。这会造成 $\Delta\boldsymbol{D}_k$ 的分母 $\Delta g_k^{\mathrm{T}}(\Delta\boldsymbol{x}_k-\boldsymbol{D}_k\Delta g_k)$ 非常小，从而导致 $\Delta\boldsymbol{D}_k$ 特别大。

10.3.3 秩 2 更新法

1. DFP 拟牛顿法

DFP 拟牛顿法用一个对称矩阵 **D** 迭代逼近 Hessian 矩阵的逆 $\boldsymbol{H}^{-1}$，更新模型为

$$\boldsymbol{D}_{k+1}=\boldsymbol{D}_k+\alpha_k\boldsymbol{v}_k\boldsymbol{v}_k^{\mathrm{T}}+\beta_k\boldsymbol{u}_k\boldsymbol{u}_k^{\mathrm{T}}\quad(k=0,1,2,\cdots) \tag{10-18}$$

类似于式(10-16)，这里 $\Delta\boldsymbol{x}_k=(\boldsymbol{D}_k+\alpha_k\boldsymbol{v}_k\boldsymbol{v}_k^{\mathrm{T}}+\beta_k\boldsymbol{u}_k\boldsymbol{u}_k^{\mathrm{T}})\Delta g_k$，从而

$$\Delta\boldsymbol{x}_k-\boldsymbol{D}_k\Delta g_k=\alpha_k\boldsymbol{v}_k(\boldsymbol{v}_k^{\mathrm{T}}\Delta g_k)+\beta_k\boldsymbol{u}_k(\boldsymbol{u}_k^{\mathrm{T}}\Delta g_k) \tag{10-19}$$

式中，$\boldsymbol{v}_k^{\mathrm{T}}\Delta g_k$ 和 $\boldsymbol{u}_k^{\mathrm{T}}\Delta g_k$ 都是标量，令 $\boldsymbol{v}_k$ 与 $\Delta\boldsymbol{x}_k$ 共线，同时 $\boldsymbol{u}_k$ 与 $-\boldsymbol{D}_k\Delta g_k$ 共线。所以 $\alpha_k=\dfrac{1}{\boldsymbol{v}_k^{\mathrm{T}}\Delta g_k}$，$\boldsymbol{v}_k=\Delta\boldsymbol{x}_k$；同时 $\beta_k=-\dfrac{1}{\boldsymbol{u}_k^{\mathrm{T}}\Delta g_k}$，$\boldsymbol{u}_k=\boldsymbol{D}_k\Delta g_k$。整理得

$$\Delta\boldsymbol{D}_k=\alpha_k\boldsymbol{v}_k\boldsymbol{v}_k^{\mathrm{T}}+\beta_k\boldsymbol{u}_k\boldsymbol{u}_k^{\mathrm{T}}=\frac{\Delta\boldsymbol{x}_k\Delta\boldsymbol{x}_k^{\mathrm{T}}}{\Delta\boldsymbol{x}_k^{\mathrm{T}}\Delta g_k}-\frac{\boldsymbol{D}_k\Delta g_k\Delta g_k^{\mathrm{T}}\boldsymbol{D}_k^{\mathrm{T}}}{\Delta g_k^{\mathrm{T}}\boldsymbol{D}_k\Delta g_k} \tag{10-20}$$

综上，DFP 拟牛顿法的具体步骤见图 10-5。

输入: 初始化变量$\boldsymbol{x}_0$, 阈值ε, $\boldsymbol{D}_0=\boldsymbol{I}$, $k=0$

循环:

1. 计算搜索方向$\boldsymbol{d}_k=-\boldsymbol{D}_k\nabla f(\boldsymbol{x}_k)$
2. 令$\lambda_k^*=\arg\min\limits_{\lambda_k} f(\boldsymbol{x}_k+\lambda_k\boldsymbol{d}_k)$, 则$\boldsymbol{x}_{k+1}=\boldsymbol{x}_k+\lambda_k^*\boldsymbol{d}_k$
3. 计算$\nabla f(\boldsymbol{x}_{k+1})$

   判断: 若$\|\nabla f(\boldsymbol{x}_{k+1})\|_2<\varepsilon$, 退出循环
4. 令$\Delta\boldsymbol{x}_k=\boldsymbol{x}_{k+1}-\boldsymbol{x}_k$, 同时 $\Delta g_k=\nabla f(\boldsymbol{x}_{k+1})-\nabla f(\boldsymbol{x}_k)$
5. 得$\Delta\boldsymbol{D}_k=\dfrac{\Delta\boldsymbol{x}_k\Delta\boldsymbol{x}_k^{\mathrm{T}}}{\Delta\boldsymbol{x}_k^{\mathrm{T}}\Delta g_k}-\dfrac{\boldsymbol{D}_k\Delta g_k\Delta g_k^{\mathrm{T}}\boldsymbol{D}_k^{\mathrm{T}}}{\Delta g_k^{\mathrm{T}}\boldsymbol{D}_k\Delta g_k}$

   $\boldsymbol{D}_{k+1}=\boldsymbol{D}_k+\Delta\boldsymbol{D}_k$
6. $k=k+1$

图 10-5 DFP 拟牛顿法步骤

2. BFGS 拟牛顿法

BFGS 用一个对称矩阵 $\boldsymbol{B}$ 迭代逼近 Hessian 矩阵 $\boldsymbol{H}$。假设 $\boldsymbol{B}_k\Delta\boldsymbol{x}_k=\Delta g_k$，则更新模型为

$$\boldsymbol{B}_{k+1}=\boldsymbol{B}_k+\alpha_k\boldsymbol{v}_k\boldsymbol{v}_k^{\mathrm{T}}+\beta_k\boldsymbol{u}_k\boldsymbol{u}_k^{\mathrm{T}}\quad(k=0,1,2,\cdots)\tag{10-21}$$

从而

$$\Delta g_k-\boldsymbol{B}_k\Delta\boldsymbol{x}_k=\alpha_k\boldsymbol{v}_k(\boldsymbol{v}_k^{\mathrm{T}}\Delta\boldsymbol{x}_k)+\beta_k\boldsymbol{u}_k(\boldsymbol{u}_k^{\mathrm{T}}\Delta\boldsymbol{x}_k)\tag{10-22}$$

与 DFP 拟牛顿法类似，式(10-22)中 $\boldsymbol{v}_k$ 与 Δg_k 共线，而 $\boldsymbol{u}_k$ 与 $-\boldsymbol{B}_k\Delta\boldsymbol{x}_k$ 共线。所以 $\alpha_k=\dfrac{1}{\boldsymbol{v}_k^{\mathrm{T}}\Delta\boldsymbol{x}_k}$，$\boldsymbol{v}_k=\Delta g_k$；同时 $\beta_k=-\dfrac{1}{\boldsymbol{u}_k^{\mathrm{T}}\Delta\boldsymbol{x}_k}$，$\boldsymbol{u}_k=\boldsymbol{B}_k\Delta\boldsymbol{x}_k$。整理得

$$\Delta\boldsymbol{B}_k=\alpha_k\boldsymbol{v}_k\boldsymbol{v}_k^{\mathrm{T}}+\beta_k\boldsymbol{u}_k\boldsymbol{u}_k^{\mathrm{T}}=\frac{\Delta g_k\Delta g_k^{\mathrm{T}}}{\Delta\boldsymbol{x}_k^{\mathrm{T}}\Delta g_k}-\frac{\boldsymbol{B}_k\Delta\boldsymbol{x}_k\Delta\boldsymbol{x}_k^{\mathrm{T}}\boldsymbol{B}_k^{\mathrm{T}}}{\Delta\boldsymbol{x}_k^{\mathrm{T}}B_k\Delta\boldsymbol{x}_k}\tag{10-23}$$

根据 $\boldsymbol{B}_k\Delta\boldsymbol{x}_k=\Delta g_k$，得出 $\boldsymbol{x}_{k+1}=\boldsymbol{x}_k-\boldsymbol{B}_k^{-1}\Delta g_k$。如果已知 $\boldsymbol{B}_k$ 和 $\boldsymbol{B}_k^{-1}$，如何将 $\boldsymbol{B}_k^{-1}$ 更新成 $\boldsymbol{B}_{k+1}^{-1}$ 呢？

由 $\boldsymbol{B}_{k+1}^{-1}=\left[\left(\boldsymbol{B}_k+\dfrac{\Delta g_k\Delta g_k^{\mathrm{T}}}{\Delta\boldsymbol{x}_k^{\mathrm{T}}\Delta g_k}\right)+(-\boldsymbol{B}_k\Delta\boldsymbol{x}_k)\dfrac{(\boldsymbol{B}_k\Delta\boldsymbol{x}_k)^{\mathrm{T}}}{\Delta\boldsymbol{x}_k^{\mathrm{T}}\boldsymbol{B}_k\Delta\boldsymbol{x}_k}\right]^{-1}$ 可知，根据 Sherman-Morrison 公式

$$(\boldsymbol{A}+\boldsymbol{b}\boldsymbol{c}^{\mathrm{T}})^{-1}=\boldsymbol{A}^{-1}-\boldsymbol{A}^{-1}\boldsymbol{b}(\boldsymbol{I}+\boldsymbol{c}^{\mathrm{T}}\boldsymbol{A}^{-1}\boldsymbol{b})^{-1}\boldsymbol{c}^{\mathrm{T}}\boldsymbol{A}^{-1}$$

得

$$\begin{aligned}\boldsymbol{B}_{k+1}^{-1}&=\left[\left(\boldsymbol{B}_k+\frac{\Delta g_k\Delta g_k^{\mathrm{T}}}{\Delta\boldsymbol{x}_k^{\mathrm{T}}\Delta g_k}\right)+(-\boldsymbol{B}_k\Delta\boldsymbol{x}_k)\cdot\frac{(\boldsymbol{B}_k\Delta\boldsymbol{x}_k)^{\mathrm{T}}}{\Delta\boldsymbol{x}_k^{\mathrm{T}}\boldsymbol{B}_k\Delta\boldsymbol{x}_k}\right]^{-1}\\&=\left(\boldsymbol{B}_k+\frac{\Delta g_k\Delta g_k^{\mathrm{T}}}{\Delta\boldsymbol{x}_k^{\mathrm{T}}\Delta g_k}\right)^{-1}-\left(\boldsymbol{B}_k+\frac{\Delta g_k\Delta g_k^{\mathrm{T}}}{\Delta\boldsymbol{x}_k^{\mathrm{T}}\Delta g_k}\right)^{-1}\cdot\\&\qquad\frac{(-\boldsymbol{B}_k\Delta\boldsymbol{x}_k)\cdot\dfrac{(\boldsymbol{B}_k\Delta\boldsymbol{x}_k)^{\mathrm{T}}}{\Delta\boldsymbol{x}_k^{\mathrm{T}}\boldsymbol{B}_k\Delta\boldsymbol{x}_k}}{1+\dfrac{(\boldsymbol{B}_k\Delta\boldsymbol{x}_k)^{\mathrm{T}}}{\Delta\boldsymbol{x}_k^{\mathrm{T}}\boldsymbol{B}_k\Delta\boldsymbol{x}_k}\left(\boldsymbol{B}_k+\dfrac{\Delta g_k\Delta g_k^{\mathrm{T}}}{\Delta\boldsymbol{x}_k^{\mathrm{T}}\Delta g_k}\right)^{-1}(-\boldsymbol{B}_k\Delta\boldsymbol{x}_k)}\left(\boldsymbol{B}_k+\frac{\Delta g_k\Delta g_k^{\mathrm{T}}}{\Delta\boldsymbol{x}_k^{\mathrm{T}}\Delta g_k}\right)^{-1}\end{aligned}$$

通过一系列复杂的计算(计算过程略)，最终可得

$$\boldsymbol{B}_{k+1}^{-1}=\left(\boldsymbol{I}-\frac{\Delta\boldsymbol{x}_k\Delta g_k^{\mathrm{T}}}{\Delta g_k^{\mathrm{T}}\Delta\boldsymbol{x}_k}\right)\boldsymbol{B}_k^{-1}\left(\boldsymbol{I}-\frac{\Delta g_k\Delta\boldsymbol{x}_k^{\mathrm{T}}}{\Delta g_k^{\mathrm{T}}\Delta\boldsymbol{x}_k}\right)+\frac{\Delta\boldsymbol{x}_k\Delta\boldsymbol{x}_k^{\mathrm{T}}}{\Delta g_k^{\mathrm{T}}\Delta\boldsymbol{x}_k}\tag{10-24}$$

综上，BFGS 拟牛顿法的具体步骤如图 10-6 所示。

输入: 初始化变量$\boldsymbol{x}_0$, 阈值ε, $\boldsymbol{B}_0=\boldsymbol{I}$, $k=0$

循环:

1. 计算搜索方向$\boldsymbol{d}_k=-\boldsymbol{B}_k^{-1}\nabla f(\boldsymbol{x}_k)$
2. 令$\lambda_k^*=\arg\min\limits_{\lambda_k}f(\boldsymbol{x}_k+\lambda_k\boldsymbol{d}_k)$, 则$\boldsymbol{x}_{k+1}=\boldsymbol{x}_k+\lambda_k^*\boldsymbol{d}_k$
3. 计算$\nabla f(\boldsymbol{x}_{k+1})$

   判断: 若$\|\nabla f(\boldsymbol{x}_{k+1})\|_2<\varepsilon$, 退出循环
4. 令$\Delta\boldsymbol{x}_k=\boldsymbol{x}_{k+1}-\boldsymbol{x}_k$, 同时 $\Delta\boldsymbol{g}_k=\nabla f(\boldsymbol{x}_{k+1})-\nabla f(\boldsymbol{x}_k)$
5. 得$\Delta\boldsymbol{B}_k=\dfrac{\Delta g_k\Delta g_k^{\mathrm{T}}}{\Delta\boldsymbol{x}_k^{\mathrm{T}}\Delta g_k}-\dfrac{\boldsymbol{B}_k\Delta\boldsymbol{x}_k\Delta\boldsymbol{x}_k^{\mathrm{T}}\boldsymbol{B}_k^{\mathrm{T}}}{\Delta\boldsymbol{x}_k^{\mathrm{T}}\boldsymbol{B}_k\Delta\boldsymbol{x}_k}$

   $\boldsymbol{B}_{k+1}^{-1}=\left(\boldsymbol{I}-\dfrac{\Delta\boldsymbol{x}_k\Delta g_k^{\mathrm{T}}}{\Delta g_k^{\mathrm{T}}\Delta\boldsymbol{x}_k}\right)\boldsymbol{B}_k^{-1}\left(\boldsymbol{I}-\dfrac{\Delta g_k\Delta\boldsymbol{x}_k^{\mathrm{T}}}{\Delta g_k^{\mathrm{T}}\Delta\boldsymbol{x}_k}\right)+\dfrac{\Delta\boldsymbol{x}_k\Delta\boldsymbol{x}_k^{\mathrm{T}}}{\Delta g_k^{\mathrm{T}}\Delta\boldsymbol{x}_k}$
6. $k=k+1$

图 10-6　BFGS 拟牛顿法步骤

注意：因为初始化 $\boldsymbol{B}_0=\boldsymbol{I}$，所以 $\boldsymbol{B}_0^{-1}=\boldsymbol{I}$。根据式(10-24)很容易计算出 $\boldsymbol{B}_1$ 和 $\boldsymbol{B}_1^{-1}$。以此类推，在迭代过程中 $\boldsymbol{B}_2^{-1},\boldsymbol{B}_3^{-1},\cdots,\boldsymbol{B}_k^{-1}$ 都可以根据前一步的结果递归求出。

对比图 10-5 和图 10-6，发现 DFP 和 BFGS 的实现步骤非常相似，前者通过迭代更新 $\boldsymbol{D}$ 逼近 $\boldsymbol{H}^{-1}$，而后者通过迭代更新 $\boldsymbol{B}$ 逼近 $\boldsymbol{H}$。实际上两者存在不小的差别，文献[124]系统比较了 DFP 和 BFGS 两种拟牛顿法，得出三个结论：①对于低次函数，比如二次凸函数，DFP 迭代次数略少于 BFGS；②对于三次或四次非凸函数，比如经典的 Rosenbrock 函数，BFGS 比 DFP 稳定性更好，迭代次数也更少；③在非多项式函数中，比如指数函数或正余弦函数，若变量初始值在极小值附近，则收敛效果好，相比之下 BFGS 迭代次数更少。

如今，随着优化问题的规模不断扩大，BFGS 算法会占用过多内存，从而降低计算效率。对于不断更新的 n 阶矩阵 $\boldsymbol{B}_k$，1980 年 Nocedal 提出了有限记忆 BFGS 算法，即 L-BFGS 拟牛顿法[125]。与传统的 BFGS 相比，L-BFGS 不需要存储全部的 $\boldsymbol{B}_k$，因此占用的内存更少，提高了运行效率。1989 年，文献[126]证明了 L-BFGS 在凸问题上的全局收敛性，并以实验结果表明 L-BFGS 能解决大规模无约束优化问题。

10.3.4 案例：用 DFP 和 BFGS 迭代求解二次函数

用 DFP 和 BFGS 迭代求解二次函数

众所周知，线性方程组 $\boldsymbol{Ax}=\boldsymbol{b}$ 的最优解是二次函数 $f(\boldsymbol{x})=\|\boldsymbol{Ax}-\boldsymbol{b}\|_2^2$ 的最小二乘解，即 $\boldsymbol{x}_{\mathrm{LS}}=(\boldsymbol{A}^{\mathrm{T}}\boldsymbol{A})^{-1}\boldsymbol{A}^{\mathrm{T}}\boldsymbol{b}$。本案例旨在比较 DFP 和 BFGS 两种拟牛顿法分别在超定和恰定线性方程组中的迭代收敛效果，具体实施细节见图 10-5 和图 10-6。这两张图中，第 2 步都是求解第 k 步迭代更新的最佳步长 λ_k^*，它的具体求解过程如下：

(1) 已知 $\boldsymbol{x}_k$，下一步变量为 $\boldsymbol{x}_{k+1}=\boldsymbol{x}_k+\lambda_k\boldsymbol{d}_k$，则 $f(\boldsymbol{x}_{k+1})=\|\boldsymbol{A}(\boldsymbol{x}_k+\lambda_k\boldsymbol{d}_k)-\boldsymbol{b}\|_2^2$；

(2) 令 $\boldsymbol{C}=\boldsymbol{Ax}_k-\boldsymbol{b}$，将 $f(\boldsymbol{x}_{k+1})$ 构建成关于步长 λ^k 的函数，即

$$l(\lambda_k)=f(\boldsymbol{x}_k+\lambda^k\boldsymbol{d}_k)=\|\lambda^k\boldsymbol{Ad}_k+\boldsymbol{C}\|_2^2$$

(3) 由于 $l(\lambda_k)$ 是关于 λ^k 的二次函数，存在全局最优解，将一阶导数置 0，即

$$\left.\frac{\partial l(\lambda_k)}{\partial\lambda_k}\right|_{\lambda_k=\lambda_k^*}=2\lambda_k k\boldsymbol{d}_k^{\mathrm{T}}\boldsymbol{A}^{\mathrm{T}}\boldsymbol{Ad}_k+2\boldsymbol{d}_k^{\mathrm{T}}\boldsymbol{A}^{\mathrm{T}}\boldsymbol{C}=0$$

可得 $\lambda_k^*=-\dfrac{\boldsymbol{d}_k^{\mathrm{T}}\boldsymbol{A}^{\mathrm{T}}\boldsymbol{C}}{\boldsymbol{d}_k^{\mathrm{T}}\boldsymbol{A}^{\mathrm{T}}\boldsymbol{Ad}_k}$。

最后整理得

$$\lambda_k^*=\underset{\lambda_k}{\operatorname{argmin}}f(\boldsymbol{x}_k+\lambda_k\boldsymbol{d}_k)=-\frac{\boldsymbol{d}_k^{\mathrm{T}}\boldsymbol{A}^{\mathrm{T}}(\boldsymbol{Ax}_k-\boldsymbol{b})}{\boldsymbol{d}_k^{\mathrm{T}}\boldsymbol{A}^{\mathrm{T}}\boldsymbol{Ad}_k}$$

受篇幅限制，本案例的完整代码比较长，扫描前言二维码可获取详细内容。

图 10-7 和图 10-8 分别展示了超定方程组($\boldsymbol{A}$ 为 60 行 50 列的随机矩阵)和恰定方程组($\boldsymbol{A}$ 为 20 行 20 列的随机矩阵)的迭代变化过程。理论上，这两个方程组都存在唯一的最优解，即最小二乘解 $\boldsymbol{x}_{\mathrm{LS}}$。随着迭代推进，变量 $\boldsymbol{x}_k$ 会逐渐趋向于 $\boldsymbol{x}_{\mathrm{LS}}$，即残差 $\|\boldsymbol{x}_k-\boldsymbol{x}_{\mathrm{LS}}\|_2$ 越来越小，直至收敛到 0 。本案例设置迭代收敛条件为 $\|\boldsymbol{x}_k-\boldsymbol{x}_{k-1}\|_2<0.001$，图 10-7(a)和图 10-8(a)表明，$\|\boldsymbol{x}_k-\boldsymbol{x}_{\mathrm{LS}}\|_2$ 分别收敛到 0.0009 和 0.0000。同时，$f(\boldsymbol{x}_k)=\|\boldsymbol{Ax}_k-\boldsymbol{b}\|_2^2$

随着迭代不断减小，直至收敛到 $f(\boldsymbol{x}_{\mathrm{LS}})=\|\boldsymbol{A}\boldsymbol{x}_{\mathrm{LS}}-\boldsymbol{b}\|_2^2$，即残差平方和 $\boldsymbol{\varepsilon}^{\mathrm{T}}\boldsymbol{\varepsilon}=\sum_{i=1}^{m}\varepsilon_i^2$，其中 $\boldsymbol{\varepsilon}=\boldsymbol{A}\boldsymbol{x}_{\mathrm{LS}}-\boldsymbol{b}$。图 10-7(b)和图 10-8(b)表明，收敛后残差平方和 $f(\boldsymbol{x}_{\mathrm{LS}})$分别是 0.7998 和 0.0000。

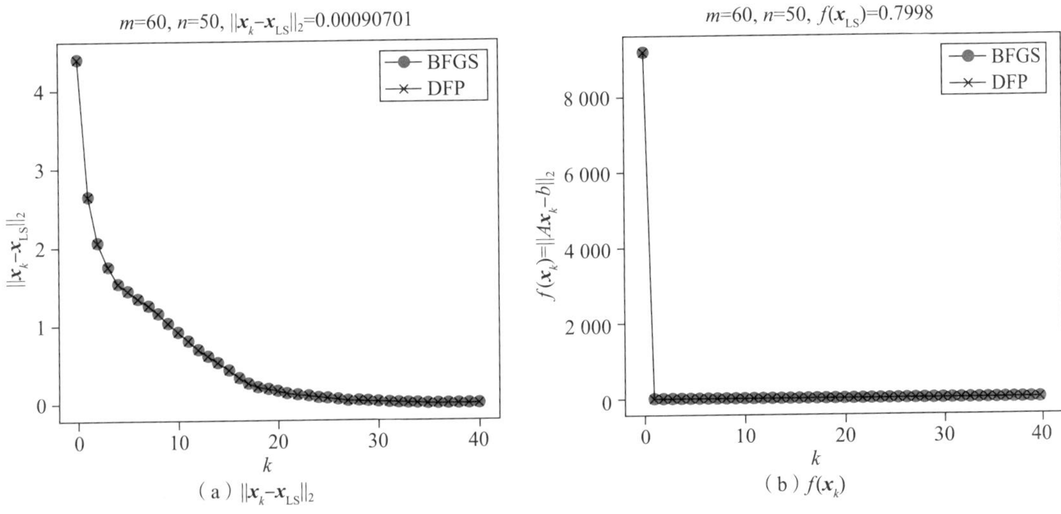

(a) $\|\boldsymbol{x}_k-\boldsymbol{x}_{\mathrm{LS}}\|_2$ (b) $f(\boldsymbol{x}_k)$

图 10-7 超定方程组(**A** 为 60 行 50 列随机矩阵)的迭代变化过程

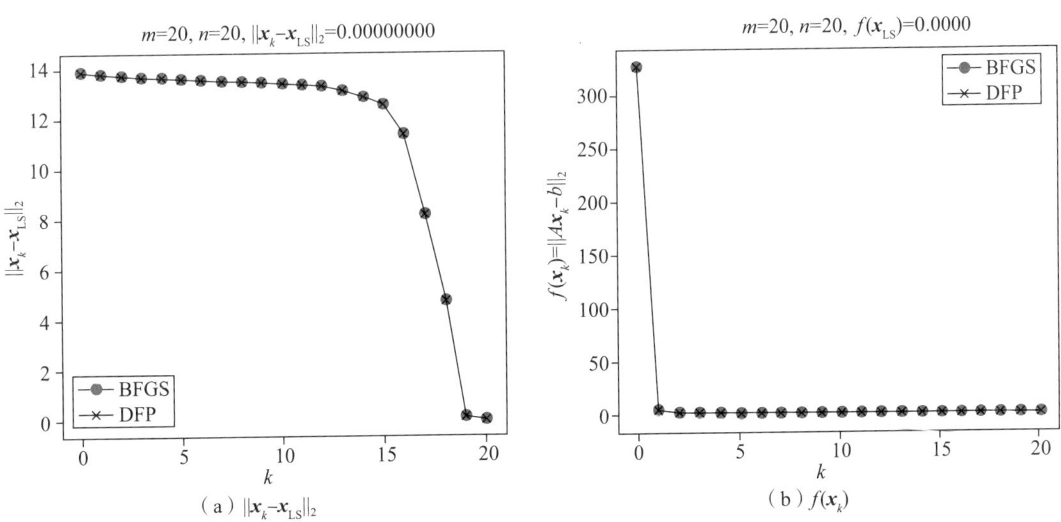

(a) $\|\boldsymbol{x}_k-\boldsymbol{x}_{\mathrm{LS}}\|_2$ (b) $f(\boldsymbol{x}_k)$

图 10-8 恰定方程组(**A** 为 20 行 20 列随机矩阵)的迭代变化过程

从图 10-7 和图 10-8 看，DFP 和 BFGS 两种拟牛顿法的迭代运行效果几乎完全一样。这与文献[124]的结论是一致的，即二次凸函数的优化问题中两者表现差不多，详见 10.3.3 小节的表述。理论上，超定和恰当方程组的最优解 $\boldsymbol{x}_{\mathrm{LS}}$ 都是唯一的。函数 $f(\boldsymbol{x})=\|\boldsymbol{A}\boldsymbol{x}-\boldsymbol{b}\|_2^2$ 迭代优化后，$\|\boldsymbol{x}_k-\boldsymbol{x}_{\mathrm{LS}}\|_2$ 几乎都会收敛到 0，表明变量 $\boldsymbol{x}$ 通过若干次更新后能到达最优解。收敛后，前者的残差平方和 $f(\boldsymbol{x}_{\mathrm{LS}})=\|\boldsymbol{A}\boldsymbol{x}_{\mathrm{LS}}-\boldsymbol{b}\|_2^2>0$，而后者等于 0，这与理论也是一致的，即超定方程组只存在近似解，而恰当方程组存在精确解。

10.4 批量随机梯度法

深度学习模型中存在大量非线性激活函数，目标函数是非凸函数，且训练样本数量非常多，模型参数量也非常庞大，详见第 11 章。第 9 章介绍的大规模矩阵分解只能实现线性模型的高效求解，而对于非线性模型并不适用。深度学习领域通常会涉及大规模计算和巨大的数据存储需求，使得基于一阶导数信息的优化方法成为该领域的首选方法[127]，譬如梯度下降法。1951 年，Robbins 和 Monro 提出了随机梯度法（stochastic gradient descent，SGD），它为深度学习中的优化方法奠定了理论基础[128]。

10.4.1 批量随机梯度法概述

10.1 节介绍的最速下降法[116]，也称作**全梯度下降法**（full gradient descent，FGD），因为每次迭代都用到了所有样本的一阶导数（梯度）信息。随机梯度法[116]沿用了 FGD 的思想，但在迭代过程中，每次仅用一个样本的梯度更新参数变量。很显然，FGD 和 SGD 对于大规模样本的训练都非常耗时。为了充分利用计算机资源，提高训练效率，**批量随机梯度法**（mini-batch stochastic gradient descent，Mini-Batch SGD）[129]在 FGD 和 SGD 之间做了折中，它将训练样本分成若干批（batch），每次迭代只用一批样本更新变量，下一次迭代再用另一批，以此类推。

1. 线性回归模型的简单例子

为简单起见，以线性回归模型为例，详细介绍批量随机梯度法。式(7-8)中线性回归模型 $f(\boldsymbol{x})=\|\boldsymbol{b}-\boldsymbol{A}\boldsymbol{x}\|_2^2=\sum_{i=1}^{N}(b_i-\hat{b}_i)^2=\sum_{i=1}^{N}\varepsilon_i^2$ 是以 $\boldsymbol{x}$ 为变量的目标函数，旨在令 N 个样本投影到 $\boldsymbol{x}$ 上，使误差平方和达到最小。

从机器学习的角度，通常默认 $\boldsymbol{A}$ 中的 N 个样本独立同分布[130]。由于线性模型中单个样本的误差是 $\varepsilon_i^2=(b_i-\hat{b}_i)^2$，因此该模型的**经验误差**就是**均方误差**（mean squared errors，MSE），即 $f(\boldsymbol{x})=\frac{1}{N}\|\boldsymbol{b}-\boldsymbol{A}\boldsymbol{x}\|_2^2=\frac{1}{N}\sum_{i=1}^{N}\varepsilon_i^2$，它相当于把误差平方和做了平均化。

以均方误差作为目标函数，在全梯度下降法中，第 k 次迭代变量 $\boldsymbol{x}_k$ 的梯度为

$$\nabla f(\boldsymbol{x}_k)=-\frac{2}{N}(\boldsymbol{A}^{\mathrm{T}}\boldsymbol{b}-2\boldsymbol{A}^{\mathrm{T}}\boldsymbol{A}\boldsymbol{x}_k) \tag{10-25}$$

下一步变量更新为 $\boldsymbol{x}_{k+1}=\boldsymbol{x}_k-\eta\nabla f(\boldsymbol{x}_k)$。

由式(10-25)可知，全梯度下降法每次都将样本集合 $\boldsymbol{A}$ 用于变量 $\boldsymbol{x}$ 的更新。而批量随机梯度法对于变量 $\boldsymbol{x}$ 的更新，采取了分批方式。已知数据集 $\boldsymbol{A}$ 中共有 N 个样本，维度都是 p。若每批 m 个样本，总批次为 $s=\lfloor N/m \rfloor$，即 N 除以 m 后向上取整，此时 $\boldsymbol{A}=\begin{bmatrix}\boldsymbol{A}_1\\ \boldsymbol{A}_2\\ \vdots\\ \boldsymbol{A}_s\end{bmatrix}\in\mathbb{R}^{N\times p}$，

其中，$\boldsymbol{A}_j$ 表示第 j 批样本$(j=1,2,\cdots,s)$。

变量初始化 $\boldsymbol{x}_0$，已知第一批样本 $\boldsymbol{A}_1$，$\boldsymbol{b}_1$ 是类别标签，批量随机梯度法的均方误差为

$$f(\boldsymbol{A}_1,\boldsymbol{x}_0)=\frac{1}{m}\left\|\boldsymbol{b}_1-\boldsymbol{A}_1\boldsymbol{x}_0\right\|_2^2 \tag{10-26}$$

$f(\boldsymbol{A}_1,\boldsymbol{x})$在 $\boldsymbol{x}=\boldsymbol{x}_0$ 处的梯度为

$$\nabla f(\boldsymbol{A}_1,\boldsymbol{x}_0)=\frac{\partial f(\boldsymbol{A}_1,\boldsymbol{x})}{\partial \boldsymbol{x}}\bigg|_{x=x_0}=-\frac{2}{m}(\boldsymbol{A}_1^{\mathrm{T}}\boldsymbol{b}_1-\boldsymbol{A}_1^{\mathrm{T}}\boldsymbol{A}_1\boldsymbol{x}_0) \tag{10-27}$$

更新变量 $\boldsymbol{x}_0\rightarrow\boldsymbol{x}_1$，即

$$\begin{aligned}\boldsymbol{x}_1&=\boldsymbol{x}_0-\eta\cdot\nabla f(\boldsymbol{A}_1,\boldsymbol{x}_0)\\&=\boldsymbol{x}_0+\frac{2\eta}{m}\cdot\boldsymbol{A}_1^{\mathrm{T}}(\boldsymbol{b}_1-\boldsymbol{A}_1\boldsymbol{x}_0)\end{aligned} \tag{10-28}$$

已知 $\boldsymbol{x}_1$，第二次迭代使用第二批样本 $\boldsymbol{A}_2$，均方误差为

$$f(\boldsymbol{A}_2,\boldsymbol{x}_1)=\frac{1}{m}\left\|\boldsymbol{b}_2-\boldsymbol{A}_2\boldsymbol{x}_1\right\|_2^2 \tag{10-29}$$

根据式(10-29)做 $\boldsymbol{x}_1\rightarrow\boldsymbol{x}_2$ 的更新，过程类似于式(10-27)和式(10-28)。接着第三批 $\boldsymbol{x}_2\rightarrow\boldsymbol{x}_3$、第四批 $\boldsymbol{x}_3\rightarrow\boldsymbol{x}_4$，以此类推。

完成了 s 次迭代更新后，$\boldsymbol{A}$ 中所有的样本都被遍历了一次，即完成了一个循环 Epoch。在第 1 个 Epoch 中，目标函数值的变化依次是

$$f(\boldsymbol{A}_1,\boldsymbol{x}_0)\rightarrow f(\boldsymbol{A}_2,\boldsymbol{x}_1)\rightarrow f(\boldsymbol{A}_3,\boldsymbol{x}_2)\rightarrow\cdots\rightarrow f(\boldsymbol{A}_s,\boldsymbol{x}_{s-1})$$

在第 2 个 Epoch 中

$$f(\boldsymbol{A}_1,\boldsymbol{x}_{0+s})\rightarrow f(\boldsymbol{A}_2,\boldsymbol{x}_{1+s})\rightarrow f(\boldsymbol{A}_3,\boldsymbol{x}_{2+s})\rightarrow\cdots\rightarrow f(\boldsymbol{A}_s,\boldsymbol{x}_{s-1+s})$$

后面的 Epoch 以此类推。通常一个 Epoch 是不够的，一般预先设定为 10～50 个，从而批量随机梯度法的迭代总次数是 $s\times$Epoch。

2. 批量随机梯度法的实现步骤

除了上述线性回归模型的例子，对于任何光滑可导的目标函数，批量随机梯度法都能按照样本批次迭代更新变量，最终收敛到最优解，具体实现步骤见图 10-9。

输入: 变量初始化$\boldsymbol{x}_0$, 批次s, N个训练样本$\boldsymbol{A}^{\mathrm{T}}=[\boldsymbol{A}_1^{\mathrm{T}}, \boldsymbol{A}_2^{\mathrm{T}}, \cdots \boldsymbol{A}_s^{\mathrm{T}}]\in\mathbb{R}^{p\times N}$
循环次数Epoch=T, 梯度下降步长η, j=0, t=0

```
while t<T
    while j<s
        1. 计算目标函数f(A_{j+1}, x_{j+ts})
        2. 计算梯度∇f(A_{j+1}, x_{j+ts})
        3. 更新变量x_{j+1+ts}=x_{j+ts}−η · ∇f(A_{j+1}, x_{j+ts})
        4. j=j+1
    end
    t=t+1
end
```

输出: 最终收敛后的$\boldsymbol{x}$

图 10-9 批量随机梯度法实现步骤

理论上，$f(\boldsymbol{A}_j,\boldsymbol{x}_j)\leqslant f(\boldsymbol{A}_j,\boldsymbol{x}_{j-1})$是成立的，但$f(\boldsymbol{A}_{j+1},\boldsymbol{x}_j)<f(\boldsymbol{A}_j,\boldsymbol{x}_{j-1})$却不一定成立。因为样本批次不同，有可能$f(\boldsymbol{A}_{j+1},\boldsymbol{x}_j)>f(\boldsymbol{A}_j,\boldsymbol{x}_{j-1})$，也有可能$f(\boldsymbol{A}_{j+1},\boldsymbol{x}_j)<f(\boldsymbol{A}_j,\boldsymbol{x}_{j-1})$。所以批量随机梯度法的目标函数值并不是随着迭代的推进单调下降，而是呈现出波动下降趋势，10.4.2 小节和 10.4.3 小节的案例运行结果将证明这个结论。

10.4.2 案例：批量随机梯度法的手动求导

本案例旨在用随机梯度下降法，对 MNIST（见图 10-10）手写阿拉伯数字 A 求解关于自身类别标签 b 的线性回归模型。该库共有 60000 个训练样本，将其划分成每批 64 个样本，则共计 938 批（不能整除，最后一批 32 个样本）。预设循环次数 Epoch＝2，梯度下降步长 $\eta=0.00005$。

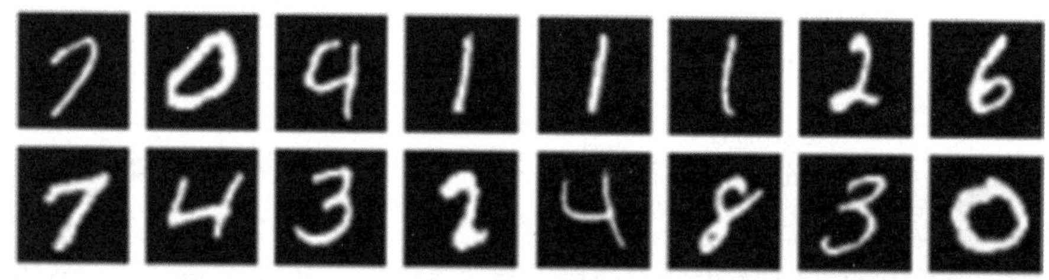

图 10-10　MNIST 手写阿拉伯数字图片库的部分样本

从 torchvision.datasets 库中下载 MNIST 数据集及其对应的类别标签。根据图 10-9，首先随机初始化变量 $\boldsymbol{x}_0$，然后从第一批开始，逐批进行迭代更新。由于训练样本都是 28×28 的图像（共计 784 维），在训练前要拉成 784 维向量。迭代次数是 938×2＝1876 次，每迭代 100 次，屏幕上打印出一次目标函数值（该批次的均方误差），据此观察它的波动下降情况。

代码实现如下：

【代码 10-2】

```
import torch
import torch.utils.data as Data
import torchvision
import matplotlib.pyplot as plt
import numpy as np
MNIST = torchvision.datasets.MNIST(
    root = './mnist/',
    train = True,
    transform = torchvision.transforms.ToTensor(),
    download = True
)
print(r'Data size :',MNIST.data.size())        #(60000,28,28)
print(r'Label size',MNIST.targets.size())   #(60000)
EPOCH = 2
BATCH_SIZE = 64
eta = 0.00005
train_loader = Data.DataLoader(dataset = MNIST,batch_size = BATCH_SIZE,shuffle = False)
```

```
x = torch.rand((784,),requires_grad = True)   # x的随机初始化
MSE_Loss = list()
for epoch in range(EPOCH):
  for step,(A_batch,label)in enumerate(train_loader):
    b_A = A_batch .view( - 1,28 * 28)           # batch of A,shape(batch,784)
    label = label.float()
    MSE = ((b_A @ x- label) ** 2).sum()/ BATCH_SIZE
    Grad = ( - 2 * b_A.t()@ label + 2 * b_A.t()@ b_A @ x)/ BATCH_SIZE
    x = x - eta * Grad
    MSE_Loss.append(MSE.data.numpy())
    if step % 100 == 0:
      print('Epoch:',epoch,'| step:',step,'| train loss: % .4f'% MSE.data.numpy())
print(" \nThe total iterative steps are:" ,len(MSE_Loss))
fig = plt.figure()
total_iter_num = len(MSE_Loss)
iter = np.linspace(1,total_iter_num,total_iter_num,dtype = int)
plt.plot(iter,MSE_Loss,'-',color = 'b')
plt.show()
```

运行代码10-2后,结果如下:

```
Data size :torch.Size([60000,28,28])
Label size :torch.Size([60000])
Epoch:  0 |step:   0 | train loss:2578.3782
Epoch:  0 |step:  100 | train loss:1307.1692
Epoch:  0 |step:  200 | train loss:409.9568
Epoch:  0 |step:  300 | train loss:497.2414
Epoch:  0 |step:  400 | train loss:156.4964
Epoch:  0 |step:  500 | train loss:96.6366
Epoch:  0 |step:  600 | train loss:56.5407
Epoch:  0 |step:  700 | train loss:54.4027
Epoch:  0 |step:  800 | train loss:51.4652
Epoch:  0 |step:  900 | train loss:47.0426
Epoch:  1 |step:   0 | train loss:45.9269
Epoch:  1 |step:  100 | train loss:39.0884
Epoch:  1 |step:  200 | train loss:25.5185
Epoch:  1 |step:  300 | train loss:46.0276
Epoch:  1 |step:  400 | train loss:32.7369
Epoch:  1 |step:  500 | train loss:28.3985
Epoch:  1 |step:  600 | train loss:22.6044
Epoch:  1 |step:  700 | train loss:30.2558
Epoch:  1 |step:  800 | train loss:26.1787
Epoch:  1 |step:  900 | train loss:26.5541

The total iterative steps are:1876
```

代码10-2的运行结果表明,总共迭代了1876次,随着迭代次数的增加,目标函数呈现出波动下降直至平稳收敛的趋势,如图10-11所示。

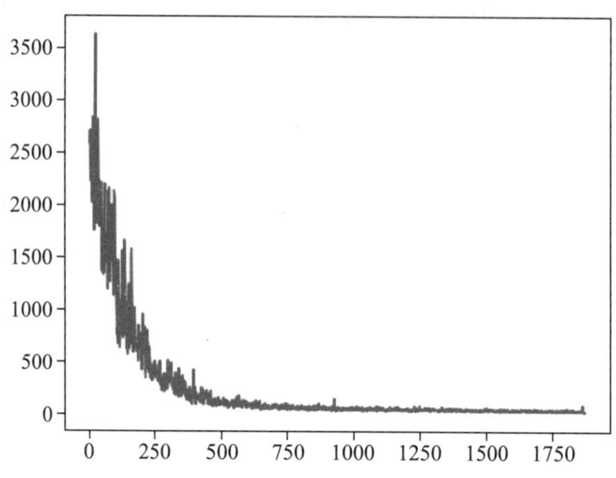

图 10-11 MNIST 训练样本的目标函数(均方误差)随机梯度下降过程

批量随机梯度法的手动求导和自动求导

10.4.3 案例:批量随机梯度法的自动求导

本案例采用 PyTorch 深度学习工具包,对随机梯度下降的迭代优化过程实现自动求导。与 10.4.2 小节一样,本案例也是对 MNIST 手写阿拉伯数字 A 求解关于自身类别标签 b 的线性回归模型,并且相关的预设参数不变。由于深度神经网络结构异常复杂,包含了大量的非线性复合函数,因此很难通过手动编程实现如此庞大的链式求导过程,而 PyTorch 中的自动求导功能为此提供了极大便利。本案例旨在深入浅出地向读者展示自动求导需要调用的函数及其求导过程,为读者今后的深度学习编程实践打下基础。关于 PyTorch 的自动求导细节,详见文献[131]第 2 章内容。

代码实现如下:

【代码 10-3】

```
import torch
import torch.utils.data as Data
import torchvision
import matplotlib.pyplot as plt
import numpy as np
MNIST = torchvision.datasets.MNIST(
    root = './mnist/',
    train = True,
    transform = torchvision.transforms.ToTensor(),
    download = True)
print(r'Data size:',MNIST.data.size())              #(60000,28,28)
print(r'Label size:',MNIST.targets.size())          #(60000)
EPOCH = 2
BATCH_SIZE = 64
eta = 0.00005                                        # 学习速度
train_loader = Data.DataLoader(dataset = MNIST,batch_size = BATCH_SIZE,shuffle = False)
x = torch.rand((784,),requires_grad = True)          #设为变量
optimizer = torch.optim.SGD([x],lr = 0.00005)        #随机梯度优化器
```

```
loss_func = torch.nn.MSELoss()                    #采用均方误差作为损失函数
MSE_Loss = list()
for epoch in range(EPOCH):
    for step,(A_batch,label)in enumerate(train_loader):
        b_A = A_batch.view(-1,28 * 28)          # batch A,shape(batch,784)
        label = label.float()
        optimizer.zero_grad()                   #导数清零
        MSE = loss_func(b_A @ x,label)          #用当前批次样本求均方误差
        MSE.backward()                          #反向传播
        optimizer.step()                        #优化器使变量更新
        MSE_Loss.append(MSE.data.numpy())
        if step % 100 == 0:
            print('Epoch:',epoch,'| step:',step,'| train loss: % .4f' % MSE.data.numpy())
print("\nThe total iterative steps are:",len(MSE_Loss))
fig = plt.figure()
total_iter_num = len(MSE_Loss)
iter = np.linspace(1,total_iter_num,total_iter_num,dtype = int)
plt.plot(iter,MSE_Loss,'-',color = 'b')
plt.show()
```

运行代码 10-3 后，结果如下：

```
Data size:torch.Size([60000,28,28])
Label size:torch.Size([60000])
Epoch:  0 |step:  0 | train loss:2293.9358
Epoch:  0 |step:  100 | train loss:1188.4360
Epoch:  0 |step:  200 | train loss:393.6603
Epoch:  0 |step:  300 | train loss:445.7290
Epoch:  0 |step:  400 | train loss:141.0243
Epoch:  0 |step:  500 | train loss:93.7224
Epoch:  0 |step:  600 | train loss:64.0820
Epoch:  0 |step:  700 | train loss:57.3663
Epoch:  0 |step:  800 | train loss:47.7983
Epoch:  0 |step:  900 | train loss:45.9106
Epoch:  1 |step:  0 | train loss:40.7603
Epoch:  1 |step:  100 | train loss:38.2115
Epoch:  1 |step:  200 | train loss:26.2523
Epoch:  1 |step:  300 | train loss:42.9368
Epoch:  1 |step:  400 | train loss:25.3066
Epoch:  1 |step:  500 | train loss:27.6788
Epoch:  1 |step:  600 | train loss:26.0482
Epoch:  1 |step:  700 | train loss:33.5778
Epoch:  1 |step:  800 | train loss:25.3399
Epoch:  1 |step:  900 | train loss:27.7166
The total iterative steps are:1876
```

代码 10-3 的运行结果和图 10-12 所示的目标函数变化曲线表明，用 PyTorch 工具包自动求导实现随机梯度下降的过程，与 10.4.2 小节的手动编程求导的效果几乎一样。在随机梯度下降法中，因为每批样本都是被打乱后随机分配的，所以每次运行时，损失函数都不会

完全相同，但是波动下降直至平稳收敛的变化趋势一样。

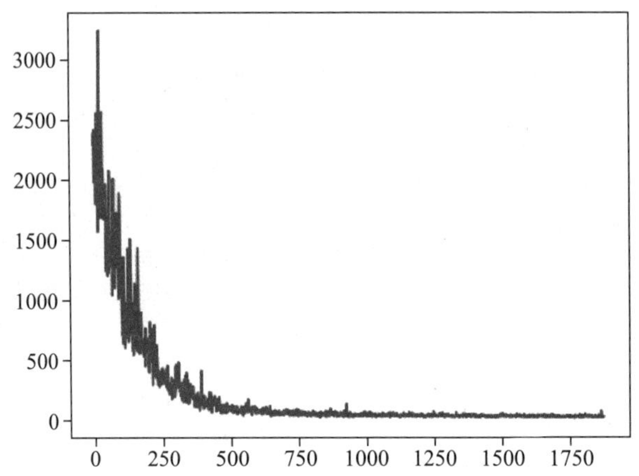

图 10-12 用 PyTorch 工具包自动求导实现随机梯度下降过程

10.5 其他深度学习优化方法简介

近些年来，为了提高深度学习模型迭代更新的收敛速度和稳定性，各种改进的优化方法层出不穷。这些方法大体上可分为三类[132]，除了 10.4 节介绍的梯度下降法（包括随机梯度法和批量随机梯度法），另外还有两类：自适应学习率类和自适应矩估计类。本节将简要介绍这两类优化方法。

1. 自适应学习率类

非线性函数可能存在梯度不均衡的现象。例如，2.2.2 小节案例中，函数 $y=-\ln x$ 的变量 x 接近于 0 时，梯度绝对值非常大；随着 x 的增大，函数曲线愈发趋于平坦，梯度绝对值趋于 0。迭代过程中采用相同的学习率（步长）η，会出现下降幅度不均衡现象（见图 2.4）。

为了平衡梯度与学习率的关系，AdaGrad[133]引入梯度累加和自适应调整机制，即

$$s_{k+1}=s_k+\nabla^2 f(\boldsymbol{x}_k) \tag{10-30}$$

式中，s_k 用来累加梯度，变量更新为

$$\boldsymbol{x}_{k+1}=\boldsymbol{x}_k-\frac{\eta}{\sqrt{s_k+\varepsilon}}\nabla f(\boldsymbol{x}_k) \tag{10-31}$$

式中，$\varepsilon>0$ 是一个很小的数，为了防止分母退化为 0。学习率是一个关于 s_k 的函数，梯度大则学习率小，梯度小则学习率大。但是，由于 s_k 一直在累加梯度，学习率会逐渐减小，最后趋于 0。

均方根传递（root mean square propagation，RMSProp）[134]对 AdaGrad 做了改进，它不再累加梯度，而是将历史梯度与当前梯度的大小做了平衡，即

$$E[\nabla^2 f(\boldsymbol{x})]_{k+1}=\alpha E[\nabla^2 f(\boldsymbol{x})]_k+(1-\alpha)\nabla^2 f(\boldsymbol{x}_k) \tag{10-32}$$

式中，$\alpha\in(0,1)$是衰减系数，通常取 0.9。

从而变量更新为

$$x_{k+1}=x_k-\frac{\eta}{\sqrt{E[\nabla^2 f(x)]_k+\varepsilon}}\nabla f(x_k) \tag{10-33}$$

引入衰减系数后，RMSProp 自适应学习率在很大程度上依赖于近期梯度，能有效防止学习率变化过快。

2. 自适应矩估计类

自适应矩估计(adaptive momentum estimation，Adam)[135]是目前最好的优化方法。它适用于大多数非凸函数(如深度神经网络)，以及维度较高、规模较大的数据集[136]。Adam 结合了 AdaGrad 的自适应学习率调整和 RMSProp 的梯度衰减，可以为深度神经网络中不同的权重参数分配不同的自适应学习率。

Adam 运用梯度的一阶矩和二阶矩，即

$$\begin{cases} m_{k+1}=\alpha m_k+(1-\alpha)\nabla f(x_k) \\ v_{k+1}=\beta v_k+(1-\beta)\nabla^2 f(x_k) \end{cases} \tag{10-34}$$

式中，$\alpha,\beta\in(0,1)$；m_k 和 v_k 是梯度的一阶矩和二阶矩，它们分别平衡了历史梯度和当前梯度的方向和大小。

变量更新为

$$x_{k+1}=x_k-\frac{\eta}{\sqrt{\hat{v}_k+\varepsilon}}\hat{m}_k \tag{10-35}$$

式中，$\hat{m}_k=\frac{m_k}{1-\alpha^k}$ 和 $\hat{v}_k=\frac{v_k}{1-\beta^k}$ 分别是 m_k 和 v_k 的无偏估计。

虽然 Adam 通用性强且总体效果好，但并非完美无缺。实际上，它可能存在不收敛现象，也会陷入局部最优解等。近几年针对 Adam 的改进方法主要侧重在正则化(提高泛化性能)、学习率预热、收敛性等方面，以及这些改进方法的结合使用[132]。

随着 GPT 等大语言模型成为自然语言处理领域研究的焦点，以梯度下降为核心的传统优化方法对大模型的优化效果甚微[132]。相比之下，以 Adam 为典型代表的自适应矩估计类优化方法的泛化性能更好，并在 Transformer 模型[137]上取得了更好的迭代收敛效果。

本章小结

本章内容是第 2 章的延伸。现实中很多优化问题都没有闭式解，只能通过迭代优化，不断降低函数值，使之收敛到最优解。在此基础上，本章介绍了四种常见的迭代优化方法——最速下降法、牛顿法、拟牛顿法和批量随机梯度法。最速下降法的思路简单，但是迭代次数多，且在最优解附近会出现锯齿振荡现象；牛顿法迭代次数少，但是对于高阶非线性函数，每次迭代都要重新计算 Hessian 矩阵的逆，因此并不适用于大规模优化问题；拟牛顿法是二者的折中，它只用到变量的一阶导数，并根据一阶导数的变化估算二阶导数，现如今仍是许多大规模优化问题求解的首选方法；批量随机梯度法是深度学习中最常用的迭代优化方法，但会出现函数值波动下降的现象，且容易陷入局部极小值。对此，学者们提出了诸多改进方法，旨在提高迭代收敛效率，并减小波动。

深度学习基础

近年来,深度学习已成为人工智能领域中一个炙手可热的研究方向。与传统机器学习相比,深度学习在图像识别、自然语言处理、语音识别、搜索推荐等方面均展现出了明显优势[138]。从计算和应用数学角度看,我们所熟知的微积分、逼近论、优化问题和线性代数构成了深度学习的核心内容[139]。迄今为止,关于深度学习的模型种类及其应用场景的书籍、论文、专利、代码等随处可见,本章对此不再展开详细论述。作为《人工智能数学基础》的一部分,本章将重点介绍深度学习相关的数学知识,循序渐进地引导读者理解它的基础理论。

11.1 深度学习的拟合能力

深度学习是机器学习的一个分支,它与传统机器学习的区别如图 11-1 所示[140],其中深度学习的“深度”体现在多层复杂特征的提取上。这些特征层次介于输入和输出之间,称为**隐层**。隐层加上输入和输出,共同构成了深度神经网络。相比之下,传统机器学习仅提取一层特征,如本书先前章节案例中的图像轮廓提取、图像压缩、线性模型等。

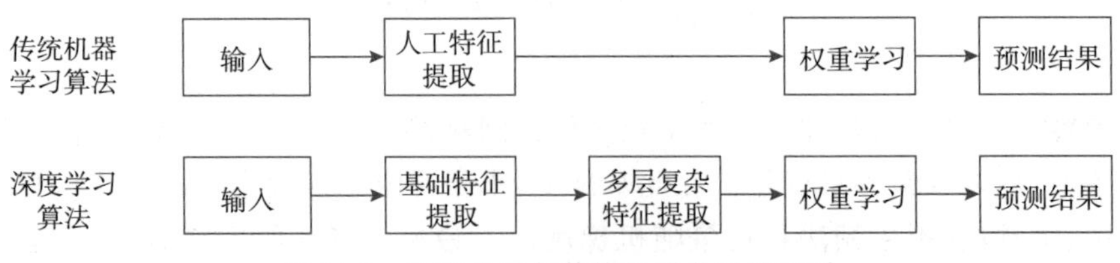

图 11-1 深度学习与传统机器学习的区别

从结构和用途上看,深度学习大致分为以下几种模型:①受限玻尔兹曼机(restricted boltzmann machine,RBM)[138];②自动编码器(auto encoder,AE)[138,141,142];③循环神经网络(recurrence neural network,RNN)[138,140];④卷积神经网络(convolutional neural network,CNN)[138,140,142];⑤生成对抗网络(generative adversarial network,GAN)[140,142,143];⑥Transformer 网络模型[137]等。

深度学习的理论基础来源于万能近似定理，只要深度神经网络的隐层中含有足够多的神经元，网络就能以任意精度逼近从一个有限维空间到另一个有限维空间的非线性函数[127]。另外，文献[144]也指出，浅结构（仅有一个隐层）神经网络有时无法很好地实现复杂高维函数的表示，而深度结构（两个及以上隐层）的神经网络却能够较好地表示它。

回顾 7.2.1 小节，当二维数据点近似地分布在一条直线上时，说明两个变量（即图 7-1 中横坐标和纵坐标）之间大致呈线性关系。线性模型能够很好地表达这种关系，从而拟合出的直线（即提取的特征）非常贴近这些数据点，残差平方和很小。但离群点的出现，打破了原先的线性分布规律（见图 7-3），此时线性模型很难恰当地拟合出它们的分布情况，但是深度学习却能做到。

为了展示深度学习强大的拟合能力，编著者搭建了一个简单的深度学习模型，如图 11-2 所示。该模型的输入 x 和输出 $\hat{y}$ 都是一维数据，中间虚线框内是两个 d 维（$d=100$）的隐层，分别记作 $\boldsymbol{h}_{1\cdot}$ 和 $\boldsymbol{h}_{2\cdot}$。它们都由 d 个神经元组成，其中 $h_{1,2}$ 表示第 1 层第 2 个神经元，其他神经元以此类推。从输入 x 到 $\boldsymbol{h}_{1\cdot}$，从 $\boldsymbol{h}_{1\cdot}$ 到 $\boldsymbol{h}_{2\cdot}$，再从 $\boldsymbol{h}_{2\cdot}$ 到输出 $\hat{y}$ 都有维度间的连接，从而呈现出了网络形状，所以深度学习模型也称作**深度神经网络**。

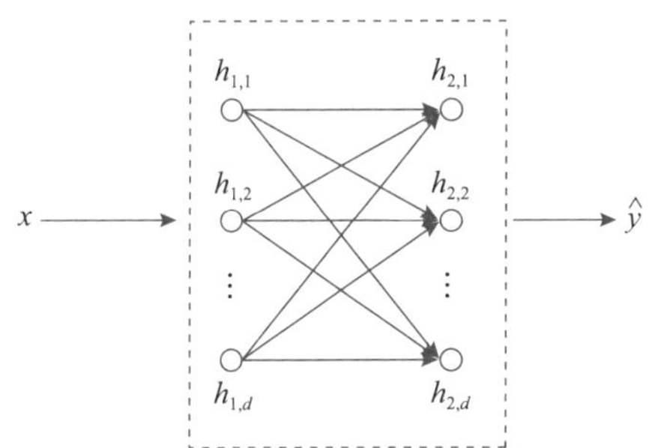

图 11-2 简单的深度学习模型（两个隐层）示意图

深度神经网络拟合正弦函数和二项式函数

将图 7-3(b)的 10 个数据点$(x_i,y_i)(i=1,2,\cdots,10)$代入图 11-2 所示的深度神经网络中，旨在展示深度学习的拟合能力。具体地，每个点的横坐标 x_i 作为输入，经过迭代优化训练后，使网络的输出 $\hat{y}_i$ 尽可能逼近该点的纵坐标 y_i。以均方误差(MSE)作为拟合的目标函数，使函数值在迭代优化过程中不断减小直至收敛，即 $\min \frac{1}{10}\sum_{i=1}^{10}(y_i-\hat{y}_i)^2$。

线性回归模型的直线拟合是 $\hat{y}_i=kx_i+b$，且点$(x_i,\hat{y}_i)$都位于同一条直线上，但深度神经网络的拟合却复杂很多。若从输入 x 到 $\boldsymbol{h}_{1\cdot}$ 的映射函数为 f（即 $\boldsymbol{h}_{1\cdot}=f(x)$），$\boldsymbol{h}_{1\cdot}$ 到 $\boldsymbol{h}_{2\cdot}$ 的映射函数为 g（即 $\boldsymbol{h}_{2\cdot}=g(\boldsymbol{h}_{1\cdot})$），$\boldsymbol{h}_{2\cdot}$ 到 $\hat{y}$ 的映射函数为 l（即 $\hat{y}=l(\boldsymbol{h}_{2\cdot})$），则在图 11-2 的深度学习模型中，从输入到输出的复合函数表达式是 $\hat{y}_i=l[g(f(x_i))]$，其中函数 f、g 和 l 都包含线性和非线性表达式。

编著者采用了批量随机梯度法，设置了循环次数 Epoch 为 400，样本批次为 1，学习率为 0.001，详见 10.4 节内容。图 11-3(a)展示了迭代收敛后这 10 个数据点的拟合效果，其中圆点是原始数据(x_i,y_i)，菱形点是训练后的模型所拟合的数据$(x_i,\hat{y}_i)$。将预测数据连起来就是拟合（回归）效果图。图 11-3(b)是均方误差的迭代变化曲线。从图中可以看出，深度学习的拟合能力要比线性模型强大许多。此外，深度学习还可以拟合其他多种数据分布，比如抛物线形状分布、正弦形状分布等，如图 11-4(a)和(b)所示。

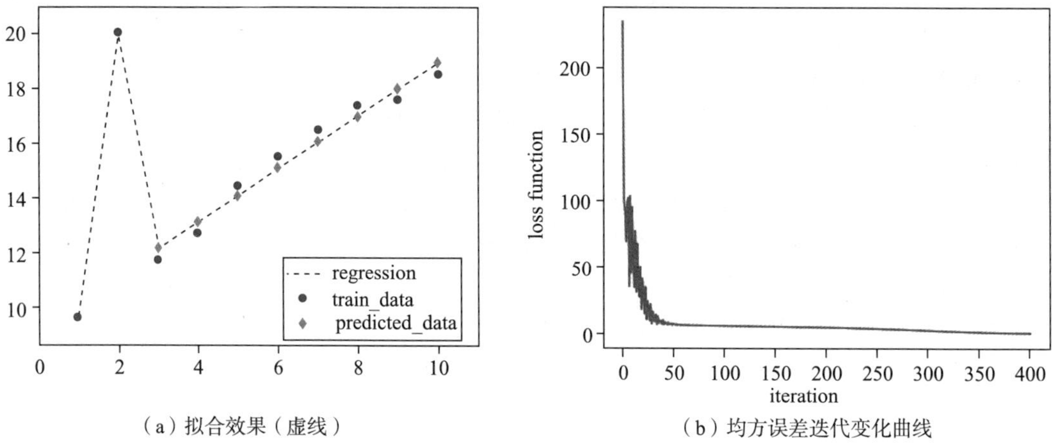

(a) 拟合效果（虚线）　(b) 均方误差迭代变化曲线

图 11-3　深度学习模型的拟合效果和均方误差

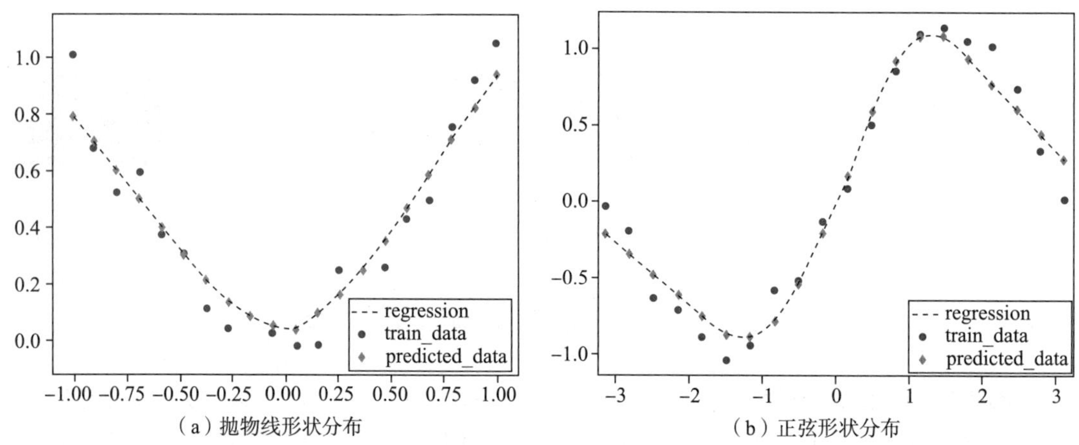

(a) 抛物线形状分布　(b) 正弦形状分布

图 11-4　深度学习对不同数据分布的拟合效果

编著者认为，虽然线性模型简单易实现，且与自然界中最常见的正态分布具有内在联系，但是现实中很多数据并不符合线性分布，难以被线性模型表达。尽管核函数(如高斯核、多项式核等)可以拟合非线性分布数据，但现实中许多数据分布情况复杂且没有规律，难以用数学表达式描述。例如，图 11-5 展示了 Caltech101 库中水母的部分图片，其中第 1 行 6 张图片呈近似线性关系，它们可以相互线性表示，这类似于图 7-2 中间一行 Extended YaleB 人脸库；但是第 2、3 行图片之间却形态各异，无法相互线性表示。相比之下，深度学习具有超强的拟合能力，甚至能拟合许多无法用数学表达式描述的数据分布，所以它能在人工智能领域取得重大突破。

可是，强大的拟合能力意味着抗噪性能差。如果输入的训练数据在很大程度上受到随机噪声干扰，将会产生很大波动，从而使深度神经网络“过度精确”地拟合这些波动数据，即第 7 章提到的过拟合问题。本章 11.5.2 小节案例将通过 Python 代码运行结果，直观展示深度学习的过拟合现象，以及加入正则项后如何缓解过拟合问题。

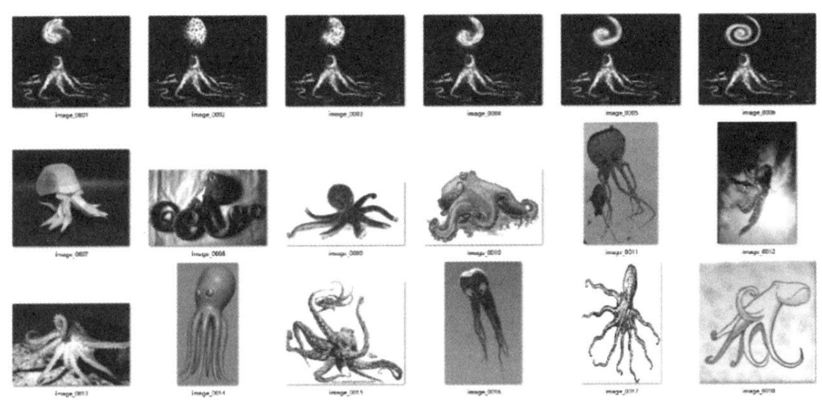

图 11-5 Caltech101 库[5]中水母的部分图片

11.2 图像特征提取

卷积和下采样是卷积神经网络(CNN)特有的部分，其作用是保持输入图像的轮廓结构，同时降低图像的维度，以减小后续深度神经网络在迭代优化阶段的计算量。常见的卷积神经网络有 LeNet[145]、AlexNet[146,147]、VGGNet[148]和 ResNet[149]等。

11.2.1 卷积

1. 卷积运算

卷积(convolution)的含义是做同样的累加运算。在 CNN 中，用同一个算子 $\boldsymbol{B}$ 对输入图像 $\boldsymbol{A}$ 卷积后，会生成一个特征图(feature map)，将它记作 $\boldsymbol{C}$。为了简单起见，假设算子 $\boldsymbol{B}=\begin{bmatrix} b_{11} & b_{12} & b_{13} \\ b_{21} & b_{22} & b_{23} \\ b_{31} & b_{32} & b_{33} \end{bmatrix}$ 是一个大小为 3×3 的矩阵，而输入图像 $\boldsymbol{A}$ 的大小为 8×8。图 11-6 展示了图像的卷积过程，其中黑色实线框是滑动窗口停留的初始位置，即输入图像 $\boldsymbol{A}$ 的左上角 3 行 3 列。3×3 窗口中的 9 个数与算子 $\boldsymbol{B}$ 相应位置的元素做相乘运算后，得到的 9 个乘积再累加，便是特征图像 $\boldsymbol{C}$ 的第 1 行第 1 列元素 c_{11}。接着窗口向右滑动一格，虚线框中的 9 个数与算子 $\boldsymbol{B}$ 的相应位置元素做同样的相乘再相加运算，得到特征图 $\boldsymbol{C}$ 中第 1 行第 2 列元素 c_{12}。这种相同位置元素相乘后再相加的运算，在数学领域中称作**哈达玛**(hadamard)**乘积**。随着窗口的不断滑动，卷积即是重复上述的运算过程。

窗口的尺寸跟算子大小一样，一般情况下卷积运算遵循行优先原则，即滑动窗口首先在第 1 行从左到右遍历完后，再进入第 2 行，然后第 3 行，直到图像 $\boldsymbol{A}$ 的所有地方都被遍历到。最后发现，在 8 行 8 列的图像 $\boldsymbol{A}$ 上，算子 $\boldsymbol{B}$ 的滑动窗口一共只能移动 6 行 6 列，因此卷积运算后所生成的特征图 $\boldsymbol{C}$ 的大小就是 6×6。由此得出特征图比输入图像小的结论。如果输入图像的大小是 $m\times n$，算子大小为 $s\times s$，那么特征图的大小就是$(m-s+1)\times(n-s+1)$。

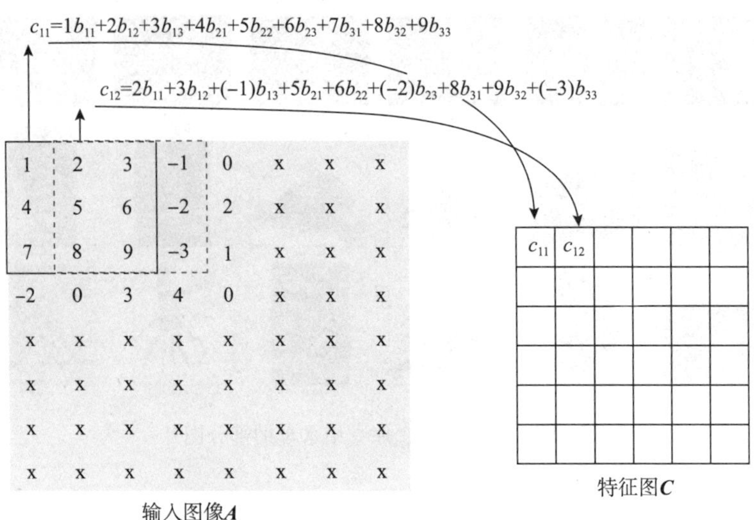

图 11-6　图像卷积示意图

另外，卷积算子的大小也可以是 2×2、4×4、5×5 或者其他，但 3×3 的情况比较常见。

回顾第 1 章 1.2.3 小节图像轮廓提取案例，其中 Sobel 算子和 Laplacian 算子都是卷积算子，而轮廓提取的过程就是卷积运算过程，图 1-9 和图 1-11 都是提取的轮廓图像，即本小节的特征图。其中横向的一阶梯度算子是 Sobel_x$=\begin{bmatrix}1 & 2 & 1\\ 0 & 0 & 0\\ -1 & -2 & -1\end{bmatrix}$；纵向的一阶梯度算子是 Sobel_y$=\begin{bmatrix}-1 & 0 & 1\\ -2 & 0 & 2\\ -1 & 0 & 1\end{bmatrix}$；二阶梯度算子是 Laplacian$=\begin{bmatrix}0 & 1 & 0\\ 1 & -4 & 1\\ 0 & 1 & 0\end{bmatrix}$。由图 1-9 和图 1-11 可知，不同算子提取的特征图不一样。想要得到怎样的特征图，事先就要设定好相应的卷积算子。

2. 彩色图像的卷积

上述内容是针对灰度图像的卷积运算。彩色图像有红、绿、蓝三个分量，即 RGB 三色通道。1.2.3 小节曾以阿拉伯数字“2”的图像为例介绍过，灰度图像读入计算机后会生成一个二维矩阵，像素点的灰度值对应矩阵相应位置的元素大小。而彩色图像一旦读入计算机，就会生成三个大小相同的二维矩阵，如图 11-7 的小狗图像大小是 400×381 像素，计算机读入的是三个 400×381 像素大小的二维矩阵，分别对应了 RBG 三个通道，如图 11-8 所示。

图 11-7　小狗的彩色图像

对彩色图像分别做这三个通道上的卷积操作，再合并即可。图 11-9(a)和(b)是两个不同卷积算子对图 11-7 卷积后生成的特征图，这两个卷积算子分别是 $\boldsymbol{B}_1=\begin{bmatrix}0.5 & 0.5 & 0.5\\ 0.5 & 0.5 & 0.5\\ 0.5 & 0.5 & 0.5\end{bmatrix}$ 和 $\boldsymbol{B}_2=\begin{bmatrix}-1 & -1 & -1\\ -1 & 9 & -1\\ -1 & -1 & -1\end{bmatrix}$。

图 11-8　彩色图像的 RGB 三个通道

（a）卷积算子B_1

（b）卷积算子B_2

图 11-9　采用不同卷积算子生成的特征图

11.2.2　下采样(池化)

下采样(downscale)的意思是降低尺寸。例如，对一张 8×8 的图像做下采样操作后，图像大小会变成 4×4，再次做下采样就变成了 2×2。下采样也称作池化(pooling)。深度学习中，比较常用的池化方式有两种——最大池化(max pooling)和平均池化(average pooling)。

图 11-10 是池化的示意图，将一张 4×4 的原图划分成 4 个 2×2 的区域，每个区域用不同的颜色标注。最大池化保留了每个区域中最大的像素值，而平均池化是将每个区域中 4 个像素值平均化，它们都会产生一个 2×2 的映射图。这些映射图不仅能将图像维度缩小至原来的 1/4，而且保持了原图的轮廓结构。

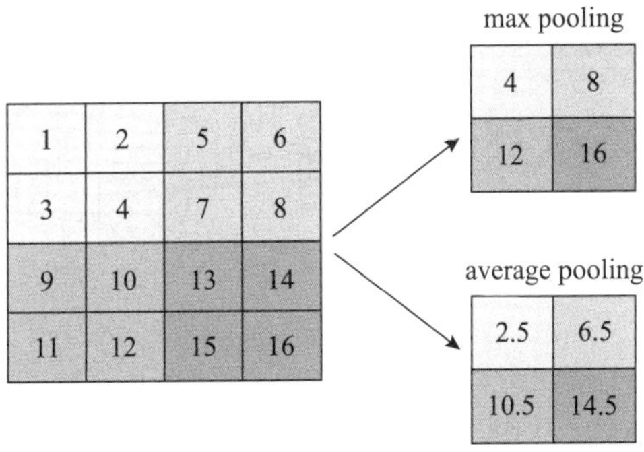

图 11-10　最大池化(max pooling)和平均池化(average pooling)示意图

以第 4 章的图 4-3(b)中 chelsea 图像为例，图 11-11(从左数第一列)是大小为 300×300 像素的灰度图像。现在分别对该原图做最大池化和平均池化，得到了 150×150 像素大小的映射图；再做两次池化，分别得到 75×75 像素和 38×38 像素大小的映射图。图 11-11 右边三列分别展示了连续三次池化后的映射图。从图中不难发现，两种不同的池化生成的映射图虽然越来越模糊，但是都能保持原图的基本轮廓。另外，由于75无法被2整除，从75×75像素到38×38像素的池化过程中，实际上是把74×74像素映射成了37×37像素的大小，所以图11-11最右列两幅图像的最后一行与最后一列都以0来填充，从而显示出了黑色。

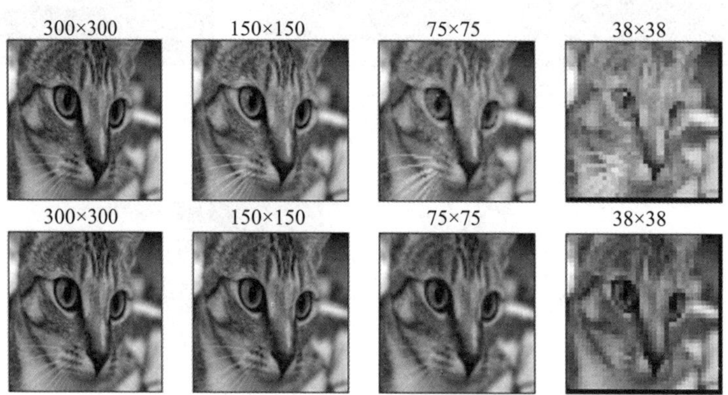

图11-11 chelsea图像和池化后的映射图(第一行:最大池化;第二行:平均池化)

11.2.3 LeNet模型的卷积和下采样

本小节以CNN模型中最简单且最具代表性的LeNet[145]为例，简单直观地展示卷积、下采样(池化)和全连接的位置，以及CNN如何对原始输入图像进行特征提取。

图11-12是LeNet模型，该模型最初在1998年由Y. Lecun等人提出，它是第一个真正意义上的CNN模型，曾用于美国邮局的手写邮政编码的阿拉伯数字识别，据此对邮件进行分类，测试准确度高达99%。此后，其他更为复杂的CNN模型都是以LeNet模型为基础改进而成的，例如，2012年的AlexNet[146,147]、2014年的VGGNet[148]和2015年的ResNet[149]等。

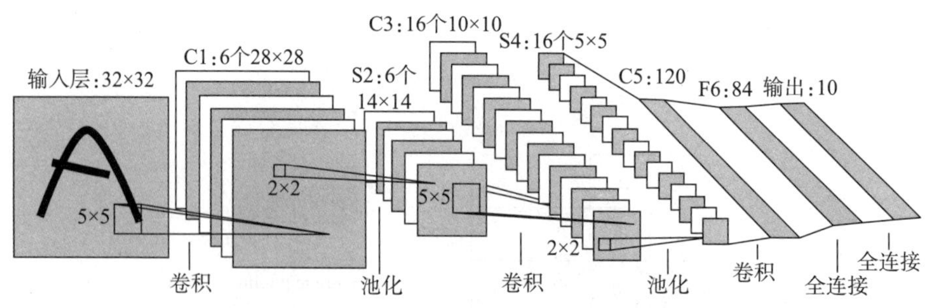

图11-12 LeNet模型[150]

由图11-12可知，LeNet一共由8层组成，即1个输入层、3个卷积层、2个池化层、1个全连接层和1个输出层。以大小为32×32的原始输入图像"A"为例，第一个卷积层有6个大小都是5×5的算子，根据11.2.1小节的分析，卷积后会得到C1中6个大小皆为28×28的特征图；随后做池化，得到S2中6个14×14的映射图。第二个卷积层有16个算子，大小还是5×5，从而得到C3中16个10×10的特征图。值的注意的是，从S2中的6个输入到C3的16个输出，有些输入连接了若干个卷积算子。二次池化后，生成了S4中16个5×5

的映射图，至此已完成了图像 A 的特征提取过程。将 S4 中的映射图都拉成 25 维向量，再堆叠起来就形成了一个 400 维的向量。之后，从 S4 的 400 维到 C5 的 120 维，再从 C5 到 F6 的 84 维，最后从 F6 到输出的 10 维，这三处都是全连接层。

事实上，卷积层、池化层和全连接层的个数，以及每个卷积层中算子的大小和个数，都是可调整的，而非固定不变。比如，AlexNet 由 1 个输入层、5 个卷积层、3 个池化层、3 个全连接层和 1 个输出层组成；VGGNet 有 VGG-13、VGG-16 和 VGG-19 三种模型，其中 VGG-16 由 1 个输出层、13 个卷积层、5 个池化层、3 个全连接层和 1 个输出层组成。

11.3 激活函数

深度神经网络中存在大量的激活函数，它们通常位于池化层和全连接层，其作用在于调节和控制线性映射结果的大小。在图 11-12 所示的 LetNet 模型中，S2 中 6 个 14×14 的映射图是由 C1 的 6 个 28×28 的特征图先做平均池化，再经过 Sigmoid 函数输出结果。同理，从 C3 到 S4 的映射也是先做平均池化，再经过 Sigmoid 函数输出结果。从 C5 到 F6 的全连接之后，在 F6 的 84 个神经元处（每个神经元对应一个维度），用到了另一种激活函数——Tanh 函数。而在 AlexNet 中大量使用的却是 ReLU 函数。

本节将重点介绍 Sigmoid 函数，并简要介绍其他三种激活函数——Tanh 函数、ReLU 函数和 LeakyReLU 函数。

11.3.1 Sigmoid 函数

1. Sigmoid 函数简介

Sigmoid 函数的表达式为

$$y=\frac{1}{1+\mathrm{e}^{-x}} \tag{11-1}$$

Sigmoid 函数曲线如图 11-13 所示，中心点(0,0.5)是该函数的一个分水岭：向左边先快速递减，后趋于平缓；向右先快速递增，后趋于平缓。

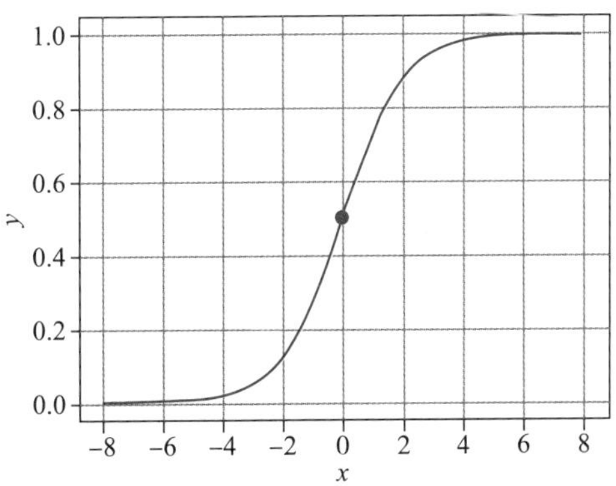

图 11-13 Sigmoid 函数曲线图

定理 11-1 Sigmoid 函数的一阶导数是 $y'=y(1-y)$。

证明:令 $t=1+\mathrm{e}^{-x}$,则 $y=\frac{1}{t}$,所以 $\frac{\mathrm{d}y}{\mathrm{d}t}=\left(\frac{1}{t}\right)'=-\frac{1}{t^2}=-\frac{1}{(1+\mathrm{e}^{-x})^2}$

$$
\begin{aligned}
y'&=\frac{\mathrm{d}y}{\mathrm{d}x}=\frac{\mathrm{d}y}{\mathrm{d}t}\cdot\frac{\mathrm{d}t}{\mathrm{d}x}=-\frac{1}{(1+\mathrm{e}^{-x})^2}(-\mathrm{e}^{-x})\\
&=\frac{1+\mathrm{e}^{-x}-1}{(1+\mathrm{e}^{-x})^2}=\frac{1}{1+\mathrm{e}^{-x}}-\frac{1}{(1+\mathrm{e}^{-x})^2}=\frac{1}{1+\mathrm{e}^{-x}}\left(1-\frac{1}{1+\mathrm{e}^{-x}}\right)\\
&=y(1-y)
\end{aligned}
$$

由于 $\lim\limits_{x\to-\infty}\frac{1}{1+\mathrm{e}^{-x}}=0$ 且 $\lim\limits_{x\to+\infty}\frac{1}{1+\mathrm{e}^{-x}}=1$,Sigmoid 函数的值域 $y\in(0,1)$。根据定理 11-1,$y'>0$ 恒成立,即 Sigmoid 函数在定义域 $x\in(-\infty,+\infty)$内单调递增。

2. 梯度消失问题

在图 11-13 中,当 $x<6$ 和 $x>6$ 时,函数值 y 分别渐近趋于 0 和 1,同时,梯度 y'无限接近于 0。所以在这两部分中,Sigmoid 函数无限逼近水平线,从而会产生梯度消失现象。

若加入一个权重参数 $w(w>0)$,式(11-1)可改写为

$$
y=\frac{1}{1+\mathrm{e}^{-wx}} \tag{11-2}
$$

类似于定理 11-1,式(11-2)中令 $t=1+\mathrm{e}^{-wx}$,则

$$
\begin{aligned}
y'&=\frac{\mathrm{d}y}{\mathrm{d}x}=\frac{\mathrm{d}y}{\mathrm{d}t}\cdot\frac{\mathrm{d}t}{\mathrm{d}x}=-\frac{1}{(1+\mathrm{e}^{-wx})^2}(-w\mathrm{e}^{-wx})\\
&=wy(1-y)
\end{aligned} \tag{11-3}
$$

如图 11-14(a)所示,w 的大小对函数的单调性没有影响,但是 w 的增大会迅速加快梯度消失现象,所以它对函数曲线变化的影响非常大。根据式(11-3),可以绘制 w 在不同取值下,Sigmoid 函数一阶导数(梯度)的曲线,如图 11-14(b)所示。在 $x=0$ 处函数梯度最大,随后向两边对称下降至接近于 0。w 越大,$x=0$ 处梯度越大,下降也越急剧;反之越平缓。

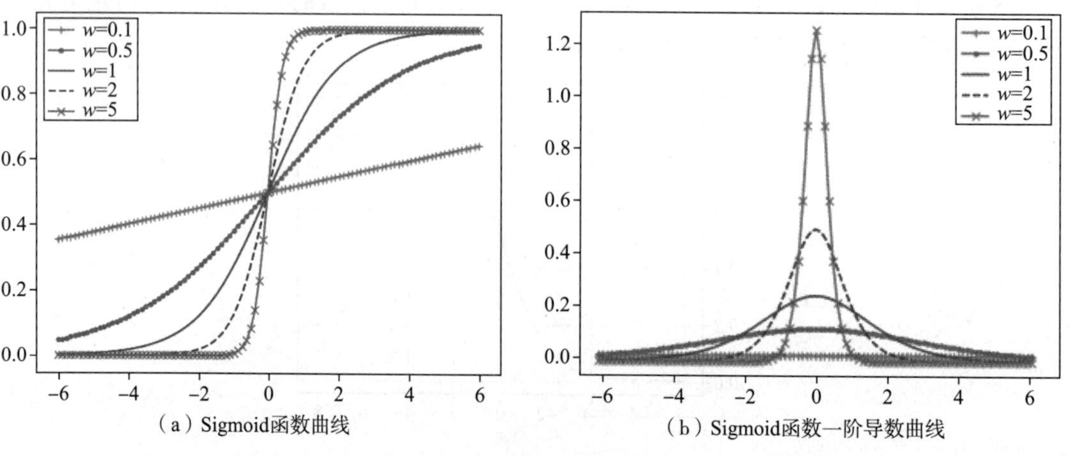

(a) Sigmoid函数曲线　(b) Sigmoid函数一阶导数曲线

图 11-14　w 取值不同情况下的 Sigmoid 函数及其一阶导数曲线图

11.3.2 Sigmoid 激活和抑制

Sigmoid 函数对数据点的激活和抑制

深度学习中之所以广泛使用 Sigmoid 函数，是因为它具有激活和抑制的作用。对于不同类别样本的某些特征，Sigmoid 函数可以将其分别映射到 1(激活)和 0(抑制)。此外，Sigmoid 具有非常好的性质——定义域为$(-\infty,\infty)$且函数单调递增。经过 Sigmoid 函数后，无论数据大小是多少，都可以映射到(0,1)之间，且映射后保持了原始数据的大小排序。

举个简单的例子，现有两类样本，每类 4 个，如图 11-15 所示。横坐标 x 代表样本序号，纵坐标 y 代表样本取值，即

$$\begin{matrix} x\text{:序号} \\ y\text{:取值} \end{matrix}\begin{bmatrix} 1 & 2 & 3 & 4 & 5 & 6 & 7 & 8 \\ 1 & 2 & 2.5 & 3 & 5 & 12 & 13 & 14 \end{bmatrix}$$

序号 1～4 是第一类，即图中圆点；序号 5～8 是第二类，即叉点。根据样本取值，看上去虚线以下 1～5 号样本是一类，而上面 6～8 号样本是另一类，但其实不然。

选取 Sigmoid 函数，并以第 4 个和第 5 个样本的中间值作为偏移量，即 $b=(y_4+y_5)/2=4$。再将样本通过 Sigmoid 函数映射，即 $z_i=\dfrac{1}{1+\mathrm{e}^{-w(y_i-b)}}$(其中 $w=2;i=1,2,\cdots,8$)。映射后样本序号 x 和取值 z(精确到小数点后 3 位)为

$$\begin{matrix} x\text{:序号} \\ z\text{:取值} \end{matrix}\begin{bmatrix} 1 & 2 & 3 & 4 & 5 & 6 & 7 & 8 \\ 0.002 & 0.018 & 0.047 & 0.119 & 0.881 & 0.999 & 0.999 & 1 \end{bmatrix}$$

映射效果如图 11-16 所示，映射后不仅 $z_1\sim z_8$ 保持了 $y_1\sim y_8$ 的单调性(即取值按照从小到大排列)，而且两类样本的区分度更大了，它们的值 $z_1\sim z_4$ 和 $z_5\sim z_8$ 分别接近 0 和 1，即前者被抑制，后者被激活。

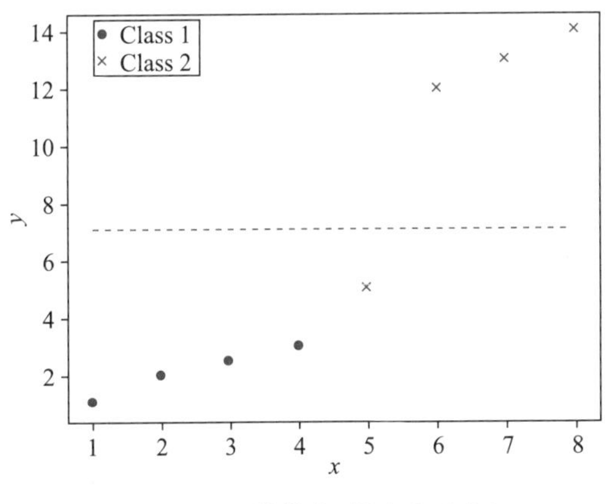

图 11-15 两类样本(圆点和叉点)

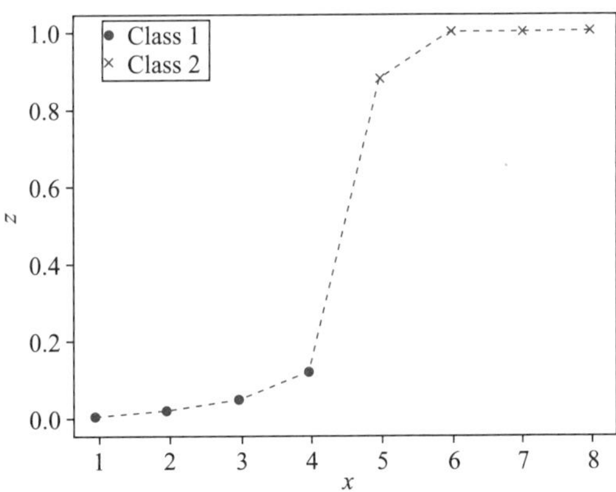

图 11-16 Sigmoid 函数映射后的两类样本

11.3.3 其他激活函数简介

1. Tanh 函数

Tanh 函数又称作**双曲正切函数**，因为它是双曲正弦与双曲余弦的比值，即

$$f(x)=\tanh x=\frac{\sinh x}{\cosh x}=\frac{\mathrm{e}^x-\mathrm{e}^{-x}}{\mathrm{e}^x+\mathrm{e}^{-x}} \tag{11-4}$$

Tanh 函数曲线如图 11-17 所示，它和 Sigmoid 函数非常相似，在定义域 $x \in (-\infty, +\infty)$ 上也是单调递增，函数的凹凸性也是在 $x=0$ 处发生变化。不同之处在于，Tanh 函数的值域是在 $(-1,1)$ 之间，且梯度变化比 Sigmoid 函数更快。

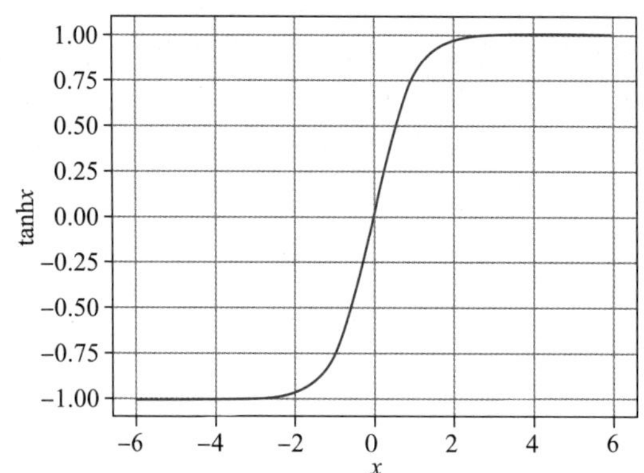

图 11-17　Tanh 函数 $\tanh x$ 曲线图

2. ReLU 函数

ReLU 函数是目前深度学习中用得最多的激活函数，它本身是一种分段函数，即

$$f(x)=\begin{cases} x & (x>0) \\ 0 & (x\leqslant 0) \end{cases} \tag{11-5}$$

ReLU 函数包含两个部分，如图 11-18 所示。当 $x>0$ 时，函数值 $f(x)=x$，即输出就是输入本身；而当 $x\leqslant 0$ 时，输出变为 0。这种激活函数保留了正输入，同时将负输入置 0。

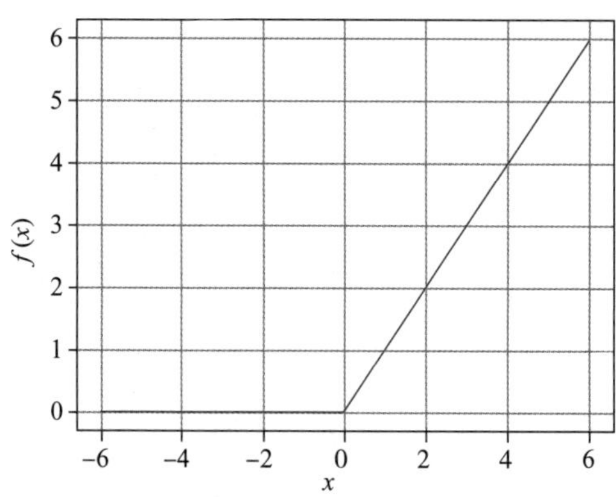

图 11-18　ReLU 函数曲线图

ReLU 函数在深度学习中的应用非常广泛，因为它的求导过程非常方便。从图 11-18 看出，ReLU 属于分段线性函数，只存在一阶导数，即 $f'(x)=1(x>0)$，不像 Sigmoid 和 Tanh 函数那样容易产生梯度消失，因此能大大提升深度神经网络的训练效率。

3. LeakyReLU 函数

LeakyReLU 函数是对 ReLU 函数的一种改进，它的完整表达式为

$$f(x)=\begin{cases} x & (x>0) \\ \alpha x & (x\leqslant 0,\alpha>0) \end{cases} \tag{11-6}$$

式(11-6)中,α 是一个参数,它的大小控制了斜率,即输出 $f(x)$ 与输入 x 之间的比例关系。

图 11-19 是 LeakyReLU 函数曲线图,其中 $\alpha=0.1$。当 $x\leqslant 0$ 时,ReLU 函数将 $f(x)$ 置 0,但是 LeakyReLU 函数却按比例保留了负输入;当 $x>0$ 时,两者完全一样,都是 $f(x)=x$。

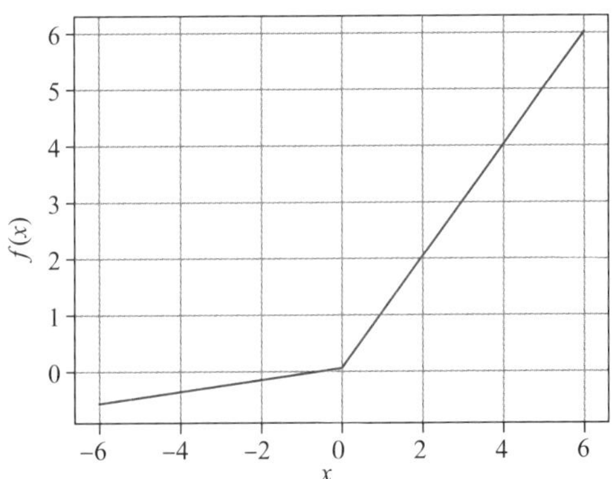

图 11-19　LeakyReLU 函数曲线图($\alpha = 0.1$)

11.4　网络模型优化

11.4.1　损失函数

目标函数也称作损失函数。线性模型 $\boldsymbol{Ax}=\boldsymbol{b}$ 是把 $\boldsymbol{x}$ 看作变量,构建并求解关于 $\boldsymbol{x}$ 的二次目标函数 $f(\boldsymbol{x})=\min\|\boldsymbol{b}-\boldsymbol{Ax}\|_2^2$,最小二乘解能使函数值 $f(\boldsymbol{x})$ 达到最小,即实现损失最小化。同样,深度神经网络也有自己的损失函数,但因为网络层数多,权重矩阵多,映射关系复杂,所以损失函数通常都是高度非线性非凸函数[87],从而网络模型优化问题等价为求解一个高度非线性极小化问题。结合第 2 章和第 10 章迭代优化的相关内容,深度神经网络的训练过程,正是不断迭代更新各个全连接层的权重矩阵,使损失函数逐渐变小的过程。本小节将介绍深度学习两种常用的损失函数——l_2 损失函数和交叉熵损失函数[150]。

1. l_2 损失函数

l_2 损失函数与线性回归模型的目标函数十分类似,它用来量化网络输出 $\hat{\boldsymbol{x}}$ 与输入样本 $\boldsymbol{x}$ 之间的差距。假设 $\boldsymbol{x}$ 的维度是 p,则输出的神经元个数也是 p。所以 l_2 损失函数表达式为

$$\text{loss}_{l_2}=\frac{1}{2}\|\boldsymbol{x}-\hat{\boldsymbol{x}}\|_2^2=\frac{1}{2}\sum_{i=1}^{p}(x_i-\hat{x}_i)^2 \tag{11-7}$$

式中,x_i 和 $\hat{x}_i$ 分别是 $\boldsymbol{x}$ 和 $\hat{\boldsymbol{x}}$ 的第 i 个维度。这种损失函数通常适用于自动编码器,它的最小化旨在使输出的 p 维向量 $\hat{\boldsymbol{x}}$ 尽可能接近 p 维输入样本 $\boldsymbol{x}$,以实现样本的表示与重构。

2. 交叉熵损失函数

第 8 章介绍的交叉熵函数用于二分类问题,而这里介绍的交叉熵却用于多分类。二分类交叉熵基于 Sigmoid 函数,多分类交叉熵则基于 Softmax 函数[151]。举个例子,在阿拉伯数字 0～9 的分类任务中,总共 10 个类。当前输入的图像样本是某张阿拉伯数字“0”,它属

于第一类，所以该样本对应的类别标签（即 one-hot 矩阵的某一列，见 13.1 节内容）是一个 10 维向量，即 $\boldsymbol{y}=[1,0,0,0,0,0,0,0,0,0]^{\mathrm{T}}$。为了使最后输出的 $\hat{\boldsymbol{y}}=[\hat{y}_1,\hat{y}_2,\cdots,\hat{y}_{10}]^{\mathrm{T}}$ 尽量接近 $\boldsymbol{y}$，l_2 损失函数旨在最小化两者的误差平方和，见式(11-7)。

但交叉熵损失函数的做法是，用 Softmax 函数将 $\hat{\boldsymbol{y}}=[\hat{y}_1,\hat{y}_2,\cdots,\hat{y}_{10}]^{\mathrm{T}}$ 映射成 10 个概率 $\boldsymbol{p}=[p_1,p_2,\cdots,p_{10}]^{\mathrm{T}}$，其中 $p_j=\dfrac{\mathrm{e}^{\theta\hat{y}_j}}{\sum\limits_{j=1}^{10}\mathrm{e}^{\theta\hat{y}_j}}$，且满足 $\sum\limits_{j=1}^{10}p_j=1(0<p_j<1)$（参数 $\theta>0$，其大小决定了 Softmax 对输出 $\hat{\boldsymbol{y}}=[\hat{y}_1,\hat{y}_2,\cdots,\hat{y}_{10}]^{\mathrm{T}}$ 的非线性映射程度）。单个样本的交叉熵是 $-\sum\limits_{j=1}^{C}y_j\ln p_j$，其中 C 是类别个数，y_j 是类别标签 $\boldsymbol{y}\in\mathbb{R}^C$ 的第 j 个元素。由于 $\dfrac{\partial(-y_j\ln p_j)}{\partial p_j}=-\dfrac{y_j}{p_j}$，当 $y_j=0$ 时，交叉熵关于 p_j 的一阶导数为 0。只有当 $y_j=1$ 时，交叉熵关于 p_j 的一阶导数才不为 0。

如果数据集中共有 n 个样本、C 个类，则交叉熵损失函数 $\mathrm{loss}_{\mathrm{CE}}$ 为

$$\mathrm{loss}_{\mathrm{CE}}=-\frac{1}{n}\sum_{i=1}^{n}\sum_{j=1}^{C}y_{ij}\ln p_{ij} \tag{11-8}$$

式(11-8)中，y_{ij} 是第 i 个样本类别标签 $\boldsymbol{y}_i\in\mathbb{R}^C$ 的第 j 个元素。神经网络的训练过程旨在最小化 $\mathrm{loss}_{\mathrm{CE}}$，即使 $\hat{\boldsymbol{y}}_i$ 经过 Softmax 映射后变成概率 $\boldsymbol{p}_i=[p_{i1},p_{i2},\cdots,p_{iC}]^{\mathrm{T}}$，再让 $\boldsymbol{p}_i$ 尽量接近 $\boldsymbol{y}_i$。

11.4.2 神经元的连接

在全连接层中，向量每个维度都对应了一个神经元。如图 11-12 中 S4 阶段完成了对输入图像的特征提取，并拉平成了一个 400 维的向量 $\boldsymbol{x}$，即 $\boldsymbol{x}\in\mathbb{R}^{400}$，这里 S4 中就有 400 个神经元。同样，C5 中 120 个神经元也是由一个 120 维的向量所对应，记作 $\boldsymbol{y}(\boldsymbol{y}\in\mathbb{R}^{120})$。全连接的过程就是用一个大小为 400×120 的权重矩阵 $\boldsymbol{W}$ 将 $\boldsymbol{x}$ 映射成 $\boldsymbol{y}$。

在全连接层中，线性映射表达式为

$$\boldsymbol{y}=\boldsymbol{W}^{\mathrm{T}}\boldsymbol{x} \tag{11-9}$$

式(11-9)中，$\boldsymbol{W}=[\boldsymbol{w}_1,\boldsymbol{w}_2,\cdots,\boldsymbol{w}_{120}]$；$\boldsymbol{y}=[y_1,y_2,\cdots,y_{120}]^{\mathrm{T}}$。

根据式(11-9)，图 11-12 中 C5 中第 i 个神经元的连接表达式为

$$y_i=\boldsymbol{w}_i^{\mathrm{T}}\boldsymbol{x}=\sum_{k=1}^{400}w_{ki}x_k \quad (i=1,2,\cdots,120) \tag{11-10}$$

相应的连接过程如图 11-20 所示。

实际上，很多深度神经网络的全连接环节要比图 11-20 更为复杂，它是在式(11-9)的线性映射基础上加入了非线性激活函数。以 11.2.3 小节的 LeNet 模型为例，从 C5 到 F6 的全连接就是加入了 Tanh 函数。为了与上述从 S4 到 C5 的过程区分开，这里将 C5 到 F6 的权重矩阵记作 $\boldsymbol{W}_2$，即 $\boldsymbol{W}_2\in\mathbb{R}^{120\times84}$。如果将 F6 的 84 个神经元对应的 84 维向量记作 $\boldsymbol{a}$，它是线性映射外加非线性激活后的输出，即

$$\boldsymbol{a}=\tanh\boldsymbol{z} \tag{11-11}$$

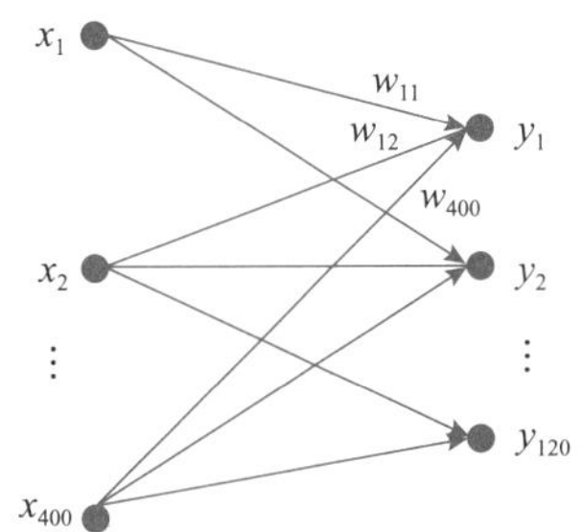

图 11-20　400 维向量 $\boldsymbol{x}$ 到 120 维向量 $\boldsymbol{y}$ 的全连接示意图

式(11-11)中，tanh$\boldsymbol{z}$ 是关于 $\boldsymbol{z}$ 的 Tanh 函数，其中 $\boldsymbol{z}\in\mathbb{R}^{84}$ 是对 C5 中 $\boldsymbol{y}$ 的线性映射，即

$$\boldsymbol{z}=\boldsymbol{W}_2^{\mathrm{T}}\boldsymbol{y}+\boldsymbol{b} \tag{11-12}$$

式中，$\boldsymbol{b}=[b_1,b_2,\cdots,b_{84}]^{\mathrm{T}}$，即每个输出节点在非线性激活之前都外加了一个偏移量，即

$$a_i=\tanh(\boldsymbol{w}_{2i}^{\mathrm{T}}\boldsymbol{y}+b_i) \tag{11-13}$$

式(11-13)中，$\boldsymbol{w}_{2i}$ 是权重矩阵 $\boldsymbol{W}_2$ 的第 i 列($i=1,2,\cdots,84$)。

实际上，Sigmoid 函数和 Tanh 函数都会产生梯度消失，因为它们的函数曲线中都有趋于水平线的部分。而 AlexNet 模型在全连接层使用了 ReLU 函数作为激活，大大加快了网络的训练速度。

11.4.3　链式求导与变量更新

为了实现损失函数最小化，深度神经网络将各层间的权重矩阵和偏移量都看作变量，并以迭代优化的方式更新变量，使损失函数不断减小。这个过程会涉及变量的链式求导，因为损失函数位于输出层，而变量的更新要从网络末端的输出层反推至倒数第二层(隐层)，再反推至倒数第三层，直至输入层。像这样逆向求导并更新变量的过程称作**反向传播**(back propagation)。本小节将以一个单隐层自动编码器为例，介绍变量更新的链式求导和反向传播过程。

图 11-21 是一个单隐层自动编码器，它由一个输入层、一个输出层和一个隐层构成。其中输入 $\boldsymbol{x}$ 是一个 p 维向量，隐层 $\boldsymbol{h}$ 的维度是 $d(d<p)$，两者之间的权重矩阵 $\boldsymbol{W}_1\in\mathbb{R}^{p\times d}$；输出层 $\hat{\boldsymbol{x}}$ 也是 p 维(即 p 个神经元)，$\boldsymbol{h}$ 与 $\hat{\boldsymbol{x}}$ 之间的权重矩阵为 $\boldsymbol{W}_2\in\mathbb{R}^{d\times p}$。

注意：有些自动编码器中 $\boldsymbol{W}_1$ 和 $\boldsymbol{W}_2$ 是两个不同的矩阵，而有些则互为转置关系(即 $\boldsymbol{W}_2=\boldsymbol{W}_1^{\mathrm{T}}$)，后者一般称作 tied weight。受限玻尔兹曼机(RBM)采用的就是 tied weight，它实际上只有一个权重矩阵，所以更新过程比前者更为简便。

图 11-21 中的权重矩阵是 $\boldsymbol{W}_1=[\boldsymbol{w}_{11},\boldsymbol{w}_{12},\cdots,\boldsymbol{w}_{1d}]$ 和 $\boldsymbol{W}_2=[\boldsymbol{w}_{21},\boldsymbol{w}_{22},\cdots,\boldsymbol{w}_{2p}]$。从 $\boldsymbol{x}$ 到 $\boldsymbol{h}$，再从 $\boldsymbol{h}$ 到 $\hat{\boldsymbol{x}}$ 都经过了 Sigmoid 函数 $\sigma(\cdot)$ 的非线性激活。前者的表达式为

$$\boldsymbol{h}=\sigma(\boldsymbol{W}_1^{\mathrm{T}}\boldsymbol{x}+\boldsymbol{b}) \tag{11-14}$$

式中，$\boldsymbol{b}=[b_1,b_2,\cdots,b_d]^{\mathrm{T}}\in\mathbb{R}^d$ 是 d 个偏移量；$\boldsymbol{h}$ 的第 i 个维度是 $h_i=\sigma(\boldsymbol{w}_{1i}^{\mathrm{T}}\boldsymbol{x}+b_i)$($i=1,2,\cdots,d$)。

后者的表达式为

$$\hat{\boldsymbol{x}}=\sigma(\boldsymbol{W}_2^{\mathrm{T}}\boldsymbol{h}+\boldsymbol{c}) \tag{11-15}$$

式中，$\boldsymbol{c}=[c_1,c_2,\cdots,c_p]^{\mathrm{T}}\in\mathbb{R}^p$ 是 p 个偏移量；$\hat{\boldsymbol{x}}$ 的第 j 个维度是 $\hat{x}_j=\sigma(\boldsymbol{w}_{2j}^{\mathrm{T}}\boldsymbol{h}+c_j)(j=1,2,\cdots,p)$。

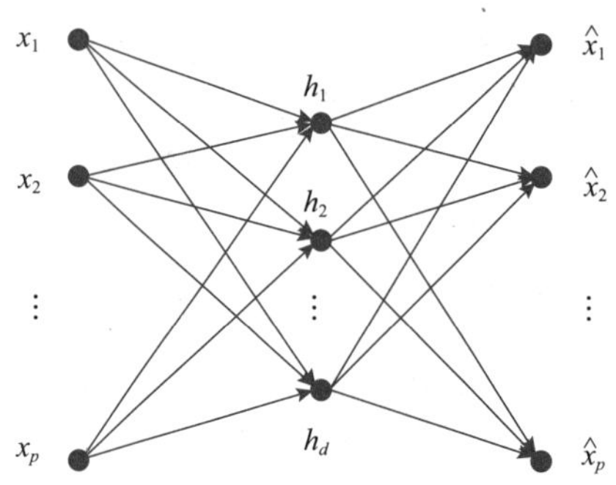

图 11-21　单隐层自动编码器示意图

自动编码器采用式(11-7)的 l_2 损失函数 loss_{l_2}，并将各层之间的权重矩阵和偏移量都看作变量。更新顺序是逆向的，即先更新隐层 $\boldsymbol{h}$ 和输出层 $\hat{\boldsymbol{x}}$ 之间的 $\boldsymbol{W}_2$ 和 $\boldsymbol{c}$，再更新输入层 $\boldsymbol{x}$ 和隐层 $\boldsymbol{h}$ 之间的 $\boldsymbol{W}_1$ 和 $\boldsymbol{b}$。

1. 从输出层到隐层

令式(11-15)中 $\boldsymbol{t}=\boldsymbol{W}_2^{\mathrm{T}}\boldsymbol{h}+\boldsymbol{c}$，则 $\boldsymbol{t}=[t_1,t_2,\cdots,t_p]^{\mathrm{T}}\in\mathbb{R}^p$，其中 $t_j=\boldsymbol{w}_{2j}^{\mathrm{T}}\boldsymbol{h}+c_j$。经过 Sigmoid 函数激活后，输出层第 j 个神经元输出的是 $\hat{x}_j=\sigma(t_j)$。所以 loss_{l_2} 关于 $\boldsymbol{w}_{2j}$（即 $\boldsymbol{W}_2$ 的第 j 列）的梯度遵循链式法则，即

$$\begin{aligned}\frac{\partial \mathrm{loss}_{l_2}}{\partial \boldsymbol{w}_{2j}}&=\frac{\partial \mathrm{loss}_{l_2}}{\partial \hat{x}_j}\cdot\frac{\partial \hat{x}_j}{\partial t_j}\cdot\frac{\partial t_j}{\partial \boldsymbol{w}_{2j}}\\&=(x_j-\hat{x}_j)\sigma(t_j)[1-\sigma(t_j)]\boldsymbol{h}\end{aligned} \tag{11-16}$$

同理，loss_{l_2} 关于输出层第 j 个神经元的偏移量 c_j 的梯度为

$$\begin{aligned}\frac{\partial \mathrm{loss}_{l_2}}{\partial c_j}&=\frac{\partial \mathrm{loss}_{l_2}}{\partial \hat{x}_j}\cdot\frac{\partial \hat{x}_j}{\partial t_j}\cdot\frac{\partial t_j}{\partial c_j}\\&=(x_j-\hat{x}_j)\sigma(t_j)[1-\sigma(t_j)]\end{aligned} \tag{11-17}$$

2. 从隐层到输入层

$\boldsymbol{W}_1$ 和 $\boldsymbol{b}$ 的更新过程相对复杂，因为它们位于输入层 $\boldsymbol{x}$ 和隐层 $\boldsymbol{h}$ 之间，与 loss_{l_2} 是间接关系，不像 $\boldsymbol{W}_2$ 和 $\boldsymbol{c}$ 那样直接。在计算 loss_{l_2} 关于 $\boldsymbol{W}_1$ 和 $\boldsymbol{b}$ 的梯度前，先要梳理从 $\boldsymbol{x}$ 到 $\boldsymbol{h}$ 再到 $\hat{\boldsymbol{x}}$ 的复合函数映射关系。

令式(11-14)中 $\boldsymbol{a}=\boldsymbol{W}_1^{\mathrm{T}}\boldsymbol{x}+\boldsymbol{b}$，则 $\boldsymbol{a}=[a_1,a_2,\cdots,a_d]^{\mathrm{T}}\in\mathbb{R}^d$，其中 $a_i=\boldsymbol{w}_{1i}^{\mathrm{T}}\boldsymbol{x}+b_i$，而 $\boldsymbol{w}_{1i}$ 是 $\boldsymbol{W}_1$ 的第 i 列。隐层 $\boldsymbol{h}$ 的第 i 个神经元经过 Sigmoid 函数激活后，即是 $h_i=\sigma(a_i)$。在图 11-21 中，$h_i(i=1,2,\cdots,d)$ 与输出端的 $\hat{x}_1,\hat{x}_2,\cdots,\hat{x}_p$ 实际上都有连接，其中

$$\hat{x}_j=\sigma(t_j)=\sigma(w_{2j1}h_1+w_{2j2}h_2+\cdots+w_{2jd}h_d+c_j) \tag{11-18}$$

式(11-18)中，w_{2j1} 是 $\boldsymbol{w}_{2j}$ 的第 1 个元素，即 $\boldsymbol{W}_2$ 的第 j 列第 1 行，其他元素以此类推。所以

$$
\begin{aligned}
\frac{\partial \mathrm{loss}_{l_2}}{\partial h_i} &= \sum_{j=1}^{p} \frac{\partial \mathrm{loss}_{l_2}}{\partial \hat{x}_j} \cdot \frac{\partial \hat{x}_j}{\partial t_j} \cdot \frac{\partial t_j}{\partial h_i} \\
&= \sum_{j=1}^{p} (x_j - \hat{x}_j)\sigma(t_j)[1-\sigma(t_j)]w_{2ji}
\end{aligned}
\tag{11-19}
$$

同时，h_i 关于 $\boldsymbol{w}_{1i}$ 的梯度为

$$
\frac{\partial h_i}{\partial a_i} \cdot \frac{\partial a_i}{\partial \boldsymbol{w}_{1i}} = \sigma(a_i)[1-\sigma(a_i)]\boldsymbol{x} \tag{11-20}
$$

结合式(11-19)和式(11-20)，损失函数 loss_{l_2} 关于 $\boldsymbol{w}_{1i}$ 的梯度为

$$
\begin{aligned}
\frac{\partial \mathrm{loss}_{l_2}}{\partial \boldsymbol{w}_{1i}} &= \frac{\partial \mathrm{loss}_{l_2}}{\partial h_i} \cdot \frac{\partial h_i}{\partial a_i} \cdot \frac{\partial a_i}{\partial \boldsymbol{w}_{1i}} \\
&= \left[\sum_{j=1}^{p} (x_j - \hat{x}_j)\sigma(t_j)[1-\sigma(t_j)]w_{2ji}\right]\sigma(a_i)[1-\sigma(a_i)]\boldsymbol{x}
\end{aligned}
\tag{11-21}
$$

同理，loss_{l_2} 关于偏移量 b_i 的梯度为

$$
\begin{aligned}
\frac{\partial \mathrm{loss}_{l_2}}{\partial b_i} &= \frac{\partial \mathrm{loss}_{l_2}}{\partial h_i} \cdot \frac{\partial h_i}{\partial a_i} \cdot \frac{\partial a_i}{\partial b_i} \\
&= \left[\sum_{j=1}^{p} (x_j - \hat{x}_j)\sigma(t_j)[1-\sigma(t_j)]w_{2ji}\right]\sigma(a_i)[1-\sigma(a_i)]
\end{aligned}
\tag{11-22}
$$

3. 迭代优化

链式求导后能得到各层变量的梯度。神经网络的迭代优化可以采用批量随机梯度法，或者 Adam，或者其他，详见 10.4、10.5 节内容。文献[152]指出，在过去 40 年里，基于二阶导数的迭代优化方法(如 10.2 节的牛顿法)得到了不断改进和广泛应用，但是深度神经网络太庞大，参数量(即权重和偏移量)太多，对于这样规模的非凸目标函数，基于 Hessian 矩阵的优化方法不可行。目前为止，基于一阶导数的梯度下降法仍是深度学习中主要优化方法之一。

令 $\boldsymbol{x} \to \boldsymbol{h}$ 的映射为 $\boldsymbol{h} = f_{\boldsymbol{\varphi}}(\boldsymbol{x})$，其中 $\boldsymbol{\varphi} = \{\boldsymbol{W}_1, \boldsymbol{b}\}$ 是与之相关的变量集合；再令 $\boldsymbol{h} \to \hat{\boldsymbol{x}}$ 的映射为 $\hat{\boldsymbol{x}} = f_{\tilde{\boldsymbol{\omega}}}(\boldsymbol{h})$，同理 $\tilde{\boldsymbol{\omega}} = \{\boldsymbol{W}_2, \boldsymbol{c}\}$。损失函数是关于 $\boldsymbol{\varphi}$ 和 $\tilde{\boldsymbol{\omega}}$ 的复合函数映射，即 $\mathrm{loss}_{l_2}(\boldsymbol{\varphi}, \tilde{\boldsymbol{\omega}})$。变量更新表达式为

$$
\begin{cases}
\boldsymbol{\varphi} = \boldsymbol{\varphi} - \eta \cdot \nabla\, \mathrm{loss}_{l_2}(\boldsymbol{\varphi}) \\
\tilde{\boldsymbol{\omega}} = \tilde{\boldsymbol{\omega}} - \eta \cdot \nabla\, \mathrm{loss}_{l_2}(\tilde{\boldsymbol{\omega}})
\end{cases}
\tag{11-23}
$$

式(11-23)中，$\eta > 0$ 是一个标量，即迭代步长；$\nabla \mathrm{loss}_{l_2}(\boldsymbol{\varphi})$ 是损失函数关于 $\boldsymbol{W}_1$ 和 $\boldsymbol{b}$ 的梯度，见式(11-21)和式(11-22)；$\nabla \mathrm{loss}_{l_2}(\tilde{\boldsymbol{\omega}})$ 是损失函数关于 $\boldsymbol{W}_2$ 和 $\boldsymbol{c}$ 的梯度，见式(11-16)和式(11-17)。

11.4.4 正则化和 Dropout

深度神经网络中的参数非常多。根据式(11-14)，从输入层的 p 个神经元到隐层第 i 个

神经元的映射是 $h_i=\sigma\left(\sum_{k=1}^{p} w_{1ik}x_k+b_i\right)$，其中 w_{1ik} 是 p 维向量 $\boldsymbol{w}_{1i}$ 的第 k 个元素。在图 11-21 的自动编码器中，输入层到隐层每个神经元都有 $p+1$ 个参数，即 p 个权值外加一个偏移量，而隐层 d 个神经元到输出层的每个神经元参数是 $d+1$ 个。故而整个网络的参数个数是 $d(p+1)+p(d+1)$。假设输入图像的大小为 28×28 像素，能拉成 784 维列向量，即输入维度是 784，隐层维度是 20，输出层也是 784 维，则参数共计 32164 个。

如果训练样本个数小于网络的参数个数，很容易造成**过拟合现象**。这跟欠定方程组 $\boldsymbol{Ax}=\boldsymbol{b}(\boldsymbol{A}\in\mathbb{R}^{m\times n})$ 非常类似。当方程组的变量个数 n 多于观测样本个数 m 时，方程有精确解。但是用精确解预测和判定新的样本效果不好，即泛化能力差。通常有两种方法可以有效防止过拟合，即正则化和 Dropout。

1. 正则化

11.4.1 小节介绍的两种损失函数都是关于变量 $\boldsymbol{\varphi}=\{\boldsymbol{W}_1,\boldsymbol{b}\}$ 和 $\widetilde{\boldsymbol{\omega}}=\{\boldsymbol{W}_2,\boldsymbol{c}\}$ 的函数。为了简单起见，这里着重以 l_2 损失函数 loss_{l_2} 展开分析。结合式(11-14)和式(11-15)，得

$$\text{loss}_{l_2}(\boldsymbol{\varphi},\widetilde{\boldsymbol{\omega}})=\frac{1}{2}\|\boldsymbol{x}-\sigma[\boldsymbol{W}_2^{\mathrm{T}}\sigma(\boldsymbol{W}_1^{\mathrm{T}}\boldsymbol{x}+\boldsymbol{b})+\boldsymbol{c}]\|_2^2 \tag{11-24}$$

为了防止过拟合现象，通常在式(11-24)的基础上加上 l_1 或 l_2 正则项。

1) l_1 正则化

令变量 $\boldsymbol{W}=\{\boldsymbol{W}_1,\boldsymbol{b},\boldsymbol{W}_2,\boldsymbol{c}\}$，加上 l_1 正则项后，损失函数变成

$$\text{loss}_{l_2}(\boldsymbol{W})=\frac{1}{2}\|\boldsymbol{x}-\sigma[\boldsymbol{W}_2^{\mathrm{T}}\sigma(\boldsymbol{W}_1^{\mathrm{T}}\boldsymbol{x}+\boldsymbol{b})+\boldsymbol{c}]\|_2^2+\lambda\|\boldsymbol{W}\|_1 \tag{11-25}$$

式中，$\lambda>0$ 是一个控制正则化程度的标量；$\|\boldsymbol{W}\|_1=\sum_i\sum_j|w_{ij}|$。

2) l_2 正则化

同理，加上 l_2 正则项后，损失函数变成

$$\text{loss}_{l_2}(\boldsymbol{W})=\frac{1}{2}\|\boldsymbol{x}-\sigma[\boldsymbol{W}_2^{\mathrm{T}}\sigma(\boldsymbol{W}_1^{\mathrm{T}}\boldsymbol{x}+\boldsymbol{b})+\boldsymbol{c}]\|_2^2+\lambda\|\boldsymbol{W}\|_2 \tag{11-26}$$

式中，$\|\boldsymbol{W}\|_2=\sum_i\sum_j w_{ij}^2$。

l_1 和 l_2 正则化都能有效改善过拟合现象。在网络的迭代优化过程中，l_1 正则化能使 $\boldsymbol{W}$ 中的部分元素为 0，即做到网络模型的稀疏化。λ 越大，$\boldsymbol{W}$ 越稀疏，即非零权重越少。而 l_2 正则化的效果与第 7 章介绍的岭回归类似。

2. Dropout

Dropout 也是一种防止过拟合的方法，即随机舍弃掉网络中一部分神经元之间的连接。比如本节开头介绍的模型中，输入和输出层都是 784 维，隐层是 20 维，则权重矩阵 $\boldsymbol{W}_1\in\mathbb{R}^{784\times20}$，即输入层与隐层之间有 784×20=15680 个连接。同理，隐层与输出层的权重矩阵 $\boldsymbol{W}_2\in\mathbb{R}^{20\times784}$，也是 15680 个连接。我们可以预设 Dropout 的参数为(0,1)之间的任意数，表示随机舍弃的程度，比如 Dropout(0.1)是舍弃网络中 10%的连接，而 Dropout(0.3)是舍弃 30%的连接。这样做的效果是让权重矩阵中 10%或 30%的元素为 0，它也是稀疏化的一种方法。

11.5 深度神经网络的搭建和训练

11.5.1 案例:搭建神经网络并查看模型结构

本案例旨在运用 Python 工具包 PyTorch 搭建一个简单的深度神经网络模型,向读者直观展示该网络结构和层次,并查看各层中权重和偏移量的规模大小。该神经网络模型名叫 DeepNetwork,它是由一个输入层、两个隐层和一个输出层所构成。输入层维度 input_dim 可以自定义,两个隐层的维度分别是 512 和 256,输出层维度是 10。从输入到输出的维度分别是 input_dim→512→256→10,各层之间都使用权重矩阵 $\boldsymbol{W}$ 与偏移量 $\boldsymbol{b}$ 进行线性映射,其中两个隐层都采用 ReLU 函数对映射结果做了激活。

网络结构搭建和查看

在 Python 中,DeepNetwork 被定义成一个类,而 net 是这个类的一个对象。通过调用该对象的 state_dict().items()、modules()或 named_parameters()函数,可以查看每层的权重和偏移量。

代码实现如下:

【代码 11-1】

```
import torch.nn as nn
class DeepNetwork(nn.Module):
  def __init__(self,input_dim):
    super(DeepNetwork,self).__init__()
    self.input_dim = input_dim
    self.flatten = nn.Flatten()
    self.linear_relu_stack = nn.Sequential(
      nn.Linear(input_dim,512),
      nn.ReLU(),
      nn.Linear(512,256),
      nn.ReLU(),
      nn.Linear(256,10)
    )
  def forward(self,x):
    x = self.flatten(x)
    logits = self.linear_relu_stack(x)
    return logits
if __name__ == '__main__':
  net = DeepNetwork(input_dim = 1000)
  print(r'Network:',net)
  print('------------------------------------------------------------------')
  # 获取模型层次
  for k,v in net.state_dict().items():
    print("Layer {}".format(k))
  print('------------------------------------------------------------------')
  # 获取模型权重矩阵大小
  for layer in net.modules():
```

```
        if isinstance(layer,nn.Linear):
            print(r'layer:',layer)
            print(r'weight:',layer.weight.size())
            print(r'bias:',layer.bias.size())
    print('-----------------------------------------------------------------------')
    for name,parameters in net.named_parameters():
        if name == 'linear_relu_stack.4.weight':
            print(name,':',parameters.size())
            print(parameters.type())
```

运行代码 11-1 后，结果如下：

```
Network:DeepNetwork(
  (flatten):Flatten(start_dim = 1,end_dim = - 1)
  (linear_relu_stack):Sequential(
    (0):Linear(in_features = 1000,out_features = 512,bias = True)
    (1):ReLU()
    (2):Linear(in_features = 512,out_features = 256,bias = True)
    (3):ReLU()
    (4):Linear(in_features = 256,out_features = 10,bias = True)
  )
)
--------------------------------------------------
Layer linear_relu_stack.0.weight
Layer linear_relu_stack.0.bias
Layer linear_relu_stack.2.weight
Layer linear_relu_stack.2.bias
Layer linear_relu_stack.4.weight
Layer linear_relu_stack.4.bias
--------------------------------------------------
layer:Linear(in_features = 1000,out_features = 512,bias = True)
weight:torch.Size([512,1000])
bias:torch.Size([512])
layer:Linear(in_features = 512,out_features = 256,bias = True)
weight:torch.Size([256,512])
bias:torch.Size([256])
layer:Linear(in_features = 256,out_features = 10,bias = True)
weight:torch.Size([10,256])
bias:torch.Size([10])
--------------------------------------------------
linear_relu_stack.4.weight :torch.Size([10,256])
torch.FloatTensor
```

从代码 11-1 的运行结果看，DeepNetwork 共有五层，第 0、2、4 层是线性映射，第 1、3 层是 ReLU 激活。这三层线性映射都有各自的权重 weight 和偏移量 bias，它们分别对应了 $\boldsymbol{W}$ 和 $\boldsymbol{b}$。定义 input_dim＝1000，根据 11.4.3 小节，从输入到第一个隐层的权重矩阵大小是 1000×512，偏移量是 512 维。

注意：11.4.3 小节线性映射是 $\boldsymbol{W}^{\mathrm{T}}\boldsymbol{x}+\boldsymbol{b}$，但工具包 PyTorch 默认线性映射为 $\boldsymbol{W}\boldsymbol{x}+\boldsymbol{b}$，从

而 **W** 大小是[512,1000]。

同理,两个隐层间权重大小是 512×256,偏移量是 256 维;从第二个隐层到输出的权重为 256×10,偏移量是 10 维。另外,由于这些数据都是 Torch 类型的张量(即 tensor),转换成 Numpy 类型后更方便查看。比如,上述代码末尾处打印了最后一个线性映射层的权重矩阵大小和类型,若加上 W = parameters.detach().numpy(),再加上 print(W),就能显示出该矩阵的具体内容。

11.5.2 案例:用正则化缓解网络的过拟合现象

本案例旨在展示非正则化和正则化情况下,深度神经网络对噪声数据的拟合情况,并比较两者在优化训练过程中损失函数的变化和抗噪能力。此外,本案例还比较了网络隐层个数对过拟合问题的影响。

1. 训练数据和测试数据

本案例选取[−1,1]之间 20 个数据,记作 $x_1,x_2,\cdots,x_{20}$,其中 $x_1=-1,x_{20}=1$,且相邻数据之间等间隔,即 $x_2-x_1=x_3-x_2=\cdots=x_{20}-x_{19}$。令 $y_i=-x_i+\varepsilon_i(i=1,2,\cdots,20)$,其中 ε_i 是均值为 0、标准差为 0.5 的高斯随机噪声,即 $\varepsilon_i\sim N(0,0.5^2)$。训练数据由二维样本点($x_i$,$y_i$)构成,它们受到了噪声的严重干扰。同时,令 $z_i=-x_i+\tau_i$,其中 $\tau_i\sim N(0,0.1^2)$,测试样本由(x_i,z_i)构成。从而训练数据和测试数据各 20 个,噪声对前者干扰严重,而对后者干扰较轻。

2. 深度神经网络设置

图 11-2 所示的神经网络模型的输入/输出都是一维,两个隐层都是 100 维。而本案例的模型也是一维输入/输出,但采用了三个隐层,每层也是 100 维。无论正则化与否,模型都采用 l_2 损失函数;训练过程都采用随机梯度下降法,设置迭代总次数 max_iter 为 2000,学习率 learning_rate 为 0.01,正则化系数 weight_decay 为 0.01,即式(11-26)中的 $\lambda=0.01$。

代码实现如下:

【代码 11-2】

```
import torch
import torch.nn as nn
import matplotlib.pyplot as plt
import random
random.seed(2)
neuro_num = 100
max_iter = 2000
disp_interval = 500
learning_rate = 0.01
class network(nn.Module):
    def __init__(self,hidden_dim):
        super(network,self).__init__()
        self.mapping = nn.Sequential(
            nn.Linear(1,hidden_dim),                          #第一层
            nn.ReLU(inplace = True),
            nn.Linear(hidden_dim,hidden_dim),                 #第二层
```

```
            nn.ReLU(inplace = True),
            nn.Linear(hidden_dim,hidden_dim),                    #第三层
            nn.ReLU(inplace = True),
            nn.Linear(hidden_dim,1),
        )
    def forward(self,x):
        return self.mapping(x)
net_1 = network(hidden_dim = neuro_num)
net_2 = network(hidden_dim = neuro_num)
optimizer_1 = torch.optim.SGD(net_1.parameters(),lr = learning_rate,momentum = 0.9)
optimizer_2 = torch.optim.SGD(net_2.parameters(),lr = learning_rate,momentum = 0.9,weight_
decay = 0.01)
w = -1
num_data = 20
Train_x = torch.linspace(-1,1,num_data).unsqueeze_(1)
Train_y = Train_x * w + torch.normal(0,0.5,size = Train_x.size())
Test_x = torch.linspace(-1,1,num_data).unsqueeze_(1)
Test_y = Test_x * w + torch.normal(0,0.1,size = Test_x.size())
loss_func = nn.MSELoss()
Loss_Func_1 = list()
Loss_Func_2 = list()
for epoch in range(max_iter):
    pred_1,pred_2 = net_1(Train_x),net_2(Train_x)
    loss_1,loss_2 = loss_func(pred_1,Train_y),loss_func(pred_2,Train_y)
    optimizer_1.zero_grad()
    optimizer_2.zero_grad()
    loss_1.backward()
    loss_2.backward()
    Loss_Func_1.append(loss_1.data.numpy())
    Loss_Func_2.append(loss_2.data.numpy())
    optimizer_1.step()
    optimizer_2.step()
    if(epoch + 1) % disp_interval == 0:
        test_pred_1,test_pred_2 = net_1(Test_x),net_2(Test_x)
        print('Epoch: %d' % (epoch + 1) + 'loss = {:.6f}'.format(loss_1.item()))
        print('Epoch: %d' % (epoch + 1) + 'loss = {:.6f}'.format(loss_2.item()))
        fig1 = plt.figure()
        plt.scatter(Train_x.data.numpy(),Train_y.data.numpy(),c = 'm',marker = 'o',s = 30,
    label = 'train_data')
        plt.scatter(Test_x.data.numpy(),Test_y.data.numpy(),c = 'g',marker = 'x',s = 30,
    label = 'test_data')
        plt.plot(Test_x.data.numpy(),test_pred_1.data.numpy(),'r-.',alpha = 0.75,label =
    'No regularization')
        plt.plot(Test_x.data.numpy(),test_pred_2.data.numpy(),'b--',alpha = 0.75,label =
    'With regularization')
        plt.text(-0.8,-1.5,'loss 1 = {:.6f}'.format(loss_1.item()),fontdict = {'size':12,
    'color':'k'})
        plt.text(-0.8,-2,'loss 2 = {:.6f}'.format(loss_2.item()),fontdict = {'size':12,
    'color':'k'})
```

```
            plt.ylim((-2.5,2.5))
            plt.legend(loc='upper right')
            plt.title("Epoch:{}".format(epoch + 1))
fig2 = plt.figure()
iter_num = max_iter
iter = np.linspace(1,iter_num,iter_num,dtype=int).
plt.plot(iter,Loss_Func_1,'b-')
plt.plot(iter,Loss_Func_2,'r--')
plt.legend([r'No regularization',r'With regularization'])
plt.xlabel(r'iteration')
plt.ylabel(r'loss function')
plt.show()
```

运行代码 11-2 后，在不同的循环次数 Epoch 下，拟合效果也不同，如图 11-22 所示。

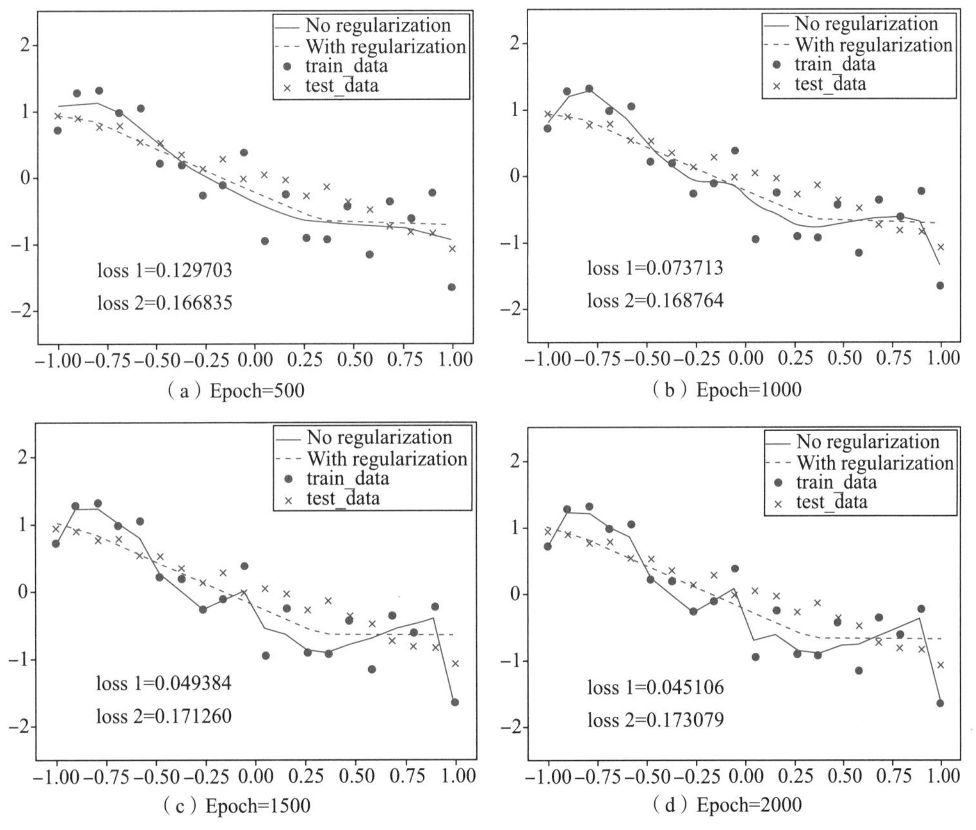

图 11-22　不同循环次数 Epoch 下的拟合情况

图 11-22 展示了四种不同循环次数下，非正则化(no regularization)和正则化(with regularization)对测试数据的拟合情况，分别见实线和虚线，其中 loss 1 和 loss 2 分别是两者的损失函数。训练样本(圆点)因受噪声干扰严重而波动较大。虽然测试样本(叉点)本身波动很小，但随着迭代次数 Epoch 的推进，非正则化模型越来越“过度精确”地提取了训练样本的特征，所以对测试样本的拟合呈现出越来越大的波动。相比之下，正则化模型拟合出的线条要平滑许多，它更符合测试样本的分布情况，且几乎不随迭代次数的变化而变化。图 11-23

展示了迭代过程中，非正则化和正则化的损失函数变化情况。前者在迭代终止前出现了较明显的波动，而后者变化平稳。收敛后，正则化的损失函数更大。这种现象说明，虽然我们希望损失函数最小化，但事实上函数值并不是越小越好。

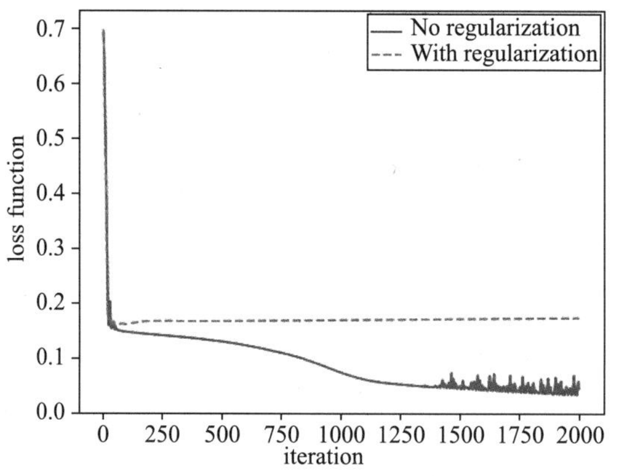

正则化和非正则化对过拟合问题的影响

图 11-23　非正则化和正则化损失函数迭代变化情况

最后将隐层个数降至 1，运行到 Epoch＝2000 时会发现，非正则化模型的过拟合现象不如图 11-22(d)那么明显，如图 11-24(a)所示；隐层个数为 2 时，非正则化模型也会出现类似的过拟合现象，如图 11-24(b)所示。而正则化模型的隐层个数无论是多少，对测试样本的拟合情况都差不多，几乎接近于一条直线。本案例的结果表明，正则化可以有效抑制过拟合现象，增强抗噪能力。

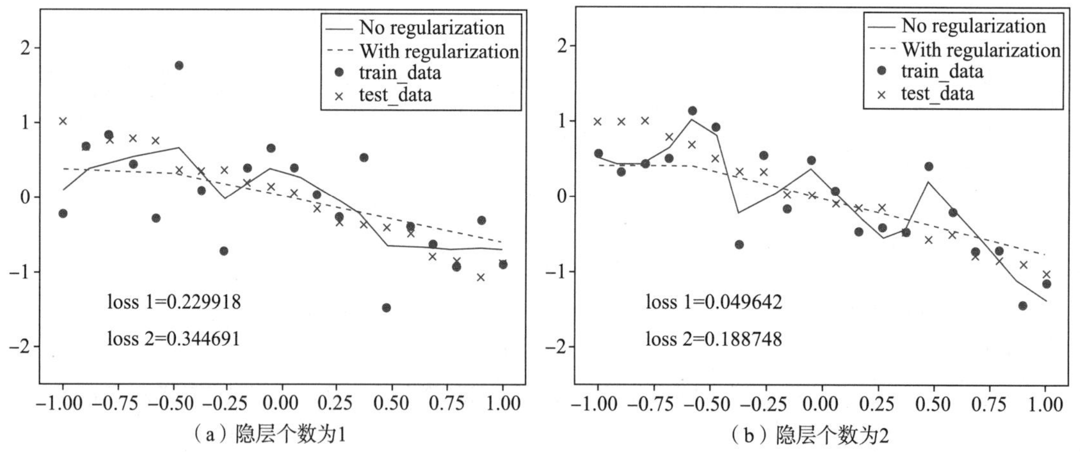

(a) 隐层个数为1　　(b) 隐层个数为2

图 11-24　迭代次数 Epoch＝2000 的拟合情况

本章小结

本章从四个方面介绍了深度学习相关的数学知识：①深度学习与传统机器学习的区别，以一个简单的例子引出深度学习的超强拟合能力，并与第 7 章线性回归模型的直线拟合作对比；②图像的深度特征提取——卷积和下采样；③深度学习中几种常用的激活函数和损失函数；④深度神经网络在迭代优化中，各层权重和偏移量（即变量）的链式求导和更新过程。

另外，本章末尾以两个编程案例引导读者搭建并展示深度神经网络模型，并用运行结果图，直观展示了正则化对过拟合问题的缓解作用。

随机方法

自20世纪40年代中期以来，随着电子计算机技术的发展，通过计算机产生的随机数能有效解决科学与工程领域中许多复杂的计算问题。蒙特卡罗法(Monte Carlo Method)是一种以概率统计为理论基础的数值计算方法[153]。它把理论解析困难的问题转化成概率模型，采样并计算 N 个随机数的均值，作为原问题的解的估计值。求解大规模矩阵的特征值和特征向量无疑非常耗时，而幂迭代算法能快速得到矩阵最大特征值对应的特征向量。作为一种经典的随机过程，马尔可夫过程具有“无记忆性”，会渐近收敛到平稳分布。基于这些性质，马尔可夫过程在金融学、物理学、生命科学、通信工程等领域应用非常广泛[154]。另外，从矩阵论角度看，Perron-Frobenius 定理为幂迭代算法和马尔可夫过程的收敛性质提供了理论基础。马尔可夫链蒙特卡罗(Markov chain Monte Carlo，MCMC)是一种基于概率转移的随机采样法。经过多次采样与状态转移后，MCMC 能得到各状态的平稳分布，从而能简单有效地解决高维数据积分或者后验概率难以求解的贝叶斯估计问题[68]。另外，Metropolis-Hastings(MH)是 MCMC 的一种改进算法，它提高了 MCMC 的跳转效率。

12.1 蒙特卡罗法

6.3.3小节案例使用了计算机产生指数分布随机数，重复1000次，得到了关于中心极限定理的模拟结果。同样，本节将通过多次生成随机数，估算1.1.1小节案例中的正弦函数面积，通过此例深入浅出地阐明蒙特卡罗法如何应用在计算问题中。另外，本节将从统计学角度，给出估算结果的可信度。

12.1.1 案例：正弦区域面积的估算

正弦区域面积蒙特卡罗估算的统计量

1.1.1小节的案例计算了自变量 $x\in[0,\pi]$ 内，正弦函数 $f(x)=\sin x$ 与 x 轴围成的封闭正弦区域面积。本案例计算这个相同的区域面积，但是用到的方法却完全不同。前者运用了微积分中“以直代曲”的核心思想——无限分割再做累加，而小本节将采用蒙特卡罗法。

函数 $f(x)=\sin x$ 的值域在[0,1]之间，将正弦区域面积记作 S_{in}，它的外接矩形宽度为 π，高度为1，则该矩形面积为 $S=\pi$。本案例将用 Python 的 Numpy 工具包 random. rand() 随机生成 N 个($N=100$、1000、5000、10000)落在外接矩形内均匀分布的二维数据点，统计落在正弦区域内的点的个数 N_{in}，并满足以下等式关系，即

$$\frac{S_{in}}{\pi}=\frac{N_{in}}{N} \tag{12-1}$$

理论上可以估算出正弦面积约是 $S_{in}=\frac{\pi N_{in}}{N}$。

具体地，随机生成[0,1)之间均匀分布的 N 个随机数，记作 $y_1,y_2,\cdots,y_N$，再随机生成[0,π)之间均匀分布的 N 个随机数，记作 $x_1,x_2,\cdots,x_N$。它们合在一起，形成了二维数据点 $z_1,z_2,\cdots,z_N$，其中 $z_i=(x_i,y_i)(i=1,2,\cdots,N)$。如果 $z_i<\sin x_i$，则该点落在正弦区域内，否则在区域外。

因为数据点的生成具有随机性，所以每次生成的 N 个点都不同。在 N 取四种不同值的情况下(即 $N=100$、1000、5000、10000)分别重复 $T=1000$ 次，会得到 T 个不同的估算面积 $S_{in,1},S_{in,2},\cdots,S_{in,T}$。本小节展示了完整代码和运行效果，随后12.1.2小节将从统计学角度给出解释。

代码实现如下：

【代码12-1】

```
import numpy as np
import matplotlib.pyplot as plt
np.set_printoptions(formatter = {'float':'{:0.3f}'.format})
M = 100
x = np.linspace(0,np.pi,M,dtype = float)
y = np.sin(x)
N = 10000    #可改
T = 1000
Mean_Z = np.zeros((T,),dtype = float)
Area = np.zeros((T,),dtype = float)
for k in range(T):
  x_dot = np.random.rand(N) * np.pi
  y_dot = np.random.rand(N)
  number_in = 0
  for i in range(N):
    if y_dot[i]< np.sin(x_dot[i]):
      number_in = number_in + 1
  A = np.pi * number_in/N
  Mean_Z[k]= number_in/N
  Area[k]= A
  if k == T-1:
    fig1 = plt.figure()
    plt.plot(x,y,'k-')
    plt.scatter(x_dot,y_dot,s = 1,c = 'deeppink',marker = 'o')
    plt.xticks([])
```

```
        plt.yticks([])
        plt.xlim([0,np.pi])
        plt.ylim([0,1])
fig2 = plt.figure()
plt.hist(Area,50)
Ave_S_in = np.mean(Area)
print(Ave_S_in)
plt.show()
```

代码 12-1 最末尾的 Ave_S_in 是固定 N 后，T 个估算面积 $S_{\text{in},1}, S_{\text{in},2}, \cdots, S_{\text{in},T}$ 的均值。当 N 在 100、1000、5000 和 10000 四种情况下，Ave_S_in 分别是 1.99607372、1.99773563、1.99884335 和 1.99948298。这说明 N 越大，随机生成的数据点越多，估算出的面积越精确。图 12-1 展示了 N 在这四种取值情况下的数据点均匀分布图。

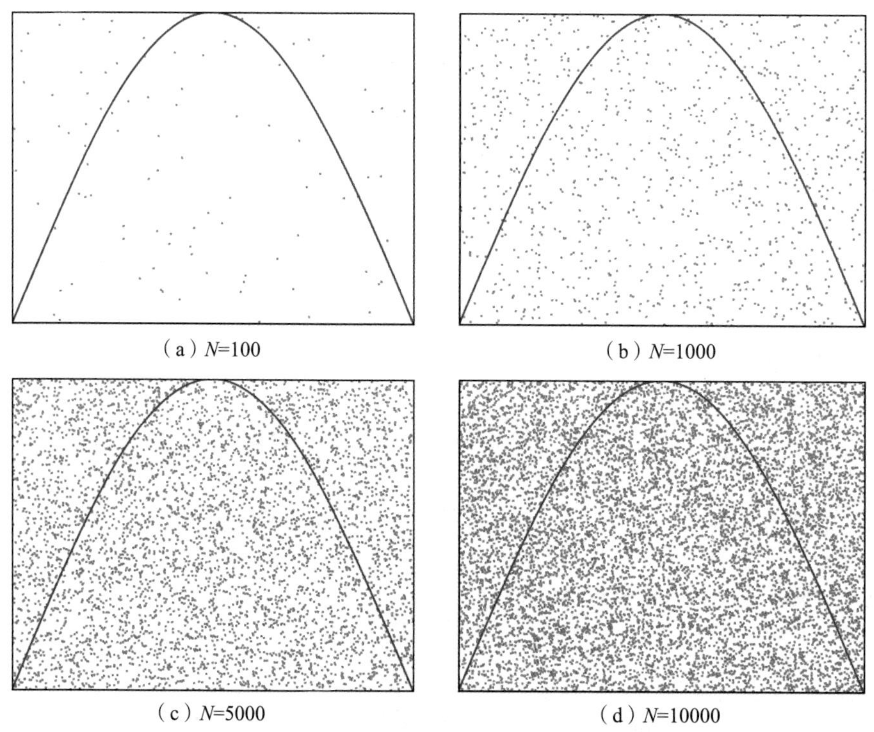

（a）N=100　（b）N=1000　（c）N=5000　（d）N=10000

图 12-1　N 个均匀分布的二维数据点落在正弦封闭区域内外的情况

从本案例中可以得出关于蒙特卡罗法解决计算问题的三个步骤：

(1) 建立一个与具体问题相关的概率模型；

(2) 通过计算机产生 N 个随机数，作为该概率模型下 N 个随机变量的抽样；

(3) 用符合条件的随机数均值估算待求的解。

注意：步骤(3)中随机数的均值必须是待求解的无偏估计，否则估算结果会出错。

本案例的正弦区域面积是均匀摊开的，所以步骤(1)建立与之相匹配的均匀分布概率模型，并由此建立式(12-1)的等式关系；步骤(2)确定 N 的大小，用计算机产生(0,1)间均匀分布随机数；步骤(3)对落在正弦区域内(即符合条件)的随机数计算均值，据此作为区域面积

（即待求的解）的估计值。

除了本案例外，蒙特卡罗法也可以有效运用在其他方面。例如，圆周率 π 的估计[2]、没有原函数的被积函数 $f(x)$ 积分$\left(\text{像 } f(x)=\frac{\cos x}{x}\text{、}f(x)=e^{x^2}\text{ 等}\right)^{[153]}$，以及方程组求解与级数求和[155]。另外，蒙特卡罗法还可以用于 JPEG2000 实时解压缩算法中，纠正图像数据经过有损信道出现的数据错误[156]。

12.1.2 估算可信度的统计学解释

12.1.1 小节案例用蒙特卡罗法估算出了半个周期内正弦区域的面积。随机生成的数据点个数 N 越大，估算结果越逼近理论值，即积分结果 $\int_0^{\pi}\sin x\,dx=2$。读者试想一下，如果换做积不出的函数，比如 $\int e^{-x^2}dx$、$\int \frac{\sin x}{x}dx$、$\int \frac{1}{\ln x}dx$ 和 $\int \frac{1}{\sqrt{1+x^4}}dx$ 等，它们无法通过直接计算得到理论值，又该如何相信蒙特卡罗法的估算结果是正确的呢？

在理论值无法确定的情况下，第 5、6 章概率统计基础为此提供了相关的理论支撑。观察图 12-1，虽然正弦区域面积 S_{in} 的理论值未知，但根据概率的定义，数据点 $\boldsymbol{z}_i=(x_i,y_i)$ $(i=1,2,\cdots,N)$ 落在该区域内外的概率（频率的极限）分别是 $\frac{S_{\text{in}}}{\pi}$ 和 $1-\frac{S_{\text{in}}}{\pi}$。将 $\boldsymbol{z}_i$ 落在该区域内外两种情况记作变量 A_i，它服从 0-1 分布，即 $P\{A_i=1\}=\frac{S_{\text{in}}}{\pi}$，而 $P\{A_i=0\}=1-\frac{S_{\text{in}}}{\pi}$。

鉴于 N 个数据点独立同分布，均值 $\bar{A}=\frac{1}{N}\sum_{i=1}^{N}A_i$ 的期望和方差分别为

$$E(\bar{A})=E(A_i)=\frac{S_{\text{in}}}{\pi} \tag{12-2}$$

$$D(\bar{A})=\frac{1}{N-1}D(A_i)=\frac{1}{N-1}\frac{S_{\text{in}}}{\pi}\left(1-\frac{S_{\text{in}}}{\pi}\right) \tag{12-3}$$

将 N 个这样的随机数据点重复生成 T 次，会得到 T 个均值 $\bar{A}_1,\bar{A}_2,\cdots,\bar{A}_T$。根据中心极限定理，它们渐近服从正态分布，即 $\bar{A}_k\sim N\left[\frac{S_{\text{in}}}{\pi},\frac{1}{N-1}\frac{S_{\text{in}}}{\pi}\left(1-\frac{S_{\text{in}}}{\pi}\right)\right](k=1,2,\cdots,T)$。

根据式(12-1)，T 个估算面积 $S_{\text{in},1},S_{\text{in},2},\cdots,S_{\text{in},T}$ 与这 T 个均值 $\bar{A}_1,\bar{A}_2,\cdots,\bar{A}_T$ 呈线性关系，期望为

$$E(S_{\text{in},k})=E(\pi\bar{A}_k)=\pi E(\bar{A}_k)=S_{\text{in}} \tag{12-4}$$

方差为

$$D(S_{\text{in},k})=\frac{\pi^2}{N-1}\frac{S_{\text{in}}}{\pi}\left(1-\frac{S_{\text{in}}}{\pi}\right) \tag{12-5}$$

估算面积渐近服从正态分布，即 $S_{\text{in},k}\sim N\left[S_{\text{in}},\frac{\pi^2}{N-1}\frac{S_{\text{in}}}{\pi}\left(1-\frac{S_{\text{in}}}{\pi}\right)\right](k=1,2,\cdots,T)$。根据式(12-4)，估算面积 $S_{\text{in},1},S_{\text{in},2},\cdots,S_{\text{in},T}$ 都是 S_{in} 的无偏估计。

图 12-2 是 N 不同取值（100、1000、5000 和 10000）情况下，T 个估算面积 $S_{\text{in},1},S_{\text{in},2},\cdots,$

$S_{\text{in},T}$ 的直方图。根据中心极限定理，$S_{\text{in},1}$，$S_{\text{in},2}$，…，$S_{\text{in},T}$ 渐近服从正态分布。当 $N\to\infty$ 时，估算面积会越来越精确地收敛到 S_{in}，因为估算面积的 $\mu\pm3\sigma$ 置信区间是 $S_{\text{in}}\pm 3\sqrt{\frac{\pi^2}{N-1}\frac{S_{\text{in}}}{\pi}\left(1-\frac{S_{\text{in}}}{\pi}\right)}$，该区间会随着 N 的增大而逐渐变窄，这与 6.3.3 小节案例非常相似。

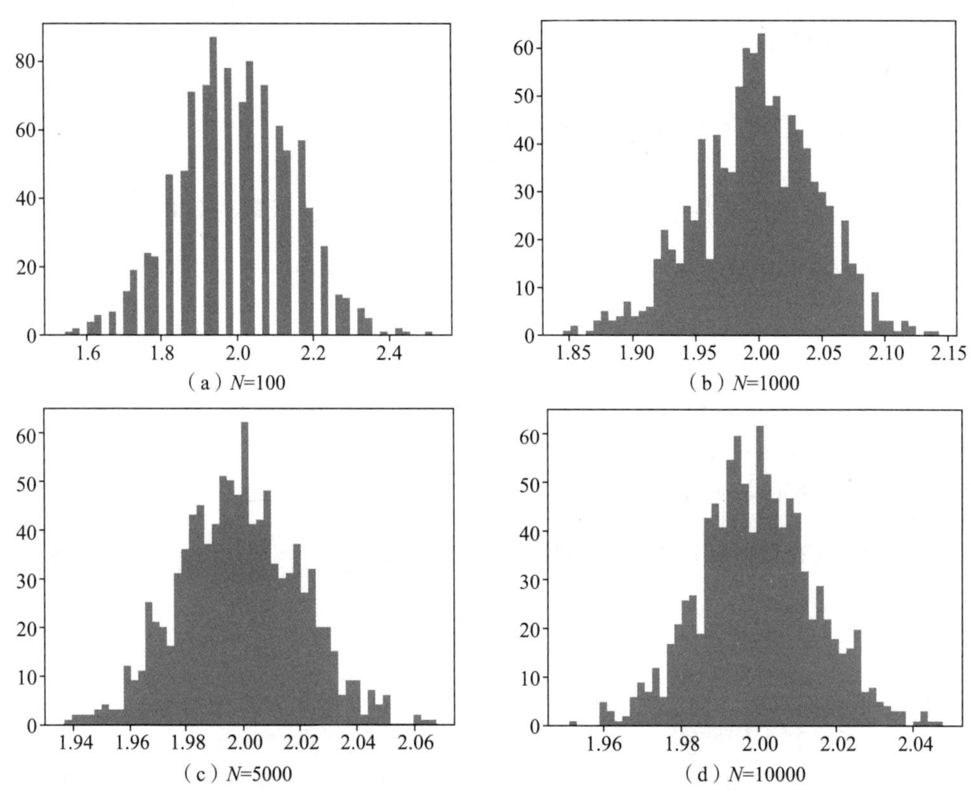

图 12-2　N 不同取值下 T 个估算面积 $S_{\text{in},1}$，$S_{\text{in},2}$，…，$S_{\text{in},T}$ 的直方图

为了展示 12.1.1 小节案例的估算结果，表 12-1 列出了图 12-2 中 N 在四种不同取值下，理论值 $E(\bar{A})$、$D(\bar{A})$、$E(S_{\text{in},k})$ 和 $D(S_{\text{in},k})$，见式(12-2)～式(12-5)，以及重复 $T=1000$ 次的实际统计量 $\bar{A}=\frac{1}{T}\sum_{k=1}^{T}\bar{A}_k$、$\frac{1}{T-1}\sum_{k=1}^{T}(\bar{A}_k-\bar{A})^2$、$\bar{S}_{\text{in}}=\frac{1}{T}\sum_{k=1}^{T}S_{\text{in},k}$ 和 $\frac{1}{T-1}\sum_{k=1}^{T}(S_{\text{in},k}-\bar{S}_{\text{in}})^2$。

表 12-1　N 不同取值下的理论值与实际运行 $T=1000$ 次的实际统计量

理论值和实际统计量	$N=100$	$N=1000$	$N=5000$	$N=10000$
$E(\bar{A})$	0.63661977	0.63661977	0.63661977	0.63661977
$\bar{A}=\frac{1}{T}\sum_{k=1}^{T}\bar{A}_k$	0.63537000	0.63589900	0.63625160	0.63645520
$D(\bar{A})$	0.00233672	0.00023157	0.00004628	0.00002314
$\frac{1}{T-1}\sum_{k=1}^{T}(\bar{A}_k-\bar{A})^2$	0.00232399	0.00022561	0.00004595	0.00002257
$\sqrt{\frac{1}{T-1}\sum_{k=1}^{T}(\bar{A}_k-\bar{A})^2}$	0.04837511	0.01522377	0.00680414	0.00481044

续表

理论值和实际统计量	$N=100$	$N=1000$	$N=5000$	$N=10000$
$E(S_{\text{in},k})$	2.00000000	2.00000000	2.00000000	2.00000000
$\bar{S}_{\text{in}}=\frac{1}{T}\sum_{k=1}^{T}S_{\text{in},k}$	1.99607372	1.99773563	1.99884335	1.99948298
$D(S_{\text{in},k})$	0.02306248	0.00228547	0.00045673	0.00022834
$\frac{1}{T-1}\sum_{k=1}^{T}(S_{\text{in},k}-\bar{S}_{\text{in}})^2$	0.02293683	0.00222667	0.00045355	0.00022274
$\sqrt{\frac{1}{T-1}\sum_{k=1}^{T}(S_{\text{in},k}-\bar{S}_{\text{in}})^2}$	0.15197489	0.04782689	0.02137585	0.01511244

表 12-1 中，$\sqrt{\frac{1}{T-1}\sum_{k=1}^{T}(\bar{A}_k-\bar{A})^2}$ 和 $\sqrt{\frac{1}{T-1}\sum_{k=1}^{T}(S_{\text{in},k}-\bar{S}_{\text{in}})^2}$ 分别是 T 个均值 $\bar{A}_1,\bar{A}_2,\cdots,\bar{A}_T$ 和 T 个估算面积 $S_{\text{in},1},S_{\text{in},2},\cdots,S_{\text{in},T}$ 的标准差 σ。当 $N=100$ 时，该表中的 σ 约为 0.152，同时观察图 12-2(a)会发现，估算面积的$(\mu-3\sigma,\mu+3\sigma)$区间大约是[1.55，2.45]，说明两者结果相吻合。对于 N 取值为 1000、5000 和 10000 的三种情况，请读者自己验证两者的一致性。

为什么表 12-1 中理论值会与相应的实际统计量产生稍许偏差呢？这是因为理论值是在 $S_{\text{in}}=2$ 已知的情况下计算得到的，而在实际 $T=1000$ 次运行中，每次面积估算值都不是 2。单次落在正弦区域内的点个数 $N_{\text{in},k}(k=1,2,\cdots,T)$与 N 的比值即是 $\bar{A}_k=\frac{N_{\text{in},k}}{N}$，从而会导致估算面积 $S_{\text{in},k}=\pi\bar{A}_k$，而实际统计量是在 $S_{\text{in}}=2$ 未知的前提下，由这些估算结果得到。

综上所述，即使无法得到面积的理论值 $S_{\text{in}}=2$，只要 N 个随机样本均值是面积理论值的无偏估计，通过蒙特卡罗法重复采样，也能得到估算面积 $S_{\text{in},1},S_{\text{in},2},\cdots,S_{\text{in},T}$ 的实际$(\mu-3\sigma,\mu+3\sigma)$区间，即 $\bar{S}_{\text{in}}\pm3\sqrt{\frac{1}{T-1}\sum_{k=1}^{T}(S_{\text{in},k}-\bar{S}_{\text{in}})^2}$ 。表 12-1 表明，N 越大，估算面积的置信区间越窄。当 $N=10000$ 时，该$(\mu-3\sigma,\mu+3\sigma)$区间约是 1.999±0.045，即超过 99%的概率落在此狭小范围中，可信度极高。

小结

蒙特卡罗法属于另辟蹊径的解决方案，避免了传统数学方法在理论解析上的困难。从统计学角度看，蒙特卡罗法属于慢收敛法，给定 N 个随机数，结合表 12-1 和图 12-2，它的收敛率是$\frac{1}{\sqrt{N}}$，这跟第 6 章中心极限定理是一致的。借助于计算机数秒内几百万次的计算速度，在看似无序的多次随机抽样中，蒙特卡罗法能快速有效地得到确定性的结果，而人工实验做上成百上千次却要花费太多时间。

12.2 矩阵特征对的幂迭代算法

本节将介绍求解矩阵特征向量的幂迭代算法，并给出相应的理论分析。在幂迭代过程中，无论输入的初始列向量是什么，迭代多次后都能收敛到矩阵最大特征值对应的特征向量。

12.2.1 幂迭代算法介绍

由 4.1.1 小节知，通过建立特征方程，求解出 n 阶矩阵 $\boldsymbol{A}$ 的特征值和特征向量(即特征对)。这种方法只适用于小规模的矩阵。如果 n 非常大(比如 1000、10000 或更大)，特征方程需要对 n 阶矩阵做行列式化简计算，复杂程度极高。因此，求解大规模矩阵的特征对一般不直接做特征值分解，而是采用幂迭代法[2]。目前常用的三种幂迭代法有普通幂迭代算法、逆幂迭代算法和特征值平移幂迭代算法[2,157]。本小节将介绍普通幂迭代算法，简称幂迭代算法，它能以迭代的方式求出矩阵的最大特征值对应的特征向量，具体步骤见图 12-3。

幂迭代算法[2]

输入: n阶矩阵$\boldsymbol{A}$, 任意n维初始列向量$\boldsymbol{x}^0$ (k=0)

循环:

1. 用$\boldsymbol{x}^k$右乘矩阵$\boldsymbol{A}$, 即$\boldsymbol{x}^{k+1}=\boldsymbol{A}\boldsymbol{x}^k$
2. 把相乘的结果归一化, 即 $\boldsymbol{x}^{k+1}=\dfrac{\boldsymbol{x}^{k+1}}{\|\boldsymbol{x}^{k+1}\|_2}$
3. $k \leftarrow k+1$

直至收敛

输出: 收敛后的$\boldsymbol{x}^k$, 即$\boldsymbol{A}$的最大特征值对应的特征向量

矩阵特征向量的迭代估算

图 12-3 幂迭代算法

注：图 12-3 的步骤 2 中，分母也可以用无穷范数 $\|\boldsymbol{x}^{k+1}\|_\infty$，即向量 $\boldsymbol{x}^{k+1}$ 中最大元素的绝对值[21]。无论分母是哪个范数，都不会影响最终收敛结果，因为归一化是为了防止矩阵 $\boldsymbol{A}$ 连乘 k 次后发散或收敛，详见 12.2.2 小节的理论分析。

【例 12-1】 已知矩阵 $\boldsymbol{A}=\begin{bmatrix}2 & 0.5\\1 & 1.5\end{bmatrix}$，用幂迭代算法求出 $\boldsymbol{A}$ 的最大特征向量及对应的特征值。

解：输入随机向量 $\boldsymbol{x}^0=\begin{bmatrix}0.4\\0.9\end{bmatrix}$，幂迭代过程见表 12-2。

表 12-2 幂迭代过程中的输出结果 x^k ($k=1,2,\cdots,12$)

迭代次数 k	1	2	3	4	5	6	7	8	9	10	11	12
$x^k_{(1)}$	0.5812	0.6568	0.6871	0.6991	0.7039	0.7058	0.7066	0.7069	0.7070	0.7071	0.7071	0.7071
$x^k_{(2)}$	0.8137	0.7541	0.7266	0.7150	0.7103	0.7084	0.7076	0.7073	0.7072	0.7071	0.7071	0.7071

表 12-2 中每次迭代都合并了幂迭代算法的第 1～2 步，即右乘和归一化。输入 $\boldsymbol{x}^0=\begin{bmatrix}0.4\\0.9\end{bmatrix}$，得到第一次输出结果为

$$\boldsymbol{x}^1=\frac{\boldsymbol{A}\boldsymbol{x}^0}{\|\boldsymbol{A}\boldsymbol{x}^0\|_2}=\begin{bmatrix}0.5812\\0.8137\end{bmatrix}$$

同理，第二次输出结果为

$$\boldsymbol{x}^2=\frac{\boldsymbol{A}\boldsymbol{x}^1}{\|\boldsymbol{A}\boldsymbol{x}^1\|_2}=\begin{bmatrix}0.6568\\0.7541\end{bmatrix}$$

以此类推，归一化后每次输出结果的模长都是 1，即 $\|\boldsymbol{x}^k\|_2=1(k=1,2,\cdots,12)$。

将迭代收敛后的 $\boldsymbol{x}=\begin{bmatrix}0.7071\\0.7071\end{bmatrix}$右乘 $\boldsymbol{A}$，得到 $\boldsymbol{A}\boldsymbol{x}=\begin{bmatrix}1.7678\\1.7678\end{bmatrix}=2.5\boldsymbol{x}$，即最大特征值是 2.5。为了验证幂迭代算法的正确性，根据特征方程得到 $\boldsymbol{A}$ 的特征值为 $\boldsymbol{D}=\begin{bmatrix}2.5 & 0\\0 & 1\end{bmatrix}$，对应的特征向量为 $\boldsymbol{V}=[\boldsymbol{v}_1,\boldsymbol{v}_2]=\begin{bmatrix}0.7071 & -0.4472\\0.7071 & 0.8944\end{bmatrix}$，即迭代结果正确。

如果将输入的初始列向量 $\boldsymbol{x}^0$ 换成其他向量，表 12-2 迭代过程中的输出结果会不同，但是收敛后最终结果依旧是$\begin{bmatrix}0.7071\\0.7071\end{bmatrix}$。

幂迭代算法最终能使矩阵收敛到最大特征向量，而其他特征向量在迭代过程中因受到挤压而逐渐消失，这个过程相当于降秩。基于此，文献[158]计算动力缩聚矩阵，再由该矩阵用幂迭代法求解缩聚质量矩阵和缩聚刚度矩阵，得到了缩聚精度较高的降阶模型，并且迭代次数少，收敛速度快。这种动力缩聚法可以应用在飞行器结构的计算模型上，因为在实际工程分析中人们通常关注低阶模态，从而需要缩聚较为复杂的高阶模态。

12.2.2 幂迭代算法的理论分析

用任意 n 维初始列向量 $\boldsymbol{x}^0$ 右乘 n 阶矩阵 $\boldsymbol{A}$，经过幂迭代后，最终为什么都会收敛到 $\boldsymbol{A}$ 的最大特征值所对应的特征向量呢？这要从矩阵 $\boldsymbol{A}$ 本身的特征值和特性向量进行分析。

假如 $\boldsymbol{A}$ 的秩为 $s(s\leqslant n)$，它的非零特征值按照绝对值从大到小排序为 $|\lambda_1|>\cdots>|\lambda_s|>0$。令排序后对应的特征向量为$[\boldsymbol{v}_1,\boldsymbol{v}_2,\cdots,\boldsymbol{v}_s]$。对于任意初始列向量 $\boldsymbol{x}^0$，假设 $\boldsymbol{x}^0=c_1\boldsymbol{v}_1+c_2\boldsymbol{v}_2+\cdots+c_s\boldsymbol{v}_s$，则

$$\boldsymbol{A}\boldsymbol{x}^0=c_1\boldsymbol{A}\boldsymbol{v}_1+c_2\boldsymbol{A}\boldsymbol{v}_2+\cdots+c_s\boldsymbol{A}\boldsymbol{v}_s=c_1\lambda_1\boldsymbol{v}_1+c_2\lambda_2\boldsymbol{v}_2+\cdots+c_s\lambda_s\boldsymbol{v}_s \tag{12-6}$$

假设每次迭代都不做归一化，那么 $\boldsymbol{x}^1=\boldsymbol{A}\boldsymbol{x}^0$，$\boldsymbol{x}^2=\boldsymbol{A}\boldsymbol{x}^1=\boldsymbol{A}^2\boldsymbol{x}^0$，以此类推。

迭代 k 次相当于用矩阵 $\boldsymbol{A}$ 左乘 $\boldsymbol{x}^0$ 共计 k 次，即 $\boldsymbol{x}^k=\boldsymbol{A}^k\boldsymbol{x}^0$，展开后为

$$\boldsymbol{A}^k\boldsymbol{x}^0=c_1\boldsymbol{A}^k\boldsymbol{v}_1+c_2\boldsymbol{A}^k\boldsymbol{v}_2+\cdots+c_s\boldsymbol{A}^k\boldsymbol{v}_s=c_1\lambda_1^k\boldsymbol{v}_1+c_2\lambda_2^k\boldsymbol{v}_2+\cdots+c_s\lambda_s^k\boldsymbol{v}_s \tag{12-7}$$

把绝对值第二大与最大特征值的比值为$\dfrac{|\lambda_2|}{|\lambda_1|}=r_2(0<r_2<1)$。随着 k 的递增，可得

$$\frac{|\lambda_2^k|}{|\lambda_1^k|}=r_2^k\to 0 \tag{12-8}$$

式(12-8)中，$r_2^k\to 0$ 的收敛速度取决于比值 r_2 的大小，显然 r_2 越小收敛越快。第三、四大特征值与最大特征值的比值 r_3 和 r_4 肯定小于 r_2，后面 $r_5, r_6, \cdots, r_s$ 更小，所以收敛会更快。

若每次迭代后都将输出结果除以最大特征值 λ_1，根据式(12-7)，迭代 k 次后结果为

$$\frac{1}{\lambda_1^k}\boldsymbol{A}^k\boldsymbol{x}^0=c_1\frac{\lambda_1^k}{\lambda_1^k}\boldsymbol{v}_1+c_2\frac{\lambda_2^k}{\lambda_1^k}\boldsymbol{v}_2+\cdots+c_s\frac{\lambda_s^k}{\lambda_1^k}\boldsymbol{v}_s\approx c_1\boldsymbol{v}_1 \tag{12-9}$$

结合式(12-8)，很明显随着 k 的增加，式(12-9)最终将收敛到最大特征向量 $\boldsymbol{v}_1$ 的倍数。

事实上，我们并不知道 $\boldsymbol{A}$ 的最大特征值 λ_1 为多少，所以没办法在每次迭代后都除以它。但是由上述理论分析知，每次迭代后如果都除以一定倍数，迭代多次后依然会收敛到最大特征向量的倍数，类似于式(12-9)。

令第一次迭代后 $\boldsymbol{x}^1=\boldsymbol{A}\boldsymbol{x}^0$，除以 t_1，即

$$\frac{1}{t_1}\boldsymbol{x}^1=\frac{1}{t_1}\boldsymbol{A}\boldsymbol{x}^0=c_1\frac{\lambda_1}{t_1}\boldsymbol{v}_1+c_2\frac{\lambda_2}{t_1}\boldsymbol{v}_2+\cdots+c_k\frac{\lambda_k}{t_1}\boldsymbol{v}_k \tag{12-10}$$

第二次迭代后 $\boldsymbol{x}^2=\boldsymbol{A}^2\boldsymbol{x}^0$，除以 t_2（t_1 和 t_2 可以相同，也可以不同），即

$$\frac{1}{t_2}\frac{\boldsymbol{x}^2}{t_1}=\frac{1}{t_1t_2}\boldsymbol{A}^2\boldsymbol{x}^0=c_1\frac{\lambda_1^2}{t_1t_2}\boldsymbol{v}_1+c_2\frac{\lambda_2^2}{t_1t_2}\boldsymbol{v}_2+\cdots+c_s\frac{\lambda_s^2}{t_1t_2}\boldsymbol{v}_s \tag{12-11}$$

第 k 次迭代后

$$\frac{\boldsymbol{x}^k}{t_1\cdots t_k}=\frac{1}{t_1\cdots t_k}\boldsymbol{A}^k\boldsymbol{x}^0=c_1\frac{\lambda_1^k}{t_1\cdots t_k}\boldsymbol{v}_1+c_2\frac{\lambda_2^k}{t_1\cdots t_k}\boldsymbol{v}_2+\cdots+c_s\frac{\lambda_s^k}{t_1\cdots t_k}\boldsymbol{v}_s \tag{12-12}$$

由式(12-12)得出 $\boldsymbol{x}^k=c_1\lambda_1^k\boldsymbol{v}_1+c_2\lambda_2^k\boldsymbol{v}_2+\cdots+c_s\lambda_s^k\boldsymbol{v}_s=c_1r_1^k\lambda_1^k\boldsymbol{v}_1+c_2r_2^k\lambda_1^k\boldsymbol{v}_2+\cdots+c_sr_s^k\lambda_1^k\boldsymbol{v}_s$。

根据式(12-8)，k 的增大会导致 $\boldsymbol{x}^k\approx c_1\lambda_1^k\boldsymbol{v}_1$，因为 $r_j^k\to 0(j=2,3,\cdots,s)$。不难看出，比值 $\frac{|\lambda_2|}{|\lambda_1|}=r_2$ 对迭代收敛的快慢起主导作用。此外，若初始向量 $\boldsymbol{x}^0$ 与矩阵最大特征值 λ_1 对应的特征向量 $\boldsymbol{v}_1$ 越接近，则在相同的迭代终止条件下，迭代次数越少，收敛速度越快[159]。

矩阵 $\boldsymbol{A}$ 的最大特征值模长称作**谱半径**，记作 $\rho(\boldsymbol{A})$。对于实特征值，谱半径是最大特征值的绝对值；对于复特征值 $a+b\mathrm{i}$，谱半径符合勾股定理，即 $\rho(\boldsymbol{A})=\sqrt{a^2+b^2}$。

如果 $\rho(\boldsymbol{A})<1$，则 $\boldsymbol{A}$ 收敛，因为 $\rho^k(\boldsymbol{A})\to 0$，从而使 $\boldsymbol{A}^k$ 趋于零矩阵。

如果 $\rho(\boldsymbol{A})>1$，则 $\boldsymbol{A}$ 发散，因为 $\rho^k(\boldsymbol{A})\to\infty$，会导致 $\boldsymbol{A}^k$ 的元素都趋于无穷大。

注意：若 $\boldsymbol{A}^k$ 既没收敛也没发散，则它的秩是 1，详见 Perron-Frobenius 定理。

在幂迭代过程中，为了避免收敛或发散现象，每次迭代后都要将输出结果归一化，再继续下一次迭代。

12.2.3 案例：特征值分布对幂迭代收敛效率的影响

特征值分布对幂迭代收敛效率的影响

本案例旨在通过 Python 编程实现幂迭代算法，并验证迭代收敛的快慢取决于矩阵的特征值分布，即第二大特征值与最大特征值绝对值的比值 r_2，

见式(12-8)。本案例的实现步骤如下。

(1) 随机生成 5×5 大小的矩阵 $\boldsymbol{A}$,且 $\boldsymbol{A}$ 中所有元素都控制在 0～0.1。

(2) 由 $\boldsymbol{A}$ 构造对称矩阵 $\boldsymbol{B}$,即 $\boldsymbol{B}=\boldsymbol{A}^{\mathrm{T}}\boldsymbol{A}+0.1\boldsymbol{I}$(加上单位矩阵 $\boldsymbol{I}$,确保 $\boldsymbol{B}$ 满秩)。

(3) 求出 $\boldsymbol{B}$ 的最大特征值 $\mathrm{val}_{\max}$ 和它对应的特征向量 $\boldsymbol{v}(\|\boldsymbol{v}\|_2=1)$。

(4) 构造另一个对称矩阵 $\boldsymbol{C}$,即 $\boldsymbol{C}=\boldsymbol{B}+2\,\mathrm{val}_{\max}\boldsymbol{v}\boldsymbol{v}^{\mathrm{T}}$($\boldsymbol{C}$ 的最大特征值是 $3\mathrm{val}_{\max}$,对应的特征向量还是 $\boldsymbol{v}$,其他特征值和特征向量与 $\boldsymbol{B}$ 一样)。

(5) 用相同的随机初始向量 $\boldsymbol{x}^0$ 分别对矩阵 $\boldsymbol{B}$ 和 $\boldsymbol{C}$ 实现 10 次幂迭代过程,分别计算第 k 步($k=1,2,\cdots,10$)的迭代误差,即 $err_{\boldsymbol{B},k}=\|\boldsymbol{x}_{\boldsymbol{B}}^k-\boldsymbol{v}\|_2^2$ 和 $err_{\boldsymbol{C},k}=\|\boldsymbol{x}_{\boldsymbol{C}}^k-\boldsymbol{v}\|_2^2$,观察误差随迭代次数的变化情况(误差趋于 0 表明收敛到 $\boldsymbol{v}$)。

代码实现如下:

【代码 12-2】

```
import numpy as np
import matplotlib.pyplot as plt
import matplotlib as mpl
mpl.rcParams['font.sans-serif'] = ['Times New Roman']
mpl.rcParams['font.sans-serif'] = 'SimHei'
mpl.rcParams['font.size'] = 14
np.set_printoptions(formatter = {'float':'{:0.4f}'.format})
n = 5
A = 0.1 * np.random.random(size = (n,n))
B = A.T@A + 0.1 * np.identity(n)
B_eig_val,B_eig_vec = np.linalg.eig(B)
idx = np.argsort(B_eig_val)[::-1]            #此处为降序排列,无参数默认升序
v = np.zeros((n,1),dtype = float)
v[:,0] = B_eig_vec[:,idx[0]]
v[:,0] = v[:,0]/np.sqrt(v[:,0].T@v[:,0])
if np.sum(v)< 0:
  v = -v
val_max = B_eig_val[idx[0]]
print('B的最大特征值',val_max)
C = B + 2 * val_max * (v@v.T)
C_eig_val,C_eig_vec = np.linalg.eig(C)
ErrorB = list()
ErrorC = list()
x0 = np.random.random(size = (n,))
xB = x0
xC = x0
iter = 10
for k in range(iter):
    x_newB = B@xB
    x_newB = x_newB/np.sqrt(x_newB.T@x_newB)
    xB = x_newB
    e = xB - v[:,0]
    err = e.T@e
    ErrorB.append(err)
```

```
    ErrorB = np.array(ErrorB)
    print('B 的迭代误差:',ErrorB)
    for k in range(iter):
        x_newC = C@xC
        x_newC = x_newC / np.sqrt(x_newC.T @ x_newC)
        xC = x_newC
        e = xC - v[:,0]
        err = e.T @ e
        ErrorC.append(err)
    ErrorC = np.array(ErrorC)
    print('C 的迭代误差:',ErrorC)
    print('归一化的最大特征向量:',v[:,0])
    print('B 的迭代估计最终输出:',xB)
    print('C 的迭代估计最终输出:',xC)
    plt.figure()
    plt.plot(np.linspace(start = 1,stop = iter,num = iter,dtype = int),ErrorB,'r - x')
    plt.plot(np.linspace(start = 1,stop = iter,num = iter,dtype = int),ErrorC,'b - o')
    plt.legend([r'矩阵 B 的随机迭代估计',r'矩阵 C 的随机迭代估计'])
    plt.figure()
    plt.bar(np.linspace(1,5,5,dtype = float),B_eig_val,width = 0.4,label = 'B 的特征值分布',
    color = 'deeppink')
    plt.bar(np.linspace(1.4,5.4,5,dtype = float),C_eig_val,width = 0.4,label = 'C 的特征值分布',
    color = 'deepskyblue')
    plt.legend(frameon = False)
    plt.show()
```

运行代码 12-2 后，结果如下：

```
B 的最大特征值 0.21766950705107335
B 的迭代误差:[0.0290   0.0067   0.0015   0.0003   0.0001   0.0000   0.0000   0.0000   0.0000
0.0000]
C 的迭代误差:[0.0033   0.0001   0.0000   0.0000   0.0000   0.0000   0.0000   0.0000   0.0000
0.0000]
归一化的最大特征向量: [0.3453   0.3864   0.5587   0.4621   0.4536]
B 的迭代估计最终输出: [0.3452   0.3865   0.5588   0.4621   0.4535]
C 的迭代估计最终输出: [0.3453   0.3864   0.5587   0.4621   0.4536]
```

代码 12-2 的运行结果表明，虽然矩阵 $\boldsymbol{B}$ 和 $\boldsymbol{C}$ 的迭代快慢不同，但是最终输出结果一样，都收敛到了最大特征向量 $\boldsymbol{v}$。

图 12-4(a)展示了矩阵 $\boldsymbol{B}$ 和 $\boldsymbol{C}$ 的迭代误差 $err_{\boldsymbol{B},k}$ 和 $err_{\boldsymbol{C},k}$ 随迭代次数 k 的变化过程。很明显，输入相同的初始向量 $\boldsymbol{x}^0$，$\boldsymbol{C}$ 的迭代次数比 $\boldsymbol{B}$ 少，收敛更快。图 12-4(b)是矩阵 $\boldsymbol{B}$ 和 $\boldsymbol{C}$ 的 5 个特征值按照降序排列后的分布情况。鉴于 $\boldsymbol{B}$ 是对称矩阵，$\boldsymbol{C}=\boldsymbol{B}+2\,\text{val}_{\max}\cdot\boldsymbol{v}\boldsymbol{v}^{\mathrm{T}}$ 也是对称矩阵，它们不同特征值所对应的特征向量都相互正交。$\boldsymbol{C}$ 的最大特征值是 $\boldsymbol{B}$ 的 3 倍，其余特征值完全一样。根据式(12-8)，若将 $\boldsymbol{B}$ 的比值记作 $r_{\boldsymbol{B}}$，那么 $\boldsymbol{C}$ 的比值 $r_{\boldsymbol{C}}=\dfrac{1}{3}r_{\boldsymbol{B}}$，后者收敛更快，该结论与本案例的运行结果是吻合的。

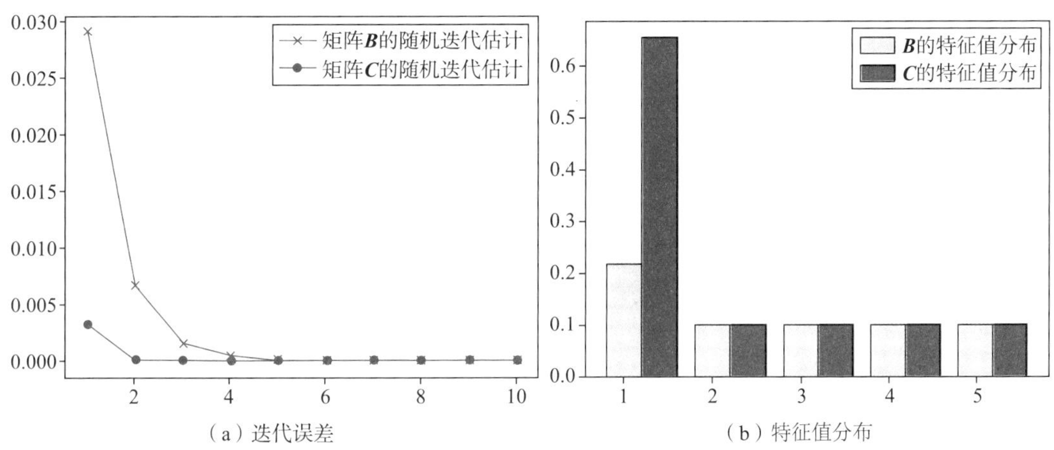

（a）迭代误差　（b）特征值分布

图 12-4　矩阵 **B** 和 **C** 的迭代误差和特征值分布

12.3　马尔可夫过程

马尔可夫过程是一种概率转移的随机过程，由苏联数学家安德烈·马尔可夫于 1907 年提出。一个系统中若存在 n 个有限状态，历经了 t 次概率转移后，这 n 个状态记作 X_t。下一次概率转移后，X_{t+1} 只受 X_t 影响，与过去的 $X_0,X_1,\cdots,X_{t-1}$ 都无关。这样的概率转移过程就是**马尔可夫过程**，它的概率转移模型为

$$P\{X_{t+1}|X_0,X_1,\cdots,X_t\}=P\{X_{t+1}|X_t\} \tag{12-13}$$

式(12-13)是一个条件概率模型，它表明未来的变化只跟当前 n 个状态有关，与过去 $t-1$ 次概率转移都无关，即马尔可夫过程具有“无记忆性”。

在马尔可夫过程中，如果状态之间都以某个固定的概率随机转移，无论各状态的初始化怎样，随着转移次数的增加，系统中各状态都将收敛到唯一确定的占比分布，此后各状态再也不会发生变化，这就是收敛后的**平稳分布**[160]，也称作极限分布。例如，我国每年都有一部分农村人口流向城市，同时也有另一部分人口从城市返乡，所以城市和农村的人口分别是两个不同的状态。一开始，人口流动会导致城乡人口比例每年都不同，但是随着时间的推移，城乡人口占比会固定下来，即达到平稳分布，此后这两个占比不再改变。根据人口流动的马尔可夫过程，可以确定若干年后城乡人口的百分比。

基于“无记忆性”和平稳分布性质，马尔可夫过程可以用作随机模型或系统的推断预测，目前在许多实际问题中都有着广泛应用，包括金融学、物理学、生命科学、通信工程等领域[154]。

马尔可夫过程涉及一种常见的非负不可约矩阵——马尔可夫矩阵。另外，著名的 Google 矩阵也属于马尔可夫矩阵的一种。

12.3.1　非负不可约矩阵

非负矩阵是非常重要的矩阵类，在数值分析、概率统计、组合分析、数理经济等领域具有

重要应用[161]。非负不可约，顾名思义包含了两个概念，即非负和不可约。如果一个矩阵同时满足非负和不可约两个条件，那么它就是非负不可约矩阵。

1. 非负矩阵

若矩阵 $\boldsymbol{A}$ 是非负矩阵，它的每个元素都不小于 0，即第 i 行第 j 列元素 $a_{ij}\geqslant 0$。

2. 不可约矩阵

如果系统共有 n 个状态，则可以构成大小为 $n\times n$ 的矩阵。从任意状态 i 能够直接或者间接到达其他任意 $n-1$ 个状态 j，则这 n 个状态构成一个**强连通**的有向图。该有向图所构成的邻接矩阵 $\boldsymbol{A}$ 是不可约矩阵（如果状态 i 能直接到达状态 j，则 $a_{ij}>0$；否则 $a_{ij}=0$）。不可约意味着状态之间的转移不可化简。如果可化简，则说明 $\boldsymbol{A}$ 可约，所以这 n 个状态构成的有向图是**非强连通**的。

图 12-5(a)和(b)分别展示了四种状态转移的可约与不可约的两种情况，前者构成了非强连通有向图，而后者却是强连通的。因为在图 12-5(a)中，状态 2～状态 4 无论如何都到不了状态 1；而图 12-5(b)中的状态 1～状态 4 都可以直接或者间接相互连通达到。

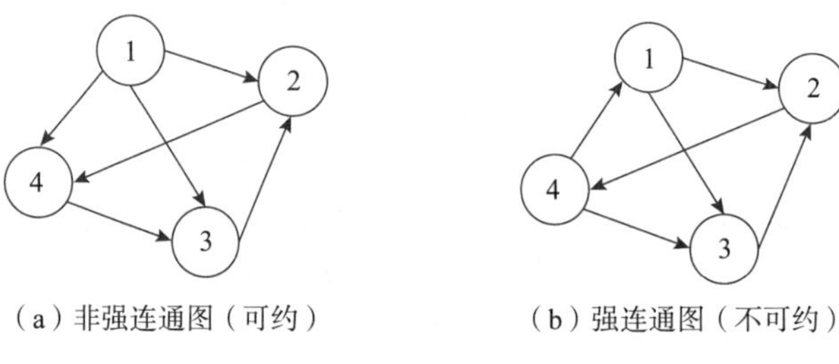

(a) 非强连通图（可约）　(b) 强连通图（不可约）

图 12-5　非强连通图和强连通图

如果 n 个节点之间的状态转换能构成强连通关系，那么相应的邻接矩阵满秩；反之，在非强连通（可约）的情况下，其邻接矩阵不满秩，所以可约。图 12-5(a)中非强连通图构成的邻接矩阵为

$$\boldsymbol{G}_1=\begin{bmatrix}0&1&1&1\\0&0&0&1\\0&1&0&0\\0&0&1&0\end{bmatrix}$$

图 12-5(b)中强连通图构成的邻接矩阵为

$$\boldsymbol{G}_2=\begin{bmatrix}0&1&1&0\\0&0&0&1\\0&1&0&0\\1&0&1&0\end{bmatrix}$$

通过行列式化简能看出，$\boldsymbol{G}_1$ 不满秩，所以可约；$\boldsymbol{G}_2$ 是满秩矩阵，所以不可约。事实上，图 12-5(a)中的状态 2～4 形成了一个闭环，闭环中的三个状态之间可以相互到达；状态 1 能到达这个闭环，反过来却无法到达，即两者无法循环，因而状态 1→2、1→3 和 1→4 的箭头可约。

小贴士

关于非负不可约矩阵及其性质的详细介绍与证明，请参阅文献[162]第 8.3、8.4 节。

12.3.2 马尔可夫矩阵和平稳分布

马尔可夫矩阵是对马尔可夫过程中概率转移的建模。在马尔可夫过程中，概率转移由状态、转移概率和约束三要素构成。

状态:系统中存在的状态。

转移概率:系统中由一种状态随机转移到另一种状态的概率。

约束:从一个状态发出，转移到所有状态的概率总和为 1。

如图 12-6 所示的状态转移图共包含 6 个不同的状态，它构成了 6×6 的马尔可夫矩阵，其中 a～f 分别对应了第 1～6 个状态，图中箭头上的数字即是转移概率。

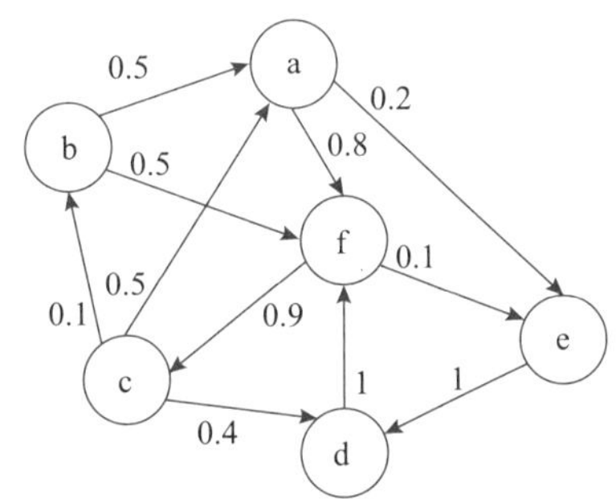

图 12-6 一个简单的马尔可夫状态转移图

与图 12-6 相对应的马尔可夫概率转移矩阵(简称马尔可夫矩阵)$\boldsymbol{M}$ 为

$$\boldsymbol{M}=\begin{bmatrix} 0 & 0 & 0 & 0 & 0.2 & 0.8 \\ 0.5 & 0 & 0 & 0 & 0 & 0.5 \\ 0.5 & 0.1 & 0 & 0.4 & 0 & 0 \\ 0 & 0 & 0 & 0 & 0 & 1 \\ 0 & 0 & 0 & 1 & 0 & 0 \\ 0 & 0 & 0.9 & 0 & 0.1 & 0 \end{bmatrix}$$

式中，$\boldsymbol{M}$ 的第 i 行第 j 列元素 m_{ij} 是从第 i 个状态转移到第 j 个状态的概率，因此每行行和都是 1。

【例 12-2】 某热带地区雨季的任意两天中，如果第 1 天下暴雨，第 2 天转晴的概率为 0.8；若第 1 天是晴天，第 2 天下雨的概率是 0.7，见表 12-3。若第 1 天下了暴雨，第 2 天也是雨天的可能性有多大？第 3 天是晴天的可能性有多大？第 10 天呢？

解：令第 1 天和第 2 天的状态分别是 X_0 和 X_1。由表 12-3 知，若 X_0 是雨天，则 X_1 是晴天的概率为 0.8，是雨天的概率是 0.2；若 X_0 是晴天，那么 X_1 是雨天的概率是 0.7，是晴天的概率是 0.3。

表 12-3 天气变化的概率转移情况

天气类型	$P\{X_1=雨天\}$	$P\{X_1=晴天\}$
$P\{X_0=雨天\}$	0.2	0.8
$P\{X_0=晴天\}$	0.7	0.3

由表 12-3 构造马尔可夫矩阵 $\boldsymbol{M}$，即 $\boldsymbol{M}=\begin{bmatrix}0.2 & 0.8\\0.7 & 0.3\end{bmatrix}$

根据题意，第 1 天下雨，即 $P\{X_0\}=[1,0]$，第 2 天各个状态的概率为

$$P\{X_1\}=P\{X_0\boldsymbol{M}\}=[1,0]\begin{bmatrix}0.2 & 0.8\\0.7 & 0.3\end{bmatrix}=[0.2,0.8]$$

即第 2 天也下雨的可能性是 0.2。

第 3 天各个状态的概率为

$$\begin{aligned}P\{X_2\}&=P\{X_1\boldsymbol{M}\}=P\{X_0\boldsymbol{M}^2\}\\&=[1,0]\begin{bmatrix}0.2 & 0.8\\0.7 & 0.3\end{bmatrix}\begin{bmatrix}0.2 & 0.8\\0.7 & 0.3\end{bmatrix}=[1,0]\begin{bmatrix}0.6 & 0.4\\0.35 & 0.65\end{bmatrix}=[0.6,0.4]\end{aligned}$$

即第 3 天是晴天的概率为 0.4。

以此类推，第 10 天各个状态的概率为

$$\begin{aligned}P\{X_9\}&=P\{X_0\boldsymbol{M}^9\}\\&=[1,0]\underbrace{\begin{bmatrix}0.2 & 0.8\\0.7 & 0.3\end{bmatrix}\cdots\begin{bmatrix}0.2 & 0.8\\0.7 & 0.3\end{bmatrix}}_{9\text{个}\boldsymbol{M}\text{连乘}}\approx[1,0]\begin{bmatrix}0.47 & 0.53\\0.47 & 0.53\end{bmatrix}=[0.47,0.53]\end{aligned}$$

第 10 天是晴天的概率约为 0.53(保留了小数点后两位)。

例 12-2 中，第 10 天后的概率转移矩阵将一直不变，即 $\boldsymbol{M}^k=\boldsymbol{M}^9\ (k=10,11,\cdots)$。实际上，无论初始状态 X_0 是多少，最终都会收敛到相同的状态 $X_{k+1}=[0.47,0.53]$。这个状态就是马尔可夫矩阵 $\boldsymbol{M}$ 的极限分布，也称作**平稳分布**，记作 $\boldsymbol{\pi}$，即

$$\lim_{k\to\infty}X_k=\boldsymbol{\pi} \tag{12-14}$$

根据式(12-14)，当 $k\to\infty$ 时，不管初始状态 X_0 是多少，$X_{k+1}=X_0\boldsymbol{M}^k=[0.47,0.53]=\boldsymbol{\pi}$，即雨天和晴天占总天数 k 的比例不再改变，分别保持在 47% 和 53%。

马尔可夫过程可能存在不止一个平稳状态，但概率转移矩阵收敛后能满足式(12-15)，则说明系统达到了**细致平稳分布**[83]，即

$$\pi_i P_{ij}=\pi_j P_{ji}\quad(1\leqslant i,j\leqslant n) \tag{12-15}$$

式(12-15)中，P_{ij} 是矩阵 $\boldsymbol{P}$ 第 i 行第 j 列元素，而 $\boldsymbol{P}$ 是 $\boldsymbol{M}$ 多次概率转移后的极限，即 $\boldsymbol{P}=\lim\limits_{k\to\infty}\boldsymbol{M}^k$。

马尔可夫过程只要满足**非负性**、**不可约性**和**非周期性**三个条件[160]，无论各状态初始化如何，最终都会收敛到唯一且确定的平稳分布 $\boldsymbol{\pi}$，满足 $\boldsymbol{\pi P}=\boldsymbol{\pi}$。之后无论怎么概率转移，这个平稳分布都将不再改变。另外，$\boldsymbol{P}$ 是一个秩为 1 的矩阵，它的每行都是平稳分布 $[\pi_1,\pi_2,\cdots,\pi_n]$，所以 $P_{ij}=\pi_j$。

12.3.3 Google 矩阵

著名的 Google 矩阵属于马尔可夫矩阵的一种，用于 Google 网页的评级系统中，并满足非负性、不可约性和非周期性条件。PageRank(网页级别)算法是 Google 网页评级系统的核心算法，它由 Google 创始人拉里·佩奇(Larry Page)和谢尔盖·布林(Sergey Brin)在斯坦福大学开发[2]。PageRank 的核心思想是，如果从一个网页链接到另一个网页，后者就得到

了一张投票。根据得票数,对每个网页都进行评级,得票数多的网页评级就高,反之则低。另外也要分析投票的网页,重要的网页所投的票,权重会更高。PageRank 算法对 Google 网站上所有的网页链接情况都要做评级,通过对整个网站的分析,评选出用户最关心或者最感兴趣的网页。

为了简单起见,假设系统中一共有 5 个网页,链接情况如图 12-7 所示。

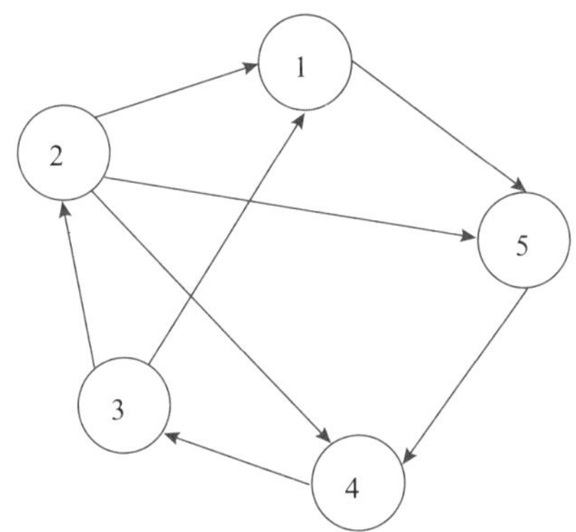

图 12-7 由 5 个网页构成的简单跳转关系图

根据图 12-7 的网页跳转关系,可以构造邻接矩阵 $\boldsymbol{A}$,即

$$\boldsymbol{A}=\begin{bmatrix}0&0&0&0&1\\1&0&0&1&1\\1&1&0&0&0\\0&0&1&0&0\\0&0&0&1&0\end{bmatrix}$$

现实中,用户在一般情况下会沿着相关的网页跳转(即连通图上有直接链接关系的网页)。但有时用户也会跳转到不相关的网页上(即不存在直接链接的网页)。PageRank 算法默认用户在 85% 的情况下跳转到直接链接的网页,而 15% 的情况会跳转到无关的网页上[163]。将上述邻接矩阵 $\boldsymbol{A}$ 的行和归一化后,得到的矩阵记作 $\bar{\boldsymbol{A}}$。此时 Google 矩阵 $\boldsymbol{G}$ 为

$$\boldsymbol{G}=c\bar{\boldsymbol{A}}+(1-c)\boldsymbol{H} \qquad (c=0.85) \tag{12-16}$$

式(12-16)中,$\boldsymbol{G}$ 的第 i 行第 j 列元素是 $m_{ij}=c\dfrac{a_{ij}}{r_i}+\dfrac{1-c}{n}$,其中分母 $r_i=\sum a_{ij}$,它是 $\boldsymbol{A}$ 的第 i 行行和;$\boldsymbol{H}$ 是一个大小为 $n\times n$ 的矩阵,所有元素都是 $\dfrac{1}{n}$,所以 $\boldsymbol{H}$ 的秩为 1。

根据图 12-7 的网页跳转关系,相应的 Google 矩阵 $\boldsymbol{G}$ 为

$$\boldsymbol{G}=\begin{bmatrix}0.03&0.03&0.03&0.03&0.88\\0.313&0.03&0.03&0.313&0.313\\0.455&0.455&0.03&0.03&0.03\\0.03&0.03&0.88&0.03&0.03\\0.03&0.03&0.03&0.88&0.03\end{bmatrix}$$

可以验证,$\boldsymbol{G}$ 的行和都为 1。

给定这 5 个网页 Page1～Page5 的任意初始状态 X_0(即刚开始时每个网页的得票数占

得票总数的比值)，与例 12-2 一样，对网页进行多次跳转，即将 $\boldsymbol{G}$ 连乘多次，最终也会平稳收敛到式(12-14)中极限分布 $\boldsymbol{\pi}$。换言之，随着网页之间的不断跳转，这 5 个网页的得票总数会单调增加，而各个网页的得票数占得票总数的比值会逐渐稳定，即渐进趋于极限分布。

图 12-8 展示了 $\boldsymbol{G}$ 连乘 50 次后各个网页的得票率，即 $X_k = X_0\boldsymbol{G}^k\ (k=1,2,\cdots,50)$。通过计算，网页跳转后的极限分布是 $\boldsymbol{\pi}=[0.169\quad 0.130\quad 0.242\quad 0.248\quad 0.211]$。

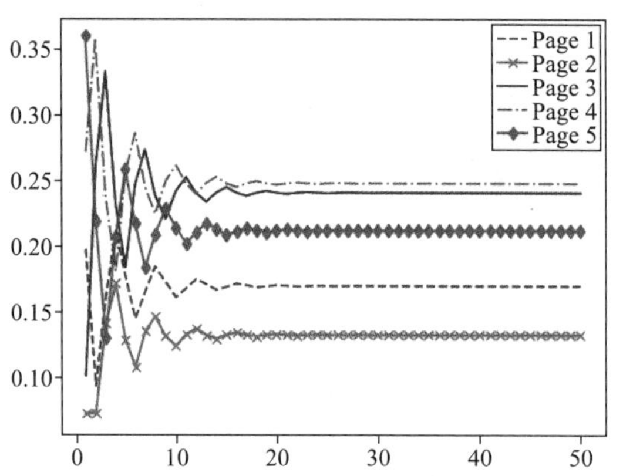

图 12-8 Google 矩阵 $\boldsymbol{G}$ 连乘 50 次后各个网页的得票率变化

12.4 基于概率转移的随机采样法

本节将介绍两种基于概率转移的随机采样法——马尔可夫链蒙特卡罗(Markov Chain Monte Carlo，MCMC)算法和梅特罗波利斯-黑斯廷斯(Metropolis-Hastings，MH)算法。

12.4.1 马尔可夫链蒙特卡罗算法

马尔可夫链蒙特卡罗(MCMC)算法是一种非常经典的随机采样法[164]，它在机器学习、深度学习与自然语言处理等领域都有着广泛的应用[165]。MCMC 采用了随机采样与概率转移相结合的基本思想。若系统中存在 n 个状态，任意初始化各个状态，通过多次采样(0,1)之间均匀分布的随机数，MCMC 能实现状态之间的跳转，从而使各个状态渐近达到平稳分布。每次跳转前，MCMC 都要根据当前采样的随机数 u 判断下一步是否跳转。举个例子，已知当前处在状态 i，而 $i \to j$ 的转移概率是 0.1，即马尔可夫矩阵 $\boldsymbol{M}$ 中第 i 行第 j 列元素 $\boldsymbol{M}_{ij}=0.1$。如果 $u \leqslant \boldsymbol{M}_{ij}$ 就跳转到状态 j，否则还是停留在状态 i。

MCMC 随机采样过程遵循统计学中的大数定律。随着概率转移次数的增加，不断有随机数被采样，其中 $u<0.1$ 的次数占总采样次数的比率会渐近趋于 10%，使得跳转概率渐近趋于 10%，从而达到平稳分布。MCMC 的具体实现步骤见图 12-9。

图 12-9 中随着采样跳转次数 k 的增加，马尔可夫链 $\{\theta^0,\theta^1,\cdots,\theta^k\}$ 会越来越长。刚开始，系统中 n 个状态被跳转到的概率 $p^k(1),p^k(2),\cdots,p^k(n)$ 会不断变化。当 $k\to\infty$ 时，这 n 个状态的概率是 $\lim\limits_{k\to\infty} p^k(1),p^k(2),\cdots,p^k(n)=\pi_1,\pi_2,\cdots,\pi_n$，即各状态被跳转到的次数与

马尔可夫链蒙特卡罗（MCMC）算法

输入: 马尔可夫链的初始状态θ^0, $k=0$, 马尔可夫矩阵$\boldsymbol{M}$, 初始概率$p^0(1), p^0(2),\cdots, p^0(n)$

循环:

1. 采样服从(0,1) 均匀分布的随机数u
2. 确认系统当前的状态$i=\theta^k$
3. **判断**: **如果**$u\leq M_{ij}$, **则**$\theta^{k+1}=j$

   否则$\theta^{k+1}=i$
4. $k=k+1$
5. 更新各状态的概率$p^k(1), p^k(2), \cdots, p^k(n)$

输出: 系统中各个状态的极限分布$\boldsymbol{\pi}$

图 12-9 马尔可夫链蒙特卡罗(MCMC)算法

总次数 k 将渐近趋于一个固定的比率，即平稳分布 $\boldsymbol{\pi}$。

将 n 个状态看作变量 X 的 n 种不同取值，MCMC 经过多次随机采样和概率转移后，得到的状态平稳分布 $\boldsymbol{\pi}$ 即是 X 的后验概率分布，从而避免了直接计算。所以 MCMC 可用于高维数据的积分和后验概率难以求解的贝叶斯估计，还可用于显著性检验和极大似然估计等方面[68]。总之，MCMC 属于另辟蹊径的方法，它解决了传统解析方法难以求解的实际问题。

12.4.2 案例：晴雨天概率转移的 MCMC 实现

本案例用 MCMC 算法实现例 12-2 中马尔可夫过程的平稳分布。假设系统的初始概率是 $p^0(0), p^0(1)=[0.9, 0.1]$，一开始的状态是雨天。经过 N 天($N=10000$)的状态转移，雨天(rainy)和晴天(sunny)的天数加起来是 N，它们的占比会渐近趋于平稳分布 $\boldsymbol{\pi}$。

代码实现如下：

【代码 12-3】

```
import numpy as np
import matplotlib.pyplot as plt
np.set_printoptions(formatter={'float':'{:0.2f}'.format})
M = np.array([[0.2,0.8],[0.7,0.3]])     #马尔可夫矩阵
N = 10000
State = np.array([0,0])                 #计数,每个状态被跳转的次数
Curr_State = 1                          #可改
p0 = list()
p1 = list()
P =[0.9,0.1]                            #系统初始概率
for k in range(N):
    if Curr_State == 0:                 #系统当前的状态
        u = np.random.uniform(0,1,size=1)
        if u < M[0,1]:
```

```
            State[1] = State[1] + 1
            Curr_State = 1
        else:
             State[0] = State[0] + 1
    else:
        u = np.random.uniform(0,1,size = 1)
        if u < M[1,0]:
            State[0] = State[0] + 1
            Curr_State = 0
        else:
             State[1] = State[1] + 1
    P = State/(k + 1)        #雨天和晴天的概率,一开始会变,之后渐近趋于平稳分布
    if(k + 1) % 200 == 0:
       p0.append(P[0])
       p1.append(P[1])
print('MCMC:',State/N)
iter = np.linspace(0,N,len(p0),dtype = int)
fig = plt.figure()
plt.plot(iter,p0,'r--')
plt.plot(iter,p1,'b-x')
plt.legend([r'rainy',r'sunny'])
plt.show()
```

运行代码 12-3 后,结果如下:

```
MCMC :[0.47,0.53]
```

代码 12-3 的运行结果与例 12-2 中平稳分布结果一致。运行后生成图 12-10,它展示了 $N=10000$ 次概率转移过程中,随着概率转移次数 $k(k=1,2,\cdots,N)$的增加,雨天和晴天的占比越来越稳定,渐近趋于平稳分布 $\boldsymbol{\pi}=[0.47,0.53]$。

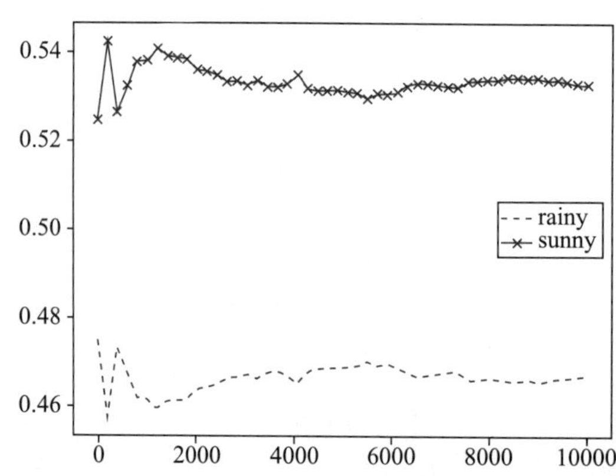

图 12-10 MCMC 算法中 $N=10000$ 次后雨天(rainy)和晴天(sunny)趋于平稳分布

12.4.3 Metropolis-Hasting 算法

Metropolis 等人[166] 在 1953 年提出了一种构造转移核的方法,后来在 1970 年

Hastings[167]对其加以推广，形成了 Metropolis-Hastings(MH)算法。它是 MCMC 算法的改进版本，实现过程比 MCMC 更高效。MH 算法能简单有效地解决现实中许多难以解决的问题，例如：①生成服从任一概率分布的随机数；②求解非凸函数的全局最优解等。受篇幅限制，关于①和②的编程案例及其运行结果，可扫描前言二维码获取。

MH 算法的基本思想与 MCMC 一样，也是采用了马尔可夫链＋蒙特卡罗的方法。最具创意的是，MH 算法构造了对称的提议分布(proposed distribution)$q(j|i)$，即状态 $i\to j$ 的转移核，并满足 $q(j|i)=q(i|j)$，其中提议分布可选用高斯分布或者均匀分布。比如高斯分布转移核 $q(y|x)=\frac{1}{\sqrt{2\pi}\sigma}e^{-\frac{(y-x)^2}{2\sigma^2}}$（参数 σ 通常取 1），它表示以状态 $i\to j$ 的转移概率，满足对称性 $q(y|x)=q(x|y)$，且 $0<q(y|x)<1$。

式(12-15)表明系统达到了细致平稳分布，它是平稳分布唯一且确定的充分条件[83]。基于细致平稳分布，MH 算法令式(12-17)成立，即

$$\pi_i q(j|i)\alpha(j|i)=\pi_j q(i|j)\alpha(i|j) \tag{12-17}$$

式(12-17)中，π_i 和 π_j 分别是状态 i 和 j 的平稳分布，比值 $r=\frac{\pi_i}{\pi_j}=\frac{q(i|j)\alpha(i|j)}{q(j|i)\alpha(j|i)}$成立，$\alpha(j|i)$ 是状态 $i\to j$ 的转移概率。因为 $\pi_i\neq\pi_j$，所以 $q(j|i)\alpha(j|i)\neq q(i|j)\alpha(i|j)$。

若提议分布 q 对称，则 $r=\frac{\pi_i}{\pi_j}=\frac{\alpha(i|j)}{\alpha(j|i)}$。令 $\alpha(j|i)=1$，如果$\frac{\pi_i}{\pi_j}>1$，100%接收状态 $j\to i$ 的跳转；若$\frac{\pi_i}{\pi_j}<1$，则以概率 r 接收 $j\to i$ 的跳转，即 $\alpha(i|j)=\min\{1,r\}$[168]。回顾 MCMC，如果转移概率 m_{ij} 太小，比如 0.05，会导致均匀采样 100 次，大约只有 5 次能实现状态之间的跳转，剩下 95%的随机采样都无法跳转，所以效率低下。而 MH 算法将图 12-9 中步骤 3 的判定条件改为随机数 $u\leqslant\min\{1,r\}$，正好对应了 u 本身的取值范围 $u\in(0,1)$，这样能大幅度提高跳转概率，所以 MH 算法比 MCMC 实现起来更为高效。MH 算法实现步骤见图 12-11。

Metropolis-Hastings（MH）算法

输入: 马尔可夫链的初始状态θ^0, $k=0$, 马尔可夫矩阵$\boldsymbol{M}$，初始概率$p^0(1), p^0(2),\cdots, p^0(n)$

循环:

1. 采样服从(0,1) 均匀分布的随机数u
2. 确认系统当前的状态$i=\theta^k$
3. 根据构造的提议分布q，计算$q(j|i)$
4. 计算比值$r=\frac{\pi_i q(j|i)}{\pi_j q(i|j)}$
5. **判断：如果**$u\leqslant\min\{1,r\}$, **则**$\theta^{k+1}=j$

   否则$\theta^{k+1}=i$
6. $k=k+1$
7. 更新各状态的概率$p^k(1), p^k(2),\cdots, p^k(n)$

输出: 系统中各个状态的极限分布$\boldsymbol{\pi}$

图 12-11 Metropolis-Hastings(MH)算法

图 12-11 中，为了简化原 MH 算法，通常默认提议分布 q 对称。令比值 $r=\frac{\pi_i}{\pi_j}$，当 $\pi_i<\pi_j$ 时，$0<r<1$，转移概率是 r；反之 $r\geqslant1$，转移概率是 1。

12.4.4 案例：晴雨天概率转移的 MH 算法实现

本案例旨在比较 MH 算法与 12.4.2 小节 MCMC 算法的实现效果。如果改用 MH 算法实现晴雨天概率转移，只需修改代码 12-3 中 for 循环部分，其余不变，修改后的代码如下。

【代码 12-4】

```
if Curr_State == 0:   # 系统当前的状态
    u = np.random.uniform(0,1,size=1)
    #q=np.random.normal(loc=0,scal=1,size=1)
    r = min(1,M[0,1]/M[1,0])
    if u < r:
        State[1]= State[1]+ 1
        Curr_State = 1
    else:
        State[0]= State[0]+ 1
else:
    u = np.random.uniform(0,1,size=1)
    q=np.random.uniform(0,1,size=1)
    r = min(1,M[1,0]/ M[0,1])
    if u < r:
        State[0]= State[0]+ 1
        Curr_State = 0
    else:
        State[1]= State[1]+ 1
P = State/(k+1)          #雨天和晴天的概率,一开始会变,之后渐近趋于平稳分布
if(k+1) % 200 == 0:
    p0.append(P[0])
    p1.append(P[1])
print('MH:',State/N)
```

将代码 12-3 的 for 循环部分替换成代码 12-4，运行结果如下：

```
MH :[0.47,0.53]
```

运行后生成图 12-12。

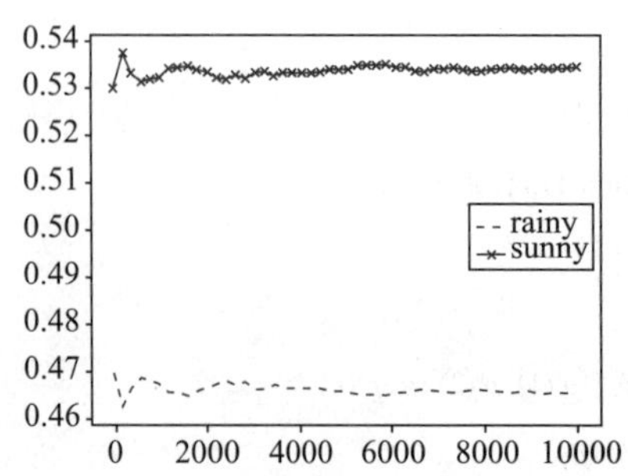

图 12-12 MH 算法中 $N=10000$ 次后雨天(rainy)和晴天(sunny)趋于平稳分布

MCMC 与 MH 算法对晴雨天概率转移的比较

比较图 12-10 和图 12-12 会发现，在同样次数（$N=10000$）的随机跳转中，MH 算法中雨天和晴天两种状态的曲线变化要比 MCMC 算法更加平稳，波动更小。这说明 MH 算法能使各个状态在较少的跳转次数内收敛到平稳分布，它比 MCMC 算法更高效。两种方法都能收敛到相同的平稳分布（保留小数点后两位），与理论值一致。

本章小结

本章围绕随机方法展开了四个方面的介绍：第一是蒙特卡罗法，对具体问题建立相关概率模型，用采样的 N 个随机数均值估算待求的解，只要均值是这个解的无偏估计即可，根据中心极限定理，采样多次后均值服从正态分布，并随着 N 的增大渐近收敛到这个解的理论值；第二是幂迭代算法，输入 n 维随机向量，对其多次左乘 $n\times n$ 的矩阵，迭代后能收敛到该矩阵的最大特征值对应的特征向量；第三是一种非常经典的随机过程——马尔可夫过程，多次概率转移后，系统中各状态能达到一个恒定的占比关系，称为平稳分布；最后是基于概率转移的随机采样法，其中较为经典的是 MCMC 算法和 MH 算法。它们的理论基础来源于统计学中的大数定理，每次根据采样的随机数判断状态间是否跳转，多次采样后各状态停留的次数占总次数的比值渐近趋于稳定，即达到了平稳分布。

模型评估

在模式识别中，通常需要事先设计一个算法，从训练样本中提取特征，再根据该特征做判别，即分类或聚类。从算法设计到训练，再到特征提取的完整过程就是模型。比如，第7章线性鉴别分析(LDA)投影后产生的低维样本是一个分类模型；在8.2.4小节案例中用到的K均值聚类，它将原始样本聚到的类是一个聚类模型。有些模型能在很大程度上区分不同类别的样本，获得较高的识别率；而有些模型却将同类样本分开，将异类样本归拢到一起，大大降低识别效果。如何评估模型的区分度，用哪些方法做评估，将是本章的重点内容。

13.1 评估判别指标

13.1.1 精准率、召回率、正确率和混淆矩阵

本小节将介绍三个常用的评估判别指标——精准率(precision)、召回率(recall)和正确率(accuracy)[87]。通过构建混淆矩阵[169]，能一目了然地看出这三个指标。

1. 精准率、召回率和正确率

首先举个简单的例子，医院通过一系列方法确诊老年痴呆症患者。在100个实际患者和100个实际健康的人中，有97人被确诊为患者，其中包括95个真正的患者和2个健康的人(误诊)。在这个二分类模型中，把正类样本(实际患者)归为正类，是真阳性(true positive，TP)；正类样本被误判成负类，是假阴性(false negative，FN)。负类样本(健康的人)中，被判为负类是真阴性(true negative，TN)；而被误判成正类是假阳性(false positive，FP)。精准率和召回率的定义式分别为

$$\text{Precision}=\frac{\text{TP}}{\text{TP}+\text{FP}} \tag{13-1}$$

$$\text{Recall}=\frac{\text{TP}}{\text{TP}+\text{FN}} \tag{13-2}$$

换句话说，精准率是在判为正类的样本中，真正的正类样本所占比重。精准率高，说明

误判少。召回率则是在所有正类样本中被正确识别的样本所占比重，所以召回率也称作查全率，因为还有其他正类样本(FN)尚未识别。

所有样本加起来是 TP＋TN＋FP＋FN，实际正类被判为正和实际负类被判为负都是判断正确的情况，因此正确率是 TP＋TN 占所有样本个数的比值，即

$$\text{Accuracy}=\frac{\text{TP}+\text{TN}}{\text{TP}+\text{TN}+\text{FP}+\text{FN}} \tag{13-3}$$

综上所述，该例子的精准率为 95/97≈97.94%，召回率为 95%，因为还有 5 位真正的患者没被确诊，而正确率为(95＋98)/200＝96.5%。

事实上，仅用正确率这一项指标不足以判定诊断模型的优劣。如果改变 TP 和 TN，只要满足 TP＋TN＝193，正确率依旧不变，但是精准率和召回率都发生了变化。理想的诊断模型是：既不漏掉任何真正的患者，也不误诊任何健康的人。前者漏掉的多，表明召回率低；而后者误诊的多，表明精准率低。这两种情况都需要改进诊断方法。

由此得出结论：好的模型，要同时做到高精准率和高召回率。但实际上两者是相互掣肘的，因为有些患者症状不明显，与健康人很相似；而有些健康人存在其他疾病，类似于老年痴呆的症状。放宽确诊条件，会提高召回率，有效减少漏诊，但同时会误诊更多的健康人；反过来，严格限制确诊条件，虽然能减少误诊，提高精确率，但也会漏掉真正的患者。

现实中，一般根据实际需求来权衡精准率和召回率的重要性。在不同的应用场合中，两者受到关注的程度也会不同。例如，我国的道路交通安全法一直都强调，要把行人的安全保护放第一位，做到安全驾驶。自动驾驶需要识别目标，即判断前方是否存在行人，有则必须避让。宁可误判一万个目标，也不能漏掉一个真正的行人，否则会发生车撞人的悲剧。因此召回率必须达到 100%才能上路，而相比之下精准率显得不那么重要了。再举个例子，我国和其他国家的法律几乎都秉承“疑罪从无”的原则，如果没有确凿的证据，通常不会判定有罪。换言之，在每一起司法案件中，都要做到公平公正，不伤及无辜。在这种情况下，精准率远比召回率重要。

2. 混淆矩阵

混淆矩阵(confusion matrix)是一个由真阳性(TP)、假阳性(FP)、真阴性(TN)和假阴性(FN)四部分构成的矩阵，即

	判为正类 1	判为负类 0
实际正类 1	TP	FN
实际负类 0	FP	TN

从混淆矩阵中很容易看出模型判别性能，比如前文确诊例子所构成的混淆矩阵为

	诊断有病	诊断无病
实际患者	95	5
实际健康人	2	98

混淆矩阵的对角线元素之和占所有样本的比值是正确率，其中左上角的真阳性与第一行行和的比值是召回率，而它与第一列列和的比值是精准率。

13.1.2 F1 分数及其拓展

13.1.1 小节提到，一个好的模型要同时追求高精准率和高召回率，但这两者是相互掣肘的。通常默认阳性样本为正类(类别为 1)，阴性样本为负类(类别为 0)。给定一个判别阈值 t，样本某个属性大于 t 就判为正类，否则判为负类。此时模型会得到一个精准率和召回率，分别量化了在该阈值下误判和漏判的比例。改变 t，会得到一个新的精准率和召回率。一般情况下，误判和漏判都不宜太多，两者达到平衡才是最佳情况。

1. F1 分数

F1 分数是衡量精准率和召回率是否平衡的重要指标。将精准率和召回率分别简写成 P 和 R，那么 $\frac{1}{\text{F1}}=\frac{1}{2}\left(\frac{1}{P}+\frac{1}{R}\right)$，即

$$\text{F1}=\frac{2(P\times R)}{P+R} \tag{13-4}$$

如果精准率和召回率都高且相差不大，那么 F1 分数较高；两者悬殊越大，则 F1 分数越低。

【例 13-1】 根据身高判断男女的性别，现有 5 男 5 女，男生身高分别是 176、181、172、175、168，女生分别是 170、165、159、168、162(单位：cm)。把身高在 170cm 及以上的人判为男生，计算精准率、召回率和 F1 分数。

解：为了便于查找符合阈值条件的人数，首先把这 10 人的身高按照降序排列，见表 13-1。

表 13-1　5 男 5 女身高降序排列

身高/cm	181	176	175	172	170	168	168	165	162	159
性别	男	男	男	男	女	男	女	女	女	女

由表 13-1 可知，身高 170cm 及以上有 5 人，其中 4 男 1 女，所以精准率 P 为 80%。在 5 个男生中，有 4 个超过 170cm，还有一个 168cm 的未找到，所以召回率 R 为 80%。根据式(13-4)，F1 分数是 0.8。

例 13-1 中，如果把阈值改成 173，则超过该阈值的有 3 人，全部是男生，所以精准率为 100%，召回率为 60%，F1 分数是 75%；若阈值放宽为 168，有 7 人符合条件(即 5 男 2 女)，从而精准率 P 为 $5/7\approx71.43\%$，召回率 R 为 100%，F1 分数是 83%。

由此得出结论：改变阈值后，精准率和召回率都会发生变化，从而影响 F1 分数的大小。阈值设为 173，说明筛查条件严格，虽然能提高精准率，但是召回率太低，所以 F1 分数不会很高。相比之下，适当降低阈值后能平衡精准率和召回率，从而得到较高的 F1 分数。另外，与 168 的阈值相比，170 虽然更能平衡精准率和召回率，但是 F1 分数却不如前者。因为从总体上看，前者在这两项指标方面表现更好，尽管不如后者那么平衡。

2. F1 分数的拓展

F1 分数默认精准率和召回率同等重要。例 13-1 告诉我们，较高的 F1 分数既要求高精准率和高召回率，又要求两者达到平衡。与此同时，13.1.1 小节提到，现实中不同的应用场

合对精准率和召回率的关注程度不一样。对此，用一个参数 $\beta(\beta \geqslant 0)$ 量化这种关注程度，即 $\frac{1}{F_\beta}=\frac{1}{1+\beta^2}\left(\frac{\beta^2}{R}+\frac{1}{P}\right)$，整理得

$$F_\beta=\frac{(1+\beta^2)PR}{\beta^2 P+R} \tag{13-5}$$

由式(13-5)能得出如下四个结论。

(1) 当 $\beta=0$ 时，$F_\beta=P$，说明只关注精准率 P。

(2) 在 $0<\beta<1$ 范围内，F_β 对精准率的关注度高于召回率。

(3) 若 $\beta>1$，F_β 更加关注召回率。更进一步，$\lim\limits_{\beta\to\infty}F_\beta=R$。

(4) F1 分数是 $\beta=1$ 的特殊情况，此时精准率和召回率同等重要。

13.1.3 统计学中的两类错误

统计学中存在两类错误，即正类样本错分到负类(即假阴性 FN)，属于**第一类错误**，也称作“弃真”；负类样本误判成正类(即假阳性 FP)，属于**第二类错误**，也称作“取伪”[165,170]。第一类错误多，说明召回率低；第二类错误多，说明精准率低。因此，精准率和召回率可以从统计学角度解释，毕竟自然界中的数据一般都符合正态性。例如，本章开头的诊断例子中，老年痴呆患者和健康的人分别服从两个不同的正态分布；男女的身高实际上也服从两个不同的正态分布。例 13-1 中 5 男 5 女分别是这两个分布下的 5 个样本。

分别计算表 13-1 中 5 男 5 女服从的正态分布参数。这 5 个男生的平均身高为

$$\mu_1=\frac{1}{5}\times(181+176+175+172+168)=174.4$$

他们身高的方差为

$$S_1=\frac{1}{5-1}\times[(181-\mu_1)^2+(176-\mu_1)^2+(175-\mu_1)^2+(172-\mu_1)^2+(168-\mu_1)^2]=23.3$$

从统计学角度讲，$E(S_1)$是男生身高方差的无偏估计，详见 6.1.3 小节。同理，这 5 个女生的平均身高是 $\mu_2=164.4$，无偏方差是 $S_2=19.7$。据此可以画出这两个正态分布的概率密度函数及其两类错误的分布区间，如图 13-1 所示。

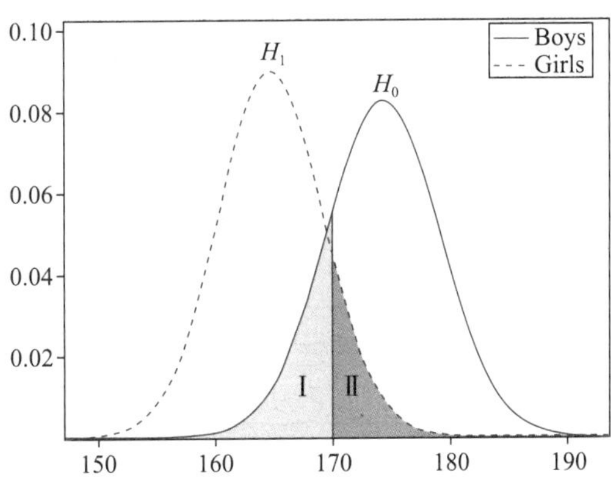

图 13-1 男生(Boys)身高分布(实线)和女生(Girls)身高分布(虚线)

正类样本服从的概率分布假设,称作"**原假设**",通常记作 H_0,而负类样本服从的概率分布假设称作"**备择假设**",记作 H_1[165,170]。图 13-1 中实线和虚线分别是原假设和备择假设的概率分布情况。如果把身高 170cm 作为区分男女性别的阈值(分水岭),即图 13-1 的粗线,则粗线左右两侧浅色和深色区域分别是"弃真"和"取伪"的分布区间,记作"Ⅰ"和"Ⅱ",代表第一类和第二类错误。当阈值小于 170 时,浅色变小深色变大;反过来,当阈值大于 170 后,深色变小浅色变大。所以选取不同的阈值会直接影响精准率和召回率,而 F1 分数正是要在这两种颜色之间寻找平衡点。

13.2 模型区分度

13.1 节介绍了几种常见的评估判别指标,即精准率、召回率、正确率和 F1 分数。它们都是在事先给定某个阈值的情况下计算得到的。当阈值发生变化后,这些指标也会随之改变,如例 13-1 和图 13-1。如果模型中正负类别样本之间区分度非常大,即使改变了阈值,这些指标依旧会很高;反过来,模型中正负样本越混杂,就算选取不同的阈值,指标也会越低。如何定义和量化模型区分度,是本节的重点内容。

13.2.1 AP 值和 P-R 曲线

1. AP 值

AP 的全称是 average precision,即平均精度,确切地讲是所有不同召回率下精准率的均值,它是衡量模型区分度的一项重要指标。AP 值的计算公式为

$$\mathrm{AP}=\sum_{i=1}^{n} P_i(R_i-R_{i-1}) \tag{13-6}$$

式(13-6)中,$i=1,2,\cdots,n$,即将开始查询前,召回率 $R_0=0$。

例 13-1 中,根据表 13-1 的不同身高,从左到右查询,一共可以得到 6 对不同的(精准率,召回率)组合,见表 13-2。

表 13-2 例 13-1 中不同身高下的精准率和召回率

身高/cm	(精准率,召回率)
181	(100%,20%)
176	(100%,40%)
175	(100%,60%)
172	(100%,80%)
170	(80%,80%)
168	(71.43%,100%)

表 13-2 中列出了 5 种不同的召回率,即 20%、40%、60%、80%和 100%,其中 80%出现了两次。刚启动查询时,由于开头几个最高的都是男生,所以精准率最高,而召回率从 0 开

始逐渐增大。随着查询不断向后推进，召回率会变高，但是精准率在下降。当召回率达到100%时，说明男生（实际的正类样本）都已查询，就不必再往下查了。表 13-2 中 $n=6$，根据式(13-6)，AP 值计算过程如下：

$$\begin{aligned}\mathrm{AP} &= \sum_{i=1}^{6} P_i(R_i - R_{i-1}) \\ &= 100\% \times (20\% - 0) + 100\% \times (40\% - 20\%) + 100\% \times (60\% - 40\%) + \\ &\quad 100\% \times (80\% - 60\%) + \underbrace{80\% \times (80\% - 80\%)}_{0} + 71.43\% \times (100\% - 80\%) \\ &\approx 94.29\%\end{aligned}$$

虽然 80% 的召回率下出现了两个不同的精准率，但计算过程中发现只保留了前一个较大的精准率 100%，原因在于接下来召回率没有发生变化，根据式(13-6)较小的精准率 80% 那一项相乘结果是 0。

例 13-1 中男生身高不变，现在把最高的两个女生身高再加高一点，分别是 170cm→176cm 和 168cm→173cm。通过计算，得到更新后的女生身高均值是 $\mu'_2=167$，无偏方差是 $S'_2=52.5$。更新后女生的平均身高更高了，方差更大了，因此服从另一个正态分布，如图 13-2 所示，很明显，虚线更加靠近实线。在阈值不变的情况下，第二类错误的分布区间更大，说明更新后精准率降低了，从而使模型区分度变小了。另外，更新后身高降序排列的结果见表 13-3。

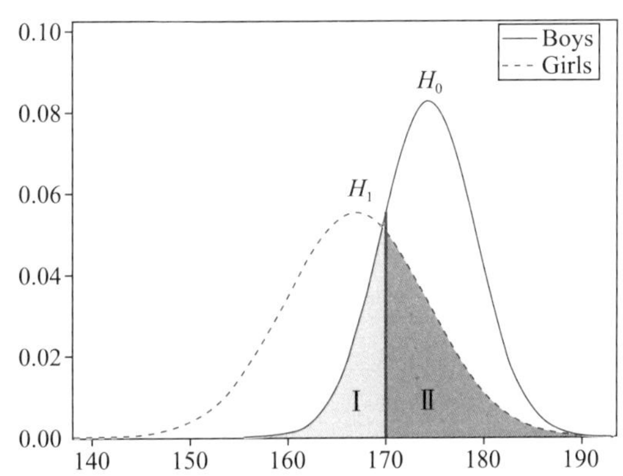

图 13-2 男生身高分布（实线）和更新后的女生身高分布（虚线）

表 13-3 更新后 5 男 5 女身高降序排列

身高/cm	181	176	176	175	173	172	168	165	162	159
性别	男	男	女	男	女	男	男	女	女	女

根据表 13-3，对于不同的身高，可以列出不同召回率下的精准率，见表 13-4。

表 13-4 更新后不同身高下的精准率和召回率

身高/cm	（精准率，召回率）
181	(100%，20%)
176	(66.67%，40%)

续表

身高/cm	(精准率,召回率)
175	(75%,60%)
173	(60%,60%)
170	(66.67%,80%)
168	(71.43%,100%)

同样,更新后根据表 13-4 计算 AP 值,即

$$\begin{aligned}\mathrm{AP} &= \sum_{i=1}^{6} P_i(R_i - R_{i-1}) \\ &= 100\% \times (20\% - 0) + 66.67\% \times (40\% - 20\%) + 75\% \times (60\% - 40\%) + \\ &\quad \underbrace{60\% \times (60\% - 60\%)}_{0} + 66.67\% \times (80\% - 60\%) + 71.43\% \times (100\% - 80\%) \\ &\approx 75.95\%\end{aligned}$$

2. P-R 曲线

P-R 曲线能直观展现模型在判别方面的优劣程度。在二维直角坐标系中,如果把横坐标看成召回率、纵坐标看成精准率,那么这些成对出现的(精准率,召回率)将会构成平面上不同的点。把它们用直线连起来,便形成了一条 P-R 曲线[170]。

根据表 13-2 和表 13-4 中两个不同的判别模型,可以分别绘制出两条不同的 P-R 曲线,如图 13-3 所示。其中圆点是表 13-2 中成对出现的(精准率,召回率),而叉点是表 13-4 中的点。分别将其连成两条不同的 P-R 曲线后发现,前者与横坐标围成的面积更大。事实上,这两个模型的 AP 值也是前者比后者更高,分别约是 94.29%和 75.95%。

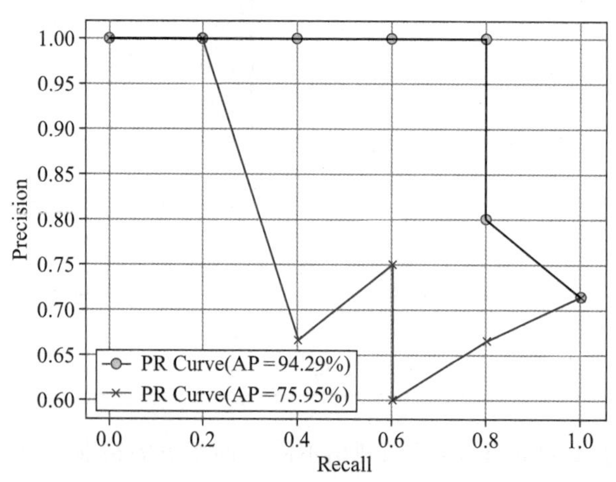

男女生身高模型区分度(修改前后)P-R 曲线和 AP 值

图 13-3 两个不同模型的(精准率,召回率)构成的 P-R 曲线

综上所述,AP 值量化了二分类模型的区分度。例 13-1 中男女身高的差异较为明显,而更改了最高的两个女生身高后,区分度明显低于先前。图 13-3 表明,P-R 曲线与横坐标围成的区域面积越大,模型的区分度越好。因为在相同的召回率下,较高的精准率会拉高 P-R 曲

线，从而增大围成的面积。

13.2.2 ROC 曲线和 AUC 面积

1. ROC 曲线

除了 AP 值和 P-R 曲线，ROC 曲线和 AUC 面积也是评估模型区分度的重要指标[170,171]。ROC 的全称是 receiver operating characteristic，意思是接收者操作特征曲线。与 P-R 曲线不同，ROC 曲线的横坐标是假阳率(false positive rate，FPR)，而纵坐标是真阳率(true positive rate，TPR)，计算公式分别为

$$\mathrm{FPR}=\frac{\mathrm{FP}}{\mathrm{FP}+\mathrm{TN}} \tag{13-7}$$

$$\mathrm{TPR}=\frac{\mathrm{TP}}{\mathrm{TP}+\mathrm{FN}} \tag{13-8}$$

对比式(13-8)和式(13-2)，真阳率(TPR)实际上就是 Recall。

在某个阈值下被检测出的若干样本中，正类样本占实际正类的比重是真阳率(TPR)，而被检测出的负类样本占实际负类的比重是假阳率(FPR)。与 P-R 曲线类似，ROC 曲线是若干个(真阳率，假阳率)坐标点所围成的曲线。

不同的是，P-R 曲线是左上角向右下角变化的，因为精准率和召回率相互掣肘；但 ROC 曲线是左下角(0，0)到右上角(1，1)的走势。如表 13-2 和表 13-4 中，所有人的身高都在 159～181cm，如果阈值设为 190cm，必然高于该阈值的人数为 0；而阈值设为 150cm，则 TPR 和 FPR 都是 100%。当阈值设在 159～181cm 范围时，TPR 和 FPR 都会随之增大。表 13-5 展示了不同身高阈值下的 TPR 和 FPR，它是根据表 13-1 的数据得出的。相应地，根据表 13-3 的数据，也可以依次算出不同阈值下的 TPR 和 FPR，如表 13-6 所示。

表 13-5 不同身高阈值下的 TPR 和 FPR

阈值/cm	181	176	175	172	170	168	165	162	159
TPR/%	20	40	60	80	80	100	100	100	100
FPR/%	0	0	0	0	20	40	60	80	100

表 13-6 更改后不同身高阈值下的 TPR 和 FPR

阈值/cm	181	176	175	173	172	168	165	162	159
TPR/%	20	40	60	60	80	100	100	100	100
FPR/%	0	20	20	40	40	40	60	80	100

以 FPR 为横坐标，TPR 为纵坐标，可以在二维直角坐标系中画出表 13-5 和表 13-6 的 9 个点，如图 13-4 所示，其中圆点是前者的数据，叉点是后者的数据。两种类型的点分别勾勒出了两条不同的 ROC 曲线，很明显圆点线位于叉点线的上方，即前者与横坐标围成的面积更大。

在有些场合中，真阳率也称作**敏感度**(sensitivity)，假阳率也称作**特异度**(specificity)。所以 ROC 曲线中横坐标和纵坐标分别是 1-Specificity 和 Sensitivity。

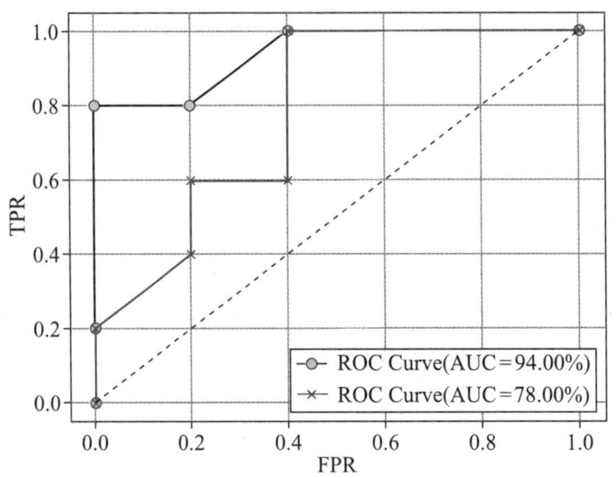

男女生身高模型区分度(修改前后)ROC 曲线和 AUC 面积

图 13-4 两个不同模型的(FPR,TPR)构成的 ROC 曲线

2. AUC 面积

AUC 的全称是 area under curve,它是 ROC 曲线与横坐标围成的面积,该面积是对二分类模型区分度的量化指标。正如图 13-3,女生身高在更改之前,模型的区分度更大,所以圆点连成的 ROC 曲线位于叉点连线的上方,从而前者的 AUC 面积更大。

如果用 n_+ 和 n_- 分别表示实际正、负类样本个数,则样本总个数是 $n=n_+ + n_-$。AUC 面积的计算公式[87]为

$$\mathrm{AUC}=\frac{1}{2n_+ n_-}\sum_{i=1}^{n}(x_{i+1}-x_i)(y_{i+1}+y_i) \tag{13-9}$$

式(13-9)中,AUC 面积是根据 n 个样本按照得分高低排序后,ROC 曲线的横坐标和纵坐标不断向前累加计算得到的。每增加一个正类样本,纵坐标 TPR 增加 $1/n_+$;每增加一个负类样本,横坐标 FPR 增加 $1/n_-$。

表 13-5 对应了图 13-4 中的圆点线。10 人身高(得分)降序排列后,从最高 $i=1$ 开始,前 4 人都是男生(正类),对应了式(13-9)中 $y_1 \sim y_4$,纵坐标由 0 增加到 0.8,而 $x_1 \sim x_4$ 都是 0,所以围成的面积是 0。第 5 人是女生(负类),所以 $x_5-x_4=0.2$,同时纵坐标不变,即 $y_5=y_4=0.8$。它们围成的矩形面积为 $\frac{1}{2}(x_5-x_4)(y_5+y_4)=0.16$。接下来,1 男 1 女得分一样(身高都是 168cm),所以正、负类样本各增加一个,ROC 曲线向斜上方移动,即 $y_6-y_5=0.2$ 且 $x_6-x_5=0.2$。此时增加了一个梯形,面积是 $\frac{1}{2}(x_6-x_5)(y_6+y_5)=0.18$。后面 3 人全是女生(负类),所以纵坐标不变,横坐标从 $x_6=0.4$ 一直增加到 $x_{10}=1$,从而围成的矩形面积是 0.6。综上所述,这三部分的总面积之和,即 AUC 面积是 0.94。

同样地,图 13-4 中叉点连线与横坐标围成的面积也是由三个部分组成:①横坐标[0,0.2]与纵坐标[0.2,0.4]围成的梯形;②横坐标[0.2,0.4]与纵坐标 0.6 围成的矩形;③横坐标[0.4,1]与纵坐标 1 围成的矩形。这三部分的 AUC 面积是 0.78。

通常 AUC 面积不会小于 0.5,即 ROC 曲线肯定位于图 13-4 中(0,0)到(1,1)的虚线上方。在二分类模型中,根据 AUC 面积的大小,可以推断出以下四种不同的情况。

(1) AUC 面积比 0.5 稍大,即 ROC 曲线近似地呈现出(0,0)到(1,1)的斜线,表明正、负类样本是均匀混杂在一起的,该模型几乎没有任何区分度。

(2) AUC 面积接近 1,即 ROC 曲线靠近左上角(0,1),表明该模型对正、负类样本的区分度非常大。

(3) AUC 面积为 1,即 ROC 曲线经过坐标点(0,0)、(0,1)和(1,1),表明两个类能完全区分开,但现实中几乎不存在如此理想的模型。

(4) AUC 面积小于 0.5,表明正、负类样本搞反了。

当模型中数据点较多时,Precision、Recall、F1、AP、AUC 等指标计算量会随之增大,可以调用 Python 工具包 sklearn.metrics 直接得出结果。

13.3 多分类模型的评估

13.2 节讨论了二分类模型的各项评估指标,多分类模型又该如何评估呢?本节将介绍几种常见的评估指标。

13.3.1 one-hot 矩阵和 mAP 值

1. one-hot 矩阵

在多分类问题中,假设数据集有 C 类,共计 n 个样本,通常将其构建成 C 个二分类模型。从第一类开始,依次把当前的类看作正类,其余 $C-1$ 个类都看作负类,正、负类样本的类别标签分别记作 1 和 0。这些类别标签构成了大小为 $n\times C$ 的 one-hot 矩阵,如数据集中共三类,每类两个样本,则相应的 one-hot 矩阵大小为 6×3,即

$$\begin{bmatrix} 1 & 0 & 0 \\ 1 & 0 & 0 \\ 0 & 1 & 0 \\ 0 & 1 & 0 \\ 0 & 0 & 1 \\ 0 & 0 & 1 \end{bmatrix} \tag{13-10}$$

假如第一类都判别正确,第二、三类分别有 1 个样本误判为第一类,相应的混淆矩阵为

$$\begin{array}{c|ccc} & G_1 & G_2 & G_3 \\ \hline C_1 & 2 & 0 & 0 \\ C_2 & 1 & 1 & 0 \\ C_3 & 1 & 0 & 1 \end{array} \tag{13-11}$$

这里 C_1、C_2、C_3 是真实的三个类别,而 G_1、G_2、G_3 是判定的类别。

在多分类问题中,混淆矩阵的大小是 $C\times C$,它的第 i 个对角线元素是第 i 类($i=1,2,\cdots,C$)判定正确的样本个数。正确率是对角线元素之和与总样本个数的比值,如式(13-11)的混淆矩阵中,三个类样本的正确率是 $\text{Acc}=\dfrac{2+1+1}{2+1+1+1+1}=\dfrac{2}{3}$。

另外,从混淆矩阵可一目了然地看出,第 i 类的精准率 P_i 是第 i 个对角线元素与第 i 列列和的比值,而召回率 R_i 是该元素与第 i 行行和的比值。

2. mAP 值

多分类的平均 AP 值称作 mAP,它是各类 AP 值的平均情况,即

$$\mathrm{mAP}=\frac{1}{C}\sum_{i=1}^{C}\mathrm{AP}_i \tag{13-12}$$

13.3.2 宏平均和微平均

对于多分类模型的评估,通常有宏平均(macro-average)和微平均(micro-average)两种[170]。前者先对各类的指标做平均,然后计算出评估结果;后者把各类数据看成一个整体,先得出整体指标,再计算评估结果。

比如,多分类情况下的 F1 分数分别是 Macro F1 和 Micro F1。其中 Macro F1 先对各类的精准率和召回率两项指标取平均,分别为

$$\widetilde{P}=\frac{1}{C}\sum_{i=1}^{C}P_i=\frac{1}{C}\sum_{i=1}^{C}\frac{\mathrm{TP}_i}{\mathrm{TP}_i+\mathrm{FP}_i} \tag{13-13}$$

$$\widetilde{R}=\frac{1}{C}\sum_{i=1}^{C}R_i=\frac{1}{C}\sum_{i=1}^{C}\frac{\mathrm{TP}_i}{\mathrm{TP}_i+\mathrm{FN}_i} \tag{13-14}$$

结合式(13-13)和式(13-14),F1 分数的宏平均为

$$\text{Macro F1}=\frac{2\widetilde{P}\widetilde{R}}{\widetilde{P}+\widetilde{R}} \tag{13-15}$$

与式(13-15)不同,学术界对 Macro F1 还存在另一种定义,即先算出各个类的 F1 分数,再做平均。Python 工具包中的 Macro F1 采用的就是后者。

Micro F1 将各类样本的真阳个数和假阳个数全部相加后,得到整体精准率,即

$$\hat{P}=\frac{\sum_{i=1}^{C}\mathrm{TP}_i}{\sum_{i=1}^{C}\mathrm{TP}_i+\sum_{i=1}^{C}\mathrm{FP}_i} \tag{13-16}$$

相应地,整体召回率为

$$\hat{R}=\frac{\sum_{i=1}^{C}\mathrm{TP}_i}{\sum_{i=1}^{C}\mathrm{TP}_i+\sum_{i=1}^{C}\mathrm{FN}_i} \tag{13-17}$$

结合式(13-16)和式(13-17),F1 分数的微平均为

$$\text{Micro F1}=\frac{2\hat{P}\hat{R}}{\hat{P}+\hat{R}} \tag{13-18}$$

当各类样本个数相等时,宏平均和微平均是完全一样的。反过来,如果类别极度不平衡,微平均指标会倾向于样本较多的类,而忽略样本较少的类。宏平均对各类指标一视同仁,所以能有效评估类别不平衡的模型。比如,若宏平均指标远远低于微平均,说明样本个

数少的类别表现明显差;反过来,若宏平均高于微平均,则样本少的类别表现更好。

13.3.3 案例:降维后 wine. data 的类别区分度计算

降维后 wine. data 的类别区分度计算

5.2.4 小节案例把 wine. data 降维后的二维样本 $\boldsymbol{M}'$ 和类别标签保存到了 Reduced. txt 文件中。本案例将读取该文件中的 $\boldsymbol{M}'$ 和类别标签,直接做类别区分度计算,给出 $\boldsymbol{M}'$ 中三个类别的区分度指标,即 P-R 曲线、ROC 曲线、mAP 值和 AUC 面积

在本案例中,首先需要为 $\boldsymbol{M}'$ 建立 3 个二分类模型,分别画出 3 条 P-R 曲线和 ROC 曲线,计算 3 个 AP 值和 3 个 AUC 面积,这些指标有赖于正负类样本的排序情况。对此,本案例将为每个正类分别建立一个二维高斯分布模型,并以正类样本的均值和方差作为该分布的参数 $\boldsymbol{\mu}$ 和 $\boldsymbol{\sigma}^2$。通过计算某样本 $\boldsymbol{x}$ 到高斯中心点的马氏距离(详见 7.4 节内容),求解该样本的概率密度详见 7.4 节的式(7-28)。最后把 $\boldsymbol{M}'$ 中所有样本的得分按降序排列即可。

代码如下:

【代码 13-1】

```
import numpy as np
import matplotlib.pyplot as plt
from sklearn.metrics import precision_score, recall_score, precision_recall_curve, average_
precision_score
from sklearn.metrics import roc_auc_score, roc_curve
def density_parameter(sample):            #该函数计算正类样本的均值和方差
    p,n = sample.shape
    Mean = np.zeros((p,1))
    Mean[:,0] = np.mean(sample,axis = 1)
    sample_bar = sample - Mean @ np.ones((1,n))        #中心化后的样本矩阵
    Cov = (1 / (n - 1)) * sample_bar @ sample_bar.T    #协方差矩阵
    return Mean,Cov
def density(x,Mean,Cov,p):                #该函数计算每个样本在正类高斯分布下的密度
    eigval,_ = np.linalg.eig(Cov)
    det_Cov = eigval[0] * eigval[1]       #协方差矩阵的 det 等于它的两个特征值乘积
    M_dist = (x - Mean).T@np.linalg.inv(Cov)@(x - Mean)      #Mahalanobis 马氏距离
    f_x = (1/((2 * np.pi) * * (p/2) * np.sqrt(det_Cov))) * np.exp( - M_dist/2)
    return f_x
if __name__ = = '__main__':
    data = np.loadtxt('./Reduced_Wine_Data.txt')
    Proj_M = data[0:2,:]
    Dim,total_sample = Proj_M.shape
    Label = data[2,:].astype(int)
    class_num = len(np.unique(Label))
    Score = np.zeros((class_num,total_sample),dtype = float)
    binary_label = np.zeros((class_num,total_sample),dtype = int)
    for i in range(class_num):
        pos_idx = np.where(Label = = i + 1)[0]
        neg_idx = np.where(Label! = i + 1)[0]
        binary_label[i,pos_idx] = 1
```

```
        pos_sample = Proj_M[:,pos_idx]
        neg_sample = Proj_M[:,neg_idx]
        Mean,Cov = density_parameter(pos_sample)
        for j in range(total_sample):
            x = np.zeros((Dim,1))
            x[:,0] = Proj_M[:,j]
            f_x = density(x,Mean,Cov,Dim)
            Score[i,j] = f_x

    idx1 = np.argsort(-Score[0])      #第一类样本为正的排序结果
    idx2 = np.argsort(-Score[1])      #第二类样本为正的排序结果
    idx3 = np.argsort(-Score[2])      #第三类样本为正的排序结果
    #-------------------------------------------------------------------------
    # 计算 AP 值和 mAP
    AP1 = average_precision_score(binary_label[0,idx1],Score[0,idx1])
    AP2 = average_precision_score(binary_label[1,idx2],Score[1,idx2])
    AP3 = average_precision_score(binary_label[2,idx3],Score[2,idx3])
    print(r'AP1 =',AP1)
    print(r'AP2 =',AP2)
    print(r'AP3 =',AP3)
    print(r'mAP =',(AP1+AP2+AP3)/3,'\n')

    precision1,recall1,thresholds1 = precision_recall_curve(binary_label[0,idx1],Score
[0,idx1])
    precision2,recall2,thresholds2 = precision_recall_curve(binary_label[1,idx2],Score
[1,idx2])
    precision3,recall3,thresholds3 = precision_recall_curve(binary_label[2,idx3],Score
[2,idx3])
    fig1 = plt.figure()                  #画 P-R 曲线图
    plt.plot(recall1,precision1,'b-o',label=f'PR Curve (AP1 = {100 * AP1:.2f}%)')
    plt.plot(recall2,precision2,'r-x',label=f'PR Curve (AP2 = {100 * AP2:.2f}%)')
    plt.plot(recall3,precision3,'k-s',label=f'PR Curve (AP3 = {100 * AP3:.2f}%)')
    plt.legend(loc='lower right')
    plt.xlabel('Recall')
    plt.ylabel('Precision')
    plt.grid(True)
    #-------------------------------------------------------------------------
    #计算 AUC 面积
    AUC1 = roc_auc_score(binary_label[0,idx1],Score[0,idx1])
    AUC2 = roc_auc_score(binary_label[1,idx2],Score[1,idx2])
    AUC3 = roc_auc_score(binary_label[2,idx3],Score[2,idx3])
    print(r'AUC1 =',AUC1)
    print(r'AUC2 =',AUC2)
    print(r'AUC3 =',AUC3)

    FPR1,TPR1,T1 = roc_curve(binary_label[0,idx1],Score[0,idx1])
```

```
FPR2,TPR2,T2 = roc_curve(binary_label[1,idx2],Score[1,idx2])
FPR3,TPR3,T3 = roc_curve(binary_label[2,idx3],Score[2,idx3])
fig2 = plt.figure()          # 画 ROC 曲线图
plt.plot(FPR1,TPR1,'b - o',label = f'ROC Curve (AUC1 = {100 * AUC1:.2f} % )')
plt.plot(FPR2,TPR2,'r - x',label = f'ROC Curve (AUC2 = {100 * AUC2:.2f} % )')
plt.plot(FPR3,TPR3,'k - s',label = f'ROC Curve (AUC3 = {100 * AUC3:.2f} % )')
plt.legend(loc = 'lower right')
plt.xlabel('FPR')
plt.ylabel('TPR')
plt.grid(True)
plt.show()
```

运行代码 13-1 后，结果如下：

```
AP1 = 0.9216316267373654
AP2 = 0.5635374648275465
AP3 = 0.6159784154631661
mAP = 0.7003825023426927

AUC1 = 0.9589802022503917
AUC2 = 0.7510859549822299
AUC3 = 0.8485576923076923
```

代码 13-1 的运行结果表明，把第一类样本看作正类，它与第二、三类（即负类）的区分度很大，所以 AP1 和 AUC1 分别高达 92.16%和 95.90%。相比之下，第二类与第一、三类的区分度要小很多，从而 AP2 和 AUC2 最小；第三类与第一、二类的区分稍大一点，即 AP3 和 AUC3 指标要高一些。mAP 是 AP1、AP2 和 AP3 三者的均值，见式(13-12)。

图 13-5 用 P-R 曲线和 ROC 曲线分别直观地展示了这 3 个二分类模型的区分度。曲线越靠近上方，它与横坐标围成的面积就越大，意味着模型区分度越高。圆点（第一类样本）与其他两类的分离程度最大；叉点（第二类）与方块（第三类）相互的重叠度最高；第三类与第一类的区分度要略大于第二类和第一类。

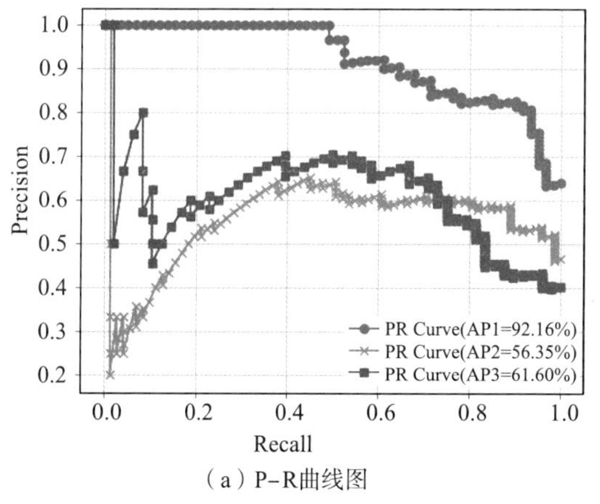

(a) P-R曲线图

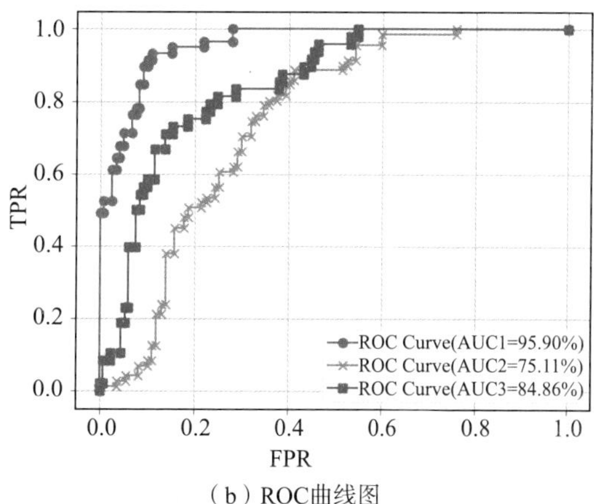

(b) ROC曲线图

图 13-5 降维后样本 $\boldsymbol{M}'$ 中三个类的区分度

13.3.4 案例:wine.data 聚类可视化及其评估指标

wine.data 聚类可视化及其评估指标

本案例是 13.3.3 小节的延续内容,旨在对降维后的样本 $\boldsymbol{M}'$ 做 K 均值聚类,聚类个数与类别个数保持一致,即 $K=3$。聚类后,分别对每个样本所归到的类别与其真实类别作比较,得出各项评估指标,具体分为两个步骤。

(1) 对 $\boldsymbol{M}'$ 做 K 均值聚类,给出聚类结果,得出该聚类模型的混淆矩阵。

(2) 根据混淆矩阵,计算各项评估指标,即精准率、召回率、F1 分数、正确率和 NMI(NMI 即归一化互信息,详见 8.2.3 小节)。

本案例有以下四点注意事项。

(1) 与 13.3.3 小节一样,直接读取 Reduced.txt 文件中的样本 $\boldsymbol{M}'$ 和类别标签 Label。

(2) 类别标签是 1~3,但是直接调用 Python 工具包做 K 均值聚类,输出的聚类标签是 0~2,所以要为每个聚类标签都加 1。

(3) 聚类序号可能会与类别序号不一致,因此需要更新一下,使两者的序号保持一致。

(4) 根据更新后的混淆矩阵,能得出聚类结果的各项评估指标。所有指标的取值范围都为 0~1,它们越接近于 1,说明聚类结果与样本类别的吻合度越高。

代码实现如下:

【代码 13-2】

```
import numpy as np
import matplotlib.pyplot as plt
from sklearn.cluster import KMeans
from sklearn.metrics import confusion_matrix, f1_score, accuracy_score, normalized_mutual_
info_score
np.set_printoptions(formatter = {'float':'{:0.3f}'.format})
#读取降维后的数据和类别标签
data = np.loadtxt('./Reduced_Wine_Data.txt')
Proj_M = data[0:2, :]
Dim, total_sample = Proj_M.shape
Label = data[2, :].astype(int)
#-----------------------------------------------
#聚类过程
class_num = len(np.unique(Label))
clf = KMeans(n_clusters = class_num)
s = clf.fit(Proj_M.T)
Clusters = s.labels_
Clusters = Clusters + 1                          #聚类标签加 1,与样本类别标签要保持一致
#-----------------------------------------------
#混淆矩阵及其排序过程
CM = confusion_matrix(Label, Clusters)           #类别标签与聚类标签的混淆矩阵
print('Origin CM:\n', CM)                        #原始的混淆矩阵
P = np.zeros_like(CM, dtype = int)
Max_idx = np.zeros((class_num,), dtype = int)
```

```
for k in range(class_num):
    Order = np.argsort( - CM[k])
    Max_idx[k] = Order[0]
    P[Max_idx[k],k] = 1
print('P:\n',P)                          #置换矩阵
CM = CM@P
print('Updated CM:\n',CM,'\n')           #排序后的混淆矩阵
#---------------------------------------------------
#样本的聚类结果及画图
Group = np.ones_like(Label)
G1 = np.where(Clusters == Max_idx[0] + 1)[0]
G2 = np.where(Clusters == Max_idx[1] + 1)[0]
G3 = np.where(Clusters == Max_idx[2] + 1)[0]
Group[G1],Group[G2],Group[G3] = 1,2,3
print(r'Clustering Results:','\n',Group,'\n')
fig = plt.figure()
plt.scatter(Proj_M[0,G1],Proj_M[1,G1],c = 'b',marker = 'o',s = 20)
plt.scatter(Proj_M[0,G2],Proj_M[1,G2],c = 'r',marker = 'x',s = 20)
plt.scatter(Proj_M[0,G3],Proj_M[1,G3],c = 'k',marker = 's',s = 20)
plt.legend([r'Cluster 1',r'Cluster 2',r'Cluster 3'],loc = 'lower left')
plt.title(r'Projected clusters')
plt.show()
#---------------------------------------------------
#计算精准率、召回率和F1分数
precision = np.zeros((3,),dtype = float)
recall = np.zeros((3,),dtype = float)
ave_F1 = np.zeros((3,),dtype = float)
for i in range(class_num):               #每个类的精准率、召回率、正确率和F1分数
    precision[i] = CM[i,i]/np.sum(CM[:,i])
    recall[i] = CM[i,i]/np.sum(CM[i,:])
    ave_F1[i] = (2 * precision[i] * recall[i])/(precision[i] + recall[i])
print(r'Each_Precision:',precision)
print(r'Each_Recall:',recall)
print(r'Each_F1:',ave_F1,'\n')
my_macro_F1 = np.mean(ave_F1)
print(r'my_macro_F1:',my_macro_F1)
Precision_micro = (CM[0,0] + CM[1,1] + CM[2,2])/(np.sum(np.sum(CM,axis = 0)))
Recall_micro = (CM[0,0] + CM[1,1] + CM[2,2])/(np.sum(np.sum(CM,axis = 1)))
my_micro_F1 = (2 * Precision_micro * Recall_micro)/(Precision_micro + Recall_
micro)
print(r'my_micro_F1:',my_micro_F1)
macro_F1 = f1_score(Label,Group,average = 'macro')
micro_F1 = f1_score(Label,Group,average = 'micro')
print(r'macro_F1:',macro_F1)
print(r'micro_F1:',micro_F1,'\n')
#---------------------------------------------------
#计算Acc指标
```

```
my_Acc = (CM[0,0] + CM[1,1] + CM[2,2])/(np.sum(np.sum(CM,axis = 0)))
print(r'my_Acc:',my_Acc)
Acc = accuracy_score(Label,Group,sample_weight = None)
print(r'ACC:',Acc,'\n')
#-------------------------------------------------
#计算 NMI 指标
C = np.sum(CM,axis = 1)/total_sample
G = np.sum(CM,axis = 0)/total_sample
MI = 0; H_C = 0; H_G = 0
JP = CM/total_sample
for i in range(class_num):
        for j in range(class_num):
            if JP[i,j]! = 0:
                MI = MI + JP[i,j] * np.log(JP[i,j]/(C[i] * G[j]))
for i in range(class_num):
        H_C = H_C + ( - C[i] * np.log(C[i]))
        H_G = H_G + ( - G[i] * np.log(G[i]))
my_NMI = MI/np.sqrt(H_C * H_G)
print(r'my_NMI:',my_NMI)
NMI = normalized_mutual_info_score(Label,Group)
print(r'NMI:',NMI)
```

运行代码 13-2 后，结果如下：

```
Origin CM:
[[13 46  0]
[20  1 50]
[29  0 19]]
P:
[[0 0 1]
[1 0 0]
[0 1 0]]
Updated CM:
[[46  0 13]
[ 1 50 20]
[ 0 19 29]]

Clustering Results:
[1 1 1 1 3 1 1 1 1 1 1 1 1 1 1 1 1 1 1 1 1 3 3 3 1 1 3 3 1 1 3 1 1 1 1 1 1 1 3 3
1 1 3 3 1 1 3 3 1 1 1 1 1 1 1 1 1 1 1 1 1 1 1 2 3 2 3 2 2 3 2 2 3 3 3 2 2 1
3 2 2 2 3 2 2 3 3 2 2 2 2 2 2 3 3 2 2 2 2 2 2 3 3 2 3 2 3 2 2 2 3 2 2 2 2 3 2
2 3 2 2 2 2 2 2 2 3 2 2 2 2 2 2 2 2 2 2 3 2 2 3 3 3 2 2 2 3 3 2 2 3 3 2 3
3 2 2 2 2 3 3 3 2 3 3 3 2 3 2 3 3 2 3 3 3 3 2 2 3 3 3 3 3 2]

Each_Precision:[ 0.979   0.725   0.468]
Each_Recall:[ 0.780   0.704   0.604]
Each_F1:[ 0.868   0.714   0.527]

my_macro_F1:0.703160989534428
```

```
my_micro_F1:0.702247191011236
 macro_F1:0.7031609899534428
 micro_F1:0.702247191011236

 my_Acc:0.702247191011236
 ACC:0.702247191011236

 my_NMI:0.4287568633505305
 NMI:0.4287568597645354
```

类别标签 Label 是前 59 个样本类别为 1，中间 71 个类别为 2，最后 48 个类别为 3。上述运行结果中，Original CM 是 K 均值聚类结果与样本类别的混淆矩阵，它的行和分别是 59、71 和 48。每行最大元素所在的列就是聚类序号。比如 46 位于第 1 行第 2 列，说明第一类有 46 个样本被聚到了第二类。根据本案例的注意事项(3)，需要调整聚类序号，使其与类别序号一致。对此采用了置换矩阵 $\boldsymbol{P}$ 进行列变换，即 Updated CM = Original CM×P。

Updated CM 是更新后的混淆矩阵，它使两者的序号变得一致。同时，Clustering Results 展示了更新后所有样本的聚类标签。其中，前 59 个标签中有 46 个 1 和 13 个 3，说明第一类样本有 13 个被错分到第三类；中间 71 个标签中有 1 个 1，即第二类样本有 1 个被错分到第一类；后面 48 个标签中有 19 个 2 和 29 个 3，即第二、三类样本混杂十分严重。这与 Updated CM 的输出结果相一致。

根据 Updated CM 可以计算各项聚类指标，即各个类的精准率、召回率和 F1 分数，分别见运行结果中 Each_Precision、Each_Recall 和 Each_F1。另外，my_macro_F1、my_micro_F1、my_Acc 和 my_NMI 都是编著者手动编程的计算结果，而 macro_F1、micro_F1、Acc 和 NMI 是调用 Python 工具包的输出结果。显然，两种结果是完全一样的。

图 13-6 是降维后样本 $\boldsymbol{M}'$ 的 K 均值聚类结果。由于第一类样本与第二、三类的样本区分度较大，从而聚类后被错分的样本个数最少；第二、三类样本混杂严重，即两者区分度小，所以聚类结果与真实类别的吻合度低。

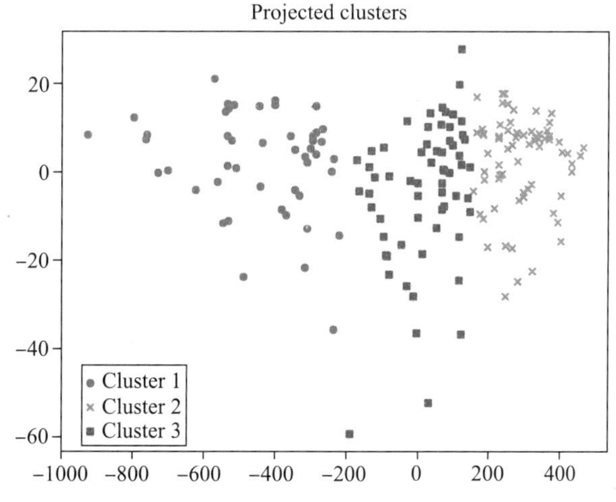

图 13-6　降维后样本 $\boldsymbol{M}'$ 的 K 均值聚类结果

本章小结

本章首先介绍了二分类模型中常见的评估判别指标，即给定阈值情况下的精准率、召回率、正确率和F1分数；再介绍了二分类模型区分度的衡量指标——P-R曲线、AP值、ROC曲线和AUC面积。特别地，本章还从统计学角度，分别给出这些指标和模型区分度的相应解释。最后，将模型评估拓展到了多分类问题中，以UCI库中wine.data为例，编程实现了它的各项评估指标和模型区分度的计算。

参考文献

[1] 同济大学数学系.高等数学(上下册)[M].7版.北京:高等教育出版社,2014.

[2] 安妮·戈林鲍姆,蒂莫西·P.夏蒂埃.数值方法:设计、分析与算法实现[M].北京:机械工业出版社,2018.

[3] 高木贞治.数学分析概论(岩波定本)[M].冯速,高颖,译.北京:人民邮电出版社,2021.

[4] Timothy Sauer.数值分析(原书第2版)[M].裴如玉,马赓宇,译.北京:机械工业出版社,2014.

[5] 杜安·斯托尔蒂,梅特·尤尔托卢.CUDA高性能并行计算[M].北京:机械工业出版社,2016.

[6] R.C.冈萨雷斯,R.E.伍兹,S.L.艾丁斯.数字图像处理[M].阮秋琦,译.2版.北京:电子工业出版社,2014.

[7] 魏伟波,芮筱亭.图像边缘检测方法研究[J].计算机工程与应用,2006,42(30):88-91.

[8] 袁春兰,熊宗龙,周雪花,等.基于Sobel算子的图像边缘检测研究[J].激光与红外,2009,39(1):85-87.

[9] 桂预风,吴建平.基于Laplacian算子和灰色关联度的图像边缘检测方法[J].汕头大学学报(自然科学版),2011,26(2):69-73.

[10] 张永利.关于伽马分布及相关分布性质的一点研究[J].大学数学,2012,28(3):135-140.

[11] 解可新,韩健,林友联.最优化方法(修订版)[M].天津:天津大学出版社,2004.

[12] 叶翼.数学最优化问题在现实生活中的应用[J].大众标准化,2021,3(10):85-87.

[13] Boyd,Stephen,Vandenberghe,Lieven. Convex Optimization [M].剑桥:剑桥大学出版社,2004.

[14] 严质彬.梯度的几何意义[J].大学数学,2021,37(6):68-71.

[15] 李颖,倪谷炎.最优化方法在动物觅食问题中的应用[J].大学数学,2018,34(2):42-47.

[16] 尤里·涅斯捷罗夫.凸优化教程[M].周水生,译.2版.北京:机械工业出版社,2020.

[17] 乔治·劳斯特.数值最优化[M].2版.北京:科学出版社,2019.

[18] 徐成贤,陈志平,李乃成.近代优化方法[M].北京:科学出版社,2002.

[19] Dimitri P. Bertsekas.非线性规划[M].2版.宋士吉,张玉利,贾庆山,译.北京:清华大学出版社,2013.

[20] David Kincaid,Ward Cheney.数值分析[M].王国荣,俞耀明,徐兆亮,译.3版.北京:机械工业出版社,2005.

[21] 戴维·C.雷,史蒂文·R.雷,朱迪·J.麦克唐纳.线性代数及其应用[M].刘深泉,张万芹,陈玉珍,等译.5版.北京:机械工业出版社,2018.

[22] 孙博.机器学习中的数学[M].北京:中国水利水电出版社,2019.

[23] 约翰·F.休斯,安德里斯·范·达姆,摩根·麦奎尔,等.计算机图形学原理及实践[M].彭群生,刘新国,苗兰芳,等译.3版.北京:机械工业出版社,2018.

[24] Donald Horn,M. Pauline Baker,Warren R. Carithers.计算机图形学[M].蔡士杰,杨若瑜,译.4版.北京:电子工业出版社,2014.

[25] 张国印,伍鸣.线性代数与空间解析几何[M].南京:南京大学出版社,2011.

[26] 张向荣,冯婕,刘芳.模式识别[M].西安:西安电子科技大学出版社,2019.

[27] 王翔,胡学钢.高维小样本分类问题中特征选择研究综述[J].计算机应用,2017,37(9):2433-2438.

[28] 蒲玲.自适应局部线性降维方法[J].计算机应用与软件,2013,30(4):255-257.

[29] 东北大学信息科学与工程学院.人工智能数学基础[M].北京:机械工业出版社,2022.

[30] 张贤达.人工智能的矩阵代数方法——矩阵分析与应用[M].2 版.北京:高等教育出版社,2022.

[31] 杨政,程永强,吴昊,等.基于正交投影的子带信息几何雷达弱小目标检测方法[J].雷达学报,2023,12(4):776-792.

[32] 施上,王庆,张波,等.基于正交子空间投影的伪卫星远近效应消除方法[J].全球定位系统,2022,47(3):9-15.

[33] 朱星虎,周拥军,王宇.基于空间正交投影与整体优化的楼梯建模[J].科技通报,2023,39(5):88-95.

[34] 魏苏波,张顺香,朱广丽,等.基于正交投影的 BiLSTM-CNN 情感特征抽取方法[J].南京师大学报(自然科学版),2023,46(1):139-148.

[35] Steven J. Leon, Åke Björck, W. Gander. Gram-Schmidt orthogonalization: 100 years and more[J]. Numerical linear algebra with applications, 2013, 20(3): 492-532.

[36] 文毅玲,黄逸飞.施密特正交化的几何构建与代数刻画[J].高等数学研究,2023,26 (3):40-43.

[37] 金洁茜,谢和虎,杜配冰,等.基于双倍双精度施密特正交化方法的 QR 分解算法[J].计算机科学,2023,50(6):45-51.

[38] 纪影丹,谭文.线性代数中特征向量的一个应用[J].大学数学,2021,37(4):79-83.

[39] 齐伟.机器学习数学基础[M].北京:电子工业出版社,2022.

[40] 同济大学数学系.工程数学:线性代数[M].6 版.北京:高等教育出版社,2014.

[41] 斯蒂芬·拉蒙·加西亚,罗杰·A.霍恩.线性代数高级教程:矩阵理论及应用[M].张明尧,译.北京:机械工业出版社,2020.

[42] Gene H. Golub, Charles F. Van Loan. Matrix Computations[M]. 4th Edition. Baltimore: Johns Hopkins University Press, 2013.

[43] 尹小艳,潘铭樱.奇异值分解教学中的若干问题及注记[J].大学数学,2021,37(6):72-77.

[44] 张继龙,曹石.矩阵奇异值分解算法在图像处理中的应用[J].电脑知识与技术,2023,19(31):1-4.

[45] 尹芳黎,杨雁莹,王传栋,等.矩阵奇异值分解及其在高维数据处理中的应用[J].数学的实践与认识,2011,41(15):171-177.

[46] IT Jolliffe. Principal Component Analysis[M]. Berlin: Springer-Verlag, 2005.

[47] Dumais Susan T., George W. Furnas, Thomas K. Laudauer, et al. Using latent semantic analysis to improve information retrieval[C]. International Conference on Human Factors in Computing Systems, New York, ACM, 1988: 281-285.

[48] 景永霞,王治和,苟和平.基于矩阵奇异值分解的文本分类算法研究[J].西北师范大学学报(自然科学版),2018,54(3):51-56.

[49] 张键,张恒,薄丽玲,等.子空间变换诱导的稳健人脸图像相似度度量(英文)[J]. Frontiers of Information Technology & Electronic Engineering, 2020, 21(9): 1334-1346.

[50] Demmel J., Kahan W. Accurate singular values of bidiagonal matrices[J]. SIAM Journal of Scientific and Statistical Computing, 1990, 11(5): 873-912.

[51] Sheldon M. Ross. 概率论基础教程[M].9 版.北京:机械工业出版社,2014.

[52] 王卓尔.条件概率在数据挖掘中的应用[J].通讯世界,2018(6):289-291.

[53] 张奇,桂韬,郑锐,等.大规模语言模型:从理论到实践[M].北京:电子工业出版社,2014.

[54] 柳如眉.基于贝叶斯推断的健康老年抚养比测度[J].统计与决策,2022,38(22):25-29.

[55] 王桢珍,姜欣,武小悦,等.信息安全风险概率计算的贝叶斯网络模型[J].电子学报,2010,38(S1):18-22.

[56] 张昊.基于概率统计模型的特征学习方法与应用研究[D].西安:西安电子科技大学,2019.

[57] 邓帅.基于改进贝叶斯优化算法的 CNN 超参数优化方法[J].计算机应用研究,2019,36(7):1984-1987.

[58] 盛骤,谢式千,潘承毅. 概率论与数理统计[M]. 5 版. 北京:高等教育出版社,2020.
[59] 赵小艳,李继成,段启宏. 随机变量独立性与不相关的一点教学思考[J]. 大学数学,2020,36(1):5.
[60] Sergios Theodoridis,Konstantinos Koutroumbas. 模式识别[M]. 李晶皎,王爱侠,王骄,等译. 4 版. 北京:电子工业出版社,2016.
[61] John Rice. 数理统计与数据分析[M]. 田金方,译. 3 版. 北京:机械工业出版社,2011.
[62] 王丽芳. 二项分布、Poisson 分布与指数分布之间关系的探讨[J]. 河南教育学院学报(自然科学版),2013,22(2):3.
[63] 万祥兰. 泊松分布与指数分布之间的关系及简单应用[J]. 考试周刊,2016(18):1.
[64] 雷明. 机器学习的数学[M]. 北京:人民邮电出版社,2021.
[65] 欧阳光. 服从 Γ-分布的随机变量函数的分布[J]. 湘南学院学报,2008(2):26 - 29.
[66] 魏昙荣,曾振柄. 正态分布无偏估计相关的一个极限定理[J]. 大学数学,2022(4):38.
[67] 刘晓鹏,刘坤会. F 分布密度函数之性质[J]. 应用概率统计,2005,21(3):11.
[68] 茆诗松,王静龙,濮晓龙. 高等数理统计[M]. 3 版. 北京:高等教育出版社,2022.
[69] Newman M. Power laws,Pareto distributions and Zipf's law [J]. Contemporary Physics,2005,46(5):323 - 351.
[70] 陈月萍,陈庆华. 连续型幂律分布的参数估计[J]. 四川教育学院学报,2012,28 (3):113 - 116.
[71] 迈克尔・米森马彻. 概率与计算:算法与数据分析中的随机化和概率技术[M]. 冉启康,译. 2 版. 北京:机械工业出版社,2020.
[72] Gkalelis N. ,Mezaris V. ,Kompatsiaris I. Mixture Subclass Discriminant Analysis[J]. IEEE Signal Processing Letters,2011,18(5):319 - 322.
[73] Tao Y. , Yang J. , Chang H. Enhanced iterative projection for subclass discriminant analysis under EM-alike framework[J]. Pattern Recognition,2014,47:1113 - 1125.
[74] Pinar Tufekci. Prediction of full load electrical power output of a base load operated combined cycle power plant using machine learning methods[J]. International Journal of Electrical Power & Energy Systems,2014,60:126 - 140.
[75] Naseem I ,Togneri R,Bennamoun M. Linear regression for face recognition [J]. IEEE Transactions on Pattern Analysis & Machine Intelligence,2010,32(11):2106 - 2112.
[76] Martinez A. M. ,Benavente R. The AR Face Database[R]. CVC Technical Report. 1998. 24.
[77] A. S. Georghiades,P. N. Belhumeur,and D. J. Kriegman. From Few to Many:Illumination. Cone Models for Face Recognition under Variable Lighting and Pose[J]. IEEE Transactions on Pattern Analysis and Machine Intelligence,2001,23(6):643 - 660.
[78] K. C. Lee,J. Ho,and D. Driegman. Acquiring linear subspaces for face recognition under variable lighting[J]. IEEE Transactions on Pattern Analysis and Machine Intelligence,2005,27(5):684 - 698.
[79] H. Wechsler,P. J. Phillips, V. Bruce,et al. Characterising Virtual Eigensignatures for General Purpose Face Recognition. Face Recognition:From Theory to Applications[M]. Springer,1998,Chapter 25:446 - 456.
[80] 李道红. 线性判别分析新方法研究及其应用[D]. 南京:南京航空航天大学,2005.
[81] Tao Y,Yang J. Quotient vs. difference:Comparison between the two discriminant criteria [J]. Neurocomputing,2010,73(10 - 12):1808 - 1817.
[82] Trevor Hastie,Robert Tibshirani,Jerome Friedman. 统计学习基础[M]. 2 版. 北京:世界图书出版公司,2015.
[83] C. M. Bishop. Pattern Recognition and Machine Learning[M]. New York:Springer,2006.
[84] 董春雨,姜璐. 关于熵增定律的方法论研究[J]. 自然辩证法研究,1997,13(4):48 - 52.
[85] 刘聪,谢莉,杨慧中. 基于互信息稀疏自编码的青霉素发酵过程软测量建模[J]. 南京理工大学学报,

2020,44(5):590-597.

[86] Alexander Strehl, Joydeep Ghosh. Cluster ensembles—a knowledge Reuse framework for combining multiple partitions[J]. Journal of Machine Learning Research, 2003, 3:583-617.

[87] 周志华. 机器学习[M]. 北京:清华大学出版社,2016.

[88] D. Berend, P. Harremoës and A. Kontorovich. Minimum KL-divergence on complements of L1 balls [J]. IEEE Transactions on Information Theory, 2014, 60(6):3172-3177.

[89] Van der Maaten L, Hinton G. Visualizing data using t-SNE[J]. Journal of Machine Learning Research, 2008, 9:2579-2605.

[90] Goldberger J., Gordon S. and Greenspan H. An efficient image similarity measure based on approximations of KL-divergence between two gaussian mixtures[C]. Proceedings Ninth IEEE International Conference on Computer Vision, 2003, 1:487-493.

[91] Au K. C. and Cheung K. W. Learning hidden markov model topology based on KL divergence for information extraction[C]. Advances in Knowledge Discovery and Data Mining (KDD), 2004.

[92] R. R. Gharieb, G. Gendy, A. Abdelfattah, et al. Adaptive local data and membership based KL divergence incorporating C-means algorithm for fuzzy image segmentation[J]. Applied Soft Computing, 2017, 59(C):143-152.

[93] Jinpeng Z. and Jinming Z. An analysis of CNN feature extractor based on KL divergence[J]. International Journal of Image Graphics, 2018, 18:1850017(1-20).

[94] 金钟,陆忠华,李会元,等. 高性能计算之源起——科学计算的应用现状及发展思考[J]. 中国科学院院刊,2019,34(6):625-639.

[95] 何鹏辉,李厚彪. 关于最小二乘 QR 分解算法(LSQR)的一个注记[J]. 计算数学,2020,42(4):487-496.

[96] 管志斌,肖俊敏,季统凯,等. 不同矩阵分解方法对海洋数据同化的影响[J]. 计算机科学与探索,2019,13(1):147-157.

[97] 霍胥男. 一种 QR 分解递归最小二乘法的数字预失真技术研究[D]. 成都:电子科技大学,2022.

[98] 杨永舟,黄秀琼. 基于 HLS 的复数矩阵 QR 分解求逆算法的实现与优化[J]. 电子技术,2021,50(7):74-78.

[99] 周琦宾,吴静,余波. 一种基于 QR 分解的观测矩阵优化方法[J]. 电子技术应用,2021,47(4):107-111.

[100] 王坤姝,张泽辉,高铁杠. 基于 Hachimoji DNA 和 QR 分解的遥感图像可逆隐藏算法[J]. 计算机科学,2022,49(8):127-135.

[101] 赵昂. 子空间在线辨识算法原理及应用技术研究[J]. 江苏船舶,2023,40(1):7-10.

[102] 金小庆,魏益民. 数值线性代数及其应用(英文版). 北京:科学出版社,2016.

[103] 徐鹤,周涛,李鹏,等. 基于鲲鹏处理器的 LU 并行分解优化算法[J/OL]. 计算机科学:1-12. [2024-1-20].

[104] 李琳,王培培,谷鹏,等. 基于 LU 分解和交替最小二乘法的分布式奇异值分解推荐算法[J]. 模式识别与人工智能,2020,33(1):32-40.

[105] Zou H, Trevor J. Hastie, Robert Tibshirani. Sparse Principal Component Analysis[J]. Journal of Computational and Graphical Statistics, 2006, 15(2):265-286.

[106] 殷术亨. 矩阵 LU 分解及 Cholesky 分解的随机算法研究[D]. 重庆:重庆大学,2022.

[107] Zhu K B, Wen Z Q, Zhang F, et al. Expanded information filtering robot co-localization based on LU decomposition[J]. Science Technology and Engineering, 2023, 23(13):5623-5631.

[108] 李亚琴,方立刚,廖黎莉,等. 基于三维动画镜头数据和 Cholesky 分解的水印算法[J]. 计算机应用与

软件,2019,36(11):301-305.

[109] 戴民禄.稀疏矩阵 Cholesky 分解的并行优化研究[D].长沙:湖南大学,2022.

[110] 刘世芳,赵永华,黄荣锋,等.基于批量 LU 分解的矩阵求逆在 GPU 上的有效实现.软件学报,2023,34(11):4952-4972.

[111] 樊哲勇.CUDA 编程:基础与实践[M].北京:清华大学出版社,2020.

[112] Choi,J.,Dongarra,J.J.,Ostrouchov,S.,et al. Design and Implementation of the ScaLAPACK LU,QR,and Cholesky Factorization Routines[J]. Scientific Programing,1994,vol. 5:173-184.

[113] Tomov S,Nath R,Du P,et al. MAGMA users' guide [EB/OL]. 2009. https://cseweb.ucsd.edu/~rknath/magma-v02.pdf.

[114] Grigori,Laura,James Demmel,et al. CALU:A Communication Optimal LU Factorization Algorithm [J]. SIAM Journal on Matrix Analysis and Applications,2011,vol. 32:1317-1350.

[115] 陈琳.LU 分解异构及混合精度算法研究[D].长沙:国防科技大学,2022.

[116] 王青松.一种新的最速下降法[D].长春:吉林大学,2021.

[117] 邱松强,谢海燕.最速下降法的一次迭代收敛性的一点注记[J].大学数学,2023,39(6):53-56.

[118] 高媛. 拟牛顿法的改进研究及其在神经网络算法中的应用[D].长春:长春理工大学,2023.

[119] 周雅利.求解非线性优化问题的一阶随机算法及应用[D].南京:南京航空航天大学,2021.

[120] R. Flecher and M. J. D. Powell. A rapidly convergent descent method for minimization[J]. Computer Journal. 1963,6(2):163-168.

[121] Broyden C G. Quasi-Newton Methods and their Application to Function Minimization[J]. Mathematics of Computation,1967,21(99):368-381.

[122] Broyden C G. The convergence of a class of double rank minimization algorithms [J]. Journal Institute of Mathematics and Its Applications,1970,6(1):76-90.

[123] Wei Z.,Yu G.,Yuan G. et al. The super-linear convergence of a modified BFGS-bype method for unconstrained optimization[J]. Computational Optimization and Applications,2004,29:315-332.

[124] 李菊雯,吴泽忠.基于 Armijo 搜索步长的 BFGS 与 DFP 拟牛顿法的比较研究[J].成都信息工程大学报,2021,036(5):558-563.

[125] Nocedal J. Updating quasi-Newton matrices with limited storage[J]. Mathematics of Computation,1980,35:773-782.

[126] Liu,D. C. and Nocedal,J. On the limited memory BFGS method for largescale optimization[J]. Math. Prog. 1989,45:503-528.

[127] 吉梦.深度学习中基于一阶梯度信息的随机梯度法[D].贵阳:贵州大学,2023.

[128] 吴慰.深度学习模型中梯度下降优化器的动态学习过程研究[D].武汉:武汉大学,2022.

[129] X. R. Meng,J. K. Bradley,B. Yavuz. MLlib:machine learning in Apache Spark[J]. Computer Science,2016,17(1):1235-1241.

[130] 周志华,王魏,高尉,等.机器学习理论导引[M].北京:机械工业出版社,2020.

[131] 董洪义.深度学习之 PyTorch 物体检测实战[M].北京:机械工业出版社,2020.

[132] 常禧龙,梁琨,李文涛.深度学习优化器进展综述[J].计算机工程与应用,2024:1-16.

[133] Duchi J,Hazan E,Singer Y. Adaptive subgradient methods for online learning and stochastic optimization[J]. Journal of Machine Learning Research,2011,12(7).

[134] Tieleman T,Hinton G E. Lecture 6.5—RmsProp:Divide the gradient by a running average of its recent magnitude[J]. COURSERA:Neural Networks for Machine Learning,2012,4(2):26-31.

[135] Kingma D.,Ba J. Adam:a method for stochastic optimization[J]. Computer Science,2014.

[136] 张晋晶.基于随机梯度下降的神经网络权重优化算法[D].重庆:西南大学,2018.

[137] Vaswani A, Shazeer N, Parmar N, et al. Attention is all you need[J]. Advances in neural information processing systems, 2017, 30.

[138] 张军阳,王慧丽,郭阳,等. 深度学习相关研究综述[J]. 计算机应用研究,2018,35(321)(7):7-14+22.

[139] C. F. Higham, D. J. Higham. Deep Learning: An Introduction for Applied Mathematicians[J]. SIAM REVIEW, 2019, 4(61): 860-891.

[140] 陶玉婷. 机器学习与深度学习[M]. 北京:电子工业出版社,2022.

[141] Hinton G. E., Salakhutdinov R. R. Reducing the dimensionality of data with neural networks[J]. Science, 2006, 313(5786): 504-507.

[142] 杨健,等. 人工智能模式识别[M]. 北京:电子工业出版社,2020.

[143] 王坤峰,苟超,段艳杰,等. 生成对抗网络 GAN 的研究进展与展望[J]. 自动化学报,2017,43(3): 32-332.

[144] 刘建伟,刘媛,罗雄麟. 深度学习研究进展[J]. 计算机应用研究,2014,31(7):7-16+28.

[145] Lecun Y L., Bottou L., Bengio Y., et al. Gradient-Based Learning Applied to Document Recognition [J]. Proceedings of the IEEE, 1998, 86(11): 2278-2324.

[146] Krizhevsky A., Sutskever I., Hinton G. E. Imagenet classification with deep convolutional neural networks[C]. Advances in Neural Information Processing Systems(NIPS). Curran Associates Inc. 2012.

[147] Krizhevsky A., Sutskever I., Hinton G. E. Imagenet classification with deep convolutional neural networks[J]. Communications of the ACM, 2017, 60(6): 84-90.

[148] Karen S., Andrew Z. Very Deep Convolutional Networks for Large-Scale Image Recognition[C]. Proceedings of International Conference on Leaning Representations. 1-4, 2015.

[149] He K, Zhang X, Ren S, et al. Deep residual learning for image recognition[C]. Proceedings of the IEEE Conference on Computer Vision and Pattern Recognition. 2016: 770-778.

[150] 黄建勇. 基于深度学习的随机梯度下降优化算法研究[D]. 淮南:安徽理工大学,2024.

[151] 万磊,佟鑫,盛明伟,等. Softmax 分类器深度学习图像分类方法应用综述[J]. 导航与控制,2019, 18(6):1-9+47.

[152] 史斌,S. S. 艾扬格. 机器学习的数学理论[M]. 李飞,等译. 北京:机械工业出版社,2020.

[153] 张艳. 利用蒙特卡罗方法求解数值积分[J]. 高等数学研究,2023,26(1):44-46+61.

[154] 陈娴,王文元,周达. 马尔可夫过程及其控制的理论和应用[J]. 厦门大学学报(自然科学版),2023, 62(6):1045-1051.

[155] 洪志敏,李强,郝慧. 蒙特卡罗方法在一些确定性数学问题中的应用[J]. 内蒙古工业大学学报(自然科学版),2016,35(2):99-102.

[156] 兰新杰,赵保军. 基于蒙特卡罗方法的 JPEG2000 实时解压缩算法[J]. 计算机技术与发展,2015, 25(7):31-34.

[157] 敖金莲,吴长奇,刘欣彤. 不需要特征值分解的几种幂迭代算法研究[J]. 无线电通信技术,2010, 36(5):26-28.

[158] 张安平,陈国平. 基于矩阵幂迭代的结构动力缩聚法[J]. 机械科学与技术,2009,28(8):1027-1030.

[159] 李朝阳,胡海涛,周毅,等. 基于幂迭代的电力系统模态谐振快速求解方法[J]. 电网技术,2017, 41(4):1218-1224.

[160] Sheldon M. Ross. 随机过程[M]. 2 版. 龚光鲁,译. 北京:机械工业出版社,2013.

[161] 王信存,吕洪斌,张媛. 基于一类本原矩阵的非负矩阵 Perron 根的算法[J]. 东北师范大学学报(自然科学版),2017,49(4):38-42.

[162] Roger A. Horn, Charles R. Johnson. 矩阵分析[M]. 张明尧,张凡,译. 2 版. 北京:机械工业出版社,2014.

[163] 吴秋月,何江宏. Google 矩阵和它的性质[J]. 大学数学,2006,22(6):135 - 139.

[164] 叶钫. 马尔可夫链蒙特卡罗方法及其 R 实现[D]. 南京:南京大学,2014.

[165] 唐宇迪,李琳,侯惠芳,等. 人工智能数学基础[M]. 北京:北京大学出版社,2020.

[166] Metropolis N., Rosenbluth A. W., Rosenbluth M. N., et al. Equation of state calculations by fast computing machines[J]. Journal of Chemical Physics,1953,21(6):1087 - 1092.

[167] Hastings W. K. Monte Carlo sampling methods using Markov chains and their applications[J]. Biometrika,1970,57:97 - 109.

[168] 部泽霖,魏晋,蒋川东,等. 马尔科夫链蒙特卡洛地面磁共振信号参数提取[J]. 吉林大学学报(信息科学版),2020,38(4):509 - 515.

[169] Prateek Joshi. Python 机器学习经典实例[M]. 陶俊杰,陈小莉,译. 北京:人民邮电出版社,2017.

[170] 冯朝路,于鲲,杨金柱,等. 人工智能的数学基础[M]. 北京:清华大学出版社,2022.

[171] 孙亮,黄倩. 实用机器学习[M]. 北京:人民邮电出版社,2017.